C++
程序设计教程

徐红云　主编

沃焱　郑运平　李方　参编

清华大学出版社
北京

内 容 简 介

本书全面介绍 C++语言面向过程和面向对象程序设计的相关知识和内容。全书共 13 章,主要内容包括绪论,基本语法,流程控制,函数,指针、引用、数组,位运算与结构,类与对象,运算符重载,继承与派生,多态性,模板,文件操作,异常处理。书后附录分别介绍了计算机基础知识、程序调试的概念和方法、在线评测系统相关内容。书中列举了大量应用案例,每章后均附有习题。

本书内容翔实,深入浅出,案例丰富,可读性强。本书适合作为高等院校计算机类、信息类、电类等专业本科生"高级语言程序设计""C++程序设计"等课程的教材,也可以作为培训机构和 C++自学者的参考书,还可以作为 C++应用开发者的参考资料。

图书在版编目(CIP)数据

C++程序设计教程/徐红云主编. -- 北京:清华大学出版社,
2025.8 (2025.8 重印). -- ISBN 978-7-302-69935-4

Ⅰ. TP312.8

中国国家版本馆 CIP 数据核字第 20255N5C80 号

责任编辑:刘向威　张爱华
封面设计:文　静
责任校对:王勤勤
责任印制:杨　艳

出版发行:清华大学出版社
　　　　网　　址:https://www.tup.com.cn,https://www.wqxuetang.com
　　　　地　　址:北京清华大学学研大厦 A 座　　　邮　　编:100084
　　　　社 总 机:010-83470000　　　　　　　　邮　　购:010-62786544
　　　　投稿与读者服务:010-62776969,c-service@tup.tsinghua.edu.cn
　　　　质量反馈:010-62772015,zhiliang@tup.tsinghua.edu.cn
　　　　课件下载:https://www.tup.com.cn,010-83470236
印 装 者:三河市龙大印装有限公司
经　　销:全国新华书店
开　　本:185mm×260mm　　　印　张:27.5　　　　字　　数:668 千字
版　　次:2025 年 8 月第 1 版　　　　　　　　　　印　　次:2025 年 8 月第 2 次印刷
印　　数:1501～3000
定　　价:79.80 元

产品编号:110391-01

前言

自程序设计语言诞生以来的数十年间,已涌现出上千种不同的程序设计语言,然而,历经时间的考验,仅有几十种语言得以广泛流传与应用,其中 C++ 语言占据着重要的地位。C++ 语言源自 C 语言,并在此基础上融入了面向对象的思想,极大地推动了程序设计向更加模块化、易于管理与维护的方向发展。C++ 语言的核心优势在于其对 C 语言的全面兼容,以及对面向对象编程方法的支持,这些特性使得 C++ 语言既能够胜任系统软件的编写任务,又适合应用于应用软件的开发领域,且能够确保程序的高效运行。

本书是在课程思政和创新能力培养的大背景下,面向零基础的读者编写的 C++ 程序设计课程教材。其主要特点如下:

(1) 注重基础,脉络清晰,可读性强。本书从程序设计语言的概念入手,按照 C++ 语言的基本语法、程序控制结构、函数、数组/指针/引用、位运算与结构、类与对象、运算符重载、继承与派生、多态性、模板、文件和异常处理的顺序,由浅入深、循序渐进地介绍 C++ 语言的基础知识。

(2) 模块划分合理,先"过程"后"对象",逻辑性强。本书前 6 章主要介绍 C++ 面向过程的程序设计基础知识且绝大部分内容与 C 语言兼容,从第 7 章开始介绍 C++ 面向对象编程的概念和技术。阅读本书,读者既可以培养面向过程编程的程序设计思维,又可以构建面向对象编程的程序设计理念。

(3) 案例丰富,实用性强。全书各主要知识点都有案例作为支撑进行讲解,另外,各章最后都安排了"应用举例"一节,对本章的内容予以综合运用,帮助读者将零散的知识点串联起来,提升解决实际问题的能力。

(4) 竞教结合,创新性强。本书各章的课后编程题都是按照 ACM 国际大学生程序设计竞赛(ACM/ICPC)的格式编排,附录 C 给出了竞赛所使用的在线评测系统简介,利于将竞赛机制融合到课程实验和课后编程中,培养学生的竞争意识、创新能力和动手能力。

（5）课程思政，导向性强。将思政元素融入教学内容和教学案例，潜移默化地培养学生的文化自信、家国情怀和工匠精神，以回答"培养什么人，为谁培养人"的问题，利于培养社会主义建设者和接班人。

本书第1～3章由徐红云执笔，第4～6章由李方执笔，第7～10章由沃焱执笔，第11～13章由郑运平执笔。全书由徐红云担任主编，完成全书的修改和统稿。本书的出版得到了华南理工大学教务处、计算机学院的鼎力支持，同时也得到了清华大学出版社的诸多帮助，在此表示衷心的感谢。

本书是2020年广东省高等教育教学改革项目"基于创新能力和计算思维能力培养的程序设计类课程教学改革研究"的研究成果之一。本书的出版得到了华南理工大学2024年度本科精品教材专项建设项目资助。

鉴于编者水平所限，书中难免存在不足之处，恳请广大同行与读者批评指正。

编　者

2025 年 5 月于广州

目录

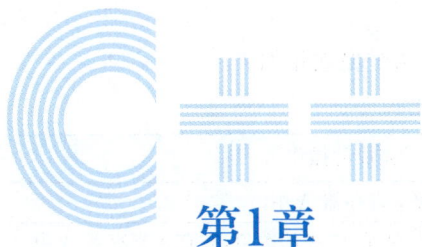

第1章

绪 论

理论科学、实验科学和计算科学是人类科学发现的三大支柱。理论科学以数学为代表,主要培养人们的理论思维或逻辑思维;实验科学以物理为代表,主要培养人们的实验思维或实证思维;计算科学以计算机为代表,主要培养人们的计算思维。学习程序设计语言是培养人们计算思维的有效方法和途径。

本章介绍程序设计语言的概念、程序设计的基本方法、程序的运行过程、C++语言的开发环境,最后介绍一个简单的应用示例。

1.1 程序设计语言

程序设计语言是人与计算机交流的语言。人类需要计算机完成的任务必须用某种程序设计语言书写出来,然后交给计算机去执行。程序设计语言经过多年的发展,从机器语言、汇编语言,发展到了高级语言。

1.1.1 机器语言

在计算机发展的早期使用的程序设计语言称为机器语言。计算机内部电路是由开关和其他电子器件组成的,这些器件只有两种状态,即开或关。一般情况下,"开"状态用1表示,"关"状态用0表示,计算机所使用的是由0和1组成的二进制数,所以二进制是计算机语言的基础。

为了能与计算机交流,指挥计算机工作,人们必须学会用计算机语言,即要写出一串由0和1组成的二进制指令序列交给计算机执行,这时所使用的语言就是机器语言。

机器语言是面向机器的指令系统,计算机可以直接识别,不需要进行任何解释或翻译。机器语言是严格与机器相关的,每台机器的指令格式和代码所代表的含义都是硬性规定的,对不同型号的计算机来说,机器语言一般是不同的。由于使用的是针对特定型号的计算机语言,因此,机器语言的运算效率是所有语言中最高的。

尽管机器语言对计算机的工作是直接的、高效的,但是,能够使用机器语言的人还是比较少的。因为使用机器语言的人必须懂得计算机工作的原理,这对于大部分非专业人士来说是有一定难度的。

表 1.1 是一个机器语言程序,该程序的功能是实现两个整数相加。

表 1.1　一个机器语言程序

机器语言指令	完成的操作
0001 0000 0010 0000	从内存单元 20 中取数,置于寄存器 A 中
0011 0000 0010 0001	寄存器 A 的数值加上内存单元 21 中的数值,和存入寄存器 A 中
0010 0000 0010 0010	把寄存器 A 的数值存入内存单元 22 中
0000 0000 0000 0000	结束程序运行

从表 1.1 可以看出,机器语言程序可读性差。另外,由于不同型号计算机的指令系统不同,因此,针对一种型号计算机书写的程序,不能直接拿到另一不同型号的计算机上运行,程序可移植性差。

1.1.2　汇编语言

汇编语言也是一种面向机器的语言,为了帮助人们记忆,它采用了符号(称为助记符)来代替机器语言的二进制码,所以又称为符号语言。

因为使用了助记符,所以用汇编语言书写的程序,计算机不能直接识别,需要一种程序将汇编语言翻译成机器语言才能在计算机上执行,这种翻译程序叫作汇编程序(assembler)。把汇编语言程序翻译成机器语言程序的过程称为汇编。

表 1.2 所示是一个汇编语言程序,该程序的功能是实现两个整数相加。

表 1.2　一个汇编语言程序

汇编语言指令	完成的操作
LOAD X	从内存单元 X 中取数,置于寄存器 A 中
ADD Y	寄存器 A 的数值加上内存单元 Y 的数值,和存入寄存器 A 中
STORE SUM	把寄存器 A 的数值存入内存单元 SUM 中
HALT	结束程序运行

汇编语言比机器语言易于读写、调试和修改,用汇编语言编写的程序与机器语言一样,具有执行效率高、占用的内存少等特点,可以有效地访问、控制计算机的各种硬件设备。

但汇编语言仍依赖于具体的处理器体系结构,用汇编语言编写的程序也不能直接在不同类型处理器的计算机上运行,可移植性差。另外,要掌握好汇编语言也不容易,它要求程序员熟悉各种助记符与硬件的关系,所以,不被大多数非专业人士所接受。

1.1.3　高级语言

尽管汇编语言大大提高了编程效率,但仍然需要程序员在所使用的计算机硬件上花费大量的精力。另外,汇编语言也很枯燥,因为每条机器指令都需要单独编码。为了提高程序员的效率,把程序员的注意力从关注计算机的硬件转移到解决实际应用问题上来,导致了高级语言的产生与发展。

高级语言是面向用户的、基本上独立于计算机硬件结构的语言。其最大的优点是形式与算术语言和自然语言接近,概念与人们通常使用的概念接近。高级语言的一个命令可以代替几条、几十条甚至几百条汇编语言指令。高级语言种类繁多,从对客观世界的描述的角度可以分成两大类:面向过程语言和面向对象语言。

(1)面向过程语言。通过一系列步骤或过程来描述客观世界,强调算法的实现和顺序执行。程序由函数或过程组成,数据和函数分离。Pascal语言、C语言和FORTRAN语言是面向过程语言的典型代表。

(2)面向对象语言。通过对象来描述客观世界,对象包含数据(属性)和行为(方法),强调封装、继承和多态。程序由对象组成,对象之间通过消息传递进行交互。比较流行的面向对象语言有C++语言、Python语言、Java语言等。

1.1.4 C++语言

1970年,AT&T贝尔实验室的工作人员D. Ritchie和K. Thompson共同研发了C语言。研发C语言的初衷是用它编写UNIX操作系统。

1979年,比雅尼·斯特劳斯特鲁普(Bjarne Stroustrup)在AT&T贝尔实验室从事将C改良为带类的C(C with classes)的工作。1983年,该语言被正式命名为C++。

1989年成立了国际标准化组织(International Organization for Standardization,ISO)的联合标准化委员会,着手C++的标准化工作。C++语言标准是指定义C++语言特性和语法的官方规范。目前,C++有多个版本的标准,每个版本都对语言进行了扩展和改进。以下是C++语言标准的一些重要版本。

C++98/C++03:这是C++的第一个正式标准,于1998年发布,并在2003年进行了修订。这个版本定义了C++的基本语法和特性,包括类、模板、异常处理等。

C++11:发布于2011年,引入了许多新的语言特性和库,如右值引用、智能指针、for循环、lambda表达式、并发编程支持等。这个版本对C++进行了重大的改进和扩展。

C++14:发布于2014年,是C++11之后的一个小版本,主要提供了对C++11的修复和一些小的改进,没有引入新的大特性。

C++17:发布于2017年,在C++14之后进行的另一次重要的更新。它引入了许多新的特性并进行了改进,包括对并行算法、文件系统操作、结构化绑定等的支持。

C++20:发布于2020年,继续扩展和改进C++,包括概念(concepts)、协程(coroutines)、模块(modules)等新特性。

C++23:发布于2023年,带来了诸多新特性与改进,例如扩展的浮点类型、<expected>头文件与std::expected类型、<generator>头文件与std::generator类型等。

值得注意的是,每个新的C++标准都在之前的版本基础上进行扩展和改进,为开发者提供更强大、更灵活的工具来编写高质量的代码。

C++语言是在C语言的基础上引入了面向对象的机制而形成的一门计算机编程语言。C++语言继承了C语言的大部分特点:一方面,C++语言将C语言作为其子集,使其能与C语言相兼容;另一方面,C++语言支持面向对象的程序设计。

表1.3所示是一个用C/C++语言写的程序,该程序的功能是实现两个整数相加。

表 1.3 一个 C/C++程序

C/C++语句	完成的操作
x＝3	被加数 x,赋值 3
y＝4	加数 y,赋值 4
sum＝x＋y	x 加 y 的和,存入 sum

该程序可读性好,可移植性强。

1.2 程序设计方法

计算机程序的设计方法起源于日常解决问题的方法,流程图是描述问题解决思路的常用工具之一。本节首先认识程序流程图,接着简要介绍两种常用的程序设计方法——结构化程序设计方法和面向对象程序设计方法,最后介绍程序的设计步骤。

1.2.1 程序流程图

程序流程图又称为程序框图,简称流程图。它是用统一规定的标准符号描述程序运行具体步骤的图形表示。流程图着重说明程序的逻辑性与处理顺序,描述计算机解题的逻辑及步骤。它是进行程序设计的最基本依据。

流程图常用符号及含义如表 1.4 所示。

表 1.4 流程图常用符号及含义

名　　称	符　　号	含　　义
起止框		表示程序的开始或结束,框内一般填写"开始"或"结束"
输入输出框		表示程序的输入输出,框内填写需要输入输出的各项
处理框		表示程序中各种处理事项,框内填写的是用于处理的指令序列
判断框		表示程序中的条件判断,框内填写条件
连接点		当流程图在一个页面画不下时,常用它来表示相对应的连接处
流向线		表示程序的执行流程,箭头指向流程的方向

1.2.2 结构化程序设计方法

结构化程序设计(structured programming)方法又称为面向过程(procedure-oriented)的程序设计方法,是 20 世纪 70 年代由著名的计算机科学家 E.W.Dijkstra 提出的,是指按照层次化、模块化的方法来设计程序,从而提高程序的可读性和可维护性。其主要思想如下。

(1) 程序模块化。程序模块化是指把一个复杂的程序分解成若干部分,每部分称为一个模块。通常按功能划分模块,使每个模块实现相对独立的功能,使模块之间的联系尽可能地简单。

(2) 语句结构化。语句结构化是指每个模块都用顺序结构、选择结构或循环结构来实现流程控制。

顺序结构是指顺序执行的结构,即按照程序语句行的书写顺序,逐行执行程序。顺序结构如图 1.1 所示,先执行语句 A,再执行语句 B,然后执行语句 C。

选择结构又称为分支结构,根据条件成立与否决定执行哪个分支。选择结构如图 1.2 所示,当条件成立(真)时,执行语句 A,当条件不成立(假)时执行语句 B,二者选一执行。

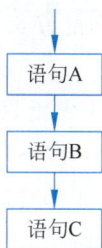

图 1.1　顺序结构

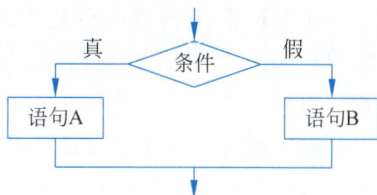

图 1.2　选择结构

循环结构又称为重复结构,根据给定的条件,决定是否重复执行某段程序。循环结构有两种:先判断条件,后执行语句(称为循环体)的是当型循环结构,如图 1.3 所示,当条件成立(真)时,执行循环体,当条件不成立(假)时,退出循环;先执行循环体后判断条件的称为直到型循环结构,如图 1.4 所示,先执行一次循环体,再判断条件,条件成立时继续执行循环体,条件不成立时,退出循环。

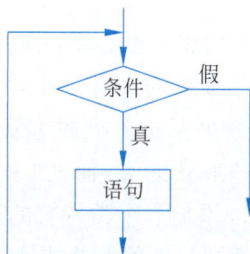

图 1.3　当型循环结构

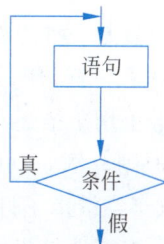

图 1.4　直到型循环结构

(3) 自顶向下、逐步求精的设计过程。自顶向下是指将复杂的、大的问题划分为小问题,找出问题的关键、重点所在,然后用精确的思维定性、定量地去描述问题。逐步求精是将现实世界的问题经抽象转换为逻辑空间或求解空间的问题,复杂问题经抽象化处理变为相对比较简单的问题,经若干步抽象(精化)处理,直到求解域中只是比较简单的编程问题,用三种基本程序结构即可实现。

(4) 限制使用转向语句,如 goto 语句,因为滥用转向语句将使程序流程无规律,程序可读性差。

结构化程序设计方法的优点有:第一,程序易于理解、使用和维护。程序员采用结构化编程方法,便于控制、降低程序的复杂性,因此容易编写程序。结构化程序清晰易读,可理解性好,程序员能够进行逐步求精、程序证明和测试,以确保程序的正确性,程序容易阅读并被人理解,便于用户使用和维护。其二,提高了编程工作的效率,降低了程序的开发成本。由于结构化编程方法能够把错误控制在最低限度,因此能够减少调试和查错的时间。结构化程序是由一些为数不多的基本结构模块组成,这些模块甚至可以由机器自动生成,从而极大地减轻了编程工作量。因此,结构化程序设计方法得到了广泛应用。

本书第 2~6 章主要介绍 C++语言面向过程的程序设计方法。

1.2.3　面向对象程序设计方法

面向对象(object-oriented)程序设计方法是一种支持模块化设计和软件重用的实际可行的编程方法。它把程序设计的主要活动集中在建立对象和对象之间的联系上,从而完成所需要的计算。一个面向对象的程序就是实现相互联系的对象集合。由于现实世界可以抽象为对象和对象联系的集合,因此面向对象的程序设计方法更接近现实世界、更自然。

面向对象程序设计中有几个基本概念:对象、消息、类、封装、继承和多态性。

(1) 对象。对象是面向对象程序设计的基本要素。对象由一组属性和对这组属性进行操作的一组方法构成。其中,属性描述对象的静态特征,如一个圆由圆心、半径等属性来描述;方法描述对象的动态特征,如输入圆心、半径,输出圆心、半径等都是对圆对象的属性进行操作。

(2) 消息。通过向对象发送消息来处理对象。每个对象根据消息的性质来决定要采取的行动,即响应一个消息。

(3) 类。类是数据抽象和信息隐藏的工具。类是具有相同属性和方法的一组对象的抽象描述。对象是类的实例。发送给一个对象的所有消息都在该对象的类中来定义,并以方法来描述。

(4) 封装。封装是一种组织软件的方法。它的基本思想是把客观世界中联系紧密的元素及相关操作组织在一起,使其实现细节隐藏在内部,以简单的接口对外提供服务。

(5) 继承。继承用于描述类之间的共同性质。它减少了相似类的重复说明,体现出一般化及特殊化的原则。例如,可以把"汽车"作为一个一般化的类,而把"卡车"作为一种更具体的类,它从汽车类继承了许多属性及方法,并且可以添加卡车类特有的属性和方法。

(6) 多态性。多态性是指相同的语句组可以代表不同类型的实体或对不同类型的实体进行操作。

用面向对象程序设计方法编写的程序,其结构与求解的实际问题的结构基本一致,具有很好的可读性和可维护性。另外,利用继承、多态、模板等机制,程序设计者能够很好地实现代码重用,极大地提高设计程序的效率。目前,面向对象程序设计方法已成为主流的程序设计方法,在软件开发过程中被广泛使用。

本书第 7~10 章介绍 C++语言面向对象的程序设计方法。

1.2.4　程序设计的步骤

人们用程序设计语言书写程序的过程称为程序设计。程序设计一般包括分析、设计、编码、测试和排错、编写文档等步骤。

1. 分析

对于接受的任务进行认真分析,研究所给定的条件,分析最后应达到的目标,找出解决问题的规律,选择解题的方法,完成实际问题。

2. 设计

设计即找出解决问题的方法和具体步骤,这些方法和步骤统称为**算法**,算法可以用流程图来描述。

3. 编码

编码是指将算法翻译成用计算机语言表示的程序。用高级语言编写的程序称为**源程序**。源程序是文本文件,便于人们阅读和修改。计算机不能直接识别源程序,必须将源程序翻译成机器语言表示的可执行程序,才能在计算机上运行。翻译的方式有两种:一种称为**解释方式**;另一种称为**编译方式**。每一种高级语言都配有解释器或编译器,用于完成对源程序的解释或编译。

解释方式是由解释器对源程序逐语句进行语法检查,一边解释,一边执行,如图 1.5 所示,解释结束,程序的运行结束。Python 语言属于解释型的脚本语言。

编译方式是由编译器对源程序文件进行语法检查,并将之翻译为机器语言表示的二进制程序,即目标程序,如图 1.6 所示。C/C++语言、Pascal 语言属于编译型语言。

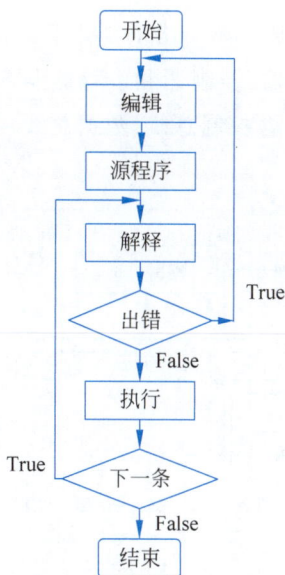

图 1.5 程序的解释和执行

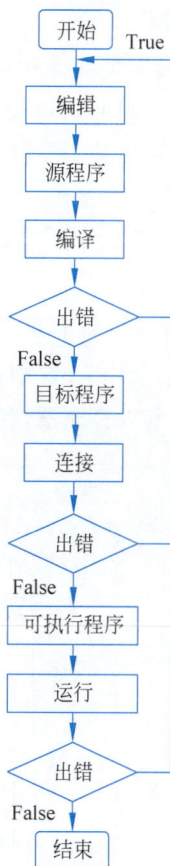

图 1.6 程序的编译和执行

图 1.5 和图 1.6 中编辑需要用到文本编辑器,以实现源代码的输入、修改及存盘等操作,形成源程序文件。不同的高级语言源程序文件,其文件扩展名不同。例如,C语言源程序文件的扩展名为.c,C++源程序文件的扩展名为.cpp。

连接用到程序设计语言的连接器。连接器将编译得到的目标程序与系统提供的库文件代码结合生成可执行程序。

解释方式和编译方式的主要区别如下。

(1) 编译方式是一次性地完成翻译,一旦成功生成可执行程序,则不再需要源代码和编译器即可执行程序;解释方式在每次运行程序时都需要源代码和解释器。

(2) 解释方式执行需要源代码,所以程序纠错和维护十分方便;另外,只要有解释器负责解释,源代码可以在任何操作系统上执行,可移植性好。

(3) 编译所产生的可执行程序执行速度比解释方式更快。

4. 测试和排错

测试和排错即运行程序、分析结果。运行程序,能得到结果并不意味着程序正确,要对结果进行分析,看它是否合理。不合理时,要对程序进行调试,即发现和排除程序中的故障,直至结果正确。

5. 编写文档

程序是提供给他人使用的,如同正式的产品应当提供产品说明书一样,正式提供给用户使用的程序,必须向用户提供程序说明书。其内容应包括程序名称、程序功能、运行环境、程序的装入和启动需要输入的数据,以及使用注意事项等。

1.3 程序的运行过程

计算机程序是由计算机运行的。现代计算机是基于冯·诺依曼体系结构的,如图 1.7 所示,计算机由主机和外设组成,其中主机包含运算器、控制器和内存储器,外设包含输入设备、输出设备和外存储器,各个部件之间通过总线(含控制总线、数据总线和地址总线)进行通信。

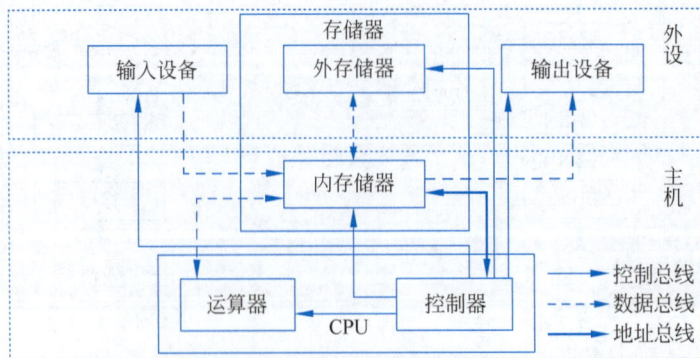

图 1.7 冯·诺依曼体系结构

程序和程序要处理的数据通过输入设备输入内存储器(简称内存),程序的运行结果由输出设备输出。

CPU 执行程序的过程如下:以两个整数相加的程序为例,一台简单体系结构的计算机完成该工作至少需要 4 条指令。这 4 条指令和输入的两个整数在程序开始运行之前存储在内存之中,程序运行后的结果也存放在内存中,如图 1.8 所示。

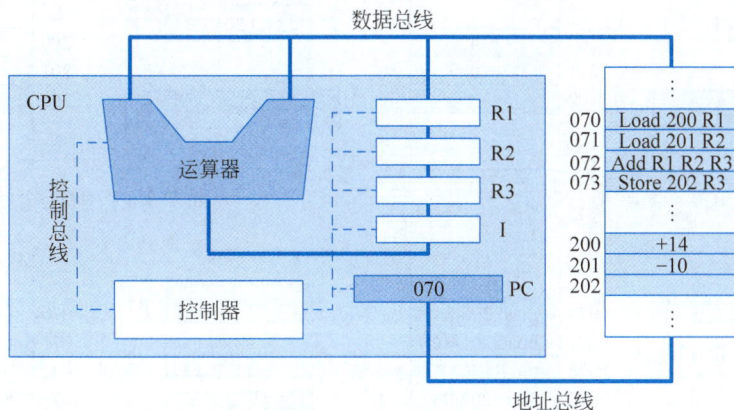

图 1.8 执行前内存和寄存器中的内容

图 1.8 中,R1、R2、R3 是数据寄存器(data register),用于暂存运算器的运算数据;I 是指令寄存器(instruction register),用于暂存 CPU 即将执行的指令;PC 是程序计数寄存器(program counter register),用于指出下一条即将取出的指令所在的内存地址。程序开始运行时,PC 里存放的 070 表示第一条要执行的指令在内存地址为 070 的位置,里面存放的指令是 Load 200 R1。

图 1.9 示意了 4 条指令的执行顺序。

图 1.9(a)示意了第一条指令执行后 CPU 内各寄存器的状态。指令寄存器里存放的是所执行的第一条指令,数据寄存器 R1 中存放的是指令执行后的结果,即从内存地址 200 处取出数据(+14)放入寄存器 R1 中,PC 中存放的是下一条要执行的指令的地址(071)。

图 1.9(b)示意了第二条指令执行后 CPU 内各寄存器的状态。指令寄存器中存放的是所执行的程序的第二条指令(load 201 R2),数据寄存器 R2 中存放的是第二条指令的执行结果,即从内存地址 201 处取出数据(-10),存入寄存器 R2 中,PC 中存放的是下一条要执行的指令地址(072)。

图 1.9(c)示意了第三条指令执行后 CPU 内各寄存器的状态。指令寄存器中存放的是所执行的程序的第三条指令(Add R1 R2 R3),数据寄存器 R3 中存放的是第三条指令的执行结果,即将寄存器 R1 和 R2 中的数据由运算器进行加法运算,将运算结果(+4)存入寄存器 R3 中,PC 中存放的是下一条要执行的指令地址(073)。

图 1.9(d)示意了第四条指令执行后 CPU 内各寄存器的状态。指令寄存器中存放的是所执行程序的第四条指令(Store 202 R3),即将寄存器 R3 中的值(+4)写入内存地址 202 所在的位置,PC 中存放的是下一条要执行的指令地址(074),以此类推。

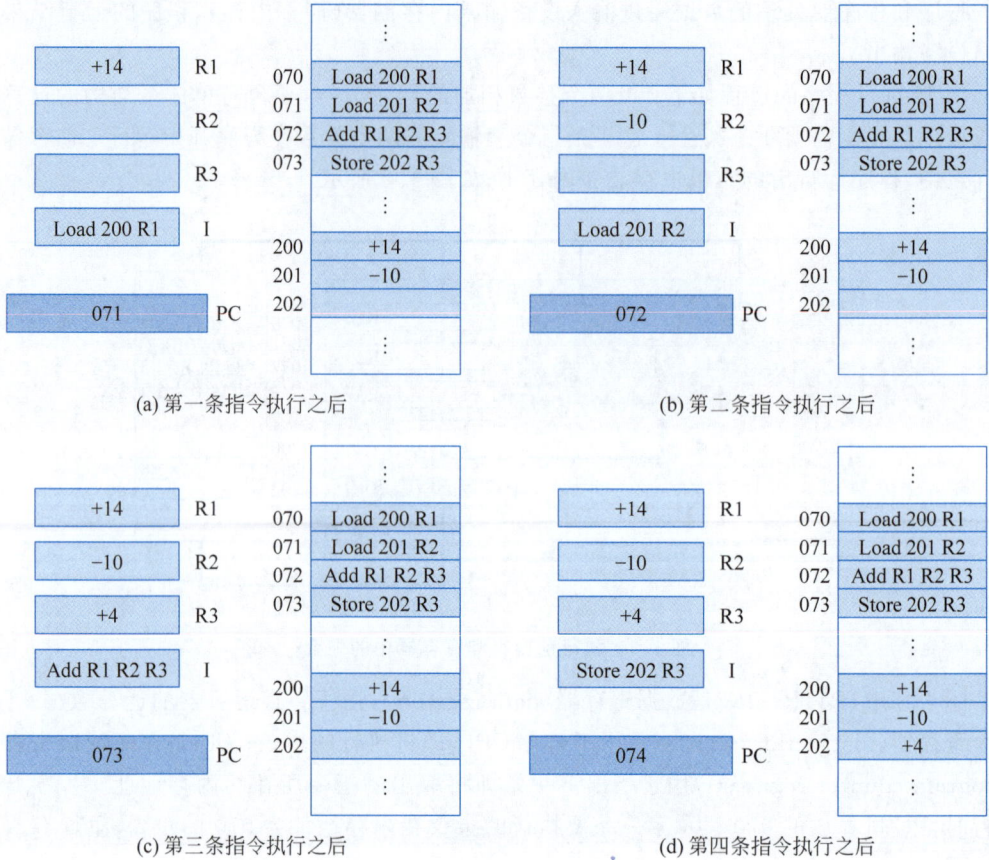

(a) 第一条指令执行之后

(b) 第二条指令执行之后

(c) 第三条指令执行之后

(d) 第四条指令执行之后

图 1.9　4 条指令的执行顺序

1.4　C++语言开发环境

　　C++语言开发环境是提供给程序员的、支持 C++程序开发过程的程序,分为两种:命令行(command line)开发环境和集成开发环境(integrated development environment,IDE)。

1.4.1　命令行开发环境

　　C++的命令行开发环境主要是指命令行界面(command line interface,CLI)和相应的工具,开发者在该环境下可以编写、编译和调试 C++代码。这种开发方式通常比较灵活,适合那些熟悉命令行操作、喜欢简洁开发环境的开发者,或者需要更高程度的自定义和控制的开发者。以下是一些常见的 C++命令行开发环境组件和工具。

1. 文本编辑器

　　Vim:一个高度可定制的文本编辑器,非常适合在命令行环境中使用。

　　Emacs:另一个强大的文本编辑器,同样适合在命令行环境中使用。它也具有丰富的自定义和扩展功能。

　　Nano:一个简单、轻量级的文本编辑器,特别适合初学者或那些不需要复杂功能的用户。

2. 编译器

GCC(GNU compiler collection)：Linux 系统中最常用的 C++编译器。它提供了 g++前端,用于编译 C++代码。

Clang：一个基于 LLVM 的 C++编译器,它提供了类似于 GCC 的功能,但具有一些额外的优化和特性。

MinGW(minimalist GNU for Windows)：提供了 Windows 系统的 GCC 移植版本,允许在 Windows 上使用类似于 GCC 的命令行编译方式。

3. 构建系统

Make：使用 Makefile.txt 来定义编译规则。Makefile.txt 文件中包含了编译和连接源代码所需的命令。

CMake：一个跨平台的构建系统,使用 CMakeLists.txt 文件来描述项目的构建过程。CMake 可以生成适用于不同平台的构建文件(如 Makefile 或 Visual Studio 项目文件)。

4. 调试器

GDB(GNU debugger)：GNU 项目发布的一个强大的 UNIX/Linux 下的程序调试工具,可用于调试 C++程序。

5. 版本控制系统

Git：一个分布式版本控制系统,非常适合在命令行环境中使用。它允许开发者追踪代码的变更历史,管理分支,以及与其他开发者协作。

为了设置 C++的命令行开发环境,需要在计算机上安装上述工具。对于 Linux,通常可以通过包管理器(如 apt、yum 或 dnf)来安装这些工具。对于 Windows,可能需要从官方网站下载并手动安装。一旦安装完成,就可以在命令行中使用这些工具来编译、连接和调试 C++代码。下面示意了 Linux 环境下编译和运行程序的方法。

```
# 编译 C++文件 hello.cpp
g++ -o hello hello.cpp
# 运行编译后的程序 hello
./hello
```

注意,命令行开发环境通常需要更多的手动配置和命令输入,但它也提供了更高的灵活性,对于那些喜欢从底层开始构建开发环境的开发者来说,这是一个很好的选择。

1.4.2　集成开发环境

C++集成开发环境(IDE)是一种综合性的软件开发环境,它集成了代码编辑器、编译器、调试器以及其他工具,以便开发者能够更方便地进行 C++程序的开发、编译、调试和运行。这些 IDE 提供了图形用户界面(graphical user interface,GUI),使得开发者能够在一个统一的界面中完成整个开发过程,而无须在多个工具之间切换。下面列出了一些流行的 C++集成开发环境。

(1) Microsoft Visual Studio。由微软公司开发的集成开发环境,支持多种编程语言,包括 C++。它提供了丰富的功能和工具,如代码编辑器、编译器、调试器、版本控制系统集成等,使得开发者能够在一个统一的界面中高效地进行 C++开发。Microsoft Visual Studio 支持的 C++标准随着版本的不同而有所变化。一般来说,较新的 Visual Studio 版本支持更新的 C++ 标准。

（2）Eclipse CDT。Eclipse 平台的一个插件，用于支持 C/C++ 开发。它提供了项目管理、代码编辑、编译、调试等功能，并支持多种编译器和调试器。Eclipse CDT 是一个开放源代码的 IDE，可以在多个操作系统上使用。

（3）CLion。由 JetBrains 公司开发的 C++ IDE，具有强大的代码编辑、智能代码分析、快速编译和调试等功能。它支持多种 C++ 标准，包括 C++11、C++14、C++17 等，并提供了一些有用的插件和扩展。

（4）Code∷Blocks。一个免费的、开源的、跨平台的 C++ IDE，支持多种编译器，如 GCC、Clang 和 MSVC 等。它提供了项目管理、代码编辑、编译、调试等功能，并具有简单易用的用户界面。

（5）Qt Creator。由 Qt 公司开发的跨平台 IDE，主要用于开发 Qt 应用程序。它支持 C++ 和 QML 等多种编程语言，并提供了丰富的 UI（user interface）设计工具和调试器。

总之，以上 IDE 都提供了丰富的功能和工具，可以帮助开发者更高效地进行 C++ 开发。选择哪个 IDE 取决于开发者的个人喜好和项目需求。不同的编译器和 IDE 可能对 C++ 标准支持程度有所不同，因此在实际开发中需要根据所使用的工具和环境选择合适的 C++ 标准。

本书所有代码在 Microsoft Visual Studio 2022 环境下调试通过，语法遵循 C++11 标准。默认情况下，Visual Studio 2022 的 C++ 编译器采用 C++14 标准，C++ 标准向下是兼容的，即采用 C++11 标准写的程序，在遵循 C++11 以上标准的编译器下都是可以正常完成编译的。如果要使用 C++17 标准、C++20 标准，需要在项目属性中对"语言标准"进行相应的设置。

1.4.3 Microsoft Visual Studio 2022 开发程序的步骤

读者可以在微软的主页 https://visualstudio.microsoft.com/zh-hans/downloads/ 上找到 Microsoft Visual Studio 2022 社区版（免费使用）下载并进行安装。本节假定计算机上已安装了 Microsoft Visual Studio 2022（以下简称 VS 2022）。

一般新学一门计算机语言，编写的第一个程序功能都是输出 Hello World，本例也是以 helloworld 程序为例，介绍在 VS 2022 IDE 下应用程序的开发步骤。

1. 启动程序并创建新项目

启动 VS 2022，进入如图 1.10 所示的启动页面。

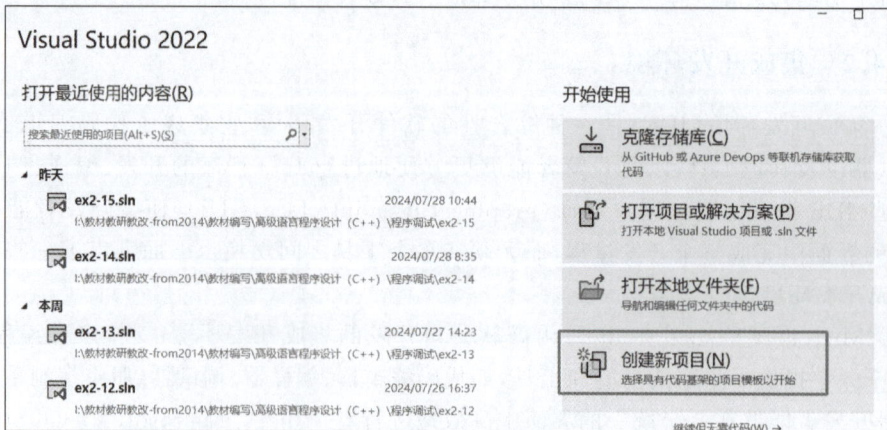

图 1.10 VS 2022 启动页面

单击图 1.10 中的"创建新项目"选项,进入如图 1.11 所示的页面。

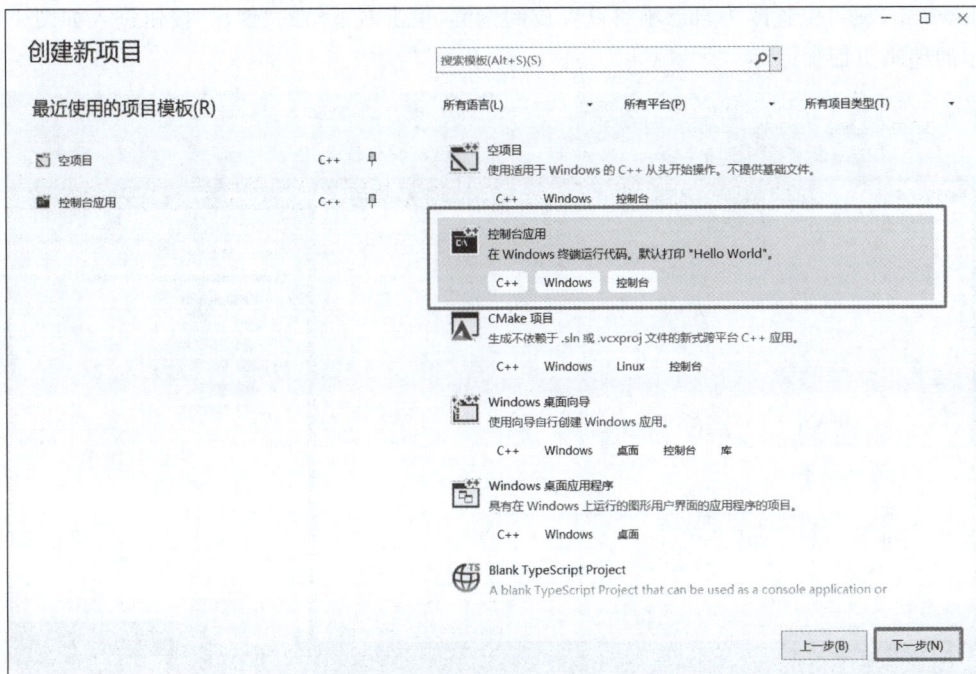

图 1.11 "创建新项目"页面

选中图 1.11 中的"控制台应用"选项,单击右下角的"下一步"按钮,进入如图 1.12 的"配置新项目"页面。

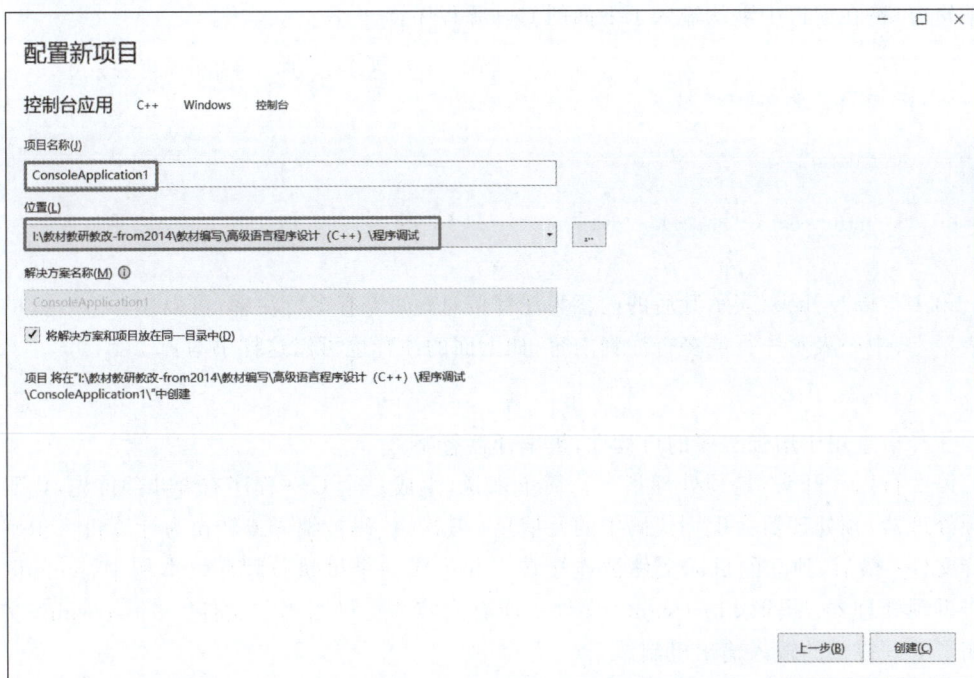

图 1.12 "配置新项目"页面

将图 1.12 中项目名称 ConsoleApplication1 改为自己的项目名称,如本例项目名称为 helloworld,项目位置改为自己项目欲存放的位置,单击右下角的"创建"按钮进入如图 1.13 所示的编辑页面。

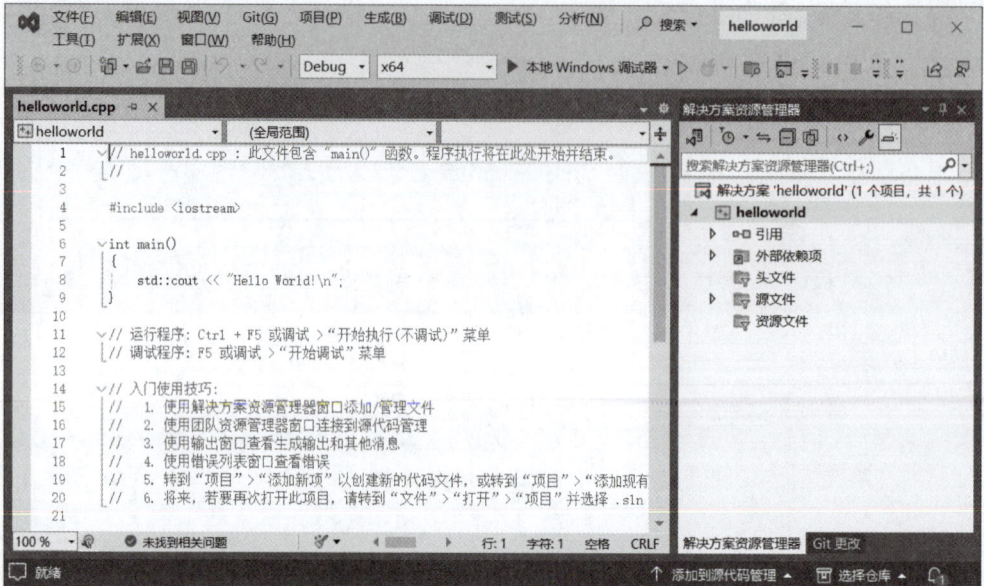

图 1.13 helloword 程序的编辑页面

2. 新建源文件

单击图 1.13 右边"解决方案管理器"中源文件下的 helloworld.cpp,即在左边出现源文件编辑窗口,在窗口中默认输入了下面的 C++源程序:

```
1   //helloworld.cpp:此文件包含 "main()" 函数。程序执行将在此处开始并结束
2   # include < iostream >
3
4   .int main()
5   {
6       std::cout <<"Hello World! \n";
7   }
```

第 1 行以//开头,表示其后的内容为注释信息;如果有多行注释,可以用/ * ⋯ * /的形式表示,其中⋯表示一行或多行注释内容,如上面的注释也可以这样书写:

/ * helloworld.cpp * /

注释信息用于增强程序的可读性,被编译器忽略。

第 2 行以 # 开头,是预处理指令。简单来说,生成一个 C++程序有 3 步:首先,代码经过预处理器,预处理器会识别代码中的元信息;其次,代码被编译或转换为计算机可识别的目标文件;最后,独立的目标文件被连接在一起生成一个可执行程序。本例中,include 指令告诉预处理器:提取< iostream >文件中所有内容并提供给当前文件。< iostream >文件声明了 C++提供的输入输出机制。

第 4 行是 main()函数的函数头。C++程序是由函数组成的,函数是程序功能模块的统称。最简单的程序至少要有一个 main()函数。

第 5 行的⦃和第 7 行的⦄分别表示 main()函数的开始与结束。

⦃和⦄括住的部分称为函数体,函数体是由语句组成的,C++语句以分号(;)结束。一行可以写多条语句,一条语句可以分多行书写。只有分号的语句称为空语句。

第 6 行的 cout 表示标准输出设备——显示器;<<是插入运算符;双引号("")括起来的是字符串常量,其中\n 是转义字符,表示换行,它使得后面的输出会从下一行开始。语句实现将字符串"Hello World!"插入 cout 所表示的设备——显示器上。std 是标准命名空间的名称,cout 是 std 中的一个名字,在程序中采用 std::cout 引用。

如果读者要编写其他程序,可以直接在图 1.13 所示的编辑窗口中输入和编辑。

3. 生成解决方案

程序编辑完成后,要进行编译和连接。单击图 1.14 所示窗口上边主菜单中的"生成"菜单,即出现其下方的下拉菜单,单击其中的"生成解决方案",即可完成编译和连接,如图 1.15 所示。

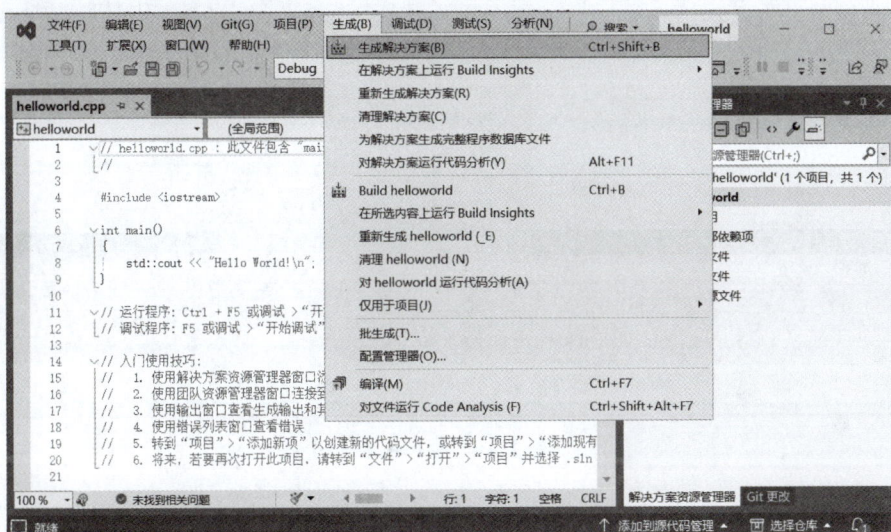

图 1.14　启动生成解决方案

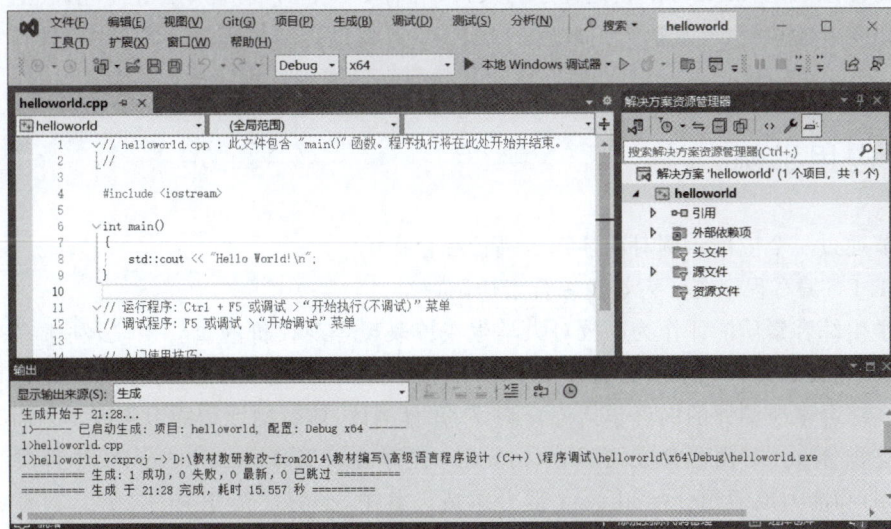

图 1.15　生成解决方案

在图 1.15 的下方"输出"窗口显示了生成解决方案的结果信息——生成：1 成功，0 失败。其表示本程序通过了编辑和连接。如果有错，则其结果信息可能是——生成：0 成功，1 失败。此时需要回到编辑窗口，改正错误后，再重新生成解决方案。

4. 调试与运行

程序通过编译和连接后，即可进入运行阶段。单击图 1.16 所示窗口上边主菜单中的"调试"菜单，即出现其下方的下拉菜单。单击"开始执行（不调试）"菜单，即可执行程序，得到如下所示的运行结果：

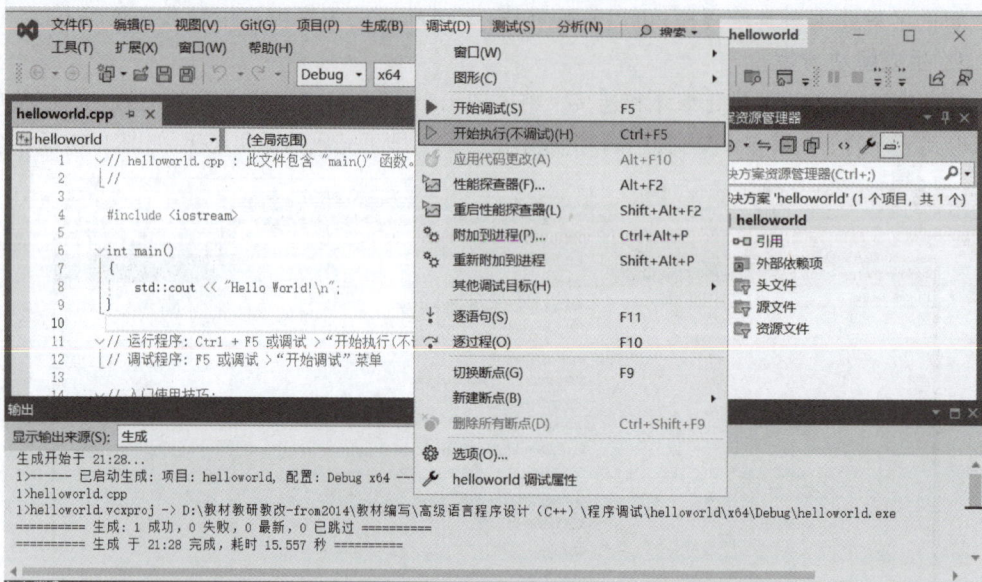

图 1.16 执行程序

Hell World!

即在屏幕上输出了"Hello World!"。本程序是控制台应用程序，所以是黑白界面。

值得注意的是，main()函数是程序的入口，所有 C++程序都是从 main()函数函数体的第一条语句开始执行，一直执行到最后一条语句，遇到}后，结束程序。本例中，只有一条语句"std::cout <<"Hello World!\n";"，该语句执行完后遇到}，程序执行结束。

1.5 应用举例

本节通过一个应用示例对前述知识进行综合运用。

例 1.1 编写程序统计大学生综合素质测评分。

大学生综合素质测评作为高校对大学生在校表现客观评价的重要手段，利于提高大学生综合素质、促进高校的素质教育发展、培养中国特色社会主义事业的合格建设者和可靠接班人。综合素质测评的内容包括德育测评、智育测评、体育测评和能力测评 4 方面。综合测评的总积分（total）由德育成绩积分（moral）、智育成绩积分（intellectual）、体育成绩积分（physical）和能力成绩积分（ability）4 部分组成。其中，德育成绩积分占 20%，智育成绩积分占 50%，体育成绩积分占 20%，能力成绩积分占 10%。综合测评总积分 total 按以下公式计算：total＝0.2×moral＋0.5×intellectual＋0.2×physical＋0.1×ability。

根据题意，可以设计出程序流程图，如图 1.17 所示。

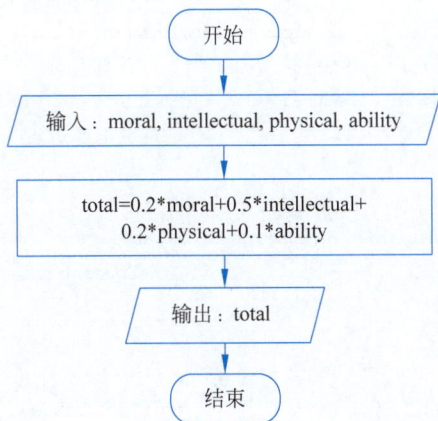

开始

输入：moral, intellectual, physical, ability

total=0.2*moral+0.5*intellectual+
0.2*physical+0.1*ability

输出：total

结束

图 1.17 大学生综合素质测评分统计流程图

图 1.17 所示的程序流程图主要由三部分组成：输入（input）、处理（process）、输出（output）。实际上，绝大多数问题都可以采用这种结构设计。也就是说，把一个问题的输入、处理、输出部分确定好了，程序的流程图就确定了。这种设计方法也称为 IPO 方法。

依据图 1.17，可以采用面向过程或面向对象的方法设计出 C++程序。

程序一（面向过程的程序设计方法）：

```
1    # include < iostream >
2    using namespace std;
3    //主程序从这里开始
4    int main()
5    {
6      double total, moral, intellectual, physical, ability;        //定义变量
7      cout <<"请输入德育、智育、体育和能力积分:\n" ;               //输出双引号中的字符串
8      cin >> moral >> intellectual >> physical >> ability;         //输入变量的值
9      total = moral * 0.2 + intellectual * 0.5 + physical * 0.2 + ability * 0.1;   //计算总分
10     cout << total;                                               //输出总分
11   } //主程序结束
```

第 2 行指定使用标准命名空间 std。

第 4～11 行是 main()函数的定义。

第 6 行中的 double 是 C++语言的关键字，该行定义变量 total、moral、intellectual、physical、ability 为双精度浮点类型。

第 8 行的 cin 表示标准输入设备——键盘，>>称为提取运算符，两者一起使用表示从键盘输入数据给各个变量。

第 10 行用 cout 和<<输出变量的值。

程序二（面向对象的程序设计方法）：

```
1    # include < iostream >
2    using namespace std;
3    class Student                                    //定义 Student 类
```

```
4    {
5    public:
6      void set(double m, i, p, a)                    //设置各项成绩
7      {moral = m; intellectual = i; physical = p; ability = a;}
8      void compute_total()                           //计算总分
9      {total = moral * 0.2 + intellectual * 0.5 + physical * 0.2 + ability * 0.1;}
10   double gettotal()                                //获取总分
11   {return total;}
12     private:
13       double total, moral, intellectual, physical, ability;
14   };                                               //Student 类定义结束
15   //主程序从这里开始
16   int main()
17   {
18       Student student1;                            //定义 Student 类的对象 student1
19       double mor, inte, phy, abi;
20       cout <<"请输入德育、智育、体育和能力积分:\n";
21       cin >> mor >> inte >> phy >> abi;
22       student1.set(mor, inte, phy, abi);
23       student1.compute_total();
24       cout <<"综合测评分为:"<< student1.gettotal();
}    //程序结束
```

第 3～14 行是 Student 类的定义。第 16～25 行是 main() 函数的定义,其中 student1 是 Student 类的对象,Student 类中的 set()、compute_total() 和 gettotal() 是类的成员函数,同时也是对象 student1 的方法。

使用 VS 2022 编辑、编译、运行程序一或程序二,可得到如下结果:

```
请输入德育、智育、体育和能力积分:
90 85 90 90
综合测评分为: 87.5
```

用户从键盘输入德育、智育、体育和能力得分,程序运行计算出综合测评分,并显示在屏幕上。

本书着重 C++ 语言本身的讲解,全书所有示例程序的文档编写从略。

本章小结

程序设计语言是人与计算机交流的语言。程序设计语言从机器语言、汇编语言发展到了高级语言。C++ 是一种支持面向过程和面向对象编程的高级程序设计语言。

流程图用于描述计算机解题的逻辑及步骤,是进行程序设计的最基本依据。

常用的程序设计方法有面向过程的结构化程序设计方法和面向对象程序设计方法。

程序设计过程包括分析、设计、编码、测试和排错、编写文档等不同阶段。

程序和程序要处理的数据通过输入设备输入内存,CPU 从内存取指令、分析指令和执行指令,指令执行结束后,得到程序的运行结果,程序的运行结果由输出设备输出。

C++ 语言开发环境是提供给程序员的、支持 C++ 程序开发过程的程序,分为两种:命令行开发环境和集成开发环境。

习题 1

习题 1

第2章

基本语法

人类用的自然语言有字、词、句等基本语法,程序设计语言具有语言的属性,也具有类似的语法。本章主要介绍 C++语言的字符集与单词、变量与常量、基本数据类型、表达式等基本语法,最后综合运用基本语法,引入一个应用示例。

2.1 字符集与单词

英语的基本字符集是 26 个英文字母和一些标点符号,由英文字母可以组成单词,由单词可以组成句子,由句子和标点符号可以组成文章。C++语言也有类似的字符集,由字符集中的字符组成的单词称为关键字或标识符,由关键字或标识符可以构造出 C++语句,C++语句的有机组合就形成了 C++程序。

2.1.1 字符集

C++的字符集是 ASCII(American Standard Code for Information Interchange,参见附录 A 表 A.5)的子集,包括 26 个小写英文字母、26 个大写英文字母、0～9 共 10 个数字以及其他符号,如空格、!、"、#、%、&、'、(、)、*、+、-、/、:、;、<、=、>、?、[、\、]、^、_、{、|、}、~和.等。

2.1.2 单词

C++的单词根据功能的不同,可以分为关键字、标识符、运算符和分隔符。

1. 关键字

关键字(keyword)是已被编程语言内部定义并赋予了特殊含义的单词,例如,例 1.1 中的 double 就是 C++关键字,表示双精度浮点类型。根据语言标准的不同,关键字会有所增减。C++11 标准常用的关键字如下:

alignas	alignof	asm	array	auto	bool	break	case	catch
char16_t	char32_t	class	const	const_cast	constexpr	int	decltype	default
dynamic_cast	double	do	else	enum	explicit	export	extern	false

thread_local	friend	goto	if	inline	continue	long	mutable	noexpect
namespace	nullptr	for	this	operator	private	public	register	protected
reinterpret_cast	return	true	try	short	sizeof	static	struct	switch
static_assert	throw	void	while	typedef	typeid	unoin	using	template
static_cast	unsigned	char	delete	float	typename	new	virtual	volatile
wchar_t								

本书后续章节将陆续介绍上述大部分关键字的含义和用途。

2. 标识符

标识符是由程序员定义的单词,又称为命名符,常用于给常量、变量、对象、函数、类型、语句标号等命名。

C++标识符命名规则:以字母或下画线开始,由字母、数字和下画线组成。

注意:

(1)标识符不能与关键字重名。

(2)字母大小写敏感。例如,Moral 和 moral 是两个不同的标识符。

(3)C++语言没有规定标识符的长度(即字符个数)。但不同编译系统有不同的识别长度,有的系统识别 32 个字符的标识符。

例如,下列都是合法标识符:

total　Moral　total_1　_total　total2　x　y

下列都是不合法标识符:

2total　　x+y　　α　　π　　a,b　　a&b　　double

标识符命名除了符合上述规则外,应该尽可能做到"见名知义",以提高程序的可读性。例如,年龄用 age、名字用 name、总和用 total 等。

3. 运算符

运算符是用于进行运算的单词,以单词的形式调用系统预定义的函数完成运算,许多运算符与数学中对应符号相同。例如,+(加)、−(减)、*(乘)、/(除)、>(大于)、<(小于)、>=(大于或等于)、<=(小于或等于)、==(等于)、!=(不等于)。

4. 分隔符

分隔符用于分隔程序中不同的语法单位,便于编译系统识别。

例如,例 1.1 中的语句"double total, moral, intellectual, physical, ability;",其中的空格、逗号(,)和分号(;)都是分隔符。double 和 total 之间不能省略空格,total、moral、intellectual、physical 和 ability 之间的逗号也不能省略,否则,C++编译器无法识别关键字 double,标识符 total、moral、intellectual、physical 和 ability。最后的分号是 C++语句之间的分隔符,每条语句都以分号结束。

如果一条语句中不同类型的单词连接在一起,编译器能够通过语法规则进行辨别,就不需要另外添加分隔符了。

例 1.1 中的语句"total=moral * 0.2+intellectual * 0.5+physical * 0.2+ability * 0.1;"由 total、=、moral、*、0.2、+、intellectual、*、0.5、+、physical、*、0.2、+、ability、*、0.1 等单词组成,其中,0.1、0.2 和 0.5 又称为常数,语句中的=、+、* 既是运算符又是分隔符,将标识符与标识符、标识符与常量分隔开,所以在这些运算符的左右不需要插入空格。如

果插入了空格,编译器会自动过滤掉。

常用的分隔符除了空格、逗号、分号之外,还有冒号(:)、左括号(()、右括号())、注释符(//、/ * 、* /)等。

2.2 变量与常量

早期用机器语言编写程序时,需要程序员确定存取数据的内存地址以及需要存取的字节数。用 C++ 这样的高级语言编写程序时,程序员不必关心数据所存放的内存地址,只需要定义变量即可实现数据存取。变量到内存的映射由编译器来完成。对变量的存取即为对变量所对应内存单元的存取,存取又称为访问,其中,存称为"写访问",取称为"读访问"。

2.2.1 变量的定义

变量由标识符来命名。定义的一般格式如下:

数据类型 变量名 1,变量名 2,…,变量名 n;

其中,变量名 1,变量名 2,…,变量名 n 是互不相同的标识符,数据类型的介绍见 2.3 节。

例如,例 1.1 中的语句"double total,moral,intellectual,physical,ability;"定义了数据类型为 double,名称分别为 total、moral、intellectual、physical 和 ability 的 5 个变量。

2.2.2 变量的初始化

变量在定义时指定的一个初始值称为变量的初始化。程序运行时,初始值被存入变量所对应的内存单元。例如:

double total = 0,moral,intellectual,physical,ability;

表示 total 被初始化为 0,程序运行时,0 被存入 total 所对应的内存单元。moral、intellectual、physical 和 ability 没有被初始化,那么它们的值是不确定的。C++ 语言中,只能对有确定值的变量进行读访问。

2.2.3 变量的赋值

变量的值是可变的,即变量所对应内存单元所存储的值是可以改变的。在 C++ 语言中,通过赋值语句来改变变量所对应内存单元的值。例如:

total = 100;

表示将 100 赋值给变量 total,实际上就是将 100 写入 total 所对应的内存单元中,先前初始化的值 0 就被 100 覆盖了。此处"="称为赋值号。

另外,也可以将一个变量的值赋值给另一个变量。例如:

moral = total;

表示将变量 total 的值赋给变量 moral,实际上就是将变量 total 所对应内存单元的值读取出来,写到变量 moral 所对应的内存单元中,这样,两个变量所对应的内存单元的值就一样了。

2.2.4 常变量

如果在定义变量时,在类型前加了关键字 const,那么所定义的就是常变量。例如:

```
const double PI = 3.1415926;
```

表示定义了常变量 PI。常变量所对应的内存单元只能进行读访问,其值在定义变量时进行初始化时写入,后续不能再进行写访问的操作,这样它的值就不能被修改了。

在程序中一般用常变量表示程序中要用到的一些常数,如圆周率 π。

2.2.5 常量

在 C++ 中,常量是直接出现在代码中的常数值。它们代表了固定的数据,不可修改,如上面的 3.1415926 就是一个常量。C++ 有各种基本数据类型的常量,具体内容在 2.3 节介绍。

2.3 基本数据类型

C++ 语言处理的数据是有类型的。不同类型的数据占据的存储空间大小不同,表示数据的范围也不一样。C++ 语言的基本数据类型有整型、浮点型、字符型和布尔型,如表 2.1 所示。

表 2.1 C++ 语言的基本数据类型

类 型 名	说　　明	字　节	示 数 范 围
int	整型,表示整数	4	$-2^{31} \sim 2^{31}-1$
long	长整型,表示整数	4	$-2^{31} \sim 2^{31}-1$
short	短整型,表示整数	2	$-2^{15} \sim 2^{15}-1$
unsigned int	无符号整型,表示非负整数	4	$0 \sim 2^{32}-1$
unsigned long	无符号长整型,表示非负整数	4	$0 \sim 2^{32}-1$
unsigned short	无符号短整型,表示非负整数	2	$0 \sim 2^{16}-1$
long long	64 位整数,表示整数	8	$-2^{63} \sim 2^{63}-1$
unsigned long long	无符号 64 位整数,表示非负整数	8	$0 \sim 2^{64}-1$
float	单精度浮点型,表示实数	4	$-3.4 \times 10^{38} \sim 3.4 \times 10^{38}$
double	双精度浮点型,表示实数	8	$-1.7 \times 10^{308} \sim 1.7 \times 10^{308}$
long double	长双精度浮点型,表示实数	8	$-1.7 \times 10^{308} \sim 1.7 \times 10^{308}$
char	字符型,表示字符	1	$-128 \sim 127$
wchar_t	表示 Unicode 字符的数据类型	2	$0 \sim 2^{16}-1$
char16_t	表示 Unicode UTF-16 编码的字符	2	$0 \sim 2^{16}-1$
char32_t	表示 Unicode UTF-32 编码的字符	4	$0 \sim 2^{32}-1$
unsigned char	无符号字符型	1	$0 \sim 255$
bool	布尔型,表示真假	1	true 或 false

例 2.1 输出各种类型所占内存单元的字节数。

```
1    # include < iostream >
2    using namespace std;
```

```
3    int main()
4    {
5        cout <<"int 型字节数:"<< sizeof(int)<< endl;
6        cout <<"long 型字节数:"<< sizeof(long)<< endl;
7        cout <<"short 型字节数:"<< sizeof(short)<< endl;
8        cout <<"long long 型字节数:"<< sizeof(long long)<< endl;
9        cout <<"float 型字节数:"<< sizeof(float)<< endl;
10        cout <<"double 型字节数:"<< sizeof(double)<< endl;
11        cout <<"char 型字节数:"<< sizeof(char)<< endl;
12        cout <<"bool 型字节数:"<< sizeof(bool)<< endl;
13    }
```

程序第 4～13 行中 sizeof()是求数据类型所占内存单元的字节数并输出。程序的运行结果如下所示:

```
int 型字节数: 4
long 型字节数: 4
short 型字节数: 2
long long 型字节数: 8
float 型字节数: 4
double 型字节数: 8
long double 型字节数: 8
char 型字节数: 1
bool 型字节数: 1
```

以上是在编者的系统下运行程序得到的结果,与表 2.1 对应类型所占内存单元字节数是一致的。建议读者在自己的计算机上运行程序并观察输出结果。

2.3.1　整型

C++语言中的整型(integer type)变量用于存储没有小数部分的数值。整型数可以是有符号的(可以表示正数、负数和零)或无符号的(只能表示非负数值)。C++标准定义了几种不同的整型,以满足不同的存储需求和性能考虑。

int:最基本的整型类型,其大小和范围取决于编译器和运行的平台(通常是 32 位或 64 位)。在大多数现代系统上,int 是 32 位的,可以表示的范围是-2 147 483 648～2 147 483 647。例如:

```
int age;            //定义了整型变量 age,即分配 4 字节的内存单元,存储一个整型数
```

unsigned int:无符号的 int,可以表示的范围是 0～4 294 967 295(对于 32 位系统)。

short 和 unsigned short:比 int 小的整型,通常用于节省内存。short 通常是 16 位的。

long 和 unsigned long:比 int 大的整型,用于需要更大范围的数值。在大多数现代 64 位系统上,long 可能仍然是 64 位的;在 32 位系统上,long 通常是 32 位的。

long long 和 unsigned long long(C++11 及以后):C++中引入的更大范围的整型,以支持更大的数值。long long 至少是 64 位的,可以表示的范围远大于 int 和 long。

在选择整型时,应考虑以下因素:

(1)范围。确保所选类型能够表示所需的最小值和最大值。

(2)内存。较小的类型通常使用较少的内存,这可能在内存受限的环境中很重要。

(3)性能。在某些情况下,较小的类型可能具有更好的性能(例如,更快的算术运算和更紧凑的数据结构)。

(4)可移植性。使用标准整型(如 int、long 等)可以提高代码的可移植性,因为它们的大小和范围在大多数平台上都是相似的。

C++语言中可以使用十进制、八进制、十六进制和二进制形式表示整型常量(又称整数)。

1. 十进制整数

十进制整数是带或者不带正负号、没有小数点、由数字 0~9 组成的符号串。C++的十进制常量不能以 0 开始。例如,305、−1094、+7256 都是合法的十进制整数。

后缀 L(或 l)表示长整型数;后缀 U(或 u)表示无符号整型数;后缀 LL(或 ll)表示 64 位整型数。

例如:

```
95476L              //一个长整型数
37821U              //一个无符号整型数
9573256UL           //一个无符号长整型数
92366789LL          //一个 64 位整型数
```

2. 八进制整数

八进制整数是以 **0 为前缀**,没有小数点,由数字 0~7 组成的符号串。

例如:

```
023                 //八进制整数,等于十进制整数 19
−0174               //八进制整数,等于十进制整数 −124
```

3. 十六进制整数

十六进制整数是以 **0x(或 0X)为前缀**,没有小数点,由 0~9 及 a~f(或 A~F)组成的符号串。

例如:

```
0x3b                //十六进制整数,等于十进制整数 59
−0XFF               //十六进制整数,等于十进制整数 −255
```

4. 二进制整数

二进制整数是以 **0b(或 0B)为前缀**,没有小数点,由数字 0、1 组成的符号串。

例如:

```
0b1011              //二进制整数,等于十进制整数 11
−0B1011             //二进制整数,等于十进制整数 −11
```

例 2.2　整型应用举例。

```
1    # include < iostream >
2    using namespace std;
3    int main()
4    {
5        int   year = 2024;
6        short month = 012;
7        short day = 0X12;
8        short week = 0b1011;
9        unsigned long long id = 4401042008122650039UL;
10       cout <<"year = "<< year << endl;
11       cout <<"month = "<< month << endl;
12       cout <<"day = "<< day << endl;
13       cout <<"week = "<< week << endl;
14       cout <<"id = "<< id << endl;
15   }
```

程序中第 5 行定义整型变量 year,初始化为 2024,2024 是十进制整数;第 6 行定义短整型变量 month,初始化为 012,012 是八进制整数,表示的是十进制整数 10;第 7 行定义短整型变量 day,初始化为 0X12,0X12 是十六进制整数,表示的是十进制整数 18;第 8 行定义短整型变量 week,初始化为 0b1011,0b1011 是二进制整数,表示的是十进制整数 11;第 9 行定义无符号 64 位整型变量 id 并进行初始化;第 10～14 行输出各变量的值。

程序的运行结果如下:

```
year = 2024
month = 10
day = 18
week = 11
id = 440104200812265039
```

从上面运行结果可见,不管给整型变量初始化的是何种进制的整数,默认输出的都是对应的十进制值。

2.3.2　浮点型

在 C++语言中,浮点型(floating-point type)变量用于存储具有小数部分的数值。C++提供了几种不同精度的浮点型,以适应不同范围和精度的数值需求。主要的浮点型包括 float、double 和 long double。

1. float

float 类型通常在需要单精度浮点数时使用。它一般能提供 6、7 位十进制数字的精度,具体取决于实现方式。在内存中,float 类型通常占用 4 字节(即 32 位)。float 类型的常量可以通过在数值后添加 f 或 F 后缀来指定。例如:

```
float Pi;            //定义单精度浮点型变量 Pi,即分配 4 字节,用于存储单精度浮点数
```

2. double

double 类型用于提供双精度浮点数,相较于 float 类型,它拥有更高的精度和更大的数值范围,通常能提供 15～17 位十进制数字的精度。在内存中,double 类型通常占用 8 字节(即 64 位)。

3. long double

long double 类型旨在提供比 double 类型更高的精度,但其具体的精度和范围则取决于编译器和运行平台。long double 占用的内存可能大于 double 类型,但具体的大小也依赖于实现。long double 类型的常量可以通过在数值后添加 l 或 L 后缀来明确指定,但在实践中这种做法并不常见,因为编译器会根据数值大小和自身设置,默认将较大的浮点数作为 long double 类型处理。

选择哪种浮点类型取决于具体的应用需求,包括所需的精度和范围,以及内存和性能的考量。对于大多数应用而言,double 类型是一个很好的折中选择,因为它既提供了足够的精度,又保持了不错的性能。然而,在需要节省内存或对性能有极端要求的场合,可能会选择 float 或 long double 类型。

需要注意的是,浮点数的表示并不总是精确的,特别是在进行算术运算时,可能会遇到舍入误差。因此,在处理浮点数时,需要格外小心,以避免出现意外的结果。

浮点型常量有两种示数形式:小数示数法和指数示数法。

小数示数法又称常用示数法,由数字和小数点组成。例如:

```
13.89    .638L    - 452.    3.14f                    //都是正确的浮点型常量
```

指数示数法又称科学记数法,由尾数、指数符和指数组成:

尾数   E|e   指数

其中,"尾数"可以是整数或小数,"指数"必须是整数。指数符可以为 E 或 e,表示以 10 为底
的指数。对于一个用指数示数法表示的浮点型常量,尾数和指数都不能省略。例如:

```
12E8                                                 //等于 12×10^8
314159E - 5                                          //等于 314159×10^ - 5
.618e3                                               //等于 0.618×10^3
e - 7  .E10  1e2.5                                   //都是非法示数形式
```

例 2.3 浮点型应用举例。

```
1    # include < iostream >
2    using namespace std;
3    int main()
4    {
5      float   pi = 31415926789.0f;
6      float   pi1 = 3.141599f;
7      double  PI = 31415926789.0;
8      double  PI1 = 3.141599;
9      long double Pi = 3.1415926789E10L;
10     long double Pi1 = 3.141599L;
11     cout <<"pi = "<< pi << endl;
12     cout <<"pi1 = "<< pi1 << endl;
13     cout <<"PI = "<< PI << endl;
14     cout <<"PI1 = "<< PI1 << endl;
15     cout <<"Pi = "<< Pi << endl;
16     cout <<"Pi1 = "<< Pi1 << endl;
17   }
```

第 5 行和第 6 行分别定义单精度浮点变量 pi 和 pi1,初始化为小数示数法的常量;第 7
行和第 8 行分别定义双精度浮点变量 PI 和 PI1,初始化为小数示数法的常量;第 9 行和第
10 行分别定义长双精度浮点变量 Pi 和 Pi1,初始化为科学记数法的常量;第 11～16 行输出
上述变量的值。程序的运行结果如下:

```
pi = 3.14159e+10
pi1 = 3.1416
PI = 3.14159e+10
PI1 = 3.1416
Pi = 3.14159e+10
Pi1 = 3.1416
```

从运行结果可以看出,当浮点型变量存储的值比较大时,会自动转换为科学记数法输
出。建议读者在自己的计算机上修改、运行程序,并观察、分析程序的运行结果。

2.3.3 字符型

在 C++中,字符型用于存储和处理单个字符。C++11 标准定义了几种不同的字符型,以
满足不同的需求。

1. char

在 C++语言中,字符型(character type)主要用于表示单个字符,如字母、数字或符号。

C++中最基本的字符型是 char 类型，它通常用于存储单个字符。char 类型实际上是以整数形式存储的，其大小（即占用的字节数）依赖于编译器和平台，但通常是 1 字节（8 位），可以表示 ASCII 字符集中的字符。

字符型常量（又称字符）为一对单引号相括的一个字符。例如，'A'、'4'、','、' '都是字符型常量。空格也是一个字符型常量。注意，'A'表示字符，A 表示标识符；'4'表示字符，4 表示整数值。

除了直接用字符型常量表示字符外，还可以在 ASCII 码的八进制数值、十六进制数值之前添加转义符"\"，其表示把其后的值转换为字符。

其格式为\ddd 或\xhh。其中，ddd 是 1~3 位八进制数，hh 是 1、2 位十六进制数。此时，八进制数值和十六进制数值略去前导 0。这种情况特别适用于表示一些不可见的控制符。

例如，'\101'和'\x41'都可以表示字符型常量的大写字母'A'；'\12'、'\x0A'和'\n'都可以表示换行；'\0'表示了 ASCII 码为 0 的字符，即空字符。

注意空字符与空格字符的区别。空字符的 ASCII 值为 0，空格字符的 ASCII 值为 32。

对一些常用的控制符，C++语言用简洁的转义符代替。例如，换行符表示为'\n'，制表符表示为'\t'等。

在程序中为了表示已经用作语义符如\、'、"等的字符，要在这些字符前添加"\"以转义，如'\\'、'\''和'\"'。

例如，执行语句：

```cpp
cout <<"C++注释行格式为:\"\\\\字符串\""<< endl;
```

屏幕的显示结果为

C++注释行格式为:"\\字符串"

表 2.2 列出了 C++常用的转义字符。

表 2.2 C++常用的转义字符

字 符 形 式	ASCII 码	说　　明
\0	0X00	空字符（null）
\n	0X0A	换行（new line），将输出位置移到下一行的开头
\r	0X0D	回车（carriage return），将输出位置移到本行的开头
\b	0X08	退格（backspace），输出位置回退一个字符
\a	0X07	响铃（bell），系统发出响铃声
\t	0X09	水平制表（horizontal tab），输出位置跳到下一制表位置
\\	0X5C	反斜杠（backslash）
\'	0X27	单引号（single quote）
\"	0X22	双引号（double quote）

字符串常量（又称字符串）是用双引号相括的字符序列。例如，以下都是合法的字符串："Name"、"2002"和"x"。

系统在内存存放字符串时，除了每个符号占 1 字节外，还自动添加一个空字符'\0'作为串结束标志。所以，字符'x'和字符串"x"的数据类型和存储形式不一样，前者是字符，后者是字符串。"123"和 123 也是不一样的，前者是字符串，后者是十进制整数。

例 2.4 字符型应用举例。

```
1    #include <iostream>
2    using namespace std;
3    int main(){
4        char letter = 'A';
5        cout << letter << endl;
6        cout <<"Hello * China!\n";
7        cout <<"Hello\tChina!\n";
8        cout <<"Hello * \bChina\n";
9        cout <<"Hello * China!\nHello * World!\r";
10       cout <<"\101\102\103\104\x41\x42\x43\x44\n";
11   }
```

第 4 行定义字符变量 letter,初始化为字符'A';第 6 行输出由普通字符和转义字符组成的字符串,'\n'是转义字符;第 7 行'\t'是转义字符,等同于键盘上 Tab 键的效果;第 8 行 '\b'是转义字符,等同于键盘上 Backspace 键的效果;第 9 行'\r'是转义字符,代表回车;第 10 行是由转义字符组成的字符串。程序的运行结果如下:

```
A
Hello*China!
Hello   China!
HelloChina
Hello*China!
ABCDABCDrld!
```

由于第 9 行的'\r'使得光标回到行首,因此第 10 行的输出是在第 9 行输出的基础上输出,即覆盖了第 9 行输出的部分字符。

2. wchar_t

这是一个宽字符类型,用于存储宽字符集(如 Unicode,具体内容参见附录 A、2.3 节)中的字符。其大小依赖于编译器和平台的实现,通常在 Windows 平台上为 16 位宽,用于存储 UTF-16 编码的字符;在大多数 UNIX 和 Linux 系统上为 32 位宽,用于存储 UTF-32 编码的字符。这种差异导致了代码的跨平台兼容性问题。wchar_t 类型允许程序处理包含非 ASCII 字符的文本。

3. char16_t 和 char32_t

这两个类型是在 C++11 中引入的,分别用于存储 UTF-16 和 UTF-32 编码的字符。char16_t 类型占用至少 16 位(2 字节),而 char32_t 类型占用至少 32 位(4 字节)。它们提供了对 Unicode 字符的直接支持,使得处理 Unicode 文本更加容易和直观。

2.3.4 布尔型

C++的逻辑类型用关键字 bool 定义。逻辑类型只有两个值:true 和 false。

逻辑数据用于表示判断的结果是否成立,所以只有两个可能值。例如,"1 大于 3"这种情况不成立,判断结果为 false。"2+3 等于 3+2"这种情况成立,判断结果为 true。

在 C++中,逻辑值 true 和 false 实际上是用整型数 1 和 0 参与运算。

例 2.5 布尔型应用示例。

```
1    #include <iostream>
2    using namespace std;
3    int main(){
```

```
4    bool b;
5    b = false;
6    cout <<"b = "<< b << endl;
7    b = true;
8    cout <<"b = "<< b << endl;
9    }
```

程序的运行结果如下：

```
b = 0
b = 1
```

从运行结果可以看出，逻辑变量输出的结果是 0 或 1。

2.3.5 用 cin 读入各种类型变量的值

前面给变量所对应的内存单元赋值是用初始化的方式或赋值语句，变量的值直接在程序里固定了。有时候，变量的值事先是不确定的，要等运行程序时由用户从键盘输入。此时，可以用 cin 和提取运算符(>>)来完成输入。

例 2.6 变量的输入示例。

```
1    include < iostream >
2    using namespace std;
3    int main(){
4        long long code;              //定义 long long 型变量 code
5        int age;                     //定义 int 型变量 age
6        char gender;                 //定义 char 型变量 gender,'F' -- Female,'M' -- Male
7        double moral;                //定义双精度浮点型变量 moral
8        cout <<"请输入编号、年龄、性别和德育分值:"<< endl;
9        cin >> code >> age >> gender >> moral;
10       //各输出项之间用制表符'\t'分隔
11       cout << code <<'\t'<< age <<'\t'<< gender <<'\t'<< moral << endl;
12   }
```

程序的运行结果如下：

```
请输入编号、年龄、性别和德育分值:
2025110012510001 18 M 95.5
2025110012510001      18      M      95.5
```

程序中用 cin 一次给多个类型不同的变量 code、age、gender 和 moral 输入值，输入时各项之间用空格分开。除了空格外，制表符('\t')或换行符('\n')也可以作为输入项之间的分隔符。

2.3.6 用 auto 进行自动类型推断

在 C++中，auto 关键字用于自动类型推断。它允许编译器根据初始化表达式自动推断变量的类型，从而避免显式地指定类型名称。auto 的使用可以使代码更加简洁，并减少因类型不匹配而导致的错误。例如：

```
auto x = 42;                     //推断 x 的类型是 int
auto y = 3.14;                   //推断 y 的类型是 double
auto z = 'a';                    //推断 z 的类型是 char
auto str = "hello";              //推断 str 的类型是 const char *
```

使用 auto 声明的变量必须在声明时进行初始化，因为编译器需要通过初始化表达式来推断类型。

　　auto 虽然可以使 C++ 代码更加简洁和易于维护,但是过度使用可能会使代码的可读性降低,特别是当变量的类型对于理解代码很重要时。因此,在使用 auto 时应该权衡其带来的好处和潜在的可读性损失。

2.4　表达式

　　表达式是指由操作数和运算符组成,按求值规则,可以求出一个值的式子。操作数可以是一个常量、常变量、变量或一个表达式,运算符除了前面所述的加(＋)、减(－)、乘(＊)、除(/)等算术运算符和大于(>)、小于(<)、等于(＝＝)等比较运算符外,还有其他运算符。下面将系统地加以介绍。

2.4.1　运算符

　　C++ 语言的运算符主要有:
- 算术运算符:＋、－、＊、/、％、＋＋、－－。
- 关系运算符:>、<、＝＝、>=、<=、!＝。
- 逻辑运算符:!、&&、||。
- 位运算符:<<、>>、~、|、^、&。
- 赋值运算符:＝及扩展的复合运算符。
- 条件运算符:?:。
- 逗号运算符:,。
- 指针运算符:＊、&。
- 求字节运算符:sizeof。
- 强制类型转换符:类型符。
- 分量运算符:.、—>。
- 下标运算符:[]。
- 其他:()、::、new、delete。

　　根据运算符所要求操作数的个数不同,运算符可以分为一元运算符、二元运算符和三元运算符。

　　(1)一元运算符。一元运算符要求有一个操作数,表达式为

　　Op　右操作数

或

　　左操作数　Op

其中,Op 表示如＋、－、!、＋＋这样的一元运算符。例如:－123、＋500、!b、a＋＋。

　　(2)二元运算符。二元运算符要求有左右两个操作数,表达式为

　　左操作数　Op　右操作数

其中,Op 表示如＋、－、＊、/、>、<等这样的二元运算符。例如:i＋1、a＊3、x>y。

　　(3)三元运算符。三元运算符要求有三个操作数。C++ 语言只有一个三元运算符,即

条件运算符。表达式为

操作数 1 ? 操作数 2 : 操作数 3

例如，a ? b : c。

一个表达式可能会包含多个运算符。运算符之间的运算次序由各运算符的优先级（优先关系）和结合性决定。表达式中的运算符按优先级从高到低运算，括号优先，有多层括号时，内层括号优先。表 2.3 列出了常用运算符的功能、优先级和结合性，优先级值越小，优先级越高，同级运算符从左到右运算。

表 2.3 常用运算符的功能、优先级和结合性

优先级	运 算 符	功 能	结合性
1	( )	函数调用，参数传递	左→右
	::	作用域运算	
	[ ]	数组下标	
	. 、—>	成员选择	
	. * 、—> *	成员指针选择	
2	++ 、——	自增、自减	右→左
	&	取地址	
	*	取内容	
	!	逻辑非	
	~	按位反	
	+ 、—	取正、取负（一元运算）	
	sizeof	求存储字节	
	new 、delete	动态分配、释放内存	
3	* 、/ 、%	乘、除、求余	左→右
4	+ 、—	加、减（二元运算）	
5	<< 、>>	左移位、右移位	
6	< , <= , > , >=	小于、小于或等于、大于、大于或等于	
7	== 、!=	等于、不等于	
8	&	按位与	
9	^	按位异或	
10	|	按位或	
11	&&	逻辑与	
12	||	逻辑或	
13	?:	条件运算	右→左
14	= 、+= 、—= 、* = 、/= 、%= 、&= 、^=	赋值、复合赋值	
15	,	逗号运算	左→右

从左至右结合是指先计算左操作数，然后计算右操作数，再按运算符求值；从右至左结合是指先计算右操作数，然后计算左操作数，再按运算符求值。

2.4.2 算术表达式

1. 基本算术运算

基本算术运算符有：＋，加法，或一元求正；—，减法，或一元求负；＊，乘法；/，除法；％，求模（求余）。

算术运算符是从左至右结合的。其中乘（＊）、除（/）和求余（％）优先级高于加（＋）和减（－）。

算术表达式由算术运算符和操作数组成，结果值是算术值。其中加、减、乘、除操作数类型只能是整型、浮点型或字符型，字符型数据以字符的 ASCII 值参与运算。

整数类型进行加、减、乘运算时，可能导致溢出，即运算结果超出了对应数据类型所表示数的范围，从而导致运算结果错误。

例 2.7 算术运算示例。

```
1    # include < iostream >
2    using namespace std;
3    int main(){
4        unsigned   int gdp2022 = 0xffffff11;
5        unsigned   int temp = 0xff;
6        unsigned   int sum = gdp2022 + temp;
7        cout <<" sum = "<< sum << endl;
8        char letter1 = 'A';
9        char letter2 = letter1 + 32;
10       char letter3 = letter1 + letter2;
11       cout <<"letter1 = "<< letter1 << endl
12           <<"letter2 = "<< letter2 << endl
13           <<"letter3 = "<< letter3 << endl
14           <<"letter1 + letter2 = "<< letter1 + letter2 << endl;
15       double gdp2023 = 126.06E12;
16       cout <<"gdp2022 + gdp2023 = "<< gdp2022 + gdp2023 << endl;
17   }
```

程序的运行结果如下：

```
sum = 16
letter1 = A
letter2 = a
letter3 =
letter1 + letter2 = 162
gdp2022 + gdp2023 = 1.26064e+14
```

第 4～6 行定义 gdp2022、temp 和 sum 变量并初始化，第 7 行输出 sum 的值为 16，因为溢出导致了结果出错；第 9 行表示将字符变量 letter1 的 ASCII 码与整数 32 相加，然后将和所对应的字符初始化为 letter2，第 12 行输出 letter2 的值为字母 'a'；当字符值超过 127 时，不再表示 ASCII 字符，第 13 行输出 letter3 为空；字符变量以 ASCII 值参与运算，如第 14 行输出两个字符变量相加的结果为整数 162；整型数与浮点数进行运算，运算结果是浮点数，如第 16 行，输出的是科学记数法表示的浮点数。

在实际编程当中，要特别注意运算结果是否会溢出。有时，最终结果虽然不会溢出，但计算的中间结果溢出也会导致结果不正确。此时，应考虑表示数据范围大的数据类型，如 long long，如果还不够，则要采用一些数据结构，如数组或链表来存储大数，这些内容后续将予以介绍。

"求模"运算是计算两个**整数**相除的余数。例如：

```
7 % 4                            //表达式的值等于 3
5 % 21                           //表达式的值等于 5
12 % 2.5                         //错误,模运算操作数不能为浮点数
```

2. 自增和自减

在程序中,经常会用到以下操作:i＝i+1 和 i＝i-1。这两个操作分别称为变量的自增和自减。C++语言用＋＋和－－运算符描述这两种常用运算,如表 2.4 所示。

表 2.4　自增和自减

运　算　符	后置表达式	前置表达式	对应的赋值表达式
＋＋	i++	++i	i＝i+1
－－	i－－	－－i	i＝i-1

表 2.4 中后置式和前置式在独立使用时没有区别。但当它作为子表达式时,会对其他变量产生不同的影响。例如:

```
int a = 0, b = 0, i = 0;
a = ++i;            //++i是前置式的,先自增,然后把 i 的值赋给 a。a 为 1,i 为 1
b = i++;            //i++是后置式的,先读出 i 的值赋给 b,然后自增。b 为 1,i 为 2
```

例 2.8　自增、自减运算符。

```
1    # include < iostream >
2    using namespace std;
3    int main(){
4       int count1 = 0, count2 = 5;
5       int total = 0;
6       total = count1++ + count2++;
7       cout <<"count1 = "<< count1 << endl;
8       cout <<"count2 = "<< count2 << endl;
9       cout <<"total = "<< total << endl;
10      total = ++count1 + ++count2;
11      cout <<"count1 = "<< count1 << endl;
12      cout <<"count2 = "<< count2 << endl;
13      cout <<"total = "<< total << endl;
14   }
```

程序的运行结果如下:

```
count1 = 1
count2 = 6
total = 5
count1 = 2
count2 = 7
total = 9
```

第 6 行是自增的后置式,先用变量 count1 和 count2 的值参与加法运算,将和赋值给变量 total,然后再各自自增。第 10 行是自增的前置式,变量 count1 和 count2 各自先自增,然后参与加法运算,将和赋值给变量 total。

3. 类型转换

表达式是表达一个值的式子,算术表达式值的类型由表达式中操作数类型决定。

(1) 如果运算符左右操作数类型相同,则运算结果与操作数类型一致。例如:

```
6 + 5               //结果为整型值 11
2/4                 //结果为整型值 0。因为左右操作数都是整型常量,所以结果为整型数
```

(2) 如果运算符左右操作数类型不同,则先把类型较低(存储要求、示数能力较低)的操作数转换为与类型较高的操作数类型一致,然后进行运算。例如:

```
cout << 3 + 'A'<< endl;
```

把 1 字节长的 char 类型字符 'A' 的 ASCII 码 65 转换为 4 字长的 int 类型 65,输出为 68。

又如:2.0/4,先将整数 4 转换为与浮点数 2.0 相同的类型,再进行运算,结果为浮点型数 0.5。

(3) 赋值的类型转换。当把一个表达式的值赋给一个变量时,系统首先强制把运算结果转换为变量的类型,然后写入变量所对应的内存单元。

例 2.9 类型转换测试。

```
1    # include < iostream >
2    using namespace std;
3    int main(){
4        int a;
5        char c;
6        double x;
7        a = 2.0/4;              //把 0.5 转换为整型数赋给整型变量 a
8        x = 2.0/4;              //把 0.5 赋给浮点型变量 x
9        cout << a <<'\t'<< x << endl;
10       a = 3 + 'A';            //把 68 赋给整型变量 a
11       c = 3 + 'A';            //把 68 转换为字符'D',赋给字符变量 c
12       cout << a <<'\t'<< c << endl;
13       cout << 3 + 'A'<< endl;  //表达式值为整型
14   }
```

程序的运行结果如下:

```
0      0.5
68     D
68
```

(4) 强制类型转换。C++可以用类型符将表达式值转换为指定类型,一般形式为

(类型)(表达式)

或

(类型) 表达式

或

类型 (表达式)

例如:

```
(int)(x + y)              //把 x + y 的结果转换为整型
(char)70                  //把整数 70 转换为字符'F'
double(a) + y            //把 a 的值转换为 double 类型再加上 y 的值
```

注意:(double)(2/4)把 2/4 的运算结果转换为 double 型,等于 0。而(double)2/4,先把 2 强制转换为 double 型,然后按照运算类型转换的原则,自动把 4 转换为 double 型,最后相除的结果等于 0.5。

赋值时的类型转换和用类型符实现的类型转换是强制性的,所以,把低类型数据转换为高类型时,一般不会发生什么问题。反之,把高类型数据转换为低类型,就有可能引起数据错误或丢失。

2.4.3 逻辑表达式

逻辑表达式用于判断运算,值类型为布尔型,只有两种:true 或 false。true 表示表达式成立,false 表示表达式不成立。C++用 true 表示逻辑表达式的值为逻辑真,用 false 表示逻辑表达式的值为逻辑假。在 C++中,布尔型和整型可以相互转换,所有的非 0 值都表示 true,只有为 0 的值表示 false。

构成逻辑表达式的运算符有关系运算符和逻辑运算符。

1. 关系运算

关系运算即比较运算,用于比较两个操作数值的大小。C++的关系运算符有:<(小于)、<=(小于或等于)、>(大于)、>=(大于或等于)、==(等于)、!=(不等于)。

例 2.10 关系表达式求值。

```
1    # include < iostream >
2    using namespace std;
3    int main()
4    {
5        int n1 = 1, n2 = 2, n3;
6        n3 = n1;
7        cout <<"n1 = "<< n1 <<'\x20'<<"n2 = "<< n2 <<'\x20'<<"n3 = "<< n3 << endl;
8        cout <<"n1 > n2:"<<(n1 > n2)<< endl;
9        cout <<"n1 <= n2:"<<(n1 <= n2)<< endl;
10       cout <<"n1 == n2:"<<(n1 == n2)<< endl;
11       cout <<"n1 == n3:"<<(n1 == n3)<< endl;
12       n2 = 5;n3 = 3;
13       cout <<"n1 = "<< n1 <<'\x20'<<"n2 = "<< n2 <<'\x20'<<"n3 = "<< n3 << endl;
14       cout <<"n1 <= n2 <= n3:"<<(n1 <= n2 <= n3)<< endl;
15   }
```

第 7 行'\x20'是空格字符;第 8~11 行和第 14 行输出的都是关系表达式的值,输出的是整数 0 或 1,0 表示关系表达式不成立(false),1 表示关系表达式成立(true)。

程序的运行结果如下:

```
n1 = 1 n2 = 2 n3 = 1
n1>=n2:0
n1<=n2:1
n1==n2:0
n1==n3:1
n1 = 1 n2 = 5 n3 = 3
n1<=n2<=n3: 1
```

特别值得注意的是,在例 2.10 中数学表达式 n1 <= n2 <= n3 是不成立的,但是在 C++中,该表达式是这样计算的:先计算左边部分 n1 <= n2 的值(为 1),再计算 1 <= n3 的值,从而得到整个表达式的值为 1。所以,此处的表达式没有正确地表达对应数学表达式的值,是有问题的。

除了整型、浮点型等数值型操作数可以进行比较运算外,字符型也可以参与关系运算,此时是用字符对应的 ASCII 码进行比较:

```
'A'>'B'          //字符'A'的 ASCII 码为 65,字符'B'的 ASCII 码为 66。表达式的值为 false(0)
50<'D'           //字符'D'的 ASCII 码为 68,表达式的值为 true(1)
```

2. 逻辑运算

逻辑运算用于表达式的逻辑操作。C++的逻辑运算符有:逻辑与(&&)、逻辑或(||)和

逻辑非(!)三种。其中,&& 和||是二元运算符,!是一元运算符。"逻辑与"只有在左右操作数都为 true(非 0)时,结果才为 true。"逻辑或"只要左右操作数中有一个为 true(非 0),结果就为 true。"逻辑非"表示取操作数逻辑相反值。基本逻辑运算的真值表如表 2.5 所示,此处 a、b 可以是常量、变量或有确定值的表达式。

表 2.5　基本逻辑运算的真值表

表达式	a	b	!a	!b	a&&b	a‖b
取值	true(非 0)	true(非 0)	false(0)	false(0)	true(1)	true(1)
	true(非 0)	false(0)	false(0)	true(1)	false(0)	true(1)
	false(0)	true(非 0)	true(1)	false(0)	false(0)	true(1)
	false(0)	false(0)	true(1)	true(1)	false(0)	false(0)

逻辑表达式从左到右进行计算。为提高程序的执行效率,对逻辑表达式求值时,当整个表达式的值已经能够确定时即结束。如对表达式 a&&b 求值,当求得 a 的值为 0 时,即可确定逻辑表达式的值为 0,逻辑表达式求值结束,表达式 b 不会被执行。同理,如对表达式 a‖b 求值,当求得表达式 a 的值为 1 时,整个逻辑表达式的值为 1,表达式 b 也不会被执行。

例 2.11　逻辑运算示例。

```
1    # include < iostream >
2    using namespace std;
3    int main(){
4        int n1 = 0, n2 = 0, n3 = 0;
5        bool r1, r2, r3;
6        r1 = n1++&&n2++;
7        cout <<"r1 = "<< r1 <<"n1 = "<< n1 <<"n2 = "<< n2 << endl;
8        r2 = n1 -- ||n3 -- ;
9        cout <<"r2 = "<< r2 <<"n1 = "<< n1 <<"n3 = "<< n3 << endl;
10       r3 = ++n1||++n2&& -- n3;
11       cout <<"r3 = "<< r3 <<"n1 = "<< n1 <<"n2 = "<< n2 <<"n3 = "<< n3 << endl;
12   }
```

第 6 行表达式 n1++&&n2++求值的过程:先计算 n1++的值,这是自增的后置式,表达式的值为 0,n1 的值为 1,这样,整个逻辑表达式的值为 false(0),n2++表达式不会被执行,n2 的值维持初始值 0 不变。

第 8 行表达式 n1--‖n3--求值的过程:先计算 n1--的值,这是自减的后置式,表达式的值为 1,n1 的值为 0,这样,整个逻辑表达式的值为 true(1),n3--表达式不会被执行,n3 的值维持初始值 0 不变。

第 10 行表达式++n1‖++n2&&--n3 求值的过程:先计算++n1 的值,这是自增的前置式,表达式的值为 1,n1 的值为 1,这样,整个逻辑表达式的值为 true(1),++n2&&--n3 表达式不会被执行,n2 和 n3 的值维持初始值 0 不变。

程序的运行结果如下:

```
r1 = 0 n1 = 1 n2= 0
r2 = 1 n1 = 0 n3= 0
r3 = 1 n1 = 1 n2= 0 n3= 0
```

另外,数学表达式 a<=b<=c 可以用逻辑表达式正确表示出来:a<=b&&b<=c。建议读者将例 2.10 中第 10 行的(n1<=n2<=n3)用(a<=b&&b<=c)替换,重新运行程

序,观察并分析程序的运行结果。

2.4.4 赋值表达式

赋值运算用于对变量进行赋值,即在变量所表示的内存单元写入一个值。前面已经使用过赋值表达式了。C++赋值表达式的一般形式为

变量 = 表达式

其中,赋值号(=)右边"表达式"也可以是赋值表达式,使得赋值操作可以拓展。

例如,a=b=10 相当于 a=(b=10)。表达式 b=10 的值为 10;b 的值为 10;把 10 赋给 a,即 a 的值为 10。也可以用赋值号右结合来理解,首先把 10 赋给 b,然后把 b 的值赋给 a。但是,(a=b)=10 就不一样了。括号改变了执行顺序,首先应执行 a=b,把 b 的值写入 a,表达式的值确定于 a,然后执行 a=10。上式对 a 做了两次写操作,对 b 做了一次读操作。

C++还有一批用于简化代码的复合赋值运算符: +=、−=、*=、/=、%=等。一般形式为

A Op = B

其等价于 A=A Op B。

例 2.12 赋值运算示例。

```
1    # include < iostream >
2    using namespace std;
3    int main(){
4        int a,b;
5        a = b = 10;
6        cout << a <<'\t'<< b << endl;
7        (a = b) = 50;
8        cout << a <<'\t'<< b << endl;
9        a += b;
10       cout << a <<'\t'<< b << endl;
11       a/= b;
12       cout << a <<'\t'<< b << endl;
13   }
```

第9行 a+=b 相当于 a=a+b,但是前者比后者的运行速度更快。

程序的运行结果如下:

```
10      10
50      10
60      10
6       10
```

一般来说,把能出现在赋值运算符左边即能被赋值的表达式称为"左值表达式"。而 3+7 这样的表达式,虽然能够表达整型值 10,但不能被赋值,所以只能放在赋值号的右边,这样的表达式称为"右值表达式"。

例如,表达式 a=b=3+7 是正确的赋值表达式,其中,a 是左值表达式,b 既是左值表达式也是右值表达式,3+7 是右值表达式;表达式 3+7=a 是错误的赋值表达式,因为 3+7 是右值表达式,不能放在赋值号的左边;表达式 a=b+3=10 是错误的赋值表达式,因为子表达式 b+3=10 中,表达式 b+3 不能作为左值表达式;表达式(a=b+3)=10 是正确的赋值表达式,其中 a 是左值表达式,b+3 和 10 都是右值表达式。

2.4.5　条件表达式

条件运算符"?:"是一个三元运算符,由条件运算符和操作数形成的表达式称为条件表达式。其形式为

操作数 1 ? 操作数 2 : 操作数 3

其中,操作数 1、操作数 2 和操作数 3 是任意表达式,求值过程:首先求操作数 1 的值,其值为 true(非 0)时,条件表达式的值为操作数 2 的值;否则,条件表达式的值为操作数 3 的值。注意,此处操作数 2 和操作数 3 中有且仅有一个会被执行。

例 2.13　条件表达式示例。

```
1    #include <iostream>
2    using namespace std;
3    int main()
4    {
5        int n1 = 10, n2 = 20, max1;
6        max1 = n1 >= n2 ? n1++ : n2++;         //求 n1 和 n2 之间较大的,并将较大的那个自增
7        cout <<"n1 = "<< n1 <<"   n2 = "<< n2 << endl;
8        cout <<"max1:"<< max1 << endl;
9        char ch1 = 'A';
10       char ch2;
11       ch2 = (ch1 >= 'A' && ch1 <= 'Z') ? ch1 + 32 : ch1;    //将大写字母转换为小写字母
12       cout <<"ch2:"<< ch2 << endl;
13       int max;
14       max = max1 >= ch1 ? max1 : ch1;                        //求 n1、n2 和 ch1 之间最大的
15       cout <<"max:"<< max << endl;
16   }
```

第 6 行 n1 >= n2 为假,条件表达式的值由 n2++ 决定,该式为自增的后置式,先将 n2++ 表达式的值赋值给 max1,n2 再自增,n1++ 没有被执行。所以,第 7 行和第 8 行的输出结果中,n1 的值维持不变,n2 的值为 21,max1 是 n2 自增之前的值 20。

第 11 行使用条件表达式将大写字母转换为小写字母。请读者考虑一下,如果要将小写字母转换为大写字母,条件表达式该如何修改?

第 14 行实际上是求 n1、n2 和 ch1 三个变量值之间的最大值,其中 ch1 是用字符的 ASCII 值参与运算。也可以这样写:

max = (n1 >= n2)?((n1 >= ch1)?n1:ch1):((n2 >= ch1)?n2:ch1);

此处,在条件表达式中又出现了条件表达式,这种情形称为条件表达式的嵌套。

程序的运行结果如下:

```
n1=10   n2=21
max1: 20
ch2: a
max: 65
```

2.4.6　逗号表达式

用逗号运算符将若干表达式连接起来形成一个更大的表达式,称为逗号表达式。其一般表示形式为

表达式 1,表达式 2,…,表达式 n

逗号表达式有两层含义:第一,各表达式按顺序执行;第二,逗号表达式也表达一个值,这个值是最后一个表达式的值。

例如,逗号表达式:

3 * 5,a + b,x = 10

由三个互不相干的表达式组成,仅仅是顺序执行而已。如果有

x = (a = 3,2 * 6)

把逗号表达式 a=3,2 * 6 的值赋给 x,则 x 的值是 12。但如果表达式写为

x = a = 3,5 * 6

因为逗号的运算级别最低,所以这是由赋值表达式和算术表达式组成的逗号表达式,x 的值由其中的赋值表达式赋值,其值为 3,逗号表达式的值为 30。

2.4.7 用 cout 输出表达式的值

前面示例中已使用 cout 进行了输出。本节将对 cout 的语法和使用格式进行系统的介绍。用 cout 输出表达式的值,是指将表达式的值输出到显示器。其语句格式为

cout <<表达式 1 <<表达式 2…<<表达式 n;

其中,cout 是系统预定义的输出流对象,表示显示器;<<称为插入运算符;表达式 1、表达式 2、…、表达式 n 是被插入的对象,即输出项。

语句的运行过程:对表达式 1、表达式 2、…、表达式 n 求值,然后将值转换为字符串形式插入 cout 所表示的设备即显示器,完成输出。

使用插入运算符时,要特别注意运算符的优先级,否则将出现错误。

例如,以下语句都会出错:

```
cout << a = b;                                    //错误
cout << a > b ? a:b;                              //错误
```

这是因为赋值运算符和条件运算符的优先级都低于插入运算符。可以通过添加括号改变优先级来纠正错误:

```
cout <<(a = b);                                   //正确
cout <<(a > b ? a:b);                             //正确
```

另外,输出项可以包含各种控制格式的符号或函数。例如,制表符'\t'、换行符'\n'等特殊控制字符可以直接嵌入字符串输出项中。I/O 流还提供了一批数据输出格式控制符,它们作为独立输出项目使用。表 2.6 列出了几个常用的输出格式控制符,使用这些控制符要包含头文件 iomanip。

表 2.6　常用的输出格式控制符

控　制　符	功　　能
endl	输出一个新行符,并清空流
ends	输出一个字符串结束符,并清空流
dec	用十进制数的形式输入或输出数值

续表

控　制　符	功　　能
hex	用十六进制数的形式输入或输出数值
oct	用八进制数的形式输入或输出数值
setfill(char c)	设置填充符 c
setprecision(int n)	设置浮点数输出精度(包括小数点)
setw(int n)	设置输出宽度

例 2.14　输出格式使用示例。

```
1   #include<iostream>
2   #include<iomanip>                              //包含格式输出文件
3   using namespace std;
4   int main(){
5     int a,b,s;                                   //定义变量
6     cout.setf(ios::showbase);                    //设置输出显示基数符
7     a=01137;b=023362;s=a+b;                      //计算两个八进制数的和
8     cout<<"八进制数:";
9     cout<<oct<<a<<" + "<<b<<" = "<<s<<endl;       //以八进制数显示结果
10    a=239;b=5618;s=a+b;                          //计算两个十进制数的和
11    cout<<"十进制数:";                            //以十进制数显示结果
12    cout<<dec<<a<<" + "<<b<<" = "<<s<<endl;
13    a=0x1a3e;b=0x4bf;s=a+b;                       //计算两个十六进制数的和
14    cout<<"十六进制数:";
15    cout<<hex<<a<<" + "<<b<<" = "<<s<<endl;       //以十六进制数显示结果
16    cout<<"Hello!\nI am ZhangHua.\n";
17    cout<<"Hello!"<<'\n'<<"I am ZhangHua."<<'\n';
18    cout<<"Hello!"<<endl<<"I am ZhangHua."<<endl;
19    cout<<setw(10)<<setfill('*')<<setprecision(4)<<711.5612<<endl;
20  }
```

第 7、10、13 行分别以八进制、十进制、十六进制给变量 a、b 赋值。

请读者思考一下:不同进制对变量 a、b 赋值后,它们在内存中的存放形式有什么变化?

第 9、12、15 行分别以八进制、十进制、十六进制输出变量 a、b、s 的值。在输出的八进制数和十六进制数前分别加了基数符 0 和 0x。

第 16~18 行输出的字符串内容完全相同。请读者注意分析 \n 和 endl 的作用。

第 19 行用到了 setw,setfill 和 setprecision 三个格式控制符,用于控制浮点数 711.5612 的输出格式。

程序的运行结果如下:

```
八进制数: 01137 + 023362 = 024521
十进制数: 239 + 5618 = 5857
十六进制数: 0x1a3e + 0x4bf = 0x1efd
Hello!
I am ZhangHua.
Hello!
I am ZhangHua.
Hello!
I am ZhangHua.
*****711.6
```

2.5　应用举例

例 2.15　在例 1.1 的基础上,编写程序统计任意三个大学生综合素质测评分,按从高到低排序,并给出各自的评语。评语具体信息如下:综合测评分大于或等于 90 分,评语为

"优秀";80～89 分,评语为"良好";否则,评语为"一般"。

根据题意,依然可以采用 IPO 方法设计出如图 2.1 所示的程序流程图。

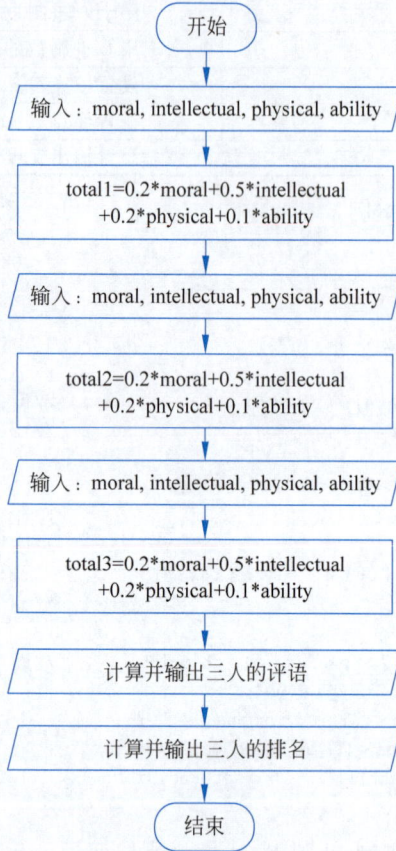

图 2.1　大学生综合素质测评分统计流程图

依据流程图 2.1,可以设计出如下程序。

```cpp
1    # include < iostream >
2    using namespace std;
3    //主程序从这里开始
4    int main(){
5     double total1,total2,total3;
6     double moral,intellectual,physical,ability;                        //定义变量
7     cout <<"请输入三人的德育、智育、体育和能力积分:\n";/                 /输出双引号中的字符串
8     cin >> moral >> intellectual >> physical >> ability;               //输入变量的值
9     total1 = moral * 0.2 + intellectual * 0.5 + physical * 0.2 + ability * 0.1;  //计算总分
10    cin >> moral >> intellectual >> physical >> ability;               //输入变量的值
11    total2 = moral * 0.2 + intellectual * 0.5 + physical * 0.2 + ability * 0.1;  //计算总分
12    cin >> moral >> intellectual >> physical >> ability;               //输入变量的值
13    total3 = moral * 0.2 + intellectual * 0.5 + physical * 0.2 + ability * 0.1;  //计算总分
14    //给出评价
15    cout << total1 <<':';
16    total1 >= 90?(cout <<"优秀\n"):(total1 >= 80?(cout <<"良好\n"):(cout <<"一般\n"));
17    cout << total2 <<':';
18    total2 >= 90?(cout <<"优秀\n"):(total2 >= 80?(cout <<"良好\n"):(cout <<"一般\n"));
19    cout << total3 <<':';
20    total3 >= 90?(cout <<"优秀\n"):(total3 >= 80?(cout <<"良好\n"):(cout <<"一般\n"));
```

```
21      //总分从高到低排序
22      cout <<"总分从高到低的顺序为:";
23      total1 > = total2?
24       (total2 > = total3?(cout << total1 <<'\t'<< total2 <<'\t'<< total3 << endl):
25       (total1 > = total3?(cout << total1 <<'\t'<< total3 <<'\t'<< total2 << endl):
26       (cout << total3 <<'\t'<< total1 <<'\t'<< total2 << endl))):
27       (total2 < = total3?(cout << total3 <<'\t'<< total2 <<'\t'<< total1 << endl):
28       (total1 < = total3?(cout << total2 << total3 << total1 << endl):
29       (cout << total2 <<'\t'<< total1 <<'\t'<< total3 << endl)));
30      }//主程序结束
```

第 5 行定义变量 total1、total2、total3 分别存放三个人的测评分；第 8、10、12 行分别输入三个人的各项评分；第 16、18、20 行使用条件表达式对测评分给出评价并输出；第 23～29 行使用嵌套的条件运算符对测评分排序。

程序的一次运行结果如下：

```
请输入三人的德育、智育、体育和能力积分:
95 90 85 90
95 95 90 90
80 85 85 80
90: 优秀
93.5: 优秀
83.5: 良好
总分从高到低的顺序为: 93.5      90      83.5
```

本程序中用到了比较复杂的条件表达式的嵌套。请读者注意区分各种运算符的优先级，对于不太确定优先级的运算符，可以适当添加括号，以确保程序逻辑正确。

本章小结

C++的字符集是 ASCII 的子集，包含全部英文字母、数字和一部分特殊的字符。由字符集可以构成 C++ 的关键字、标识符、运算符。关键字是系统预定义的单词，具有特别的含义。标识符是由用户定义的单词。运算符是可以完成特定运算的单词，是预定义的完成特定功能的函数标识符。

C++语言处理的数据是有类型的。不同类型的数据占据的存储空间大小不同，表示数据的范围也不一样。C++语言的基本数据类型有整型、浮点型、字符型和布尔型。

变量是用于存放各种类型操作数的内存单元，不同类型的变量占内存单元的字节数不同。常变量所表示的内存单元是只读的，不能进行写操作。常量也称为常数，代表了固定的数据，不可修改。

表达式是指由操作数和运算符组成，按求值规则，可以求出一个值的式子。C++语言的运算符主要有算术运算符、关系运算符、逻辑运算符、赋值运算符、条件运算符、逗号运算符等。

变量的输入可以使用 cin 和>>(提取运算符)来完成；表达式的输出可以使用 cout 和<<(插入运算符)来完成。

习题 2

习题 2

第3章

流程控制

到目前为止所编写的程序都是按语句的书写顺序执行的,具体地说,是按 main()函数函数体内语句的书写顺序执行的,称为顺序结构。但是,在解决实际问题时,经常需要根据条件有选择地执行程序,例如,在求一个数的绝对值时,要根据这个数的符号决定绝对值是其本身还是其相反数,具有这种特征的程序结构称为选择结构。也有可能需要重复地执行某一个操作,例如,求 1~10000 之和,需要重复地执行加法操作,具有这种特征的程序结构称为循环结构。任何复杂的 C++程序,都可以由上面三种基本程序结构组合而成。

本章介绍实现选择控制结构的语句 if、if-else 和 switch,实现循环控制结构的语句while、do-while、for,然后介绍流程转向语句 break、continue 和 goto,最后介绍一个应用示例。

3.1 选择控制结构

选择控制结构是编程中常用结构之一。C++语言中实现选择控制结构需要使用流程控制语句: if、if-else 和 switch。

3.1.1 if 语句

if 语句是单分支的条件语句,其格式如下:

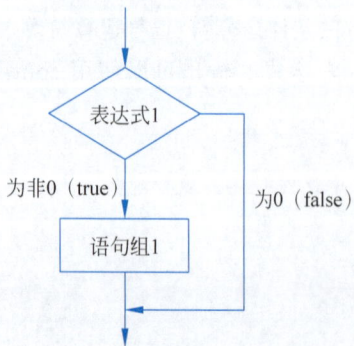

```
if(表达式 1){
    语句组 1;
}
```

其中,if 是关键字,表达式 1 可以是任意表达式。其执行流程图如图 3.1 所示。

先计算表达式 1 的值,若为非 0(true)时,则执行语句组 1,若为 0(false),则语句组 1 被跳过。如果语句组1 只有一条语句,则其前后的{}可以省略。

图 3.1 if 语句执行流程图

例 3.1 假设 n 为任一整数,编程序求 n 的绝对值。

根据数学知识有

$$| n | = \begin{cases} n, & n \geqslant 0 \\ -n, & n < 0 \end{cases}$$

根据上面的公式,可以画出程序流程图,如图 3.2 所示。

根据图 3.2 可以写出如下程序。

```
1    //ex3-1.cpp:用 if 语句实现求一个整数的绝对值
2    # include < iostream >
3    using namespace std;
5    int main()
6    {
7        int n,absn;
8        cout <<"请输入一个整数:";
9        cin >> n;
10       absn = n;
11       if(n <= 0)
12           absn = - n;
13       cout <<"n 的绝对值为:"<< absn;
14   }
```

程序的两次运行结果如下:

```
请输入一个整数:-5
n 的绝对值为: 5
请输入一个整数: 5
n 的绝对值为: 5
```

图 3.2 例 3.1 的程序流程图

运行程序的第 9 行,输入一个负数 −5 时,计算第 11 行 if 后的表达式,为非 0,执行第 12 行,然后执行第 13 行,输出 n 的绝对值 5;运行程序的第 9 行,输入 5 时,第 11 行 if 后的表达式为 0,第 12 行跳过,执行第 13 行,输出 n 的绝对值 5。

3.1.2 if-else 语句

if-else 语句又称为二分支的条件语句,其格式如下:

```
if(表达式 1){
    语句组 1
}
else{
    语句组 2
}
```

其中,if 和 else 都是关键字。其执行流程图如图 3.3 所示。

首先计算表达式 1 的值,若为非 0,则执行语句组 1,若为 0,则执行语句组 2。任何一次程序运行,语句组 1 和语句组 2 中只有一组被执行。

例 3.2 假设 n 为任一整数,编程序求 n 的绝对值。

根据例 3.1 的公式,可以画出如图 3.4 所示的程序流程图。

根据图 3.4 可以写出如下程序。

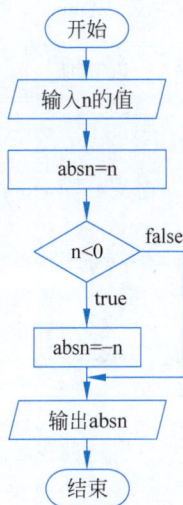

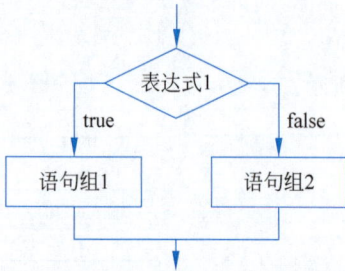

图 3.3　if-else 语句的执行流程图

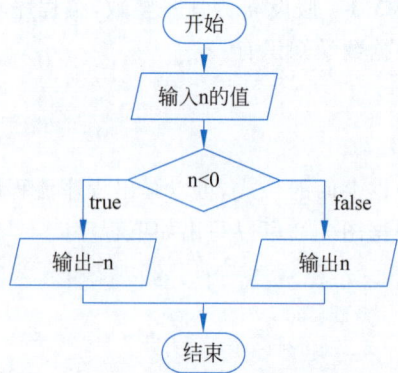

图 3.4　例 3.2 的程序流程图

```
1   //ex3-2.cpp:用 if-else 实现求一个数的绝对值
2   # include < iostream >
3   using namespace std;
4   int main()
5   {
6       int n, absn;
7       cout <<"请输入一个整数:";
8       cin >> n;
9       if(n <= 0)
10          cout <<"n 的绝对值为:"<< - n;
11      else
12          cout <<"n 的绝对值为:"<< n;
13  }
```

第 9 行 if 后的表达式成立时,执行第 10 行输出 -n,否则执行第 12 行输出 n。任意一次程序的运行,第 10 行和第 12 行都不会同时执行。程序运行同样能得到例 3.1 的结果。

例 3.3　求三个学生中综合测评分的最高分。

分析:定义三个变量 num1、num2 和 num3 用于存放三个学生的综合测评分。用 max 存放最高分。可以设计出如图 3.5(a)或图 3.5(b)所示的程序流程图。

图 3.5(a)是两个 if 结构,图 3.5(b)是一个 if-else 结构和一个 if 结构。

根据图 3.5(a)设计的程序如下:

```
1   //ex3-3.cpp:求三个学生中综合测评分的最高分
2   # include < iostream >
3   using namespace std;
4   int main()
5   {
6   double num1,num2,num3,max;
7   cout <<"请输入三个学生的综合测评分:";
8   cin >> num1 >> num2 >> num3;
9   max = num1;
10  if(max < num2)
11    max = num2;
12  if(max < num3)
13    max = num3;
```

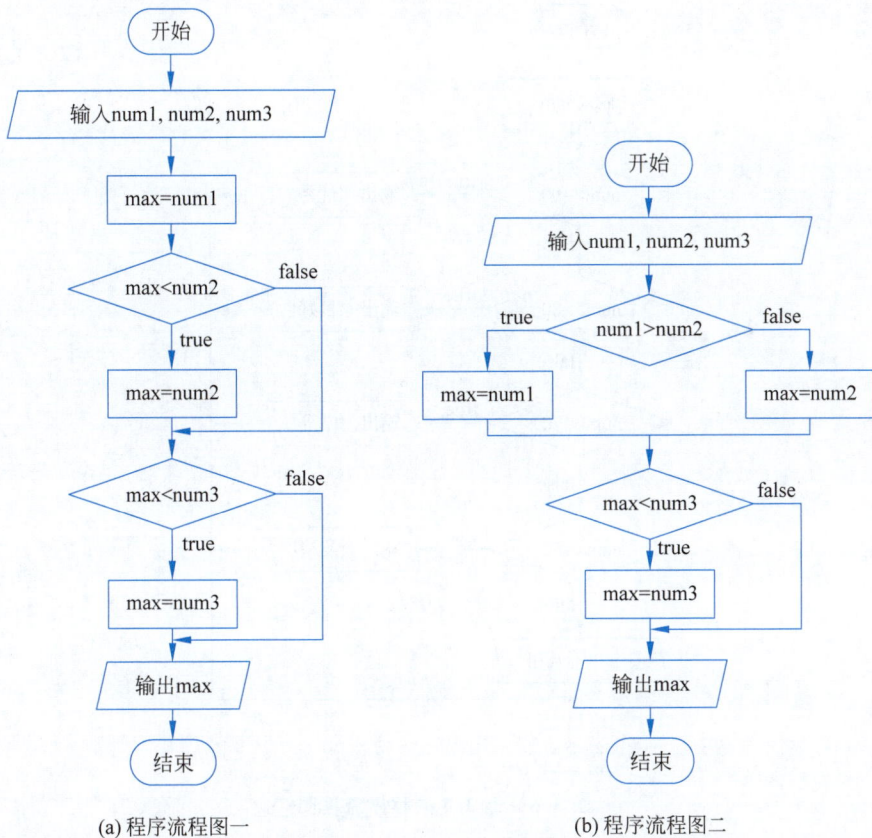

(a) 程序流程图一   (b) 程序流程图二

图 3.5 例 3.3 的程序流程图

```
14   cout <<"最高分为:"<< max << endl;
15   }
```

程序的一次运行结果如下：

请输入三个学生的综合测评分：78.5 93.5 85
最高分为：93.5

第 10、11 行的 if 语句执行完后,确保 max 中存放的是 num1 和 num2 的最大值,本次执行 max 的值为 93.5,因第 12 行的条件不成立,所以第 13 行的语句被跳过,max 的值维持不变,仍然是 93.5。程序中,两个 if 语句是顺序执行的。

请读者按图 3.5(b) 重新设计程序,并调试运行,观察程序的运行结果。

3.1.3 if 语句的嵌套

if 语句和 if-else 语句中的语句组 1 和语句组 2 中还可以包含 if 语句或 if-else 语句,从而形成嵌套。此时,程序中将出现多个 if 和多个 else,特别要注意 else 和 if 的配对关系。

C++语言规定,else 默认与前面离它最近的并且没有与其他 else 配对的 if 相匹配。

例 3.4 设综合测评分分为以下几档：90～100 分为优秀,80～89 分为良好,70～79 分为中等,60～69 分为及格,60 分以下为不及格。请编写程序,输入综合测评分,输出其档次。

根据题意,可以画出如图 3.6 所示的程序流程图。

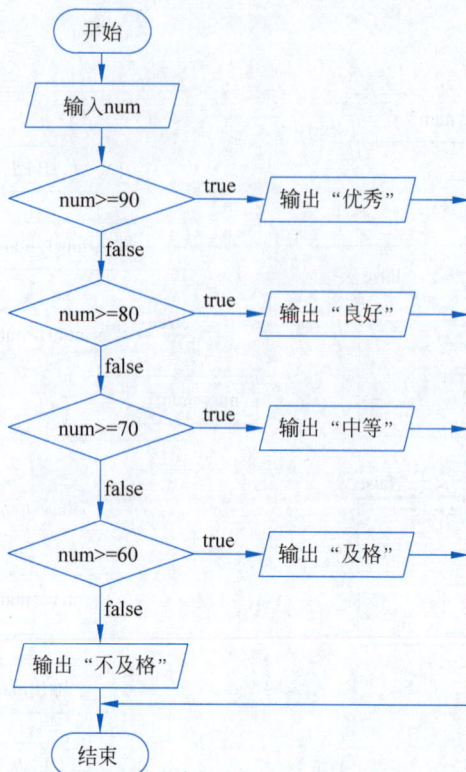

图 3.6 例 3.4 的程序流程图

根据流程图设计程序如下：

```cpp
1    //ex3-4.cpp:综合测评分的档次
2    #include <iostream>
3    using namespace std;
4    int main()
5    {
6        int num;
7        cout <<"请输入综合测评分:";
8        cin >> num;
9        if(num >= 90)
10           cout <<"优秀\n";
11       else
12           if(num >= 80)
13             cout <<"良好\n";
14           else
15               if(num >= 70)
16                   cout <<"中等\n";
17               else
18                   if(num >= 60)
19                       cout <<"及格\n";
20                   else
21                       cout <<"不及格\n";
22   }
```

程序的一次运行结果如下：

当输入为 59 时，将执行第 21 行的语句，输出"不及格"。

程序中，if 和 else 的个数一致，通过采用语句缩进的良好编程习惯，使 if 和 else 的匹配关系一目了然。值得注意的是，C++语言中，语句缩进不能改变程序的执行流程，但是有利于增强程序的可读性。

在 C++语言中，通过添加{}可以改变 if 与 else 默认的匹配关系。

例 3.5 从键盘输入一个整数，判断它是正数还是负数。

根据题意，可以画出如图 3.7 所示的程序流程图。

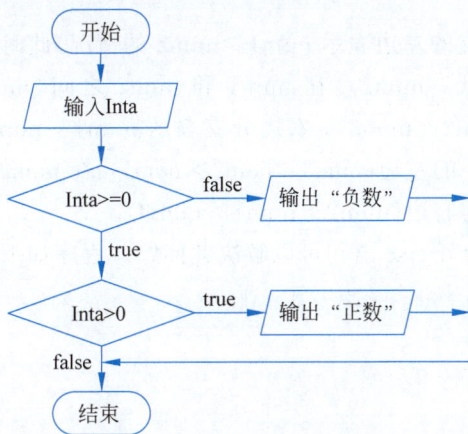

图 3.7 例 3.5 的程序流程图

根据图 3.7 编写程序如下：

```
1   //ex3-5.cpp:判断整数的正负
2   #include<iostream>
3   using namespace std;
4   int main()
5   {
6   int Inta;
7   cout<<"请输入一个整数:";
8   cin>>Inta;
9   if(Inta>=0)
10  {
11    if(Inta>0)
12      cout<<"正数\n";
13  }
14  else
15    cout<<"负数\n";
16  }
```

程序的一次运行结果如下：

从键盘输入的数可能是正数、负数或零,如果输入的是正数或零,则执行第 11 行,而此语句是一个单分支的 if 语句,用于进一步判断是否是正数,如果是则执行第 12 行,输出"正数"。如果输入的是负数,则跳到第 14 行,执行第 15 行,输出"负数"。

注意:第 10 行的"{"和第 13 行的"}"不能省略,表示第 9 行的 if 与第 14 行的 else 匹配。如果省略,则第 14 行的 else 将与第 11 行的 if 匹配,程序虽没有编译错误,但是运行结果将与题目要求不符。

例 3.6 将三个学生的综合测评分按从高到低的顺序输出。

分析:三个数排序,可以先确定前两个数的顺序,然后把第三个数插入,第三个数有三个可能的位置:第一个数之前、第一和第二个数之间、第二个数之后。由此可以设计出程序流程图如图 3.8 所示。

图 3.8 中,第一层分支的左边表示 num1≥num2 的情况,此时 num3 的位置有三种:在 num1 左边(num3≥num1≥num2)、在 num1 和 num2 之间(num1 > num3≥num2)、在 num2 的右边(num1≥num2 > num3);右边分支表示 num1 < num2 的情况,此时 num3 的位置依然是三种:在 num2 的左边(num3≥num2 > num1)、在 num2 和 num1 的中间(num2 > num3≥num1)、在 num1 的右边(num2 > num1 > num3)。

根据图 3.8,用嵌套的 if-else 语句可以解决此问题。程序如下:

```cpp
1    //ex3-6.cpp:三个同学综合测评分从高到低排序
2    #include<iostream>
3    using namespace std;
4    int main()
5    {
6        int num1,num2,num3;
7        cout <<"请输入三个同学的综合测评分:";
8        cin >> num1 >> num2 >> num3;
9        cout <<"按从高到低的顺序是:\n";
10        if(num1 >= num2)
11            if(num2 >= num3)
12                cout << num1 <<'\t'<< num2 <<'\t'<< num3 << endl;
13            else
14                if(num3 >= num1)
15                    cout << num3 <<'\t'<< num1 <<'\t'<< num2 << endl;
16                else
17                    cout << num1 <<'\t'<< num3 <<'\t'<< num2 << endl;
18        else
19            if(num2 <= num3)
20                cout << num3 <<'\t'<< num2 <<'\t'<< num1 << endl;
21            else
22                if(num3 >= num1)
23                    cout << num2 <<'\t'<< num3 <<'\t'<< num1 << endl;
24                else
25                    cout << num2 <<'\t'<< num1 <<'\t'<< num3 << endl;
26    }
```

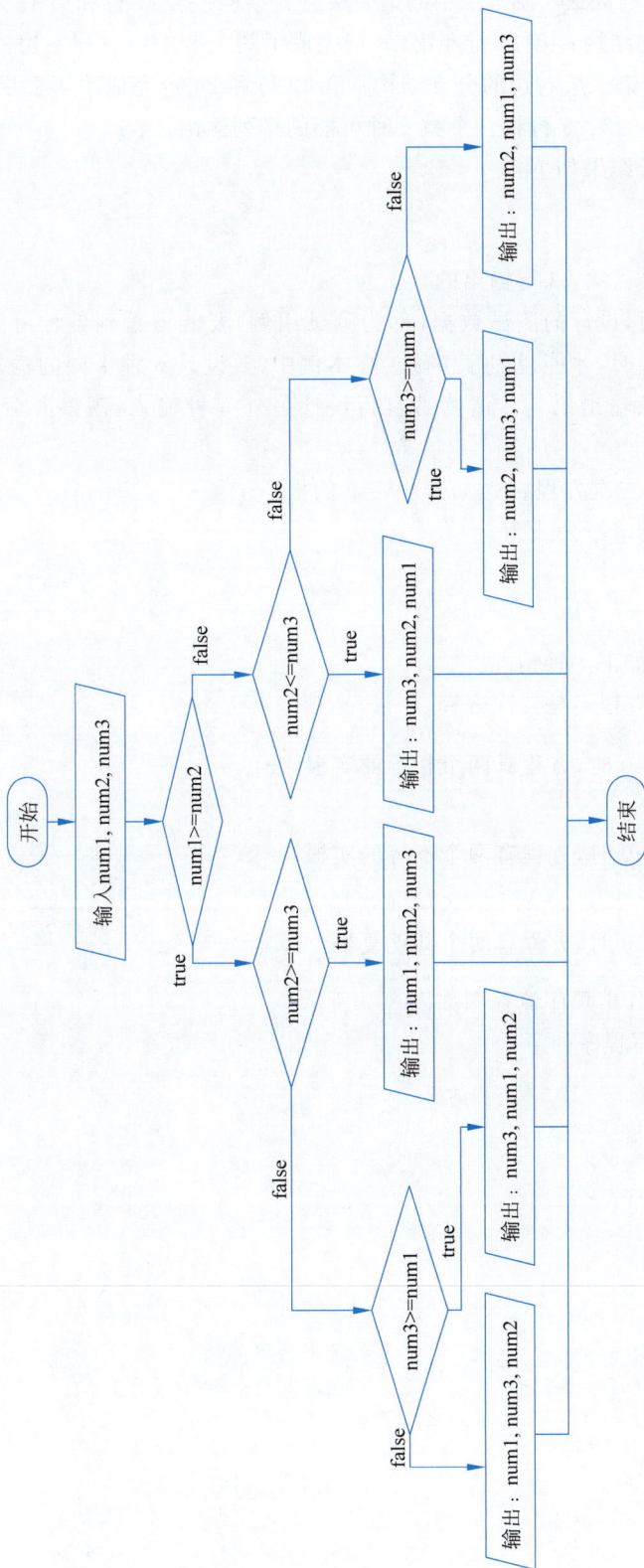

图 3.8 例 3.6 的程序流程图

第 10 行和第 18 行完成了图 3.8 中的第一层分支结构；第 11 行和第 13 行完成了图 3.8 中第二层左边的分支结构；第 14 行和第 16 行完成了图 3.8 中第三层左边的分支结构；第 19 行和 21 行完成了第二层右边的分支结构；第 22 行和 24 行完成了第三层右边的分支结构。第 12、15、17、20、23、26 行将三个数 6 种可能的排列输出。

程序的一次运行结果如下：

```
请输入三个同学的综合测评分: 85 88 86
按从高到低的顺序是:
88    86    85
```

上面输出结果是由第 23 行输出的。

实际测试程序时,设计的测试数据(称为测试用例)要能覆盖到各种可能情况,只有当所有情况输出都正确时,才能说程序正确。在本例中,要设计 6 种不同的输入,使得各次输出覆盖程序中的 6 条输出语句。请读者自行设计另外 5 种输入,观察并分析程序的运行结果。

例 3.7 求一元二次方程 $ax^2+bx+c=0$ 的根。

一元二次方程的求根公式为

$$x_{1,2} = \frac{-b \pm \sqrt{b^2-4ac}}{2a}$$

编程时,要考虑如下 4 种情况。

① 当 $a=0$ 时,方程不是二次方程。

② 当 $b^2-4ac=0$ 时,方程有两个相等的实根：$x_{1,2}=-\dfrac{b}{2a}$。

③ 当 $b^2-4ac>0$ 时,方程有两个不等的实根：$x_{1,2}=\dfrac{-b\pm\sqrt{b^2-4ac}}{2a}$。

④ 当 $b^2-4ac<0$ 时,方程有两个共轭复根：$x_{1,2}=-\dfrac{b}{2a}\pm\dfrac{\sqrt{4ac-b^2}}{2a}$i。

按上述公式,设计出程序流程图如图 3.9 所示。

根据图 3.9,编写程序如下：

```cpp
1   //ex3-7.cpp:求一元二次方程的根
2   # include < iostream >
3   # include < cmath >
4   using namespace std;
5   int main()
6   {
7       double a,b,c,d,x1,x2,rp,ip;
8       cout <<"a,b,c = ";
9       cin >> a >> b >> c;                //输入系数
10      if(fabs(a)<=1e-8)                  //用误差判断,系数 a 等于 0
11          cout <<"It is not quadratic."<< endl;
12      else{
13          d=b*b-4*a*c;                   //求判别式的值,赋值 d
14          if(fabs(d)<=1e-8)              //d 等于 0,方程有两个相等的根
15              cout <<"It has two equal real roots:"<< -b/(2*a)<< endl;
16          else
```

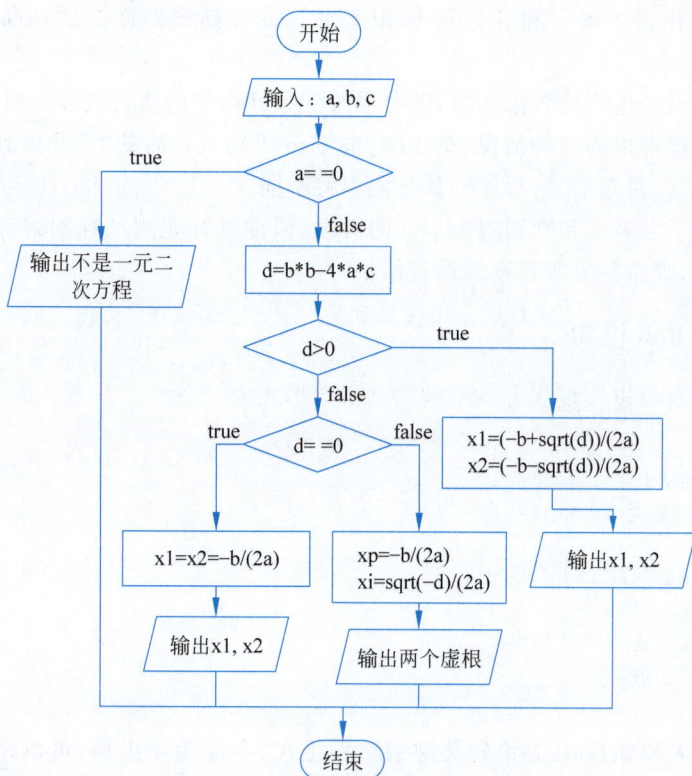

图 3.9 例 3.7 的程序流程图

```
17          if(d>1e-8)              //d 大于 0,方程有两个不等的实根
18          {
19            x1 = (-b+ sqrt(d))/(2*a);
20            x2 = (-b- sqrt(d))/(2*a);
21            cout <<"It has two distinct real roots:"<< x1 <<" and "<< x2 << endl;
22          }
23          else                    //d 小于 0,方程有两个共轭复根
24          {
25            rp = -b/(2*a);
26            ip = sqrt(-d)/(2*a);
27            cout <<"It has two complex roots:"<< endl;
28            cout << rp <<" + "<< ip <<"i"<< endl;
29            cout << rp <<" - "<< ip <<"i"<< endl;
30          }
31        }
32    }
```

程序的第一次运行结果：

```
a, b, c = 0 2 1
It is not quadratic.
```

程序的第二次运行结果：

```
a, b, c = 1 5 1
It has two distinct real roots: -0.208712 and -4.79129
```

第 10 行 fabs(a)<=1e-8 和第 14 行 fabs(d)<=1e-8 分别用来判断 a 和 d 的值是否为 0。因为实数在计算和存储时会有微小的误差。若用"a==0"和"d==0"来判断 a 和 d

是否为 0，则可能出现本来 a 和 d 等于 0，由于计算或存储误差而导致判断结果不成立的情况。

通过在条件语句适当位置添加"{}"，可以改变条件语句的执行流程。第 12～31 行处理的是一元二次方程求根的三种情况，第 12 行的 else 子句从其后的"{"开始到第 31 行的"}"结束，如果去掉这一对花括号，程序的执行流程将不同。

以上只测试了 a 为 0 和判别式大于 0 的情况，请读者补充测试判别式等于 0 和判别式小于 0 时的情况，观察并分析程序的运行结果。

3.1.4 switch 语句

switch 语句也可以实现多分支结构。其语句形式为

```
switch(表达式)
{   case   常量表达式 1:语句组 1;
    case   常量表达式 2:语句组 2;
      ⋮
    case   常量表达式 i:语句组 i;
      ⋮
    case   常量表达式 n:语句组 n;
    default:语句组 n+1;
}
```

其中，switch、case 和 default 是语句关键字，"表达式"不能为浮点型，可以是整型、字符型。"常量表达式"具有指定值，与"表达式"类型相同。default 子句为可选项。

switch 语句的执行流程图如图 3.10 所示。

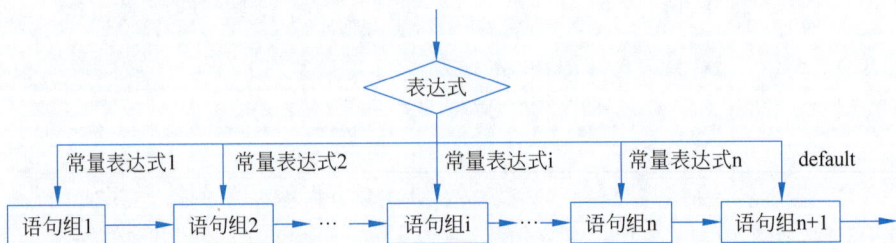

图 3.10 switch 语句的执行流程图

程序流程进入 switch 后，首先计算"表达式"的值，然后用这个值依次与 case 后的"常量表达式"的值进行比较。如果"表达式"的值等于某个"常量表达式 i"($1 \leqslant i \leqslant n$)的值，则执行"语句组 i"。如果"语句组 i"之后还有语句，就继续执行"语句组 i+1"至"语句组 n"。如果找不到与"表达式"的值相等的常量表达式 i，则执行 default 后的"语句组 n+1"。

"语句组 i"如果包含不止一条语句也可以不用"{}"括起来。

在 switch 语句中，case 和 default 开头到冒号(:)的部分称为语句标号，语句标号仅起着标识语句位置的作用。

例 3.8 编写一个程序，接收一个整数作为输入，如果输入 1 则输出"红楼梦"；如果输入 2 则输出"西游记"；如果输入 3 则输出"三国演义"；如果输入 4 则输出"水浒传"；如果输入其他数则输出"输入错误"。

可以使用 switch 语句实现，程序如下：

```
1    //ex3-8.cpp:switch 语句测试
2    #include <iostream>
3    using namespace std;
4    int main()
5    {
6        int x;
7        cout <<"请输入一个整数:";
8        cin >> x;
9        switch(x)
10        {
11        case 1:
12            cout <<"红楼梦";
13            cout << endl;
14        case 2:
15            cout <<"西游记";
16            cout << endl;
17        case 3:
18            cout <<"三国演义";
19            cout << endl;
20        case 4:
21            cout <<"水浒传";
22            cout << endl;
23        default:
24            cout <<"输入错误";
25            cout << endl;
26        }
27        cout <<"程序运行结束!"<< endl;
28    }
```

第 8 行输入 x 的值。第 9 行进入 switch 语句，计算表达式 x 的值，根据该值确定由哪个标号(case 1,case 2,case 3,case 4,default)进入，执行后面的语句组。

第 10 行的"{"和第 26 行的"}"将 switch 语句的语句体括起来。

程序的一次运行结果如下：

```
请输入一个整数: 1
红楼梦
西游记
三国演义
水浒传
输入错误
程序运行结束!
```

当输入 1 时，从第 11 行的 case 1 进入，执行后面的语句组，将所有的输出语句都执行了，没有达到题目的要求。

要实现真正的选择控制，执行"case 常量表达式 i"后的"语句组 i"后，要能够跳出 switch 语句块，转向执行后续语句，此时可以使用 break 语句。break 语句强制中断一个语句块的执行，转向执行语句块的后续语句。带 break 语句的 switch 语句的执行流程图如图 3.11 所示。

修改例 3.8 的程序，在第 13 行、16 行、19 行和 22 行后分别加入 break 语句，再次运行程序，将得到正确的结果。请读者自行多次运行修改后的程序，分别输入 1、2、3、4、5，观察并分析程序的运行结果。

switch 语句的说明如下。

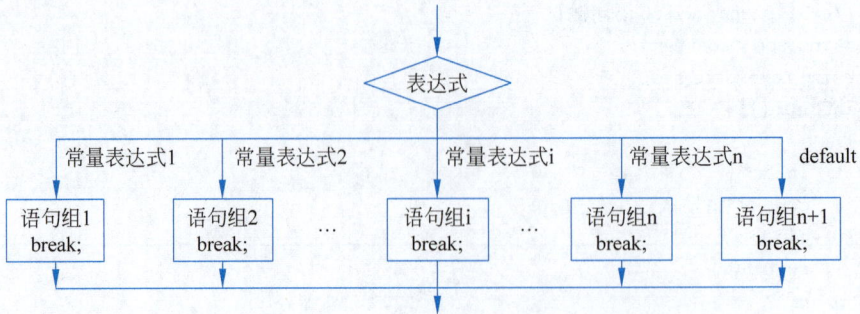

图 3.11　switch 语句与 break 语句实现多分支结构流程图

（1）常量表达式必须互不相同，否则，会出现矛盾而引起错误。例如：

```
switch(int(x))
{case 1:y = 1;break;
 case 2:y = x;break;
 case 2:y = x * x;break;                        //错误,case 2 已经使用
 case 3:y = x * x * x;break;
}
```

（2）case 分支和 default 分支出现的次序可以任意。在所有 case 分支和 default 分支都带有 break 的情况下，各分支的顺序不影响执行结果。为了增强程序的可读性，一般会将default 分支放到最后。

如例 3.8 的程序可以这样写：

```
1    //ex3 - 8.cpp:switch 和 break 语句一起实现多分支结构
2    # include < iostream >
3    using namespace std;
4    int main()
5    {
6        int x;
7        cout <<"请输入一个整数:";
8        cin >> x;
9        switch(x)
10        {
11        default:
12            cout <<"输入错误";
13            cout << endl;
14            break;
15        case 1:
16            cout <<"红楼梦";
17            cout << endl;
18            break;
19        case 2:
20            cout <<"西游记";
21            cout << endl;
22            break;
23        case 3:
24            cout <<"三国演义";
25            cout << endl;
```

```
26              break;
27          case 4:
28              cout <<"水浒传";
29              cout << endl;
30              break;
31          }
32          cout <<"程序运行结束!"<< endl;
33      }
```

第11～14行是default分支,放到了case 1分支的前面。请读者再次运行程序,观察并分析程序的运行结果。

(3) switch语句可以嵌套使用,还可以与if语句相互嵌套,以解决比较复杂的多分支问题。

例3.9 输入年份和月份,输出该月的天数。

根据天文知识,每年的1、3、5、7、8、10和12月,每月有31天;每年的4、6、9和11月,每月有30天;若是闰年,则2月为29天;若为平年,则2月为28天。年份能被4整除,但不能被100整除,或者年份能被400整除的年份为闰年;否则,该年为平年。

根据上面的分析,可以画出程序流程图如图3.12所示。

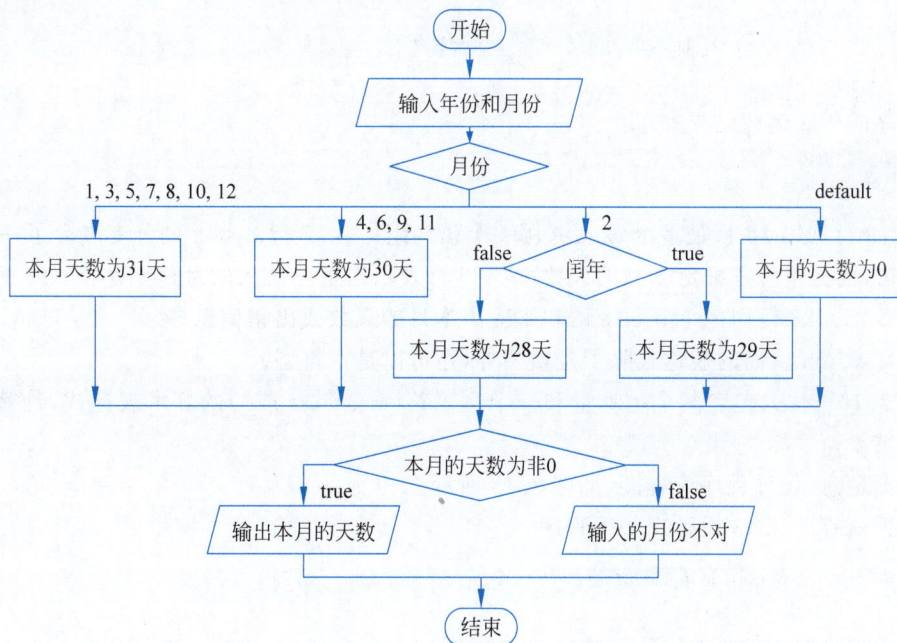

图 3.12 例 3.9 的程序流程图

根据图3.12设计程序如下:

```
1   //ex3-9.cpp:输入年份和月份,输出该月的天数
2   # include < iostream >
3   using namespace std;
4   int main()
5   {
6       int year,month,days;
```

```
7        cout <<"输入年份:";
8        cin >> year;
9        cout <<"输入月份:";
10        cin >> month;
11        switch(month)
12        {
13        case 1:case 3:case 5:case 7:case 8:case 10:case 12:
14            days = 31; break;
15        case 4:case 6:case 9:case 11:
16            days = 30; break;
17        case 2:
18            if((year % 4 == 0)&&(year % 100!= 0)||(year % 400 == 0))
19                days = 29;
20            else   days = 28;
21            break;
22        default:
23            days = 0;
24        }
25        if(days!= 0)
26            cout <<"本月的天数为:"<< days << endl;
27        else
28            cout <<"输入的月份不对!"<< endl;
29    }
```

程序的一次运行结果如下:

```
输入年份: 2024
输入月份: 2
本月的天数为: 29
```

第 13 行和第 15 行是多个 case 共用一个语句组;第 17 行 case 2 的分支嵌套了一个 if-else 语句,根据年份来确定 2 月的天数;第 22 行表示当用户输入的月份不是 1~12 的分支情况;第 25~28 行用一个 if-else 语句来输出本月的天数或出错信息。

(4) switch 后面的表达式除了是整型外,还可以是字符型。

例 3.10 输入包含两个运算量和一个运算符(+、-、* 或/)的算术表达式,计算并输出运算结果。

根据题意,设计程序流程图,如图 3.13 所示。

根据流程图 3.13 设计出如下程序:

```
1    //ex3 - 10.cpp:简单的算术运算
2    # include < iostream >
3    using namespace std;
4    int main()
5    {
6        double num1,num2,result;
7        bool   index = true;
8        char op;
9        cout <<"input num1,op and num2:";
10        cin >> num1 >> op >> num2;          //输入表达式
11        switch (op)                          //根据运算符进行选择计算
12        {
13        case '+': result = num1 + num2; break;
```

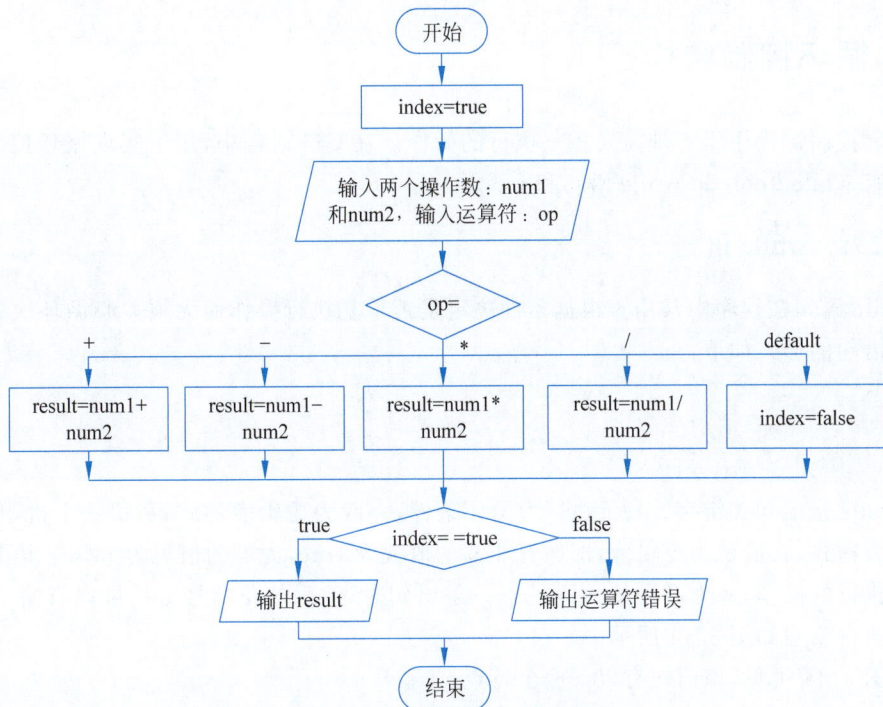

图 3.13　例 3.10 的程序流程图

```
14      case '-': result = num1 - num2; break;
15      case '*': result = num1 * num2; break;
16      case '/': result = num1/num2; break;
17      default: index = false;
18      }
19      if(index)                    //如果输入的运算符正确,则输出计算结果
20          cout << num1 << op << num2 <<" = "<< result << endl;
21      else                         //否则输出出错信息
22          cout <<"input error!"<< endl;
23  }
```

程序的两次运行情况如下：第 1 次运行输入正确,输出运算结果；第 2 次输入的运算符不对,输出出错信息。

```
input num1,op and num2: 4+3
4+3 = 7
input num1,op and num2: 4&4
input error!
```

第 7 行定义布尔变量 index,初始化为 true,保存输入的运算符是否合法,当输入的是'+'、'-'、'*'、'/'等合法运算符时,分别执行第 13~16 行的分支,index 的值不变化；否则,进入 17 行的 default 分支,将 index 的值改为 false。第 19~22 行根据 index 的值来确定是输出计算结果还是输出出错信息。

第 11 行 switch 后的 op 是字符表达式,用字符的 ASCII 码来参与运算,第 13~16 行的'+'、'-'、'*'、'/'是字符常量,用字符常量的 ASCII 码来与 op 表达式的值进行比较,从而确定执行哪个 case 分支。

3.2 循环控制结构

循环控制结构用于实现需要重复执行的操作。在 C++语言中,用于实现循环控制结构的语句有 while 语句、do-while 语句和 for 语句。

3.2.1 while 语句

while 语句在程序中常用于根据条件决定是否重复执行操作而无须关心循环次数的情况。该语句的形式如下:

```
while(表达式){
    语句组
}
```

其中,while 是语句关键字;"表达式"为循环条件,一般为逻辑表达式,从语法上讲,也可以是其他表达式,其值视为逻辑值,即所有非零的值视为 true,为零的值视为 false。语句组是要重复执行的操作,称为循环体。当只有一条语句时,前后的花括号({})可以省略。while 语句的执行流程如图 3.14 所示。

从图 3.14 可见,该语句有以下两个特点:

(1) 若"表达式"的值一开始为 false(0),则循环体一次也不执行。

(2) 若"表达式"的值为 true(非 0),则重复执行循环体。要正常退出循环,循环体内应该有修改循环条件的语句或其他终止循环的语句。

例 3.11 编程求 $\sum_{i=1}^{n} i$。

设变量 sum 用于存放结果,那么有 sum=1+2+3+…+i+…+n,此处要重复执行加法操作。由此可以设计出程序流程图如图 3.15 所示。

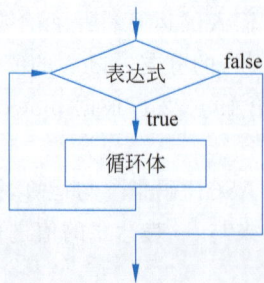

图 3.14 while 语句的执行流程

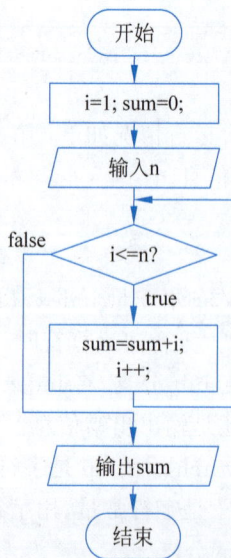

图 3.15 例 3.11 的程序流程图

根据图 3.15,可以设计出如下程序:

```cpp
1    //ex3-11.cpp:求累加和
2    # include < iostream >
3    using namespace std;
4    int main()
5    {
6        int n, sum = 0, i = 1;
7        cout <<"请输入 n 的值:";
8        cin >> n;
9        while(i <= n){
10           sum = sum + i;
11           i++;
12       }
13       cout <<"sum = "<< sum << endl;
}
```

程序的一次运行结果如下,当输入 n 的值为 100 时,求得 1~100 的和为 5050。

```
请输入n 的值: 100
sum = 5050
```

程序中,第 6 行定义的变量 i 的取值将影响循环是否能继续,称为**循环控制变量**;sum 用于存放和数,称为累加器,一般初始化为 0。第 9 行 while 语句循环的条件是 i <= n。第 11 行是修改循环条件的语句。第 10、11 行是要重复执行的操作,即循环体。当 i > n 时,退出循环,执行第 13 行语句,输出累加器 sum 的值。

本程序中,累加器 sum 能存放的最大的数是 2 147 483 647,当超过这个数时,计算结果将因溢出而出错。下面是另一次的运行结果:

```
请输入n 的值: 1234567890
sum = -1378157685
```

可以看到求出的和数为一个负数,很显然结果已不正确。为了避免溢出,在进行累加的过程中要判断是否会产生溢出,以增强程序的健壮性。下面是修改后的程序:

```cpp
1    //ex3-11.cpp:求累加和,考虑溢出
2    # include < iostream >
3    using namespace std;
4    const int Maxint = 2147483647;        //Maxint 中存放的是最大的整型数
5    int main()
6    {
7        int n, sum = 0, i = 1;
8        bool flag = 0;                     //设立标志位,没有溢出时为 0,溢出时为 1
9        cout <<"请输入 n 的值:";
10       cin >> n;
11       while(i <= n){
12           if(sum <= Maxint - i){         //累加之前,先判断是否溢出
13               sum = sum + i;
14               i++;
15           }
16           else{                          //如果溢出,则标志位置 1,并退出循环
17               flag = 1;
18               break;
19           }
```

```
20          }
21          if(!flag)                        //没有溢出时,输出累加和
22              cout <<"sum = "<< sum << endl;
23          else                             //否则输出"溢出!"
24              cout <<"溢出!"<< endl;
25      }
```

程序的运行结果如下:

```
请输入n 的值:1234567890
溢出!
```

第 11～20 行的 while 循环嵌入了 if-else 语句,只有在不溢出的情况下,才继续累加,标志变量 flag 用于记住循环是因溢出而异常退出还是因循环条件不满足而正常退出。第 21～24 行语句确保只有循环正常退出时,才输出累加和,否则输出溢出的信息。

例 3.12 用牛顿迭代法求数 a 的平方根。牛顿迭代法求平方根的公式为

$$x_{n+1} = (x_n + a/x_n)/2$$

牛顿迭代法求平方根的基本思想是:欲求 a 的平方根,首先估计一个数 $x_1 = a/2$ 作为它的平方根,然后根据上面的迭代公式算出:$x_2 = (x_1 + a/x_1)/2$,再根据迭代公式求 x_3,x_4,$\cdots$,x_n 和 x_{n+1},直到 $|x_{n+1} - x_n| < \varepsilon$,即认为找到了足够精确的平方根,$\varepsilon$ 的值越小,计算出来的平方根越精确。由于迭代值 x_{i+1} 根据 x_i 进行计算,因此在编程时只需 x_1 和 x_2 两个变量来存放前后两次迭代值即可。根据题意,设计出程序流程图如图 3.16 所示。

根据图 3.16 可以设计出程序如下:

```
1   //ex3-12.cpp:求一个数的平方根
2   #include <iostream>
3   using namespace std;
4   const double EPS = 0.0001;
5   int main()
6   {
7       double a,x1,x2;
8       cout <<"请输入一个正数:";
9       cin >> a;
10      x1 = a/2;
11      x2 = (x1 + a/x1)/2;
12      while(x2 - x1 > EPS||x1 - x2 > EPS){
13          x1 = x2;
14          x2 = (x1 + a/x1)/2;
15      }
16      cout << a <<"的平方根是:"<< x2 << endl;
17  }
```

图 3.16 例 3.12 的程序流程图

程序的一次运行结果如下:

```
请输入一个正数: 3
3的平方根是: 1.73205
```

本程序事先不确定循环的次数。第 12 行 while 循环的条件是相邻两个迭代值差的绝对值大于 EPS,此时需要继续迭代,执行第 13、14 行的循环体;否则,停止迭代,退出循环,

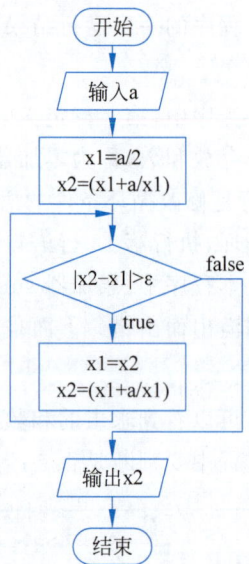

转到第 16 行,输出 a 的平方根 x2。

第 4 行 EPS 的取值决定了牛顿迭代法所求平方根的精度,EPS 值越小,所求出的平方根越精确。请读者修改其值为 1、0.1、0.01、0.001,分别运行程序,观察并分析程序的运行结果。本程序中,因为 x1 和 x2 的取值决定是否能继续循环,所以 x1 和 x2 都是循环控制变量。

建立循环结构时要注意:

① 设计正确的算法及合理的操作顺序。

② 正确选取循环控制变量,正确设置相关变量的初值。

③ 循环体内一般要包含改变循环控制变量的语句,或其他转向语句,使循环能够正常结束;否则,循环不能正常退出,将陷入"死循环"。

例如,以下程序段:

```
i = 0;
s = 0;
while(i <= 100)
{   i * = 2;
    s += i;
}
```

由于 i 的初始值被赋予 0,循环体内表达式 i * =2 无法使 i 增加,以致循环控制表达式 i<=100 的值永真,不能结束循环,程序陷入"死循环"。

例 3.13   给定两个正整数,求出它们的最大公约数。

求最大公约数有不同的算法,其中速度较快的是辗转相除法。该算法说明如下:

若 m 和 n 为两个正整数,则有:当 m>n 时,m 与 n 的最大公约数等于 n 与 m%n 的最大公约数;当 n=0 时,m 与 n 的最大公约数等于 m。

程序中,用变量 a 存放被除数(初始值是 m);变量 b 存放除数(初始值是 n);变量 r 用于存放 a、b 相除的余数。

辗转相除法的算法描述为

```
while(r!= 0)
{   把 a%b 的值赋给 r;
    用 b 的值替换 a 的值;
    用 r 的值替换 b 的值;
}
```

循环结束后,a 的值就是 m 与 n 的最大公约数。

上面是用伪代码描述的算法。伪代码是指用自然语言和数学语言描述算法。除了流程图外,伪代码也是描述算法和程序流程的常用方法。

辗转相除求求最大公约数的程序如下:

```
1    //ex3-13.cpp:求最大公约数
2    #include <iostream>
3    using namespace std;
4    int main()
5    {
6        int m,n,a,b,r;
```

```
7         cout <<"请输入两个整数:\n";
8         cout <<"?";cin >> m;              //输入第一个正整数
9         cout <<"?";cin >> n;              //输入第二个正整数
10        if(m > n){a = m;b = n;}           //把大数放在 a 中,小数放在 b 中
11        else{a = n;b = m;}
12        r = b;                            //置余数初值
13        while(r!= 0)                      //当余数不等于 0 时执行
14        {
15            r = a % b;                    //求余数 r
16            a = b;                        //用 b 的值替换 a 的值
17            b = r;                        //用 r 的值替换 b 的值
18        }
19        cout << m <<"和"<< n <<"的最大公约数是:"<< a << endl;
20    }
```

运行程序,输入数据和输出结果如下:

```
请输入两个整数:
? 24
? 36
24 和 36的最大公约数是: 12
```

第 10、11 行确保较大的数是被除数,较小的数是除数。第 13 行 while 循环的条件是 r!=0 时,重复执行第 15～17 行的语句(辗转相除);当 r=0 时,退出循环,执行第 19 行的语句,输出两个数的最大公约数。本程序中,r 的值会影响循环是否继续执行,它是循环控制变量。

3.2.2　do-while 语句

while 语句把循环条件判断放在循环体执行之前,这将导致循环体可能一次也不会被执行。如果希望循环体至少执行一次,可以使用 do-while 语句。do-while 语句的格式如下:

```
do{
    语句组
}while(表达式);
```

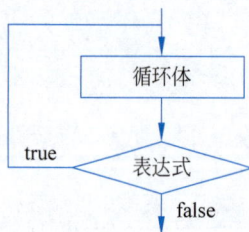

图 3.17　do-while 语句执行流程

其中,do 和 while 是语句关键字;“语句组”和“表达式”与 3.2.1 节中所述 while 语句的意义相同。每执行一次“语句组”(循环体)后,都要判断“表达式”的值是否为真(非 0),如果其值为真,则继续执行“语句组”,如果为假,就退出循环。do-while 循环又称为直到型循环。执行流程如图 3.17 所示。

例如,求和式 $s = \sum_{i=1}^{100} i$ 的程序用 do-while 语句可以写为

```
s = 0;i = 1;//s 为累加器,i 为循环控制变量
do
{   s += i;
    i ++;
} while(i <= 100);              //循环的条件为 i <= 100,退出循环的条件为 i > 100
```

一般情况下,while 语句和 do-while 语句可以互换使用。

例 3.14 求圆周率 π 的值。祖冲之是中国南北朝时期的杰出数学家和天文学家。他在刘徽开创的探索圆周率的精确方法的基础上，首次将圆周率精算到 3.1415926 和 3.1415927 之间，简化成 3.1415926。这一成就被称为"祖率"，对数学研究有着重大的贡献。直到 16 世纪，阿拉伯数学家阿尔·卡西才打破了这一纪录。

请使用公式 $\dfrac{\pi^2}{6} = \dfrac{1}{1^2} + \dfrac{1}{2^2} + \cdots$ 求 π 的近似值，直到最后一项的绝对值小于 10^{-12} 为止，并与祖冲之算出的圆周率进行比较。

先求出右边和式的值，然后求 π 的值。求和式可以用循环实现。第 i 项的值等于 $1/(i*i)$，循环体中对当前项计算并进行累加。因为当 $i \to \infty$ 时，有 $1/i^2 \to 0$，所以可以用一个被认为可以接受的精度值终止计算。

程序流程图如图 3.18 所示。

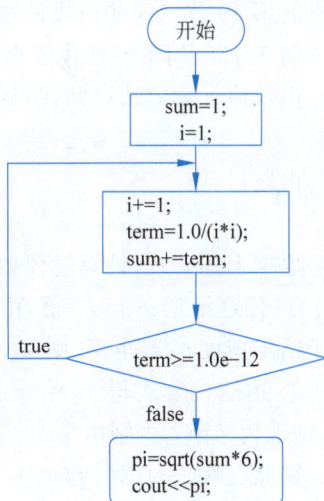

图 3.18 例 3.14 的程序流程图

根据图 3.18 编写代码如下：

```
1    //ex3-14.cpp:求 pi 的近似值
2    # include < iostream >
3    # include < iomanip >
4    using namespace std;
5    # include < cmath >
6    int main()
7    {
8        long int i;
9        double sum,term,pi;
10       sum = 1;i = 1;
11       do
12       {
13           i += 1;                    //计数器
14           term = 1.0/(i * i);        //计算当前项
15           sum += term;               //累加
16       } while(term >= 1.0e-12);      //精度判断
17       pi = sqrt(sum * 6);
18       cout <<"pi = "<< fixed << setprecision(10)<< pi << endl;
19   }
```

程序的运行结果如下：

pi = 3.1415720463

从运行结果可以看出，用题中公式求得 π 的近似值只能精确到小数点后的第 4 位。与祖冲之算出的圆周率的值在精度方面还是有差距的，所以这里只能算是近似值。

第 10 行的 sum 为加法器，i 为计数器（循环控制变量），二者都初始化为 1。第 14 行变量 term 存放当前项的值。第 17 行变量 pi 存放 π 的近似值，sqrt 是开平方函数，其定义放在第 5 行包含的 cmath 头文件中。重复执行的语句组是第 13~15 行；循环的条件是 $term \geqslant 10^{-12}$，退出循环的条件是 $term < 10^{-12}$。

第 18 行格式符 fixed 表示用定点数的形式输出浮点数，setprecision(10)表示精确到小数点后第 10 位。这些格式设置符是在第 3 行包含的头文件 iomanip 中定义的。

例 3.15 用牛顿迭代法求方程 $f(x)=x^3+2x^2+10x-20=0$ 的根。

由数值计算方法可知，牛顿迭代法求方程根的公式为

$$x_{n+1}=x_n-f(x_n)/f'(x_n) \quad (n=0,1,2,\cdots)$$

由题目，有

$$f(x)=x^3+2x^2+10x-20, \quad f'(x)=3x^2+4x+10$$

根据上述公式，计算过程如下：

① 任意给定一个 x_0 值，由迭代公式求得 $x_1=x_0-f(x_0)/f'(x_0)$，判断 $|f(x_1)|$ 是否小于给定精度 ε，若小于，则 x_1 作为方程的近似根；否则，执行下一步。

② 由迭代公式得 $x_2=x_1-f(x_1)/f'(x_1)$，判断 $|f(x_2)|$ 是否小于给定精度 ε，若小于，则迭代结束；否则由 x_2 计算出 x_3 的值。

如此迭代，一直到 $|f(x_i)|<\varepsilon(i=0,1,2,\cdots)$ 为止，此时的 x_i 即为方程的近似根。

由于迭代值 x_{i+1} 是根据 x_i 及其表达式进行计算，因此在编程时只需 x_0 和 x_1 两个变量来存放前后两次迭代值即可。

$$x_1=x_0-f(x_0)/f'(x_0)$$

编写程序如下：

```
1    //ex3-15.cpp:用牛顿迭代法求方程的根
2    # include < iostream >
3    using namespace std;
4    # include < cmath >
5    int main()
6    {
7        double x0,x1,epsilon;
8        cout <<"Input test root,x0 = ";
9        cin >> x0;                                        //输入迭代初值
10       cout <<"Input precision,epsilon = ";
11       cin >> epsilon;                                   //输入精度
12       do                                                //循环
13       {
14           x1 = x0 - (pow(x0,3) + 2 * pow(x0,2) + 10 * x0 - 20) / (3 * pow(x0,2) + 4 * x0 + 10);
                                                           //求新值
15           x0 = x1;                                       //迭代
16       } while (fabs((pow(x1,3) + 2 * pow(x1,2) + 10 * x1 - 20))> epsilon);   //判断精度
17       cout <<"The root is:"<< x0 << endl;              //输出近似根
18   }
```

程序的一次运行结果如下：

```
Input test root, x0 = 0
Input precision, epsilon = 0.000001
The root is: 1.36881
```

第 9 行输入 x0 的值，即初始迭代值，输入任意一个合法的数值都可以，本次运行输入的初始值是 0，第 11 行输入精度 epsilon 的值，本次运行精度为 0.000001。第 14、15 行是要重复执行的操作，为 do-while 语句的循环体；循环的条件是 $f(x_1)$ 的绝对值大于 epsilon，退出循环的条件是 $f(x_1)$ 的绝对值等于或小于 epsilon。

第 14 行和第 16 行调用了两个标准库函数 pow 和 fabs，它们均在头文件 cmath 中声明。

其中，pow 是求幂的函数，即计算 x^y，其函数原型为

```
double pow(double x,double y);
```

fabs 是求 x 的绝对值的函数，其函数原型为

```
double fabs(double x);
```

例 3.16 从键盘上输入 x 的值，并用公式计算 $\sin x$ 的值。要求最后一项的绝对值小于 10^{-8}。计算公式如下：

$$\sin x = x - \frac{x^3}{3!} + \frac{x^5}{5!} - \frac{x^7}{7!} + \cdots$$

$\sin x$ 的值可以调用库函数直接求出，但是，对该问题的分析，有助于进一步掌握循环结构程序的组织。

这是一个级数求和问题。可以对和式中的每项分别计算，计算出一项就累加一项，直到某项的绝对值小于 10^{-8} 时为止。

还有一种高效率的计算方式。仔细分析式中每项和前一项之间的关系，例如：

$$-\frac{x^3}{3!} = x \cdot \frac{-x^2}{2 \times 3}$$

$$\frac{x^5}{5!} = -\frac{x^3}{3!} \cdot \frac{-x^2}{4 \times 5}$$

$$-\frac{x^7}{7!} = \frac{x^5}{5!} \cdot \frac{-x^2}{6 \times 7}$$

可以得到一个递推公式，设前一项为 t_n，当前项为 t_{n+2}，则有

$$t_{n+2} = t_n \cdot \frac{-x^2}{(n+1)(n+2)} \quad (n = 1,3,5,7,\cdots)$$

按上述分析，编写程序如下：

```cpp
1    //ex3-16.cpp:用公式求 sinx 的值
2    # include < iostream >
3    using namespace std;
4    # include < cmath >
5    int main()
6    {
7        long int n;
8        double x,term,sinx;
9        cout <<"x = ";
10       cin >> x;                          //输入 x 的值
11       n = 1;                             //置计数器初值
12       sinx = x;                          //置累加器初值
13       term = x;                          //当前项
14       do                                 //循环
15       {
16           n += 2;                        //计数器 + 2
17           term *= (-x*x)/(n-1)/n;        //当前项的值
18           sinx += term;                  //当前累加和
```

```
19          } while (fabs(term)>=1e-8);              //精度判断
20          cout <<"sin("<< x <<") = "<< sinx << endl;      //输出计算结果
21  }
```

程序的一次运行结果如下：

```
x = 1.57
sin(1.57) = 1
```

输入的 x 为弧度值。上面输入的 x 值为 π/2，得到 sinx 的值为 1。

第 7 行变量 n 表示某一项中 x 的幂；第 8 行变量 sinx 为累加器，用来存放 sinx 的值，变量 term 用来存放和式中的某一项；第 16～18 行的语句为循环体，循环的条件是 fabs(term)>=1e-8，退出循环的条件是 fabs(term)<1e-8，其中 term 为和式中某一项的值。

3.2.3　for 语句

在 C++语言中，for 语句不仅可以用于次数循环，即能够确定循环次数的情况，也可以用于条件循环，即循环次数不确定的情况。for 语句的一般形式为

```
for([表达式1];[表达式2];[表达式3]){
语句组
}
```

其中，"表达式 1""表达式 2""表达式 3"都可以省略，语句组称为循环体。

"表达式 1"不是循环体的执行部分，它仅在进入循环之前被执行一次，通常用于循环控制变量的初始化，所以也称为初始化表达式。

"表达式 2"是循环控制表达式。其值为 true(非 0)时执行循环，为 false(0)时退出循环。

"表达式 3"在"循环体"执行之后执行，可以看作循环体的最后一个执行语句，通常用于修改循环控制变量。

for 语句的程序流程图如图 3.19 所示。

从 for 语句的执行过程可以看到，它实际上等效于：

```
表达式1;
while(表达式2)
{  语句组;
    表达式3;
}
```

因此，for 循环可以作为次数型循环结构。次数型循环结构包括 4 部分：表达式 1、表达式 2、表达式 3 和语句组。

例如，求和式 $s = \sum_{i=1}^{100} i$ 用 for 语句编写的程序如下：

```
s = 0;
for(i = 1;i <= 100;i++)
    s += i;
```

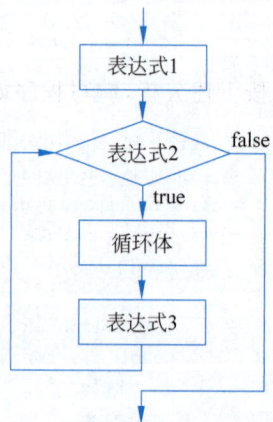

图 3.19　for 语句的程序流程图

for 循环在这里的功能是控制次数的循环。由 for 语句给循环变量 i 赋初值，判断循环条件，并修改循环变量的值。在循环体中，使用循环变量 i 的值进行累加。程序流程图如图 3.20 所示。

关于 for 语句中的表达式,有以下几点值得注意。

(1) for 语句中省略"表达式"时,分号不能省略。当省略全部表达式时,for 仅有循环跳转功能。循环变量初始化要在 for 之前设置,所有循环条件的判断、循环变量的修改、结束循环控制等都要在循环体内实现。例如:

```
for(;;){语句组}
```

等价于

```
while(1){语句组};
```

前面求 1~100 之和的程序可以写成:

```
s = 0;i = 1;
for(;;)
{   if(i > 100)  break;     //break 语句用于退出循环
    s += i;
    i++;
}
```

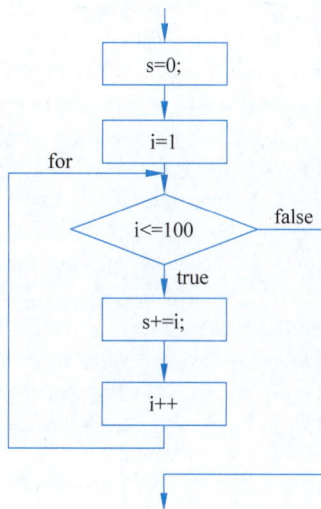

图 3.20 用 for 循环求和的程序流程图

(2) 省略"表达式"的 for 语句可以构成不同形式的循环。以下都是求和式程序的等价程序。

① 初始化表达式是逗号表达式,省略第 2 个和第 3 个表达式。

```
for(s = 0,i = 1;;)
{   if(i > 100)  break;
    s += i;
    i++;
}
```

② 省略第 1 个和第 3 个表达式。

```
s = 0;i = 1;
for(;i < = 100;)
{   s += i;
    i++;
}
```

③ 把累加计算表达式放在第 3 个表达式处,构成逗号表达式,循环体为空语句。

```
for(s = 0,i = 1;i < = 100;s += i,i++);
```

以上示例仅仅为了说明 for 语句的灵活性,没有考虑加法器的溢出问题。实际编程中,都要予以考虑。另外,读者还可以根据需要和习惯,写出不同形式的 for 循环结构。

例 3.17 求 $n! = 1 \times 2 \times 3 \times \cdots \times n$ 的值,n 从键盘输入。

本题中需要重复进行的是乘法操作,需要一个变量来存放连乘后的结果,像存放累加结果的变量称为加法器一样,存放连乘结果的变量称为乘法器。一般加法器初始化为 0,乘法器初始化为 1。

另外,像进行累加时要考虑加法器的溢出一样,做连乘也要考虑乘法器的溢出。

程序如下:

```
1    //ex3-17.cpp:求 n!
2    # include < iostream >
3    using namespace std;
4    const int Maxint = 2147483647;
5    int main()
6    {
7        int i,n;
8        long int t;
9        bool flag = false;
10        cout <<"input one integer n:{n = 16}";
11        cin >> n;
12        t = 1;
13        for(i = 1;i <= n;i++)
14            if(t <= Maxint/i)                        //溢出判断
15                t * i;
16            else{
17                flag = true;
18                break;
19                }
20        if(!flag)
21            cout << n <<"!= "<< t << endl;
22        else
23            cout <<"溢出!";
24    }
```

第 12 行是对乘法器赋初值。第 13 行中 for 语句的表达式 1 是 i=1,表达式 2 是 i<=n,表达式 3 是 i++,循环体是第 14~19 行的 if-else 语句。第 14 行判断乘法器是否溢出,在不溢出的前提下继续连乘;否则执行 else 子句,修改 flag 为 true,并执行 break 语句退出循环。

程序的两次运行结果如下:

```
input one integer n: 12
12!= 479001600

input one integer n: 13
溢出!
```

第一次是求得 12 的阶乘并正常输出。第二次是求 13 的阶乘时发生了溢出,提前结束循环。

例 3.18　从键盘输入若干学生的综合测评分,统计出分数在 85~100 分、60~84 分及 60 分以下这 3 个分数段的人数。

学生人数用变量 n 表示,学生的综合测评分用变量 score 表示,统计 3 个分数段人数的计数变量分别用 n1、n2 和 n3 表示,解决这个问题的程序如下:

```
1    //ex3-18.cpp:统计综合测评分在各个分数段的学生人数
2    # include < iostream >
3    using namespace std;
4    int main()
5    {
6        int i,n,n1,n2,n3;
7        double score;
8        cout <<"请输入学生人数:";
9        cin >> n;
10        n1 = 0;n2 = 0;n3 = 0;                       //给各计数变量赋初值
11        for(i = 1;i <= n;i++)        {
```

```
12          cin >> score;
13          if(score >= 85)   n1 += 1;
14          else   if(score >= 60)   n2 += 1;
15          else   n3 += 1;
16      }
17      cout <<"85 -- 100:"<< n1 << endl;
18      cout <<"60 -- 84:"<< n2 << endl;
19      cout <<" 0 -- 59:"<< n3 << endl;
20  }
```

程序的一次运行结果如下：

```
请输入学生人数： 10
90 95 80 85 70 75 60 65 50 55
85--100: 3
60--84 : 5
 0--59 : 2
```

第 12～15 行是 for 语句的循环体，其中，第 12 行是输入一个学生的综合测评分，第 13～15 行的 if-else 语句用于判断和计数。

例 3.19 求 Fibonacci(斐波那契)数列的前 n 项。Fibonacci 数列形如：$0,1,1,2,3,5,8,13,21,\cdots$。

其定义规律是：第 0 项 $a_0 = 0$，第 1 项 $a_1 = 1$，后续各项为 $a_2 = a_0 + a_1$，$\cdots$，$a_i = a_{i-1} + a_{i-2}$，$\cdots$，$a_n = a_{n-2} + a_{n-1}$。

从第 2 项开始，每项都等于前面两项之和。

在程序中，可以使用 3 个变量 a0、a1 和 a2 进行迭代：开始时，置 a0 为 0，a1 为 1，根据 a0 和 a1 的值计算第 2 项 a2，即 a2＝a0＋a1；然后用 a1 的值替换 a0 的值，用 a2 的值替换 a1 的值，用 a3＝a1＋a2 求得第 3 项 a3 的值；如此迭代下去，可以求出 Fibonacci 数列各项的值。按上述算法编写程序如下：

```
1   //ex3 - 19.cpp:列出 Fibonacci(斐波那契)数列的前 n 项
2   # include < iostream >
3   using namespace std;
4   const int MaxInt = 2147483647;
5   int main()
6   {
7       int n,i,a0,a1,a2;
8       cout <<"输入需列出的项数:";
9       cin >> n;
10      a0 = 0;                      //对第 0 项赋初值
11      a1 = 1;                      //对第 1 项赋初值
12      cout << a0 <<'\t'<< a1 <<'\t';   //输出前两项
13      for(i = 3; i <= n; i++)
14      {
15          if(a1 <(MaxInt - a0)){
16              a2 = a0 + a1;            //求新一项的值
17              cout << a2 <<'\t';
18              if( i % 10 == 0)
19                  cout << endl;        //格式控制,每行显示 10 项
20              a0 = a1;
21              a1 = a2;                 //迭代
22          }
```

```
23              else{
24                  cout <<"\n 第"<< i <<"项开始溢出!";
25                  break;
26              }
27          }
28      }
```

第 15～25 行为循环体,第 15 行的 if 语句用于判断下面拟求的一项是否会溢出,如果不会溢出,则继续求下一项,否则,执行第 23～25 行的语句,给出溢出位置,并退出循环,结束程序的运行。

程序的一次运行结果如下:

```
输入需列出的项数: 100
0          1          1          2          3          5          8          13         21         34
55         89         144        233        377        610        987        1597       2584       4181
6765       10946      17711      28657      46368      75025      121393     196418     317811     514229
832040     1346269    2178309    3524578    5702887    9227465    14930352   24157817   39088169   63245986
102334155  165580141  267914296  433494437  701408733  1134903170 1836311903
第48项开始溢出!
```

从以上运行结果可以看出,每行输出 10 项,第 5 行只输出了 7 项,因 Fibonacci 数列的第 48 项溢出,程序并没能输出前 100 项而提前退出了。

通过分析程序可以发现,求 Fibonacci 数列的迭代程序并不需要用 3 个变量实现。若 a0 初值为 0,a1 初值为 1,则由赋值语句的性质可知,若有

    a0 = a0 + a1;

则首先读出 a0 的值,与 a1 的值相加,赋给变量 a0,覆盖了原来的值,即得到第 3 项的值,此时,a0、a1 分别存放数列第 3 项和第 2 项的值。然后由

    a1 = a1 + a0;

得到数列的第 4 项值。在循环体内用这两个语句如此迭代,可以一次循环产生数列的两项,从而使循环的次数减少一半,节约了程序的运行时间。修改后的程序如下:

```
1   //ex3 - 19 - 1.cpp:列出 Fibonacci(斐波那契)数列的前 n 项。每次循环求两项
2   # include < iostream >
3   using namespace std;
4   const int  MaxInt = 2147483647;
5   int main()
6   {
7       int n,i,a0,a1;
8       cout <<"n = ";
9       cin >> n;
10      a0 = 0;
11      a1 = 1;
12      cout << a0 <<'\t'<< a1 <<'\t';
13      for(i = 2;i <= n/2;i++)              //每趟循环求两项
14      {
15          if(a0 < MaxInt - a1){
16              a0 = a0 + a1;
17              cout << a0 <<'\t';
18          }
19          else{
20              cout <<"\n 第"<< 2 * i - 1 <<"项溢出!\n";
21              exit(1);
```

```
22              }
23              if(a1 < MaxInt − a0){
24                  a1 = a1 + a0;
25                  cout << a1 <<'\t';
26              }
27              else{
28                  cout <<"\n第"<< 2 * i <<"项溢出!\n";
29                  exit(1);
30              }
31              if(i % 5 == 0)   cout << endl;
32          }
33          if(n>(i−1) * 2)                    //n为奇数,输出最后一项
34              if(a0 < MaxInt − a1){
35                  cout << a0 + a1 << endl;
36              }
37              else{
38                  cout <<"\n第"<< n <<"项溢出!\n";
39              }
40      }
```

第 15～22 行的语句和第 23～30 行的语句分别实现求后两项,注意溢出判断。另外,第 21 行和第 29 行的 exit(1)表示结束程序的运行。

请读者运行上面程序,输入 100,观察并分析程序的运行结果。

3.2.4　循环语句的嵌套

所谓循环嵌套,就是在一个循环语句的循环体内又包含循环语句。while、do-while 和 for 语句可以互相嵌套。例如:

```
while( … )
{    ⋮
    while ( … )
    { … }
    ⋮
}
```

又如:

```
for ( … )
{    ⋮
    for(...)
    { ... }
    ⋮
}
```

再如:

```
for( … )
{    ⋮
    while ( … )
    { … }
    ⋮
}
```

以上都是循环的嵌套。循环还可以多层嵌套,形成多重循环。

在二重嵌套循环结构中,内循环语句是外循环体的一个语句,外循环每执行一次循环体,内循环语句都要完成全部循环。例如,外循环的循环次数为 m,内循环的循环次数为 n,如果外循环结束,则内循环的循环体将被执行 $m \times n$ 次。

例 3.20 测试循环执行次数。

```cpp
1   //ex3-20.cpp:双层循环示例
2   # include < iostream >
3   using namespace std;
4   int main()
5   {
6       cout <<"i\tj\n";
7       for(int i = 1;i <= 3;i++)          //外循环
8       {
9           cout << i;
10          for(int j = 1;j <= 3;j++)      //内循环
11          {
12              cout <<'\t'<< j << endl;
13          }
14      }
15  }
```

程序的运行结果如下:

```
i    j
1    1
     2
     3
2    1
     2
     3
3    1
     2
     3
```

第 10~13 行的循环语句称为内循环,它是第 7 行 for 语句(外循环)循环体的一个语句。外循环每执行一次,内循环的循环体执行 3 次。外循环执行 3 次,内循环的循环体执行 $3 \times 3 = 9$ 次。其中,i 是外循环控制变量,取值为 1、2、3,j 是内循环控制变量,对 i 的每次取值,j 的取值都是 1、2、3。

例 3.21 给定正整数 n 和 m,在 $1 \sim n$ 这 n 个数中,取出两个不同的数,使得其和是 m 的因子,问有多少种取法?

解题思路:枚举所有两个数的不同取法,看其和是否为 m 的因子,如果是,就将取法总数目加 1。枚举取两个数的不同取法,可以用两重 for 循环实现。程序如下:

```cpp
1   //ex3-21-1.cpp:求因子的数目
2   # include < iostream >
3   using namespace std;
4
5   int main()
6   {
7       int n,m,i,j;
8       int total = 0;
9       cin >> n >> m;                     //输入正整数 n 和 m 的值
10      for(i = 1;i < n;i++)               //外循环
11          for(j = i + 1;j < n + 1;j++)   //内循环
```

```
12                  if(!(m%(i+j)))
13                      total++;
14        cout << total << endl;                    //输出符合条件的取法数
15        return 0;
16    }
```

第 10、11 行的两层 for 循环枚举 1~n 的两个不同的数,第 12、13 行判断符合条件的取法,并计数。

程序的运行结果如下:

```
10 5
2
```

例 3.22 百钱买百鸡问题。"百钱买百鸡"问题是一个经典的数学问题,通常用于教授编程中的循环和条件判断。问题表述:公鸡 5 钱一只,母鸡 3 钱一只,小鸡 1 钱三只,用 100 钱买 100 只鸡,问公鸡、母鸡、小鸡各多少只?

解题思路:假定用变量 x、y 和 z 分别表示公鸡、母鸡和小鸡的数目。当取定 x 和 y 之后,z=100−x−y。据题意可知,x 的取值为 0~20 的整数,y 的取值为 0~33 的整数。所以我们可以用外循环控制 x 从 0 到 20 变化,内循环控制 y 从 0 到 33 变化,然后在内循环体中对每个 x 和 y 求出 z,并判别 x、y 和 z 是否满足条件:5*x+3*y+z/3.0==100,若满足就输出 x、y 和 z。使用 z/3.0 是因为每 3 只小鸡 1 元,若相除结果不是整数,则说明不符合条件。若用 z/3,则 C++进行整除运算,略去商的小数部分,引起程序判断错误。

按分析,编写程序如下:

```
1    //ex3-22.cpp:百钱百鸡问题
2    # include < iostream >
3    using namespace std;
4    int main()
5    {
6        int x,y,z;
7        cout <<"公鸡\t"<<"母鸡\t"<<"小鸡\t"<< endl;
8        for(x = 0;x <= 20;x++)                    //公鸡的可能数
9            for(y = 0;y <= 33;y++)                //母鸡的可能数
10           {
11               z = 100 - x - y;
12               if((5 * x + 3 * y + z/3.0) == 100)    //小鸡的可能数
13                   cout << x <<'\t'<< y <<'\t'<< z << endl;
14           }
15   }
```

程序的运行结果如下:

```
公鸡    母鸡    小鸡
0       25      75
4       18      78
8       11      81
12      4       84
```

第 8 行是外循环语句,其循环体为第 9~14 行的语句组;第 9 行是内循环语句,其循环体为第 11~14 行的语句组,内循环中的第 12、13 行语句用于寻找满足条件的解并输出。

例 3.23 求区间[*a*,*b*]内的素数。

所谓素数,就是除 1 和它本身外没有其他约数的整数。例如,2、3、5、7、11 等都是素数,而 4、6、8、9 等都不是素数。

要判别整数 m 是否为素数,最简单的方法是根据定义进行测试,即用 $2,3,4,\cdots,m-1$ 逐个去除 m。若其中没有一个数能整除 m,则 m 为素数;否则,m 不是素数。

数学上可以证明:若所有小于或等于 $\sqrt{m}$ 的数都不能整除 m,则大于 $\sqrt{m}$ 的数也一定不能整除 m。因此,在判别一个数 m 是否为素数时,可以缩小测试范围,只需在 $2\sim\sqrt{m}$ 范围检查是否存在 m 的约数。只要找到一个约数,就说明这个数不是素数,退出测试。

对区间 $[a,b]$ 的每一个数,都采用上述方法进行测试,即可求出所有的素数。

具体程序如下:

```cpp
1    //ex3-23.cpp:求一个区间内的素数
2
3    #include<iostream>
4    using namespace std;
5    #include<cmath>
6    int main()
7    {
8        int m,i,k,n=0;
9        int a,b,t;
10       cin>>a>>b;                        //输入 a 和 b 的值
11       if(a>b)                           //确保 a 小于或等于 b
12       {
13           t=a;a=b;b=t;
14       }
15       for(m=a;m<=b;m++)                 //循环,m 依次取 a~b 的值
16       {
17           k=int(sqrt(double(m)));       //取测试范围
18           i=2;                          //约数
19           while(m%i&&i<=k)              //查找 m 的约数
20               i++;
21           if(i>k)                       //没有大于 1 的约数
22           {
23               cout<<m<<'\t';            //输出素数
24               n+=1;                     //记录素数个数
25               if(n%5==0)  cout<<endl;   //每行输出 5 个数据
26           }
27       }
28   }
```

程序的运行结果如下:

```
2 100
2       3       5       7       11
13      17      19      23      29
31      37      41      43      47
53      59      61      67      71
73      79      83      89      97
```

结果中第 1 行是输入的区间 $[2,100]$,第 $2\sim6$ 行是输出的区间内的素数。

程序中第 17 行的 sqrt() 函数是数学函数,在头文件 cmath 中定义,用于求一个数的平方根。第 19、20 行为内循环,实现寻找 m 的因子;第 $21\sim26$ 行判断 m 没有因子时,输出 m,并计数,实现每行输出 5 个素数。外循环对 $2\sim100$ 的每一个数,都进行如上所述的测试。

3.3 流程转向语句

转向语句是程序流程控制的补充机制。C++的转向语句主要有 break、continue 和 goto 语句。

3.3.1 break 语句

break 语句的作用如下：①出现在 switch 语句中，如图 3.12 所示，跳出 switch 语句；②出现在循环体中，跳出循环。在多重循环的情况下，break 语句只能跳出直接包含它的那层循环。其语句格式如下：

```
break;
```

例 3.24 判断一个整数是否为素数。

判断素数的算法如例 3.23 所示。本例用 for 循环测试某数的因子，如果找到一个因子，即可断定该数不是素数，立刻执行 break 语句，退出循环。程序如下：

```
1    //ex3－24.cpp:判定是否为素数
2    ＃include＜iostream＞
3    ＃include＜cmath＞
4    using namespace std;
5    int main()
6    {
7        int i;
8        long  m;
9        cout＜＜"Please input a number:\n";
10       cin＞＞m;
11       double sqrtm = sqrt(m);
12       for(i = 2;i＜= sqrtm;i++)
13         if(m％i == 0)  break;          //找到一个因子 i,立即退出 for 循环
14       if(sqrtm＜i)                       //判断 for 循环是否从循环体的 if 语句退出
15           cout＜＜m＜＜"是素数."＜＜endl;
16       else
17           cout＜＜m＜＜"不是素数."＜＜endl;
18   }
```

请读者自行运行程序，输入素数或非素数，观察并分析程序的输出结果。

例 3.25 如果两个不同的正整数，它们的和是它们的积的因子，则称这两个数为兄弟数，小的数称为弟数，大的数称为兄数。编写程序，输入正整数 m 和 $n(m＜n)$，在 m 和 n 之间找出一对兄弟数。如果找到，就输出和最小的那一对，如果有多对兄弟数的和相同且最小，则输出弟数最小的那一对；如果找不到，则输出"No Solution."。

此题的思路是枚举每一对 m 和 n 之间不同的数，判断其是否是兄弟数。用两个变量跟踪所找到的最佳兄弟数，如果发现更佳的，就更新变量的值。

```
1    //ex3－25.cpp:找兄弟数
2    ＃include＜iostream＞
3    using namespace std;
4    int main()
```

```
 5    {
 6         int m,n;
 7         int a,b,i,j;
 8         cin >> m >> n;
 9         a = n + 1;                              //a用来记录已经找到的最佳的弟数
10         b = n + 1;                              //b用来记录已经找到的最佳的兄数
11         for(i = m;i < n;i++){                   //取弟数,共 n − m 种取法
12             if(i > (a + b)/2 + 1)
13                 break;                          //跳出外循环
14             for(j = i + 1;j <= n;j++){          //取兄数
15                 if(i + j > a + b)
16                   break;                        //跳出内循环
17                 if(i * j % (i + j) == 0){       //发现兄弟数
18                     if(i + j < a + b){
19                         a = i;b = j;
20                     }
21                 }
22                 else if(i + j == a + b&&i < a){
23                     a = i;b = j;
24                 }
25             }
26         }
27         if(a == n + 1)
28             cout <<"No Solution. ";
29         else
30             cout << a <<","<< b;
31    }
```

第 9 行和第 10 行用来记录已经找到的最佳兄弟数,a 是弟数,b 是兄数,都初始化为 n+1,只要能找到兄弟数,它们的和一定会小于初始的 a+b。

第 12 行,如果发现弟数 i 大于(a+b)/2+1,由于 j 始终是大于 i 的,因此 i+j 肯定大于 a+b,此时继续尝试已经不可能找到比 a、b 更优的解了,因此执行第 13 行的 break 语句跳出外循环。

第 15 行,如果发现 i+j 的值已经大于当前的最佳兄弟数 a、b 的和,那么继续尝试更大的 j 就没有意义,因此执行第 16 行的 break 语句,跳出内循环,回到外循环继续尝试下一个可能的兄弟数 i。

通过在循环体适当位置增加 break 语句,可以避免无意义的尝试,提前结束循环,从而加快程序的执行速度。

程序的一次运行结果如下:

```
2 10
3,6
```

结果中第 1 行输入 m 和 n 的值分别为 2 和 10,第 2 行是输出的一对兄弟数。

另外,本程序也涉及了两个整数的和和积,也应考虑溢出的情况。请读者自行修改程序,增加溢出判断,然后运行程序,输入两个较大的整数,观察并分析程序的运行结果。

3.3.2　continue 语句

continue 语句可以出现在循环体中(while、do-while、for 均可),终止当前一次循环,不

执行 continue 的后续语句,而回到循环开头判断是否要进行下一次循环。其语句形式如下:

```
continue;
```

例 3.26 编程序,实现逢 7 过小游戏。有 100 个玩家,从 1 开始顺序报数,遇到数字中含有 7 或 7 的倍数时跳过。

可以用 continue 语句实现跳过符合条件的数字。程序如下:

```
1    //ex3－26.cpp:逢 7 过小游戏
2    ♯ include < iostream >
3    using namespace std;
4    int main(){
5        for( int number = 1;number < = 100;number++){
6            if((number % 7 == 0)||(number/10 == 7)||(number % 10 == 7)){
7                continue;                    //如果满足条件,则跳过
8            }
9            cout << number <<"\t";          //正常报数,输出
10           if(number % 10 == 0)cout << endl;    //每输出 10 个数字换一行
11       }
12   }
```

第 5 行 for 循环实现报数,第 6 行测试数字是否是 7 的倍数或含有 7,如果是则执行 continue 语句,跳过第 9 和第 10 行语句,转去执行 number＋＋,并判断是否要执行下一轮循环。

图 3.21 描述了 break 语句与 continue 语句的区别。

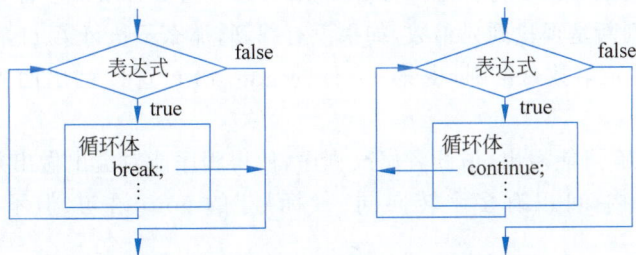

图 3.21　break 语句与 continue 语句的区别

从图 3.21 可知,break 语句增加了循环的出口,也就是表达式的值为真时,也可能退出循环;而 continue 语句只终止一次循环的执行,并没有增加循环的出口,只有当表达式的值为假时才会退出循环。

3.3.3　goto 语句

goto 语句通常称为无条件转向语句,用于无条件跳转到程序中某个指定位置。这个位置用标号来指定,标号的命名规则与变量的命名规则相同,标号对程序的正常控制流程没有影响。该语句的一般形式为

```
goto　标号;
标号:语句;
```

goto 语句和标号要求出现在同一个函数体中,即不能从一个函数转向执行另一个函数

体中的语句。

例 3.27 如果两个不同的正整数,它们的和是它们的积的因子,就称这两个数为兄弟数,小的称为弟数,大的称为兄数。编程序,输入 m 和 $n(m < n)$,在 m 和 n 之间找一对兄弟数(任意一对即可)并输出。如果找不到,就输出"No Solution."。

```
1    //ex3-27.cpp:求 m 和 n 之间的一对兄弟数
2    # include < iostream >
3    using namespace std;
4    int main()
5    {
6        int m,n,i,j;
7        cin >> m >> n;
8        for(i = m;i < n;i++)
9            for(j = i + 1;j <= n;j++)
10               if(!((i * j) % (i + j)))          //条件成立,表明找到一对兄弟数,退出循环
11                   goto Finished;
12   Finished:
13       if(i == n)
14           cout <<"No Solution.";
15       else
16           cout << i <<","<< j;
17       return 0;
18   }
```

第 10 行如果找到了一对兄弟数,就立即执行第 11 行的 goto 语句,跳到标号 Finished 后面的语句继续执行。第 12 行就是标号 Finished,标号后面必须带上冒号":"。

第 13～16 行判断是否找到兄弟数,如果没有找到,那么不执行第 11 行的 goto 语句,也就意味着没有找到兄弟数;否则,由第 11 行的 goto 语句直接跳出两重循环,并输出兄弟数。

本题中 i * j 也有可能溢出,请读者修改程序,使得程序能对溢出做出判断和处理。

在一个函数体内,可以有多个转向同一"标号"的 goto 语句,但不能有多个相同的"标号"。

例如,以下两个 goto 语句都转向标号 End:

```
{      ⋮
    goto  End;
       ⋮
    goto  End;
       ⋮
    End:;
}
```

但以下结构编译器无法确定 goto 语句的转向入口:

```
{      ⋮
    goto  Who;
       ⋮
    Who:⋯;
       ⋮
```

```
  Who: … ;
}
```

goto 语句与条件语句结合,可以构成程序的选择控制和循环控制。

例如,求 a、b 中的大值的程序如下:

```
if(a > b)
  goto A;
goto B;
A:
max = a;
goto C;
B:
max = b;
C:
cout <<"max = "<< max << endl;
```

又如,求 1～100 的奇数之和的程序如下:

```
i = 1; s = 1;
loop:
  i++;
  if(i % 2)  s += i;
  if(i < 100)  goto loop;
cout <<"s = "<< s << endl;
```

在程序中滥用 goto 语句将降低程序的可读性和可维护性。如例 3.27,为避免使用 goto 语句,可以在内循环和外循环中分别用 break 语句来退出两层循环。

3.4 应用举例

本节通过应用示例,进一步介绍前述知识点的具体运用。

例 3.28 在例 1.1 的基础上,编写程序,输入 n 个学生德育成绩积分、智育成绩积分、体育成绩积分和能力成绩积分,根据公式:total＝0.2 * moral＋0.5 * intellectual＋0.2 * physical＋0.1 * ability 计算学生的综合测评分,统计综合测评分在 90 分以上的学生人数,并求出综合测评分的最高分、最低分和平均分。

本题可以使用循环和条件语句完成。具体代码如下:

```
1   //ex3－28.cpp:统计优秀学生人数、最高分、最低分和平均分
2   ＃include < iostream >
3   ＃include < iomanip >
4   using namespace std;
5   int main()
6   {
7       int num, count = 0, max, min;
8       double ave = 0;
9       int mor, inte, phys, abil;
10      int i, t = 0, sum = 0;
11      cout <<"请输入学生人数:"<< endl;
12      cin >> num;
```

```
13        cout <<"请依次输入各个学生的德育、智育、体育和能力积分:"<< endl;
14        for(i = 1;i <= num;i++){
15            cin >> mor >> inte >> phys >> abil;
16            t = mor * 0.2 + inte * 0.5 + phys * 0.2 + abil * 0.1;
17            if(t >= 90)                    //统计90分以上的学生人数
18                count++;
19            if(i == 1)   max = t;          //跟踪最高分
20            else
21                if(max < t)   max = t;
22            if(i == 1)   min = t;          //跟踪最低分
23            else
24                if(min > t)min = t;
25            sum += t;                      //统计总分
26        }
27        if(num >= 1){
28            ave = sum * 1.0/num;           //计算平均分
29            cout << num <<"个参加综合测评学生中优秀学生有:"<< count
30                <<"人,最高分:"<< max <<"分,最低分:"<< min <<"分,平均分:"
31                << fixed << setprecision(1)<< ave <<"分。";
32        }
33        else{
34            cout <<"输入的人数不合法!"<< endl;
35        }
36    }
```

程序的一次运行结果如下:

```
请输入学生人数:
3
请依次输入各个学生的德育、智育、体育和能力积分:
90 85 88 85
90 91 92 93
93 91 92 90
3个参加综合测评学生中优秀学生有:2人, 最高分:91分,最低分:86分,平均分:89.3分。
```

第14~26行的for循环用于输入num个学生的德育积分、智育积分、体育积分和能力积分,并用count统计优秀学生的人数,变量t存放一个学生的综合测评分,max和min分别存放最高和最低综合测评分,变量sum存放所有学生的总综合测评分。

第27~34行判断人数是否大于或等于1,只有大于或等于1才需要完成题目中的统计,否则输出"输入的人数不合法!"并结束程序的运行。

本题程序中涉及整数的累加,也有可能溢出。请读者修改程序,使得程序能判断并处理溢出的情况。

本章小结

任何复杂的程序都是由三种基本程序控制结构即顺序结构、选择结构和循环结构组合而成。前两章编写的程序都是顺序结构程序。本章主要介绍了选择结构和循环结构。

C++构成选择结构的语句有if语句和switch语句。

if语句有两种形式:单分支的if语句和二分支的if语句(即if-else)。if语句适用于条件判断比较复杂的分支结构。嵌套if语句采用就近匹配的原则。用花括号(即{ })改变复合语句结构,可以改变if与else的匹配关系。

switch 语句根据一个表达式的值进行选择执行，它适用于条件判断比较简单的多路选择。case 引导的仅仅是标号，没有跳转功能。要在执行分支语句后退出 switch 结构，需要用 break 语句。

循环结构有 while 语句、do-while 语句和 for 语句。

while 语句和 do-while 语句主要用于条件循环。

for 语句是 C++中很灵活的循环语句，既可以用于控制次数循环，也可以用于条件循环。

设计循环结构程序时必须要明确循环体的算法是什么、进入循环的条件是什么、结束循环的条件是什么，以保证正确控制程序的流程。

while 语句、do-while 语句和 for 语句可以互相嵌套构成多重循环结构。

break 语句只能在 switch 语句或循环语句中使用。

continue 语句只能在循环语句中使用。

goto 语句的使用不符合"结构化程序设计"的思想，应该尽量少用。

习题 3

习题 3

第4章

函　数

函数是编程中的核心概念，它是一段执行特定任务的代码块，是模块化和组织代码的关键手段。函数有两个重要作用：一是促进程序的可重用性，使得程序员能够在程序中多次调用相同的代码段，从而有效节省时间并减少潜在的错误；二是有助于实现程序的模块化，通过将复杂的程序逻辑分解为更小的、更易于管理的部分，可以极大地提升代码的可读性和可维护性。

在 C++编程中，每个程序都至少有一个函数，即主函数 main()。然而，在实际开发中，程序员往往会根据需求定义更多的函数，以便更好地组织代码。将代码合理地划分到不同的函数中，是程序员需要仔细考虑的问题。虽然具体的划分方式因程序而异，但通常应遵循一个原则：每个函数应专注于执行一个特定的任务。

本章介绍函数的定义、声明与调用。

4.1　函数的定义、声明与调用

4.1.1　函数的定义

函数定义由一个函数头和一个函数体组成，函数头包括返回类型、函数名和参数列表，函数体包含一组定义函数执行任务的语句。函数定义的通用格式如下：

```
返回类型 函数名(形式参数表)
{
    语句;
    return (返回值);
}
```

其中，"返回类型"是函数返回的值的数据类型，可以是前面已定义的基本数据类型或用户自定义类型以及这些类型的指针或引用。有些函数执行所需的操作而不返回值，在这种情况下，返回类型是 void。函数名是函数的实际名称，是用户定义的标识符。形式参数表指定了传递给函数的参数类型和数量，形式参数是可选的，也就是说，函数可能不包含形式参数。函数名和形式参数表一起构成了函数签名。花括号括起的部分称为函数体。

对于返回类型为 void 的函数，函数体中的 return 语句可选，可选的 return 语句标记了函数的结尾,否则,函数将在右花括号(})处结束。对于返回类型不是 void 的函数,必须使用 return 语句,以便将返回值返回给调用函数。

例如:

```
void printHello()              //定义函数,没有形式参数,返回类型为 void
{
        cout <<"Hello,world! "<< endl;
        return;                //可选
}
```

这里定义了一个函数名为 printHello、返回类型为 void,没有形式参数的函数,return 语句可选。

也可以定义一个输出指定次数的函数,例如:

```
void printNumber(int number)     //定义一个函数,带一个参数,返回 void
{
    cout <<"The number is:"<< number << endl;
}
```

printNumber()函数的形式参数表中只定义了一个 int 型的形式参数 number,意味着调用函数 printNumber()时,应将一个 int 型值作为参数传递给它。

有返回值的函数,必须使用返回语句将返回值返回给调用函数。例如:

```
double max(double num1,double num2)   //定义一个函数,带两个参数,返回一个 double 类型的值
{
    if(num1 > num2)
        return num1;
    else
        return num2;
}
```

这里定义了一个函数 max(),带两个 double 类型的形式参数,且返回类型为 double 类型。函数的返回值(即函数体中 return 后的部分)可以是常量、变量,也可以是表达式,但是其结果的类型必须为返回类型或者可以转换为返回类型,例如,如果声明的返回类型为 double,而函数返回一个 int 型表达式,则该 int 型值被强制转换为 double 类型,然后,函数将转换后的值返回给调用函数。C++的返回类型可以是基本数据类型、用户自定义数据类型以及这些类型的指针或引用。

4.1.2　函数的调用

所定义的函数只有在被调用时,其函数体的语句才会执行。函数调用的一般形式为

函数名(实际参数表)

其中,函数名是被调用函数的函数名,实际参数表与定义函数时所使用的形式参数表在个数、类型、位置上必须一一对应。函数调用过程中,实际参数提供了被调用函数的函数体执行时所需的信息。

在 C++中,函数调用的格式取决于函数声明和定义。以下是函数调用的一些基本格式:

对于返回类型为 void 的函数,可以通过语句调用。如:

```
    printHello();                          //调用不带参数的函数
    printNumber(30);                       //调用带参数的函数
```

对于返回类型为非 void 的函数,以下调用都是正确的。

```
    double Max_n = max(30,40);             //调用带两个参数的函数,并将返回值作为变量 Max_n 的初值
    cout << max(Max_n,50) << endl;
```

例 4.1　定义和调用函数。

```
1    //exp4-1.cpp:定义和调用函数
2    #include<iostream>
3    using namespace std;
4    void printHello()                    //定义函数,不带参数,返回 void
5    {
6        cout <<"Hello,world!"<< endl;
7    }
8    void printNumber(int number)         //定义函数,带一个参数,返回 void
9    {
10       cout <<"The number is:"<< number << endl;
11   }
12   double max(double num1,double num2)   //定义函数,带两个参数,返回一个 double 类型的值
13   {
14       if(num1 > num2)
15           return num1;
16       else
17           return num2;
18   }
19   int main()
20   {
21       printHello();                    //调用不带参数的函数
22       printNumber(30);                 //调用带参数的函数
23       double Max_n = max(30,40);       //调用带两个参数的函数,并接收返回值
24       cout <<"The max number is:"<< Max_n << endl;
25   }
```

程序运行结果:

```
Hello, world!
The number is: 30
The max number is: 40
```

例 4.1 展示了三个函数的定义和调用。第 4～7 行是 printHello()函数的定义,第 21 行是调用语句。第 8～11 行是 printNumber()函数的定义,第 22 行是调用语句。第 12～18 行是 max()函数的定义,第 23 行是包含了函数调用的语句。

4.1.3　函数原型

函数原型是函数的声明,其作用是告诉编译器有关函数接口的信息,即函数的名称、函数的返回值的数据类型、函数的参数类型和数量。编译器根据函数原型检查函数调用的正确性。函数原型为声明语句,因此,需要以分号结尾,其格式为

返回类型 函数名(形式参数表);

其中,返回类型表示函数的返回值的类型;函数名是函数的名称,是用户定义的标识符;形

式参数表定义了函数能够接收的参数类型和个数。例如：

```
double max(double num1,double num2);
```

这个函数原型告诉编译器，max()函数有两个 double 类型的参数，返回值是 double 类型。

函数原型中，参数的名称并不重要，只有参数的类型是必需的，因此下面也是有效的声明：

```
double max(double,double);
```

如果函数定义出现在程序第一次调用之前，则不需要函数原型声明。如果函数的定义在函数调用之后，则必须给出函数原型声明。

例 4.2 函数原型测试。

```
1   //exp4-2.cpp:函数原型测试
2   #include<iostream>
3   using namespace std;
4   void printHello();                        //函数原型声明
5   void printNumber(int number);             //函数原型声明
6   double max(double num1,double num2);      //函数原型声明
7   int main()
8   {
9     printHello();                           //函数调用
10    printNumber(30);                        //函数调用
11    double Max_n = max(30,40);              //函数调用
12    cout <<"The max number is:"<< Max_n << endl;
13  }
14  void printHello()                         //函数定义
15  {
16    cout <<"Hello,world!"<< endl;
17  }
18  void printNumber(int number)              //函数定义
19  {
20    cout <<"The number is:"<< number << endl;
21  }
22  double max(double num1,double num2)       //函数定义
23  {
24    if(num1 > num2)
25        return num1;
26    else
27        return num2;
28  }
```

程序运行结果：

```
Hello, world!
The number is: 30
The max number is: 40
```

例 4.2 展示了如何在 C++中使用函数原型声明语句。当函数的定义在函数调用之后，通过定义函数原型，告诉编译器有关函数接口的信息。函数原型通过分离函数声明和定义，可以提高代码的模块化和可读性，同时允许在不同的源文件中实现函数。

在 C++ 中,库函数是指在标准库或其他第三方库中定义的函数,它们提供了各种通用功能,如数学计算、字符串处理、输入输出等。数学类库函数通常包含在< cmath >头文件中,其中提供了一系列的数学运算函数,如三角函数、指数和对数函数、幂函数等,表 4.1 列出了几个常用的数学类函数原型声明。

表 4.1　几个常用的数学类函数原型

函 数 原 型	功　能

double fabs(double x);
float fabsf(float x);
long double fabsl(long double x);
	x 的绝对值

double pow(double base,double exponent);
float powf(float base,float exponent);
long double powl(long double base,long double exponent);
	幂函数

double sqrt(double x);
float sqrtf(float x);
long double sqrtl(long double x);
	x 的平方根

double exp(double x);
float expf(float x);
long double expl(long double x);
	指数函数 e^x

double log(double x);
float logf(float x);
long double logl(long double x);
	x 的自然对数(以 e 为底)

double log10(double x);
float log10f(float x);
long double log10l(long double x);
	x 的对数(以 10 为底)

double sin(double x);
float sinf(float x);
long double sinl(long double x);
	x(弧度)的正弦

double cos(double x);
float cosf(float x);
long double cosl(long double x);
	x(弧度)的余弦

double tan(double x);
float tanf(float x);
long double tanl(long double x);
	x(弧度)的正切

double rand();	随机数生成

例 4.3　数学函数测试。

```
1    //exp4-3.cpp:数学函数测试
2    # include < iostream >
3    # include < cmath >                          //引入 cmath 库
4    using namespace std;
5    int main()
6    {
7        const double PI = 3.14;
8        double radius = 10.0;
9        double area = PI * std::pow(radius,2);      //调用 pow()函数计算半径的平方
```

```
10      cout <<"The area of the circle is:"<< area << endl;
11      double sqrtValue = std::sqrt(radius);              //调用 sqrt()函数计算平方根
12      std::cout <<"The square root of"<< radius <<"is"<< sqrtValue << std::endl;
13      double sinValue = std::sin(PI);                   //调用 sin()函数计算正弦值
14      std::cout <<"The sine of "<< PI <<"is"<< sinValue << std::endl;
15      return 0;
16   }
```

程序运行结果：

```
The area of the circle is: 314
The square root of 10 is 3.16228
The sine of 3.14 is 0.00159265
```

例 4.3 展示了如何调用 C++数学类库中的一些常见函数。这些函数非常有用，可以帮助执行各种数学计算。

4.2 函数的参数传递与返回

4.2.1 函数参数的传递

参数是调用函数与被调用函数之间交换数据的通道。函数定义首部的参数称为形式参数(简称形参)，调用函数时使用的参数称为实际参数(简称实参)。实参必须与形参在类型、个数、位置上相对应。

函数被调用前，形参没有存储空间。函数被调用时，系统建立与实参对应的形参存储空间，函数通过形参与实参进行通信、完成操作。函数执行完毕，系统收回形参的临时存储空间。这个过程称为参数传递或者参数的虚实结合。

在函数调用中，作为实参的表达式的值被复制到由对应的形参名所标识的对象中，成为形参的初值，这种参数的传递方式称为"值传递"。完成值传递之后，函数体中的语句对形参的访问、修改都在这个标识对象(形参)上操作，与实参对象无关。

例 4.4 计算圆柱体的体积。圆柱体的体积可以通过公式 $V = \pi r^2 h$ 来计算，其中 r 是圆柱体底面半径，h 是圆柱体的高。

```
1    //exp4-4.cpp:计算圆柱体的体积
2    # include < iostream >
3    # include < cmath >
4    const double PI = 3.14;
5    using namespace std;
6    double cylinderVolume(double radius,double height);        //函数原型声明
7    int main()
8    {
9        double c_radius,c_height,c_volume;
10
11       cout <<"请输入圆柱体的半径:";
12       cin >> c_radius;
13       cout <<"请输入圆柱体的高:";
14       cin >> c_height;
15       c_volume = cylinderVolume(c_radius,c_height);        //调用函数
16       cout <<"圆柱体的体积是:"<< c_volume << endl;           //输出结果
17   }
```

```
18
19   double cylinderVolume(double radius,double height)        //函数定义,计算圆柱体的体积
20   {
21       return PI * pow(radius,2) * height;
22   }
```

程序运行结果:

请输入圆柱体的半径:2.5
请输入圆柱体的高:3.8
圆柱体的体积是:74.575

第 15 行调用 cylinderVolume() 函数时,系统建立形式参数的对象 radius 和 height,把实际参数 c_radius 和 c_height 的值赋给 radius 和 height。cylinderVolume() 函数用形式参数 radius 和 height 计算并返回圆柱体的体积。返回 main() 函数时,cylinderVolume() 函数返回值赋给变量 c_volume。

函数 cylinderVolume() 中声明的形式参数 radius 和 height 在函数调用时分配内存,在函数调用结束后,计算机将释放形式参数使用的内存。

例 4.5 交换变量的值。

```
1    //exp4-5.cpp:交换变量的值
2    # include < iostream >
3    using namespace std;
4    void swap(int a,int b);                              //函数原型声明
5    int main()
6    {
7        int x = 10;
8        int y = 20;
9        cout <<"Before swap:x = "<< x <<", y = "<< y << endl;
10       swap(x,y);                                       //调用 swap()函数
11       cout <<"After swap:x = "<< x <<", y = "<< y << endl;
12   }
13   void swap(int a,int b)                               //函数定义
14   {
15       int temp = a;
16       a = b;
17       b = temp;
18       cout <<"Inside swap:a = "<< a <<", b = "<< b << endl;
19   }
```

程序运行结果:

```
Before swap: x = 10, y = 20
Inside swap: a = 20, b = 10
After swap: x = 10, y = 20
```

该程序在 swap() 函数调用时,实参 x 和 y 的值被复制到函数的形参 a 和 b 中。函数体内的交换操作只影响函数的形参 a 和 b,不影响第 10 行 main() 函数中调用语句中的实参 x 和 y。因此,在函数调用前后,x 和 y 的值没有变化。

函数参数传递中,当形参和实参的类型不一致时,将实参按形参的类型进行强制类型转换,然后赋值给形参。

例 4.6 函数参数强制类型转换。

```
1    //exp4-6.cpp:函数参数强制类型转换
2    # include < iostream >
3    using namespace std;
4
5    double addDoubles(double x, double y);                    //函数原型声明
6    int addInts(int x, int y);
7    int main()
8    {
9        double a = 3.5;
10       double b = 2.5;
11       int c;
12       double sum1 = addDoubles(a, b);          //调用 addDoubles()函数,不需要类型转换
13       cout <<"Sum of doubles:"<< sum1 << endl;
14       c = addInts(a, b);                       //调用 addInts()函数,需要将 double 转换为 int
15       cout <<"Sum of ints:"<< c << endl;
16   }
17   // addDoubles()函数定义
18   double addDoubles(double x, double y){
19       return x + y;
20   }
21   //addInts()函数定义
22   int addInts(int x, int y){
23       return x + y;
24   }
```

程序运行结果：

```
Sum of doubles: 6
Sum of ints: 5
```

例 4.6 定义了两个函数：addDoubles()和 addInts()。addDoubles()接收两个 double
类型的参数,而 addInts()接收两个 int 类型的参数。在 main()函数中有两个 double 类型
的变量 a 和 b。当调用 addDoubles()函数时,a 和 b 直接将值传递给 x 和 y,因为实参类型
与函数形参的类型匹配。然而,当调用 addInts()函数时,需要将 a 和 b 从 double 类型强制
转换为 int 类型,再进行值传递。

注意,强制类型转换可能会导致数据丢失,特别是当将浮点数转换为整数时。在例 4.6
中,3.5 和 2.5 将分别被转换为 3 和 2,此时小数部分被丢弃了。

例 4.7 求 $1!+2!+\cdots+N!$ 的和。N 为正整数($N \leqslant 20$)。

问题中要求阶乘和。可以将求阶乘的功能定义成函数,然后在主程序中进行调用。

```
1    //exp4-7.cpp:求 1! + 2! + … + N! 的和
2    # include < iostream >
3    using namespace std;
4    const int Max_N = 20;
5    unsigned long long factorialSum(int num){
6        unsigned long long sum = 0;
7        unsigned long long factorial = 1;
8        for(int i = 1; i < = num; ++i){
9            factorial * = i;                     //利用前一个阶乘的结果计算下一个阶乘
10           sum += factorial;
11       }
```

```
12        return sum;
13    }
14    int main()
15    {
16        int N;
17        cout <<"Enter N:";
18        cin >> N;
19        if(N < 0 || N > Max_N)
20        {
21            cout <<"Invalid input!"<< endl;
22            return 1;
23        }
24        unsigned long long sum = factorialSum(N);
25        cout <<"The sum of factorials from 1! to"<< N <<"! is:"<< sum << std::endl;
26    }
```

程序运行结果：

```
Enter N: 5
The sum of factorials from 1! to 5! is: 153
```

例 4.7 中,第 5～13 行是求阶乘函数的定义,第 24 行通过函数调用计算 1～N 的阶乘和。使用了 unsigned long long 类型来存储阶乘和,以支持较大的数值计算。main()函数从用户那里获取输入 N,并检查是否为非负数且不超过最大值。调用函数 factorialSum()时,N 为实参,传递给形参 num,并在函数 factorialSum()中定义了局部变量 sum 和 factorial 存放累加值和阶乘值。函数调用完成,factorialSum()函数返回值赋给 main()函数中的 sum 变量。

4.2.2　默认参数

函数传值调用时,实参作为右值表达式向形参提供初始值。C++允许指定函数形参的默认值,具有默认值的形参称为默认参数。函数调用中,若省略默认参数的实参,则默认值自动传递给被调用函数的默认参数;若显式指定默认参数的实参值,则默认参数的默认值被忽略。

当函数的形参中设置一个或者多个默认参数时,默认参数必须是函数参数表中最右边(尾部)的参数。调用有多个默认参数的函数时,如果省略的参数不是参数表中最右边的参数,则该参数右边的所有参数也应该省略。如:

```
double distance(double x1,double y1,double x2 = 0,double y2 = 0)
//合法:x2 和 y2 具有默认值
double distance(double x1,double y1,double x2 = 0,double y2)
//非法:默认参数 x2 不是最右边的参数
```

默认参数应该在函数名第一次出现时指定,通常在函数原型中指定。若已在函数原型中指定,则不能在函数定义中重复指定。

默认参数还应该注意调用时出现歧义的情况。如下面的示例中,用 ferror2(3)调用该函数时,编译器不知道调用哪个函数。

```
void ferror2(int x, int y = 0);
void ferror2(int x);
```

```
ferror2(3);                              //调用哪个函数
```

例 4.8　通过函数调用求两点之间的距离,使用默认参数,如果只提供一个点的坐标(两个参数),则计算该点到原点的距离。

```
1    //exp4-8.cpp:通过函数调用求两点之间的距离,使用默认参数
2    # include < iostream >
3    # include < cmath >
4    using namespace std;
5
6
7    //函数定义,具有两个默认参数
8    double distance(double x1,double y1,double x2 = 0,double y2 = 0){
9        return sqrt(pow(x1 - x2,2) + pow(y1 - y2,2));
10   }
11   int main()
12   {
13       double x1,y1,x2,y2;
14
15       cout <<"Enter coordinates of the first point (x1,y1):";
16       cin >> x1 >> y1;
17       cout <<"Enter coordinates of the second point (x2,y2):";
18       cin >> x2 >> y2;
19       double dist = distance(x1,y1,x2,y2);    //函数调用,不用默认参数
20       cout <<"The distance between the points ("<< x1 <<","<< y1 <<") and ("<< x2 <<","<< y2 <<")
is:"<< dist << endl;
21       cout <<"The distance between the points ("<< x1 <<","<< y1 <<") and ("<< 0 <<","<< 0 <<")
is:"<< distance(x1,y1)<< endl;                    //函数调用,使用两个默认参数
22       cout <<"The distance between the points ("<< x1 <<","<< y1 <<") and ("<< x2 <<","<< 0 <<")
is:"<< distance(x1,y1,x2)<< endl;                 //函数调用,使用一个默认参数
23   }
```

程序运行结果:

```
Enter coordinates of the first point (x1, y1): 4 6
Enter coordinates of the second point (x2, y2): 7 8
The distance between the points (4, 6) and (7, 8) is: 3.60555
The distance between the points (4, 6) and (0, 0) is: 7.2111
The distance between the points (4, 6) and (7, 0) is: 6.7082
```

例 4.8 计算两点之间的距离。distance()函数接收 4 个参数,其中 x1 和 y1 是第一个点的坐标,x2 和 y2 是第二个点的坐标。如果只提供两个参数,函数将计算该点到原点的距离。第 19 行调用时,4 个实参分别传递给对应的形参,形参中默认参数的默认值被忽略。第 21 行调用时,两个实参分别传递给第 8 行的形参 x1 和 y1,x2 和 y2 采用默认值。第 22 行调用时,3 个实参分别传递给形参 x1、y1 和 x2,y2 使用默认值。默认参数使得函数可以灵活地计算点到原点的距离或两点之间的距离。

4.2.3　函数的返回

函数通过 return 语句返回表达式的值。return 语句的一般格式为

return(表达式);

其中,圆括号可以省略。"表达式"的类型必须与函数原型定义的返回类型相对应,可以为

数值型、字符型,也可以为这些类型的指针或引用,指针和引用的概念将在第 5 章介绍。

当函数返回类型为 void 时,return 语句的"表达式"可以省略,甚至整个 return 语句都可以省略。

一个函数体内可以有多个 return 语句,但只会执行其中一个。return 语句的作用是把"表达式"的值通过匿名对象返回调用点,并中断函数的执行。例如,若有函数原型"int function();",函数体有"return value;",则执行该语句时,把 value 的值赋给 int 类型的匿名对象,返回到函数调用点;若有"return value * cost;",则首先对表达式 value * cost 求值,然后将值赋给 int 类型的匿名对象,再返回函数调用点。

当表达式的值的类型与函数定义的返回类型不一致时,将强制转换为函数的返回类型,再赋值给匿名对象。

4.3　嵌套调用与递归调用

一个 C++程序是由若干函数组成的,每个函数都是独立定义的模块。函数之间可以相互调用。main()函数可以调用自定义函数和库函数,自定义函数又可以调用其他函数,称为嵌套调用。自定义函数还可以直接或间接地调用自身,称为递归调用。函数之间的调用关系如图 4.1 所示,main()函数调用了自定义的 fun1()、fun2()和 fun3()3 个函数,fun2()调用了 fun5()和 fun6(),fun3()调用了 fun7(),是嵌套调用;fun1()调用了 fun4(),fun4()调用了 fun1(),是间接递归调用;fun7()调用了 fun7(),是直接递归调用。

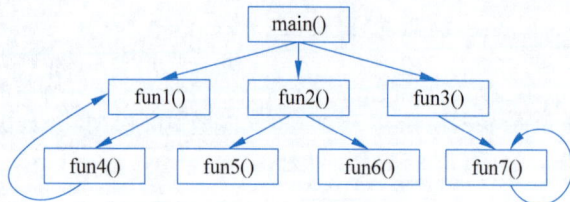

图 4.1　函数之间的调用关系

函数之所以能正确地实现调用,是由于系统设置了一个先进后出的堆栈(stack)进行调用信息的管理,堆栈是程序运行时内存管理的一个重要部分。当一个函数被调用时,程序会创建一个新的栈帧(stack frame)来存储局部变量、函数参数、返回地址等信息,并将其压入栈中;然后,实际参数被复制到栈上,传递参数,把控制权交给被调函数;被调函数执行结束后,堆栈弹出调用函数时入栈的信息,恢复现场,将控制权交还调用函数继续执行。

4.3.1　函数的嵌套调用

通过函数嵌套调用,可以将一个复杂的功能拆分成多个独立的子功能,从而使得代码结构更加清晰,提高了代码的可重用性和模块化水平。堆栈在这种嵌套调用中扮演了关键角色,因为它负责存储每个函数调用的状态信息。

函数嵌套调用的过程如图 4.2 所示。

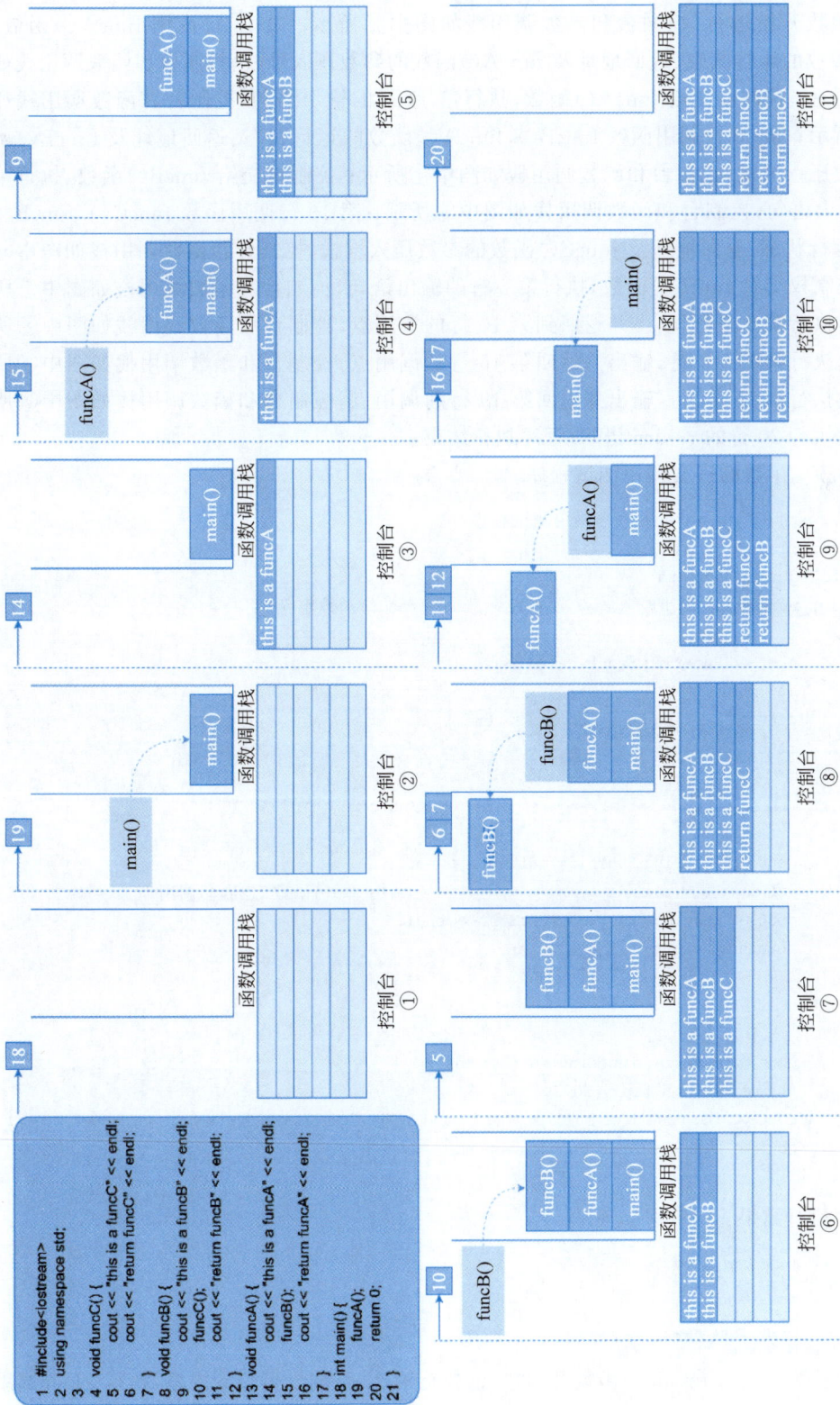

图 4.2 函数嵌套调用的过程

图 4.2 左上方的程序包含三个自定义函数和一个 main() 函数。程序从第 18 行的 main() 函数开始运行，控制台和函数调用栈如图中①所示；第 19 行调用 funcA() 函数，main() 函数的运行状态、返回地址及 funcA() 函数的参数压入堆栈，控制台和函数调用栈如图中②所示；控制权交给 funcA() 函数，执行第 14 行的输出语句，控制台和函数调用栈如图中③所示；第 15 行调用函数 funcB()，funcA() 函数的运行状态、返回地址及 funcB() 函数的参数压入堆栈，控制台和函数调用栈如图中④所示；控制权交给 funcB() 函数，执行第 9 行的输出语句，控制台和函数调用栈如图中⑤所示；第 10 行调用函数 funcC()，funcB() 函数的运行状态、返回地址及 funcC() 函数的参数压入堆栈，控制台和函数调用栈如图中⑥所示；控制权交给 funcC() 函数，执行第 5 行的输出语句，控制台和函数调用栈如图中⑦所示；继续执行第 6、7 行，输出并返回到第 10 行的调用点，控制台和函数调用栈如图中⑧所示；继续执行第 11、12 行，输出并返回第 15 行的调用点，控制台和函数调用栈如图中⑨所示；继续执行第 16、17 行，输出并返回第 19 行的调用点，控制台和函数调用栈如图中⑩所示；继续执行 20 行的 return 语句，程序执行结束。

例 4.9 函数的嵌套调用测试程序。

```cpp
1    //exp4-9.cpp:函数的嵌套调用测试程序
2    # include < iostream >
3    using namespace std;
4    int add( int a, int b)                    //add()函数定义
5    {
6        cout <<"Entering function:add"<< endl;
7        int result = a + b;
8        cout <<"Leaving function:add"<< endl;
9        return result;
10   }
11   int multiply( int a, int b)               //multiply()函数定义
12   {
13       cout <<"Entering function:multiply"<< endl;
14       int sum = add(a,b);                   //调用 add()函数,是嵌套调用
15       cout <<"Leaving function:multiply"<< endl;
16       return sum * sum;
17   }
18   int main()
19   {
20       cout <<"Entering function:main"<< endl;
21       int result = multiply(10,30);
22       cout <<"The result of multiplying 10 and 30 is:"<< result << endl;
23       cout <<"Leaving function:main"<< endl;
24   }
```

程序运行结果：

```
Entering function: main
Entering function: multiply
Entering function: add
Leaving function: add
Leaving function: multiply
The result of multiplying 10 and 30 is: 1600
Leaving function: main
```

程序从第 18 行的 main() 函数开始执行，执行第 20 行输出信息到屏幕，执行 21 行调用 multiply() 函数并传递参数，转到第 11 行执行 multiply() 函数体，第 14 行调用 add() 函数

并传递参数,转到第 4 行执行 add() 函数体的函数体,第 9 行返回 result 的值到调用点即第 14 行继续执行,第 16 行返回 sum * sum 的值到调用点即第 21 行继续执行一直到第 24 行遇到右花括号($}$),程序运行结束。

在函数调用过程中,栈的状态变化如下：main() 函数被调用,main() 函数被推入栈；multiply() 函数被调用,multiply() 函数被推入栈；add() 函数被调用,add() 函数被推入栈；add() 函数执行完毕,add() 函数从栈中弹出；multiply() 函数执行完毕,multiply() 函数从栈中弹出；main() 函数执行完毕,main() 函数从栈中弹出。

例 4.10 组合数的计算。

组合数(combination)是指从 n 个不同元素中选取 k 个元素的方法数,不考虑选取的顺序。组合数可以用公式表示为

$$C_n^k = \binom{n}{k} = \frac{n!}{k!(n-k)!}$$

其中,$n!$(n 的阶乘)表示从 1 乘到 n 的所有正整数的乘积。$k!$(k 的阶乘)表示从 1 乘到 k 的所有正整数的乘积。$(n-k)!$($(n-k)$ 的阶乘)表示从 1 乘到 $n-k$ 的所有正整数的乘积。

可以将计算阶乘的功能和求组合数的功能分别定义成函数,使用函数的嵌套调用编写代码如下：

```cpp
1   //exp4-10.cpp:使用函数的嵌套调用实现组合数的计算
2   #include <iostream>
3   using namespace std;
4   unsigned long long factorial(int n)          //函数定义:求阶乘
5   {
6       unsigned long long fact = 1;
7       for(int i = 1; i <= n; ++i){
8           fact *= i;
9       }
10      return fact;
11  }
12  unsigned long long combination(int n, int k)     //函数定义:求组合数
13  {
14      if(k > n){
15          return 0;                            //如果 k 大于 n,则没有组合
16      }
17      return factorial(n)/(factorial(k) * factorial(n-k));
18  }
19  int main()
20  {
21      int n,k;
22      //获取用户输入的 n 和 k 值
23      cout <<"Enter n:";
24      cin >> n;
25      cout <<"Enter k:";
26      cin >> k;
27      //计算组合数
28      unsigned long long result = combination(n,k);
29      cout <<"The number of combinations of "<< n <<" items taken "<< k <<" at a time is:
```

```
                                        "<< result << endl;
30   }
```

程序运行结果：

```
Enter n: 5
Enter k: 3
The number of combinations of 5 items taken 3 at a time is: 10
```

第 4～11 行定义的 factorial( )函数计算一个给定整数的阶乘；第 12～18 行定义的 combination( )函数 3 次调用 factorial( )函数，实现组合数的计算。第 19～30 行定义的 main( )函数中调用 combination( )函数，实现求一个具体的组合数，并将返回值赋给 result。第 28 行使用了 unsigned long long 类型来存储阶乘和组合数，以支持较大的数值计算。然而，对于非常大的 n 值，仍然可能发生溢出，程序中可以使用第 3 章介绍的方法加入溢出判断。

4.3.2 函数的递归调用

递归式推理是问题求解的一种强有力的方法。如果通过一个对象自身的结构来描述或部分描述该对象，称为递归定义。如自然数可以采用递归定义：1 是自然数，自然数的后继都是自然数；又如，$n!$ 等于 $n \times (n-1)!$，即 $n!$ 由 $(n-1)!$ 来定义，这也是递归定义。

递归的思想：把问题分解成规模更小的、具有与原问题相同解法的问题。能用递归处理的问题都有以下两个特点。

(1) 可以通过递归来缩小问题规模，且新问题与原问题有着相同的形式（解决逻辑相同）。

(2) 存在着一种基本情况，可以使递归在此情况下返回退出。

例 4.11 使用递归函数求 $n!$。

n 的阶乘通常表示为 $n!$。对于非负整数 n，阶乘的递归定义如下：

基本情况：$0!=1$ 即 0 的阶乘定义为 1。

递归情况：$n!=n \times (n-1)!$，即对于任何大于 1 的正整数 n，其阶乘等于 n 乘以 $n-1$ 的阶乘。

用递归形式定义阶乘的公式如下所示。

$$n! = \begin{cases} 1 & n = 0 \\ n \times (n-1)! & n > 0 \end{cases}$$

```
1    //exp4-11.cpp:使用递归函数求 n!
2    # include < iostream >
3    using namespace std;
4    long long factorial( int n)              //函数定义
5    {
6        if(n == 0)                           //基本情况即递归终止条件
7            return 1;
8        else
9            return n * factorial(n - 1);     //递归调用
10   }
11   int main()
12   {
13       int number;
14       cout <<"Enter a positive integer:";
15       cin >> number;
```

```
16          if(number < 0){
17              cout <<"Factorial of a negative number doesn't exist.";
18          }
19      else{
20          long long result = factorial(number);   //函数调用
21          cout <<"Factorial of "<< number <<" = "<< result << endl;
22      }
23  }
```

程序运行结果：

```
Enter a positive integer: 4
Factorial of 4 = 24
```

例 4.11 中，factorial()函数调用自身来计算阶乘。当 n 等于 0 时，递归调用停止，因为 0 的阶乘定义为 1。对于所有其他 n 值，函数返回 n 乘以 n−1 的阶乘。递归函数的执行过程中，问题规模不断缩小，最后归结到基本情况：0! = 1。C++ 函数调用能够识别并处理这种基本情况，向前一个调用函数返回结果，并回溯一系列中间结果，直到把最终结果返回给调用函数。

当执行 main()函数时，输入 n 值为 4，则 factorial(4)的函数递归调用过程如图 4.3 所示。

像嵌套调用一样，递归调用实现也需要系统使用堆栈来保存函数调用中的传值参数、局部变量和函数调用后的返回地址。图 4.3 中第 1～4 步，函数调用自身进行递推，系统把有关参数和地址压入堆栈，一直递推到满足终止条件，找到问题的基本情况 factorial(0) = 1；然后，第 5～8 步进行回归，系统从堆栈中逐层弹出有关参数和地址，执行地址所指向的代码，一直到栈空为止，得到问题的解 factorial(4) = 24。

例 4.12 递归调用过程跟踪。

```
1   //exp4 - 12.cpp:递归调用过程跟踪
2   # include < iostream >
3   using namespace std;
4   void recursiveFunction(int n)                //函数定义
5   {
6       cout <<"Entering function at:"<< recursiveFunction <<'\t'<< &n <<",value:"<< n << endl;
7       if(n > 0){
8           recursiveFunction(n - 1);            //递归调用
9       }
10      cout <<"Exiting function at:"<< recursiveFunction <<'\t'<< &n <<",value:"<< n << endl;
11  }
12  int main()
13  {
14      recursiveFunction(5);                    //函数调用
15  }
```

程序运行结果：

```
Entering function at: 00007FF7226E146F   00000041DC0FFA00, value: 5
Entering function at: 00007FF7226E146F   00000041DC0FF900, value: 4
Entering function at: 00007FF7226E146F   00000041DC0FF800, value: 3
Entering function at: 00007FF7226E146F   00000041DC0FF700, value: 2
Entering function at: 00007FF7226E146F   00000041DC0FF600, value: 1
Entering function at: 00007FF7226E146F   00000041DC0FF500, value: 0
Exiting function at: 00007FF7226E146F   00000041DC0FF500, value: 0
Exiting function at: 00007FF7226E146F   00000041DC0FF600, value: 1
Exiting function at: 00007FF7226E146F   00000041DC0FF700, value: 2
Exiting function at: 00007FF7226E146F   00000041DC0FF800, value: 3
Exiting function at: 00007FF7226E146F   00000041DC0FF900, value: 4
Exiting function at: 00007FF7226E146F   00000041DC0FFA00, value: 5
```

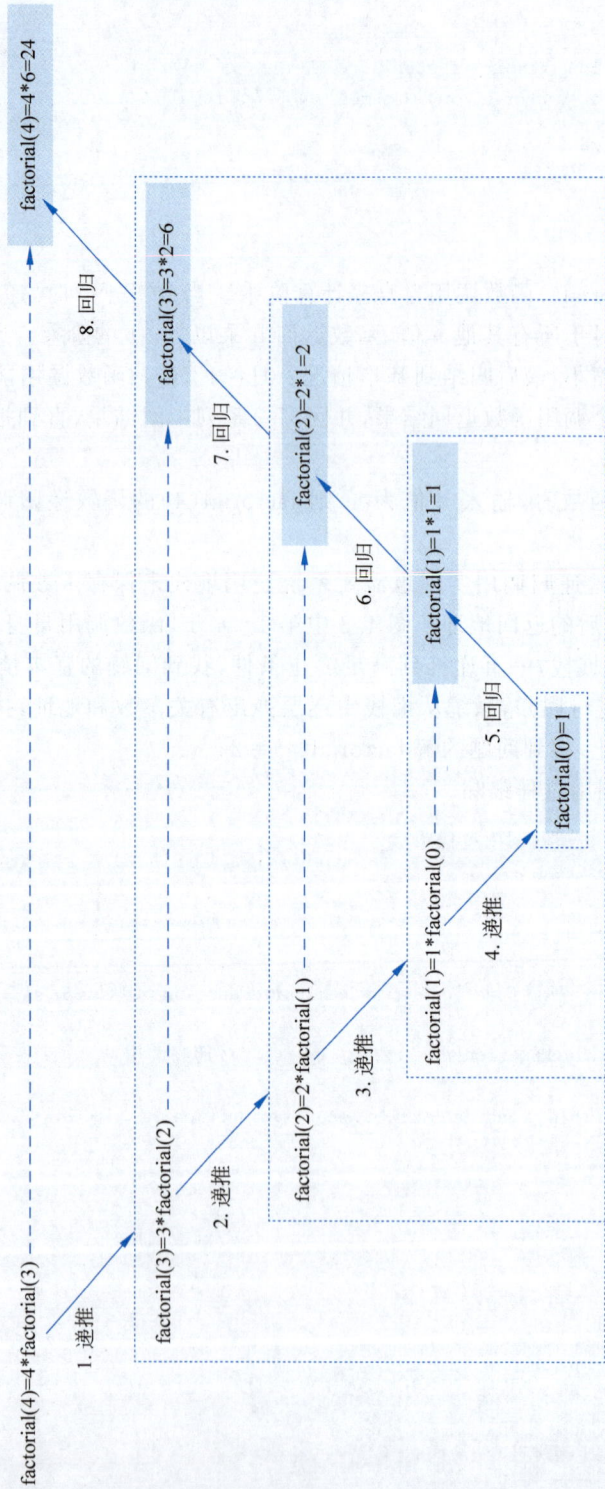

图 4.3　factorial（4）的函数递归调用过程

程序从第 12 行的 main()函数开始执行,第 14 行调用函数 recursiveFunction(),将实参 5 传给形参 n,转到第 4 行执行 recursiveFunction()函数体,首先打印出当前函数的地址、局部变量 n 的地址(&n)和值(n),表示进入了函数。然后,函数检查参数 n 是否大于 0。如果 n 大于 0,函数会递归调用自身,但这次传入的参数是 n−1。递归调用结束后,函数打印出当前函数的地址、局部变量 n 的地址(&n)和值(n),表示离开了函数。

在递归函数中,每次函数调用都会在程序的堆栈上创建一个新的栈帧。当在递归函数中打印变量的地址时,实际上是在打印这个变量在当前栈帧中的内存地址。堆栈是按照后进先出(LIFO)的顺序管理的。这意味着最后一个被创建的栈帧(即最深的递归调用)会最先被销毁。因此,当递归开始返回时,最先打印的是最深的递归调用的退出信息,然后依次向上,直到最初的调用结束。在进入函数阶段与离开函数阶段的相同层级,n 的地址相同。

从上面的输出可见,在整个递归调用过程中,递归函数的入口地址是不变的,只是局部变量 n 的地址不同。由于操作系统和编译器的内存管理机制,每次程序运行时栈帧的地址都可能不同。

例 4.13 用递归实现输出 Fibonacci 数列的前 n 项。

Fibonacci 数列形如:$0,1,1,2,3,5,8,13,21,34,55,\cdots$

即第 1 项为 0,第 2 项为 1,后续的每项是前面两项的和。可以用以下公式表达:

$$\begin{cases} \text{fib}(0)=0 & n=0 \\ \text{fib}(1)=1 & n=1 \\ \text{fib}(n)=\text{fib}(n-1)+\text{fib}(n-2) & n>1 \end{cases}$$

这是一个典型的递归问题,根据公式,可以写出如下程序。

```cpp
1   //exp4-13.cpp:用递归实现 Fibonacci 数列
2   #include <iostream>
3   using namespace std;
4   int fib(int n)                          //fib 函数定义
5   {
6       if(n==0){
7           return 0;                       //fib(0)=0
8       }
9       if(n==1){
10          return 1;                       //fib(1)=1
11      }
12      return fib(n-1)+fib(n-2);           //递归调用 fib()函数
13  }
14  int main()
15  {
16      int n;
17      cout <<"Enter the number of terms in the Fibonacci sequence:";
18      cin >> n;
19      if(n<0){
20          cout <<"Please enter a non-negative integer."<< endl;
21          return 1;
22      }
23      cout <<"Fibonacci sequence up to "<< n <<" terms:"<< endl;
24      for(int i=0;i<n;++i){
```

```
25          cout << fib(i)<<" ";                    //函数调用
26      }
27      cout << endl;
28      return 0;
29  }
```

程序运行结果：

```
Enter the number of terms in the Fibonacci sequence: 10
Fibonacci sequence up to 10 terms:
0 1 1 2 3 5 8 13 21 34
```

例 4.13 中的 fib()函数(第 4～13 行)根据 Fibonacci 数列的定义计算第 n 项的值,其中
fib(0)返回 0,fib(1)返回 1,对于 n＞1 的情况,fib(n)递归地计算 fib(n－1)＋fib(n－2)。
main()函数中循环调用 fib()函数来打印出 Fibonacci 数列的前 n 项。图 4.4 所示为用 fib()函
数求第 5 项即 fib(4)的值的递归调用过程。通过第 1～16 步的递推或回归,求得其值为 3。

一个函数中也可以包含多个递归调用自身的情况,且这些递归调用可能有不同的参
数。这种类型的递归函数可以用于解决更复杂的问题,如分治算法、树的遍历等。下面是
一个简单的例子,这个函数计算一个正整数的所有正除数之和。这个函数会递归地检查每
个小于或等于该数的数是否是它的除数,如果是,则将这个除数加到总和中,并递归地继续
检查下一个更小的数。

例 4.14 使用递归调用求正整数的所有正除数之和。

```
1   //exp4 - 14.cpp:使用递归调用求正整数的所有正除数之和
2   # include < iostream >
3   # include < cmath >
4   using namespace std;
5   int sumOfDivisors(int n, int divisor = 1);          //函数原型声明,具有一个默认参数
6   int main()
7   {
8       int number;
9       cout <<"Enter a positive integer:";
10      cin >> number;
11      cout <<"Sum of divisors of "<< number <<"is:"<< sumOfDivisors(number)<< endl;
    //函数调用
12      return 0;
13  }
14  int sumOfDivisors(int n, int divisor)              //函数定义
15  {
16      //基本情况:如果除数大于 n 的平方根,所有除数已经检查完毕
17      if(divisor > sqrt(n)){
18          return 0;                                   //没有更多的除数,返回 0
19      }
20      //如果 n 能被 divisor 整除,那么 divisor 和 n/divisor 都是 n 的除数
21      if(n % divisor == 0){
22          return divisor + n/divisor + sumOfDivisors(n,divisor + 1);
23      }
24      else{
25          //否则,继续检查下一个除数
26          return sumOfDivisors(n,divisor + 1);
27      }
28  }
```

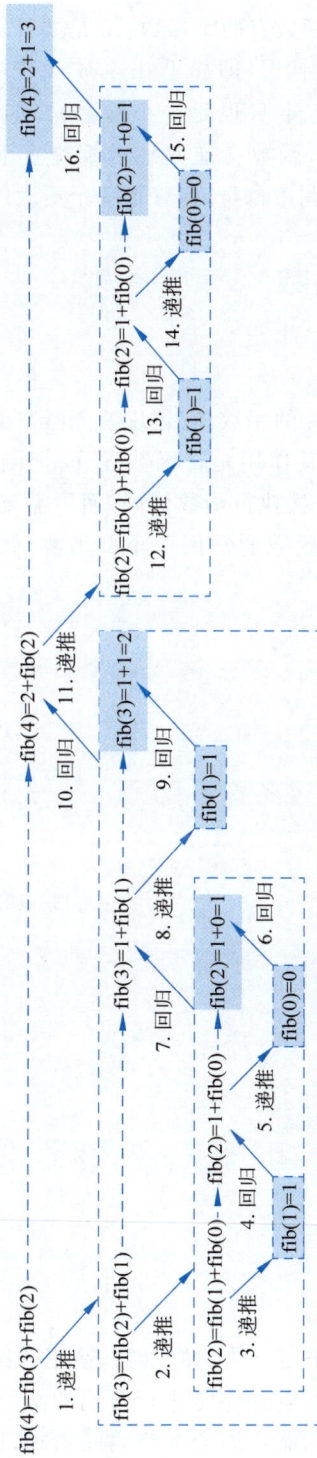

图 4.4 求 fib(4) 的值的递归调用过程

程序运行结果：

```
Enter a positive integer: 80
Sum of divisors of 80 is: 186
```

例 4.14 中，sumOfDivisors()函数有两个参数：n 是要计算除数之和的数，divisor 是当前检查的除数。函数首先检查基本情况，即如果 divisor 大于 n 的平方根，那么所有可能的除数已经检查完毕，返回 n(因为 n 本身也是一个除数)。如果 n 能被 divisor 整除，那么 divisor 和 n/divisor 都是 n 的除数，函数会递归地继续检查下一个除数，并加上这两个除数。如果不能整除，函数会递归地调用自身，检查下一个更大的除数。

4.4 内联函数和重载函数

4.4.1 内联函数

在 C++ 中，内联函数是一种特殊的函数，它建议编译器在编译时将函数体直接插入每个调用点，以减少函数调用的开销。其作用是将函数展开，把函数的代码复制到每一个调用处。这样调用函数的过程就可以直接执行函数代码，而不需要跳转、压栈等操作，从而节省时间，提高程序的执行速度。内联函数通常用于小型函数，如简单的计算或访问控制。可以使用 inline 关键字定义内联函数。

例 4.15 内联函数示例。

```cpp
1    //exp4-15.cpp:内联函数
2    # include < iostream >
3    using namespace std;
4    inline int add( int a, int b)              //内联函数定义
5    {
6        return a + b;
7    }
8    inline int multiply( int a, int b)         //内联函数定义
9    {
10       return a * b;
11   }
12   int main()
13   {
14       int sum = add(10,20);
15       int product = multiply(10,30);
16       cout <<"10 + 20 = "<< sum << endl;
17       cout <<"10 * 30 = "<< product << endl;
18   }
```

程序运行结果：

```
10 + 20 = 30
10 * 30 = 300
```

add()函数和 multiply()函数被定义为内联函数，使用 inline 关键字。这意味着编译器会尝试在每个调用点直接替换函数体，而不是进行常规的函数调用。内联函数通常用于小型函数，因为如果函数体较大，编译器可能会忽略内联请求，以避免增加代码膨胀。此外，内联函数不能包含复杂的控制流语句(如循环、分支、递归等)，因为这些语句可能会使编译器难以进行内联。

4.4.2　函数重载

函数重载是 C++中的一个特性,它允许在同一个作用域内定义多个同名函数。函数重载的关键是函数的参数列表,也称为函数特征标。如果两个函数的参数数目和类型相同,同时参数的排列顺序也相同,则它们的特征标相同。如果参数数目和(或者)参数类型不同,则特征标也不同。编译器根据特征标产生调用匹配。例如,可以定义一组原型如下的 print()函数:

```cpp
void print(const char * str,int len);          //#1
void print(double d,int len);                  //#2
void print(int i,int len);                     //#3
void print(const char * str);                  //#4
```

调用 print()函数时,编译器将根据相应的特征标匹配不同的函数原型:

```cpp
print("hello",10);                //use #1
print(2024,12);                   //use #3
print("student");                 //use #4
print(2024.0,10);                 //use #2
```

例 4.16　函数的重载示例程序。

```cpp
1   //exp4-16.cpp:函数的重载示例程序
2   #include <iostream>
3   using namespace std;
4   void print(int i)                       //重载函数:打印整数
5   {
6       cout <<"Printing int:"<< i << endl;
7   }
8   void print(double f)                    //重载函数:打印浮点数
9   {
10      cout <<"Printing double:"<< f << endl;
11  }
12  void print(char c)                      //重载函数:打印字符
13
14  {
15      cout <<"Printing char:"<< c << endl;
16  }
17  void print(int i1,int i2)               //重载函数:打印两个整数
18  {
19      cout <<"Printing two int:"<< i1 <<" "<< i2 << endl;
20  }
21  int main()
22  {
23      print(5);                           //调用 int 版本的 print()函数
24      print(5.5);                         //调用 double 版本的 print()函数
25      print('A');                         //调用 char 版本的 print()函数
26      print(5,5);                         //调用两个 int 参数版本的 print()函数
27  }
```

程序运行结果:

```
Printing int: 5
Printing double: 5.5
Printing char: A
Printing two int: 5 5
```

例 4.16 中,print()函数被重载了 4 次,每次接收不同类型或者不同个数的参数:int、double、char 类型和两个 int 类型参数。当在 main()函数中调用 print()函数时,编译器会根据传递的参数类型和参数个数来决定调用哪个版本的 print()函数。

函数重载是 C++ 中一个强大的特性,但如果没有正确使用,可能会导致一些错误。

C++ 编译器只根据函数特征标即函数参数表进行重载版本的调用匹配,函数的返回值的内容不起作用,例如:

```
int average(int, int);
double average(int, int);
```

这两个函数不是重载,编译器认为函数重复说明。

下面的两个原型也会被认为是函数重复说明:

```
double circle_area(double r);
double circle_area(double& r);
```

因为假设有如下函数调用语句:

```
circle_area(radius);
```

参数 radius 与 double r 原型和 double& r 原型都匹配,所以编译器无法确定究竟应使用哪个原型。为避免这种混乱,编译器会把类型引用和类型视为同一个特征标。

默认参数可能会引起调用时的匹配歧义。如果一个函数有默认参数,另一个没有,则调用时可能会产生歧义。例如如下代码将出现上述问题。

```
void print(int, int);
void print(int, int, int = 10);
void test(){
    print(5,3);                      //错误:与两个 print()函数都匹配
}
```

当参数类型提升(如从 char 到 int)时,可能会与重载函数产生冲突。例如,如下代码将出现这种问题。

```
void print(int);
void print(long);
void test(){
    char c = '5';
    print(c);                        //错误:char 提升为 int,与两个 print()函数都匹配
}
```

4.5 变量的存储特性与标识符的作用域

4.5.1 变量的存储特性

C++ 中变量的存储特性主要指的是变量的存储位置(内存中的哪里)和生命周期(变量存在的时间)。这些特性对于程序的运行效率和内存管理至关重要。C++ 中一些常见的变

量存储特性包括自动存储、静态存储、动态存储、寄存器存储、线程存储、外部链接等。

1. 自动存储

局部变量是在函数内或程序块内定义的变量。函数的参数和局部变量是自动存储的，它们在进入声明它们的函数或程序块时被创建，在函数或块结束时被销毁。具有自动存储类特点的变量存储在栈上。

例 4.17 自动存储类的变量。

```
1  //exp4-17.cpp:自动存储类的变量
2  # include < iostream >
3  using namespace std;
4
5  void function()
6  {
7    int localVariable = 10;              //局部变量,自动存储类
8    cout <<"Inside function:"<< localVariable << endl;
9  }
10 int main()
11 {
12   function();
13   //localVariable 在这里不可访问,因为它是局部变量
14 }
```

程序运行结果：

Inside function: 10

例 4.17 中，localVariable 是一个局部变量，是自动存储类的，它在函数 function() 内被创建，并在函数结束时被销毁。

2. 静态存储

静态变量存储在全局数据区（data segment），在程序的整个运行期间都存在。静态变量包括静态局部变量和静态全局变量，其中静态全局变量通常称为全局变量。静态变量用关键字 static 声明。

（1）全局变量。在函数之外定义的静态变量称为全局变量。全局变量在整个程序的运行期间都存在，它们的初始化在 main() 函数开始执行之前完成。

例 4.18 全局变量示例。

```
1  //exp4-18.cpp:全局变量示例
2  # include < iostream >
3  using namespace std;
4
5  static int globalVariable = 20;          //静态全局变量
6  void function()
7  {
8    cout <<"Inside function:"<< globalVariable << endl;
9  }
10 int main()
11 {
12   cout <<"Inside main:"<< globalVariable << endl;
13   function();
14   return 0;
```

```
15   }
```

程序运行结果：

```
Inside main: 20
Inside function: 20
```

例 4.18 中，globalVariable 是一个静态存储的全局变量，它在程序开始时被初始化，并在程序结束时被销毁。

（2）静态局部变量。在函数中定义的静态变量称为静态局部变量。静态局部变量在函数第一次被调用时初始化，并在程序结束时销毁。

例 4.19　静态局部变量示例。

```
1    //exp4-19.cpp:静态局部变量示例
2    # include < iostream >
3    using namespace std;
4    void function()
5    {
6      static int staticLocalVariable = 30;   //静态局部变量
7      staticLocalVariable += 1;
8      cout <<"Inside function:"<< staticLocalVariable << endl;
9    }
10   int main()
11   {
12     function();
13     function();
14   }
```

程序运行结果：

```
Inside function: 31
Inside function: 32
```

例 4.19 中，staticLocalVariable 是一个静态局部变量，它在函数第一次被调用时初始化，并在程序结束时被销毁。每次调用函数时，它的值都会增加。

3. 动态存储

通过使用 new 和 delete 操作符分配和释放的变量。存储在堆（heap）上。这部分内容将在第 5 章详细介绍。生命周期由程序员控制，需要手动管理内存分配和释放。

例 4.20　动态存储示例。

```
1    //exp4-20.cpp:动态存储示例
2    # include < iostream >
3    using namespace std;
4
5    int main()
6    {
7      int * dynamicVariable = new int(40);   //动态存储
8      cout <<"Inside main:"<< * dynamicVariable << endl;
9      delete dynamicVariable;                //释放内存
10   }
```

程序运行结果：

```
Inside main: 40
```

例 4.20 中，dynamicVariable 是一个指针，它指向在堆上分配的内存。使用 new 关键字分配内存,并使用 delete 关键字释放内存。

4. 寄存器存储

为了优化程序性能,变量可以被存储在 CPU 寄存器中,而不是内存中。寄存器通常用于存储频繁访问的变量,如循环计数器。通过关键字 register 声明,但现代编译器通常会自动优化。

例 4.21 寄存器存储示例。

```
1   //exp4 - 21.cpp:寄存器存储示例
2   # include < iostream >
3   using namespace std;
4
5   int main()
6   {
7       register int registerVariable = 50;    //寄存器存储
8       cout <<"Inside main:"<< registerVariable << endl;
9       return 0;
10  }
```

程序运行结果:

```
Inside main: 50
```

例 4.21 中,registerVariable 是一个寄存器变量,它建议编译器将这个变量存储在寄存器中以提高访问速度。然而,这只是一个建议,编译器可以选择忽略它。

5. 线程存储

每个线程都有自己的实例,用于多线程编程。在多线程编程中,每个线程都可通过 _Thread_local 或 __declspec(thread)声明,拥有各自独立的示例,这些示例存储于线程栈内。

例 4.22 线程储存示例。

```
1   //exp4 - 22.cpp: 线程存储示例
2   # include < iostream >
3   # include < thread >
4   using namespace std;
5   thread_local int threadVariable = 60;  //线程存储期
6   void threadFunction()
7   {
8       threadVariable++;
9       cout <<"Inside thread: "<< threadVariable << endl;
10  }
11  int main()
12  {
13      thread t1(threadFunction);
14      thread t2(threadFunction);
15      t1.join();
16      t2.join();
17  }
```

程序运行结果:

```
Inside thread: 61
Inside thread: 61
```

例 4.21 中,threadVariable 是一个线程存储期变量,每个线程都有自己的独立副本。

6. 外部链接

全局变量和函数可以有外部链接(external linkage),这意味着它们可以在其他文件中被访问,通过 extern 关键字声明。

例 4.23 声明外部链接。

文件 1:

```
1   //exp4-23:file1.cpp
2   # include < iostream >
3   using namespace std;
4   extern int externalVariable;          //声明外部链接变量,该变量在下面的文件 2 中定义
5   void function()
6   {
7       externalVariable = 70;
8       cout <<"Inside function:"<< externalVariable << endl;
9   }
10  int main()
11  {
12      function();
13      return 0;
14  }
```

文件 2:

```
1   //exp4-23:file2.cpp
2   # include < iostream >
3   using namespace std;
4   int externalVariable = 80;            //定义外部链接变量
5   void function()
6   {
7   cout <<"Inside function:"<< externalVariable << endl;
8   }
```

例 4.23 中,externalVariable 在 file2.cpp 中定义,并在 file1.cpp 中通过 extern 关键字声明,当两个文件属于同一个项目时,允许 file1.cpp 访问在 file2.cpp 中定义的变量,关于多文件结构参见 4.6.2 节。

正确地管理变量的生命周期和存储位置可以避免内存泄漏和其他资源管理问题。

4.5.2 标识符的作用域

程序中常用的标识符有变量、常量、函数、类型等。作用域决定了程序中标识符(如变量、函数等)的可见范围和生命周期。C++中常见的作用域有局部作用域、块作用域、函数作用域、全局作用域、命名空间作用域、类作用域等。类作用域将在后面的章节中讨论。

1. 局部作用域

局部作用域(local scope)通常存在于函数、代码块或循环内部。在局部作用域中声明的变量称为局部变量,它们只在该作用域内可见。一旦离开该作用域,局部变量就会被销毁。

```
void function(){
    int localVar = 10;                    //局部作用域
```

```
        //…
    }
```

2. 块作用域

块作用域(block scope)是由一对花括号定义的。在块作用域中声明的变量只在该块内可见。块作用域可以嵌套,内部块的变量会隐藏同名的外部块变量。

```
void function(){
    {
        int blockVar = 20;                //块作用域
        //…
    }
    //blockVar 在块外不可见
}
```

3. 函数作用域

函数作用域(function scope)是整个函数内的区域。在函数作用域中声明的变量(包括函数参数)在整个函数内都是可见的。

```
void function(int param){
    int funcVar = 30;                //函数作用域
    //…
}
```

4. 静态作用域

静态作用域(static scope)是由 static 关键字定义的。静态作用域中的变量在程序的整个运行期间都存在,但只在定义它们的文件中可见。

```
static int staticVar = 40;                //静态作用域
```

5. 全局作用域

全局作用域(global scope)是程序中所有函数之外的区域。在全局作用域中定义的变量,从定义的位置开始到整个程序末尾都是可见的,除非被其他作用域中的同名变量隐藏。如以下函数之外定义的变量 globalVar 具有全局作用域。

```
int globalVar = 50;                //全局作用域
```

6. 命名空间作用域

命名空间作用域(namespace scope)是指在命名空间内定义的标识符的作用范围。C++中的命名空间用于组织代码,避免名称冲突,命名空间的具体介绍见 4.7 节。在命名空间中声明的标识符只在该命名空间内可见,除非使用 using 声明或使用命名空间的别名访问命名空间内的标识符。

```
namespace MyNamespace{
    int namespaceVar = 60;                //命名空间作用域
}
```

4.6 预处理指令与多文件结构

4.6.1 预处理指令

预处理指令是在编译过程中由预处理器处理的特殊命令。这些指令通常以 # 开头,并且它们在源代码被编译之前执行。预处理指令不依赖于程序的逻辑结构,它们主要用于代码的预处理阶段。

1. 文件包含指令

文件包含指令有如下两种格式。

格式一:♯include<文件名>,用于标准库头文件,编译器会在标准库目录中查找。

格式二:♯include"文件名",用于用户自定义的头文件,编译器会在当前目录或指定的目录中查找。

其中,文件名指头文件的名称,语句的功能是把文件名所表示的文件内容包含进指令所在的程序。

示例:

```
# include < iostream >              //包含标准输入输出库
# include "myheader.h"              //包含用户自定义头文件
```

2. 宏定义指令

宏定义指令包括 ♯define 和 ♯undef。

♯define:用于定义宏。宏可以是一个符号常量或一个宏函数。

符号常量即将一个标识符定义为一个值。宏函数即定义一个可以替换的代码片段。

♯undef:用于取消宏的定义。

示例:

```
# define PI 3.14159               //定义符号常量 PI
# define SQUARE(x) (x * x)         //定义宏函数 SQUARE(x)
# undef  PI                       //取消 PI 的定义
```

3. 条件编译指令

条件编译指令包括 ♯ifdef、♯ifndef、♯if、♯else、♯elif、♯endif。这些指令允许在编译时根据条件编译或不编译某代码段。

♯ifdef:如果宏已经定义,则编译其后的代码段。

♯ifndef:如果宏没有定义,则编译其后的代码段。

♯if:如果条件为真,则编译其后的代码段。

♯else:如果前面的 ♯ifdef、♯ifndef 或 ♯if 的条件为假,则编译其后的代码段。

♯elif:提供另一个条件编译选项。

♯endif:结束条件编译。

示例:

```
# ifdef   DEBUG                     //如果定义了 DEBUG, 则编译下面的语句
cout <<"Debug mode"<< endl;
# elif defined(RELEASE)            //否则,如果定义了 RELEASE,则编译下面的语句
cout <<"Release mode"<< endl;
# else                             //否则,编译下面的语句
cout <<"Unknown mode"<< endl;
# endif                            //结束条件编译
```

4. ♯pragma

♯pragma 用于向编译器发出特定的指令或警告。♯pragma 的具体行为依赖于编

译器。

示例：

```
# pragma once                          //确保头文件只被包含一次(非标准,但广泛支持)
```

5. #error

#error 用于在编译时产生错误信息。

示例：

```
# if defined(_MSC_VER)&&(_MSC_VER<1900)
# error"Compiler version too old."
# endif
```

预处理指令是 C++ 编程中的一个重要组成部分,它们提供了代码的可移植性、可配置性和灵活性。正确使用预处理指令可以大大提高代码的可维护性和可读性。

4.6.2 多文件结构

一个 C++ 程序称为一个项目,通常由一个或多个文件组成。多文件结构便于程序按逻辑功能组织、管理和测试。一个多文件结构的项目通常由头文件、源文件、资源文件和库文件组成。

(1) 头文件(header files)。通常以.h 或.hpp 为扩展名,包含函数声明、类声明、模板声明、宏定义、常量定义等。头文件用于在多个源文件之间共享接口。

(2) 源文件(source files)。通常以.cpp 为扩展名,包含函数定义、类成员函数定义、变量定义等。源文件用于实现头文件中声明的接口。

(3) 资源文件(resource files)。包括图像、音频、视频、配置文件等,用于程序运行时的资源加载。

(4) 库文件(library files)。静态库(以.lib 或.a 为扩展名)或动态库(以.dll 或.so 为扩展名),包含预编译的代码,可以被多个项目共享。

多文件结构的优点如下：

(1) 模块化。代码被分割成独立的模块,易于管理和维护。

(2) 重用性。头文件可以被多个源文件包含,提高代码的重用性。

(3) 编译效率。只有修改过的源文件需要重新编译,而不是重新编译整个项目文件。

(4) 并行开发。不同的开发者可以同时在不同的文件上工作。

例 4.24 多文件结构示例。

本例的程序包含 4 个文件。其中,main.cpp 是程序的入口点；functions.h 是包含函数声明的头文件；functions.cpp 是包含函数定义的源文件；config.h 是包含配置信息的头文件,通常用于定义程序的配置参数或编译时的宏定义。

```
1    //exp4-24:main.cpp
2    # include <iostream>
3    # include "functions.h"
4    # include "config.h"
5    using namespace std;
6    int main(){
7        cout <<"The result is:"<< add(2,3)<< endl;
```

```
8       return 0;
9   }
```

```
1   //exp4-24:functions.h
2   # ifndef FUNCTIONS_H
3   # define FUNCTIONS_H
4
5   int add(int a, int b);
6
7   # endif //FUNCTIONS_H
```

```
1   //exp4-24:functions.cpp
2   # include "functions.h"
3
4   int add(int a, int b){
5       return a + b;
6   }
```

```
1   //exp4-24:config.h
2   # ifndef CONFIG_H
3   # define CONFIG_H
4
5   # define VERSION "1.0.0"
6
7   # endif //CONFIG_H
```

通过使用多文件结构,C++项目可以更加模块化和易于管理,这对于大型软件项目尤为重要。

4.7   命名空间

开发一个程序通常需要使用多个来自不同文件的库,这些文件用 include 指令包含进来,而不同的文件中可能定义了相同名字的变量、类或函数。为了避免不同库中的名字出现冲突,C++引入了命名空间(namespace)和使用命名空间(using)机制。命名空间用于创建程序包,其中所定义的名字都是命名空间的元素,可以用命名空间的标识符指明,从而避免不同库文件之间的同名冲突。

4.7.1   标准命名空间

在 C++ 中,标准库的所有实体(包括函数、对象、类型定义等)都被放置在一个名为 std 的标准命名空间中。例如:

std::ios:包含输入输出流的基类。

std::istream:包含输入流类,如 std::cin。

std::ostream:包含输出流类,如 std::cout 和 std::endl。

std::iostream:包含输入输出流类,如 std::cin、std::cout 和 std::endl。

C++语言的标准头文件没有扩展名。使用标准库的组件时,需要指定命名空间。例如:

```
# include < iostream >
using namespace std;
```

其中,namespace 是 C++ 的关键字,用于声明命名空间。声明之后,程序中可以直接使用 iostream 中的元素,如 cin、cout 等。using 除了可以声明命名空间以外,也可以只引入命名空间中特定的元素,例如:

```
# include < iostream >
using namespace std::cin;
```

如果不用 using 声明命名空间,则需要在使用元素时指定元素的命名空间,如 std::cin、std::cout 等。

4.7.2 定义命名空间

程序中除了可以使用标准命名空间中的元素外,用户还可以自定义命名空间来管理程序中所定义的元素。自定义命名空间的语句格式如下:

namespace 标识符 {语句序列}

其中,namespace 为关键字;标识符是用户定义的命名空间的名称;语句序列可以包含类、函数、对象、类型以及其他命名空间。

如:

```
namespace MyNamespace{
    int value = 10;
    void function(){
        cout <<"Inside MyNamespace"<< endl;
    }
}
```

MyNamespace 命名空间中定义了两个元素,其中 value 是变量,function 是函数。

命名空间实际上是一个作用域,可以嵌套。在一个命名空间中可以定义多个其他命名空间。

命名空间可以是不连续的,即一个命名空间可以定义在几个不同的地方。同一个工程中允许存在多个相同名称的命名空间,编译时会将它们合并到一个命名空间中。

4.7.3 使用命名空间

在程序中使用命名空间中的元素,主要有以下几种方法。

(1) 直接指定。使用命名空间名和作用域解析运算符::来指定命名空间中的元素。例如:

```
MyNamespace::function();
cout << MyNamespace::value << endl;
```

(2) 使用 using 指令。在当前作用域中引入命名空间中的一个或多个元素。例如:

```
using MyNamespace::value;
cout << value << endl;                          //直接使用 value
```

（3）使用 using 声明。在当前作用域中引入整个命名空间。例如：

```
using namespace MyNamespace;
function();                        //直接使用 function
std::cout << value << std::endl;   //直接使用 std 中的 value
```

命名空间的作用域是全局的，定义后在整个程序中都是可见的。为避免在包含多个头文件时发生名称冲突，通常，每个头文件都会定义自己的命名空间。

例 4.25 命名空间使用示例。

```
1   //my_header.h
2   //exp4 - 25:my_header.h
3   # ifndef MY_HEADER_H
4   # define MY_HEADER_H
5
6   namespace MyLibrary {          //定义命名空间 MyLibrary
7      void libraryFunction()
8          cout <<"Function from MyLibrary"<< endl;
9      }
10  }
11
12  # endif //MY_HEADER_H


1   //main.cpp
2   //exp4 - 25:main.cpp
3   # include "my_header.h"
4   using namespace MyLibrary;     //使用命名空间 MyLibrary
5   int main(){
6      libraryFunction();
7   }
```

使用命名空间是 C++ 编程中管理命名空间和避免名称冲突的有效方式。它们使得代码模块化程度更高且易于维护。

命名空间可以嵌套定义，以提供更细粒度的代码组织方法。例如：

```
namespace MyNamespace{
    namespace NestedNamespace{        //在 MyNamespace 中嵌套定义命名空间 NestedNamespace
            int nestedValue = 20;
    }
}
MyNamespace::NestedNamespace::nestedValue = 40   //访问嵌套命名空间中的变量 nestedValue
```

可以使用 namespace 关键字为命名空间定义一个别名，以简化代码。例如：

```
namespace MN = MyNamespace::NestedNamespace;//MN 是 MyNamespace::NestedNamespace 的别名
MN::nestedValue = 40;                         //使用别名来访问命名空间中的实体
```

例 4.26 命名空间的嵌套定义与使用示例。

```
1   //exp4 - 26.cpp
2   # include < iostream >
3    using namespace std;
4    namespace A
```

```
5    {
6        void f()
7        {
8            cout <<"f():from namespace A\n";
9        }
10        void g()
11        {
12            cout <<"g():from namespace A\n";
13        }
14        namespace B
15        {
16            void f()
17            {
18                cout <<"f():from namespace B\n";
19            }
20            namespace C
21            {
22                void f()
23                {
24                    cout <<"f():from namespace C\n";
25                }
26            }
27        }
28    }
29    void g()
30    {
31        cout <<"g():from global namespace"
32          << endl;
33    }
34    int main(){
35        //调用全局命名空间中的 g()函数
36        g();
37        //调用命名空间 A 中的 f()和 g()函数
38        A::f();
39        A::g();
40        //调用命名空间 A::B 中的 f()函数
41        A::B::f();
42        //调用命名空间 A::B::C 中的 f()函数
43        A::B::C::f();
44    }
```

程序运行结果：

```
g():from global namespace
f():from namespace A
g():from namespace A
f():from namespace B
f():from namespace C
```

例 4.26 定义了一个名为 A 的命名空间,并在其中定义了两个函数 f()和 g()。然后在 A 命名空间内定义了一个嵌套的命名空间 B,在 B 中又定义了一个函数 f()。接着,在 B 命名空间内定义了一个更深层的嵌套命名空间C,并在其中定义了另一个函数f()。在main()函数中,按照顺序调用了全局命名空间的g()函数,然后是命名空间A中的f()和g()函数,接着是A::B中的f()函数,最后是A::B::C中的f()函数。每次调用都会输出对应的消息,显示函数来自哪个命名空间。

4.8 应用举例

本节通过应用示例,对前述的知识进行综合运用。

例4.27 求两个正整数的最大公约数和最小公倍数。

分析:根据题意,主要是完成两个功能——求最大公约数和最小公倍数。这两个功能可以定义成两个函数,在主程序中进行调用。其中,求最大公约数可以使用第3章介绍的辗转相除法,而求最小公倍数可以通过调用求最大公约数的函数来实现。因此可以设计出如下程序。

```
1    //exp4-27.cpp:求两个正整数的最大公约数和最小公倍数
2    # include <iostream>
3    using namespace std;
4    int gcd(int x1,int x2);                      //函数原型声明
5    int lcm(int x1,int x2);                      //函数原型声明
6    int main()
7    {
8        int a1,a2;
9        cout <<"Enter two positive integers:";
10       cin >> a1 >> a2;
11       cout <<"The GCD of "<< a1 <<" and "<< a2 <<" is "<< gcd(a1,a2)<< endl;  //gcd()函数调用
12       cout <<"The LCM of "<< a1 <<" and "<< a2 <<" is "<< lcm(a1,a2)<< endl;  //lcm()函数调用
13       return 0;
14   }
15   int gcd(int x1,int x2){                      //求最大公约数函数定义
16       while (x2 != 0){
17               int temp = x2;
18               x2 = x1 % x2;
19               x1 = temp;
20           }
21       return x1;
22   }
23   int lcm(int x1,int x2){                      //求最小公倍数函数定义
24       return (x1 * x2)/gcd(x1,x2);
25   }
```

程序运行结果:

```
Enter two positive integers:15 6
The GCD of 15 and 6 is 3
The LCM of 15 and 6 is 30
```

例4.27程序中包含了两个函数:gcd()(第15~22行)和lcm()(第23~25行)。gcd()函数使用辗转相除法(也称为欧几里得算法)来计算最大公约数,而lcm()函数则利用了两

个数的最大公约数来计算它们的最小公倍数。

例 4.28 emirp 是英文 prime 拼写的逆序。emirp 是这样一种素数：将其反转后仍然是素数。例如 17 是素数，71 也是素数，因此 17 和 71 是 emirp 素数。编写程序，输出前 n 个 emirp 素数。

分析：题目主要要完成两个功能，第一是素数判断，第二是将一个数反转。这两个功能可以用两个函数实现。由此可以设计出如下程序。

```cpp
1    //exp4-28.cpp:输出前 n 个 emirp 素数
2    #include <iostream>
3    #include <cmath>
4    using namespace std;
5    bool isPrime(int k){                                    //判断素数函数定义
6        if(k < 2) return false;
7        int bound = sqrt(k);
8        for(int i = 2; i <= bound; i++){
9            if(k % i == 0){
10               return false;
11           }
12       }
13       return true;
14   }
15   int reverseInt(int n){                                  //反转函数定义
16       int res = 0;
17       while(n){
18           res = res * 10 + n % 10;
19           n/ = 10;
20       }
21       return res;
22   }
23   int main(){
24       int n, cnt = 0;
25       cout <<"Enter the number of emirps to generate:";
26       cin >> n;
27       int num = 2;
28       while(cnt < n){
29           if(isPrime(num)&&isPrime(reverseInt(num))&&num!= reverseInt(num)){   //函数调用
30               cout << num <<" ";
31               cnt++;
32           }
33           num++;
34       }
35       cout << endl;
36   }
```

程序运行结果：

```
Enter the number of emirps to generate:5
13 17 31 37 71
```

第 5～14 行定义的 isPrime() 函数检查一个数是否为素数。它通过枚举从 2 到 sqrt(k) 的数是否能整除 k 来判断。

第 15～22 行定义的 reverseInt() 函数将一个整数反转。它通过不断地取余数和除以 10 来实现。

第 26～36 行定义的 main() 函数通过调用前面定义的两个函数来判断一个数是否是 emirp 素数,并输出前 n 个 emirp 素数。

例 4.29 汉诺塔问题。汉诺塔问题是一个经典的递归问题。问题的描述是这样的: 有三根柱子和一系列不同大小的圆盘,这些圆盘按照大小顺序叠在一起,放在第一根柱子 上,目标是将所有的圆盘移动到第三根柱子上。移动的规则如下:①每次只能移动一个圆 盘;②移动时可以借助第二根柱子暂时存放圆盘;③三根柱子上圆盘的顺序必须始终保持 大盘在下,小盘在上。假设圆盘的数量为 n,请编写程序,模拟圆盘的移动过程。

分析:要解决汉诺塔问题,可以使用递归方法来将 n 个圆盘从一个柱子移动到另一个 柱子上。如果只有一个圆盘(n=1),则直接将其从起始柱子移动到目标柱子,并输出移动 步骤。如果有多个圆盘,则递归地执行以下步骤:①将上面的 n−1 个圆盘从起始柱子移动 到辅助柱子,使用目标柱子作为辅助;②将最大的圆盘从起始柱子移动到目标柱子,并输出 移动步骤;③将辅助柱子上的 n−1 个圆盘移动到目标柱子,使用起始柱子作为辅助。由此 可以设计出如下程序。

```
1    //exp4-29.cpp:汉诺塔问题
2    #include <iostream>
3    using namespace std;
4    void hanoi(int,char,char,char);                         //hanoi()函数原型声明
5    int main(){
6      int n;
7      cout <<"Enter the number of disks:";
8      cin >> n;
9      hanoi(n,'A','C','B');                                 //调用 hanoi()函数
10   }
11   void hanoi(int n,char from_rod,char to_rod,char aux_rod){  //hanoi 函数定义
12     if(n==1){
13         //如果只有一个圆盘,则直接移动到目标柱子
14         cout <<"Move disk 1 from rod "<< from_rod <<" to rod "<< to_rod << endl;
15         return;
16     }
17     //递归调用,将 from_rod 上的上面 n−1 个圆盘移动到 aux_rod,使用 to_rod 作为辅助
18     hanoi(n−1,from_rod,aux_rod,to_rod);
19     //将最大的圆盘移动到 to_rod
20     cout <<"Move disk "<< n <<" from rod "<< from_rod <<" to rod "<< to_rod << endl;
21     //递归调用,将 aux_rod 上的 n−1 个圆盘移动到 to_rod,使用 from_rod 作为辅助
22     hanoi(n−1,aux_rod,to_rod,from_rod);
23   }
```

第 11～23 行定义的 hanoi() 函数是一个递归函数,它接收 4 个参数:圆盘的数量 n、起 始柱子 from_rod、目标柱子 to_rod 和辅助柱子 aux_rod。如果只有一个圆盘,则直接将其 从起始柱子移动到目标柱子,并输出移动步骤。如果有多于一个圆盘,函数首先递归地将 from_rod 上的上面 n−1 个圆盘移动到 aux_rod 上,使用 to_rod 作为辅助;然后,函数将最 大的圆盘(第 n 个圆盘)从 from_rod 移动到 to_rod;最后,函数递归地将 aux_rod 上的 n−1 个圆盘移动到 to_rod 上,使用 from_rod 作为辅助。

例 4.30 青蛙跳台阶问题。青蛙跳台阶问题也称为青蛙过河问题,这是一个经典的动态规划问题。问题描述如下:一只青蛙一次可以跳上 1 个台阶,也可以跳上 2 个台阶,求该青蛙跳上一个 n 级的台阶总共有多少种跳法。

分析:要解决青蛙跳台阶问题,可以使用递归方法来实现。如果台阶数为 0 或 1($n \leqslant 1$),则只有一种跳法,即直接跳上或不跳,返回 1。如果台阶数大于 1,则递归地计算跳上 $n-1$ 个台阶和跳上 $n-2$ 个台阶的跳法数量,并将它们相加。由此可以设计出如下程序。

```
1    //exp4-30.cpp:青蛙跳台阶问题
2    #include <iostream>
3    using namespace std;
4    int frogJump(int n);                        //函数原型声明
5    int main(){
6      int n;
7      cout <<"Enter the number of steps:";
8      cin >> n;
9       cout <<"Total number of ways to jump "<< n <<" steps is:"<< frogJump(n)<< endl;   //函数调用
10   }
11   int frogJump(int n){                        //函数定义:计算青蛙跳 n 个台阶的跳法数量
12     if(n <= 1){                               //如果只有 0 个或 1 个台阶,则只有一种跳法
13     return 1;
14     }
15     //递归计算跳 n-1 个台阶和跳 n-2 个台阶的跳法数量
16     //因为青蛙可以从 n-1 个台阶跳 1 个台阶上来,或者从 n-2 个台阶跳 2 个台阶上来
17     return frogJump(n-1) + frogJump(n-2);
18   }
```

程序运行结果:

Enter the number of steps:5
Total number of ways to jump 5 steps is:8

第 11~18 行的 frogJump() 函数是一个递归函数。如果台阶数为 0 或 1,则函数直接返回 1,因为只有一种跳法。如果台阶数大于 1,则函数递归地计算跳上 n-1 个台阶和 n-2 个台阶的跳法数量,因为青蛙可以从上一个台阶跳上来,也可以从上两个台阶跳上来。main() 函数中,程序提示用户输入台阶的数量,并调用 frogJump() 函数计算跳法数量。

本章小结

函数是 C++ 的编程模块。函数定义实现了函数的功能;函数原型描述了函数的接口;函数调用使得程序将参数传递给函数,并执行函数的代码。

C++ 按值传递参数时,函数体中的语句对形参的访问、修改都在形参上操作。C++ 函数通过创建参数的副本,保护了原始数据(实际参数)的完整性。

函数可以调用自定义函数和库函数,自定义函数又可以嵌套调用。函数还可以直接或间接地调用自身,称为递归调用。

内联函数是 C++ 中的一种优化手段,用于减少调用的开销,尤其适用于调用频繁且函数体较小的函数。重载函数是名字相同,实现版本不同的函数。

C++程序可以由多个程序文件构成。标识符有特定的存储特性和作用域。一个结构良好的程序，应合理控制变量的作用域，避免使用全局变量，以确保代码的清晰性和安全性。

习题 4

习题 4

第5章

指针、引用、数组

在 C++ 语言中,指针(pointer)是一个非常重要的概念。指针是一个变量,它存储的是另一个对象的内存地址。通过使用指针,程序可以直接访问和操作内存中的数据,极大地提高了编程的灵活性和效率。在 C++ 语言中,引用(reference)是某个已存在对象的别名(alias)。引用在创建时必须被初始化,并且一旦被初始化后,就不能再改变为引用另一个对象。这意味着引用总是指向它最初被绑定的那个对象。数组(array)是一种数据结构,它允许存储固定大小的同类型元素集合。每个元素都可以通过索引(index)来访问,索引通常是从 0 开始的整数。本章主要介绍指针、引用、数组的概念及其应用。

5.1 指针变量的定义与初始化

5.1.1 指针变量和间址

变量的地址是指变量在存储空间中第一个字节的地址,是一个整数。可以把这个地址存放在另一个变量中。能够存放地址的变量称为"指针类型变量",简称"指针变量"。

指针类型变量定义形式为

类型 * 标识符;

其中,"类型"是指针所关联的数据类型,可以是任何类型,包括基本数据类型(如 int、float、char 等)、复合数据类型或自定义数据类型(如数组、结构体、类等)。* 为指针类型说明符,说明以"标识符"命名的变量用于存放"类型"对象的地址。下面都是合法的指针定义:

```
int      * iptr1, * iptr2;      //iptr1 和 iptr2 是指向 int 型对象的指针
double * dptr;                  //dptr 是一个指向 double 型对象的指针
float    * fptr;                //fptr 是一个指向 float 型对象的指针
char     * cptr;                //cptr 是一个指向 char 型对象的指针
```

不管指针是指向整型、浮点型、字符型,还是其他的数据类型,指针变量所表示的内存空间都只能存储一个内存地址。指针所关联的类型决定了通过指针变量访问对象时的读取方式,即读取内存的字节数,如果一个指针变量关联类型为 int,则通过指针变量访问对象时,读取从指针指示的位置开始的连续 4 字节,并按 int 型数据进行解释。

指针在声明时可以初始化，也可以在声明后进行赋值。如：

```
int var = 18;
int * iptr = &var;                  //iptr 指向 int 型变量 var,存放 var 的地址
int * iptr1;                        //定义指针 iptr1
iptr1 = iptr;                       //将 iptr 中 var 的地址赋给 iptr1,iptr1 也指向变量 var
iptr1 = var;                        //非法:不能将 int 型变量赋给指针
```

由于指针的类型决定了指针所指对象的类型，因此，初始化或者赋值时必须保证类型匹配，指针只能初始化或赋值为同类型的变量地址或者指针。如：

```
double dval_1;
double * dptr1 = &dval_1;           //合法:用 double 型变量地址初始化 dptr1
double * dptr2 = dptr1;             //合法:用 double 型指针初始化 dptr2
int * iptr = dptr1;                 //非法:iptr 和 dptr1 所指向对象的类型不同
iptr = &dval_1;                     //非法:试图将一个 double 型变量的地址赋给 int 型指针
```

对变量的访问可以通过指针变量间接实现。间址运算符(＊)用于访问指针指向的内存地址中存储的值。如果 iptr 是一个指针，那么 ＊ iptr 就是访问 iptr 指向的内存地址中存储的值。用 ＊ iptr 的这种访问方式，称为间接地址访问，简称间址访问；通过变量名访问对象，称为名访问。

若有"int ＊ iptr＝&var;"，则 var 的地址可以表示为 &var 或 iptr,对 var 的访问可以表示为 var(名访问)或 ＊ iptr(间址访问)。

例 5.1 测试指针变量访问所指对象。

```
1    //exp5－1.cpp:测试指针变量访问所指对象
2    # include < iostream >
3    using namespace std;
4    int main()
5    {
6        int val_1 = 10;
7        int val_2 = 20;
8        int * ptr1 = &val_1;             //将指针 ptr1 指向变量 val_1
9        int * ptr2 = &val_2;             //将指针 ptr2 指向变量 val_2
10       * ptr1 = * ptr1 + * ptr2;        //间址访问 val_1 和 val_2
11       cout <<"Val_1:"<< val_1 << endl;  //名访问 val_1
12       cout <<"The Address of Val_1:"<< ptr1 << endl;
13       cout <<"Val_2:"<< val_2 << endl;  //名访问 val_2
14       cout <<"The Address of Val_2:"<< ptr2 << endl;
15   }
```

程序运行结果：

```
Val_1: 30
The Address of Val_1：0x61ff04
Val_2: 20
The Address of Val_2：0x61ff00
```

第 6 行和第 7 行定义和初始化了整型变量 val_1 和 val_2,第 8 行和第 9 行定义了指针变量 ptr1 和 ptr2,分别指向 val_1 和 val_2,第 10 行通过指针变量的间址访问，修改了 ptr1 所指变量 val_1 的值。

5.1.2 空指针

在 C++ 编程中,空指针扮演着至关重要的角色,它是一种特殊的指针变量,不指向任何有效的内存地址(无论是对象还是函数)。空指针的主要用途在于初始化指针变量,这一做法能有效避免指针在未赋值时意外指向未定义的内存区域,从而防止潜在的内存访问错误和程序崩溃。

自 C++11 标准起,为了定义一个空指针,推荐使用 nullptr 关键字,它提供了类型安全和语义上的清晰性。然而,在 C++11 之前的代码中,或者为了兼容旧版代码,也可以使用整数 0 或者宏 null(通常定义为 0)来初始化空指针。尽管 0 和 null 在功能上与 nullptr 相似,但 nullptr 能够提供更严格的类型检查,减少因类型不匹配而导致的编译错误,因此在现代 C++ 编程中被视为最佳实践。

例 5.2 测试空指针。

```
1   //ex5 - 2.cpp:测试空指针
2   # include < iostream >
3   using namespace std;
4   int main()
5   {
6     int * ptr = nullptr;              //定义空指针
7     if(ptr == nullptr){
8        cout <<"The pointer is null."<< endl;
9     }
10    else{
11       cout <<"The pointer is not null."<< endl;
12    }
13    int value = 10;
14    ptr = &value;                     //为空指针赋值
15    if(ptr != nullptr){
16       cout <<"Value pointed by ptr:"<< * ptr << endl;
17    }
18    else{
19       cout <<"The pointer is null."<< endl;
20    }
21  }
```

程序运行结果:

```
The pointer is null.
Value pointed by ptr: 10
```

第 6 行定义了一个指向 int 类型的空指针 ptr。第 7~12 行检查这个指针是否为空,并输出相应的消息。第 14 行 ptr 被赋值为一个有效的内存地址,即变量 value 的地址,第 15~20 行再次检查指针是否为空,第 16 行通过间址访问输出 value 的值。

5.1.3 void * 指针

在 C++ 中,void * 指针是一种特殊的指针类型,它可以指向任何类型的数据。由于没有关联类型,编译器无法解释所指对象,因此,void * 指针不具有类型安全,在程序中必须对其做显式类型转换,才可以按指定类型访问数据。

例 5.3 测试 void ＊指针。

```
1    //ex5-3.cpp:测试 void＊指针
2    ＃include <iostream>
3    using namespace std;
4    int main()
5    {
6        int intValue = 100;
7        double doubleValue = 3.14;
8        void ＊ ptr = nullptr;               //定义一个 void＊指针
9        ptr = &intValue;                    //指向 int 型变量
10       cout <<"As int:"<< ＊(int ＊)ptr << endl;
11       ptr = &doubleValue;                 //指向 double 型变量
12       cout <<"As double:"<< ＊(double ＊)ptr << endl;
13       ptr = nullptr;                      //再次将 void＊指针设置为 nullptr
14       return 0;
15   }
```

程序运行结果：

```
As int: 100
As double: 3.14
```

第 8 行定义了一个 void＊类型的指针 ptr，让这个指针依次指向一个整数（第 9 行）和一个双精度浮点数（第 11 行）。每次指向不同类型的变量时，都需要将 void＊显式转换为相应的类型，才能正确访问对象。这个程序展示了 void＊指针的灵活性，但也展示了其使用时需要的谨慎性，因为不正确的类型转换可能导致访问出错。

5.1.4 指向指针的指针

指针用来存储变量的地址。而指向指针的指针，顾名思义，就是存储指针变量地址的指针。如果把指针看作指向一个数据存储位置的箭头，那么指向指针的指针就是指向这个箭头的另一个箭头。例如：

```
int ＊＊ iptr2;        //声明一个指向 int＊类型的指针，即指向指针的指针
int ＊ iptr1;         //声明一个指向 int 类型的指针
int i = 3;            //声明一个整型变量 i，并初始化为 3
iptr1 = &i;           //将 i 的地址赋值给 iptr1，此时 iptr1 指向 i
iptr2 = &iptr1;       //将 iptr1 的地址赋值给 iptr2，此时 iptr2 指向 iptr1，
                      //即指向一个指向 int 类型的指针
```

例 5.4 测试多级指针。

```
1    //ex5-4.cpp:测试多级指针
2    ＃include <iostream>
3    using namespace std;
4    int main()
5    {
6        int ＊＊＊＊ p4, ＊＊＊ p3, ＊＊ p2, ＊ p1,i = 3;
                      //声明 4 个指针变量和一个整型变量 i，并初始化 i 为 3
7        p4 = &p3;              //p4 指向 p3
8        p3 = &p2;              //p3 指向 p2
9        p2 = &p1;              //p2 指向 p1
10       p1 = &i;               //p1 指向 i
```

```
11      cout << **** p4 << endl;        //间址访问 i,打印出 i 的值
12   }
```

程序运行结果：

```
3
```

例 5.4 展示了如何使用四级指针。程序的目的是输出变量 i 的值,通过逐层间址访问这些指针来实现。因为 p4 指向 p3,p3 指向 p2,p2 指向 p1,而 p1 指向 i。所以 **** p4 实际上就是 i 的值。这个程序展示了指针和多级指针的基本概念,以及如何通过逐层间址访问来访问变量的值。

在实际编程中,使用如此多级指针的情况相对较少,通常在处理一些非常复杂的内存结构或特定的数据结构(如复杂的树状结构等)时才可能会用到类似的多级指针操作。

5.1.5 指向常量的指针

指向常量的指针也称为常量指针。定义形式为

const 类型 * 指针

或者

类型 const * 指针

常量指针可以获取变量或者常量的地址,但限制用指针间址访问对象方式为"只读"。

例 5.5 测试指向常量的指针。

```
1   //ex5 - 5.cpp:测试指向常量的指针
2   # include < iostream >
3   using namespace std;
4   int main()
5   {
6       const int val_1 = 10;
7       int val_2 = 15;
8       const int * ptr1 = &val_1;      //定义常量指针,指向常量
9       const int * ptr2 = &val_2;      //定义常量指针,指向变量
10      //int * ptr3 = &val_1;          //错误:不能用普通指针指向常量 val_1
11      // * ptr1 = 20;                  //错误:不能通过指向常量的指针修改常量 val_1
12      // * ptr2 = 20;                  //错误:不能通过指向常量的指针修改变量 val_2
13      val_2 = 20;                     //可以直接修改变量值
14      cout <<"Val_1:"<< * ptr1 << endl;
15      cout <<"Val_2:"<< * ptr2 << endl;
16      return 0;
17  }
```

程序运行结果：

```
Val_1: 10
Val_2: 20
```

例 5.5 展示了如何定义和使用指向常量的指针,ptr1 是一个常量指针,不能通过间址访问来修改所指向常量的值,ptr2 也是一个常量指针,它指向变量时,不能通过间址访问来修改所指变量的值,但可以通过名访问修改变量的值。

注意:把一个 const 对象的地址赋给一个普通的、非 const 对象的指针会导致编译

错误。

5.1.6 指针常量

指针常量的含义是,这个指针本身的值不能改变,即不能指向另一个地址。

指针常量的定义形式为

类型 * const 指针

const 写在"指针"之前,表示约束对指针本身的访问为只读。因为指针常量对间址访问没有约束,所以,指针常量不能指向常量。

例 5.6 测试指针常量。

```
1   //ex5-6.cpp:测试指针常量
2   # include < iostream >
3   using namespace std;
4   int main()
5   {
6      int val_1 = 10;
7      int val_2 = 20;
8      int * const ptr = &val_1;        //定义指针常量
9      //ptr = &val_2;                  //错误:不能改变指针常量的指向
10      * ptr = 30;                     //间址访问 val_1
11     cout <<"Val_1:"<< val_1 << endl;
12   return 0;
13  }
```

程序运行结果:

```
Val_1: 30
```

例 5.6 展示了如何定义和使用指针常量。ptr 是一个指针常量,它本身是常量,所以它的值(即它所指向的地址)不能改变,但可以通过它来修改所指向的值。

5.1.7 指向常量的指针常量

指向常量的指针常量,指针既不能改变指向,也不能通过它来修改它所指向的数据。这种指针既可以指向常量也可以指向变量。

指向常量的指针常量的定义形式为

const 类型 * const 指针

或者

类型 const * const 指针

例 5.7 测试指向常量的指针常量。

```
1   //ex5-7.cpp:测试指向常量的指针常量
2   # include < iostream >
3   using namespace std;
4   int  main()
5   {
6      const  int  MIN = 10;
7      int  max;
```

```
8       const int * const   pmax = &max;        //定义指向常量的指针常量 pmax,初始化为 max 的地址
9       // * pmax = 1000;                        //非法:间址访问约束为只读
10      max = 1000;                              //合法:修改变量值
11      cout <<" max = "<< * pmax << endl;
12      const   int * const pmin = &MIN;         //定义指向常量的指针常量 pmin,初始化为 min 的地址
13      //pmin = &max;                           //非法:不能修改指针常量
14      // * pmin = 0;                           //非法:间址访问约束为只读
15      cout <<"MIN = "<< * pmin << endl;
16  }
```

程序运行结果:

```
max = 1000
MIN = 10
```

在 main()函数中,第 8 行和第 12 行定义了两个指向常量的指针常量 pmax 和 pmin,分别指向可修改的普通变量 max 和不可修改的常量 MIN。第 9 行尝试通过 * pmax=1000 来修改 pmax 所指向的值是非法的,因为 pmax 是指向常量的指针常量,虽然它指向的是可修改的变量 max。而直接修改变量 max 的值,如第 10 行 max=1000 是合法的。第 13 行尝试通过 pmin=&max 来改变 pmin 的指向是非法的,因为 pmin 是指向常量的指针常量;尝试通过 * pmin=0 来修改 pmin 所指向的值也是非法的,因为 pmin 指向的是常量 MIN,其值是不能修改的。

5.2　引用

5.2.1　引用的定义

在 C++中,引用是一种特殊的变量类型,它是一个已存在对象的别名。引用本身不是一个独立的对象,它只是一个别名,所以在定义引用时必须进行初始化,并且一旦初始化后就不能重新绑定到另一个对象。定义引用的语法格式为

```
类型 & 引用名 = 对象名;
```

其中,& 为引用说明符。例如:

```
int a;
int * ptr;
int &refToA = a;                    //refToA 是 a 的引用,只能在定义时初始化
ptr = &a;                           //ptr 指向 a
```

5.2.2　常引用

常引用是冠以 const 定义的引用,将约束对象用别名方式访问时为只读。常引用的定义形式为

```
const 类型 & 引用名 = 对象名;
```

例如:

```
int val = 356;
const int &ref_val = val;           //ref_val 是 val 的常引用
ref_val = 450;                      //非法:不能通过常引用修改对象 val 的值
```

```
val = 450;                         //合法:可以直接修改变量的值
```

例 5.8　引用测试。

```
1   //ex5 - 8.cpp:引用测试
2   ♯include < iostream >
3   using namespace std;
4   int main()
5   {
6       int a = 10;
7       int b = 20;
8       int& refToA = a;              //refToA 是 a 的别名
9       int& refToB = b;              //refToB 是 b 的别名
10      refToA = 100;                 //通过引用修改变量
11      refToB = 200;                 //通过引用修改变量
12      cout <<"a:"<< a << endl;      //输出 100,因为 refToA 是 a 的别名
13      cout <<"b:"<< b << endl;      //输出 200,因为 refToB 是 b 的别名
14      const int& constRefToA = a;   //定义一个常引用
15      //constRefToA = 1000;         //尝试修改常引用绑定的值(编译错误)
16  }
```

程序运行结果:

```
a: 100
b: 200
```

例 5.8 中第 6～9 行定义了两个整型变量 a 和 b,然后定义了两个引用 refToA 和 refToB,分别绑定到 a 和 b。第 10 行和第 11 行通过引用 refToA 和 refToB 来修改 a 和 b 的值。第 14 行定义了一个常引用 constRefToA 绑定到 a,尝试修改常引用绑定的值会导致编译错误,因为常引用不能用来修改它绑定的对象。

5.3　指针、引用与函数

5.3.1　函数参数的指针传递与引用传递

函数定义中的形参被声明为指针类型时,称为指针参数。形参指针对应的实参是地址表达式。调用函数时,实参把对象的地址赋给形参名标识的指针变量,被调用函数可以在函数体内通过形参指针来间接访问实参地址所指向的对象。这种参数传递方式称为指针传递。

函数定义中的形参被声明为引用类型,称为**引用参数**。引用参数对应的实参应该为对象名。函数被调用时,形参不需要开辟新的存储空间,形参名作为引用(别名)绑定在实参标识的对象上。执行函数体时,对形参的操作就是对实参对象的操作。函数执行结束,撤销引用绑定。

例 5.9　函数参数的三种传递方式。

```
1   //ex5 - 9.cpp:函数参数的三种传递方式
2   ♯include < iostream >
3   using namespace std;
4   void swapByValue(int a, int b)    //值传递
5   {
6       int temp = a;
7       a = b;
```

```
8        b = temp;
9        cout <<"Inside swapByValue:a = "<< a <<", b = "<< b << endl;
10   }
11   void swapByPointer(int * a, int * b)   //指针传递
12   {
13        int temp = * a;
14        * a = * b;
15        * b = temp;
16        cout <<"Inside swapByPointer:a = "<< * a <<", b = "<< * b << endl;
17   }
18   void swapByReference(int& a, int& b)   //引用传递
19   {
20        int temp = a;
21        a = b;
22        b = temp;
23        cout <<"Inside swapByReference:a = "<< a <<", b = "<< b << endl;
24   }
25   int main()
26   {
27        int x = 10;
28        int y = 20;
29        cout <<"Before swap:x = "<< x <<", y = "<< y << endl;
30        //调用值传递函数,不会改变 x 和 y 的值
31        swapByValue(x, y);
32        cout <<"After swap by swapByValue:x = "<< x <<", y = "<< y << endl;
33        //调用指针传递函数,会改变 x 和 y 的值
34        swapByPointer(&x, &y);
35        cout <<"After swap by swapByPointer:x = "<< x <<", y = "<< y << endl;
36        //调用引用传递函数,会改变 x 和 y 的值
37        swapByReference(x, y);
38        cout <<"After swap by swapByReference:x = "<< x <<", y = "<< y << endl;
39   }
```

程序运行结果：

```
Before swap: x = 10, y = 20
Inside swapByValue: a = 20, b = 10
After swap by swapByValue: x = 10, y = 20
Inside swapByPointer: a = 20, b = 10
After swap by swapByPointer: x = 20, y = 10
Inside swapByReference: a = 10, b = 20
After swap by swapByReference: x = 10, y = 20
```

第 4～10 行的函数 swapByValue()有两个整型参数 a 和 b,这两个参数是通过值传递的。第 31 行调用 swapByValue()函数,将实参 x 和 y 的值分别赋值给形参 a 和 b,然后执行函数体,函数内部对 a 和 b 的任何修改都不会影响 main()函数中的变量 x 和 y,所以第 32 行输出的值仍然是 10 和 20。

第 11～17 行的函数 swapByPointer()有两个整型指针参数 a 和 b,这两个参数是通过指针传递的。第 34 行调用 swapByPointer()函数,将实参 x 和 y 的地址分别传递给形参指针 a 和 b,在函数体中通过形参指针直接操作实参,交换 * a 和 * b 的值,所以第 35 行输出的值变成了 20 和 10。

第 18～24 行的函数 swapByReference()有两个整型引用参数 a 和 b,这两个参数是通

过引用传递的。第 37 行调用 swapByReference() 函数,将实参 x 和 y 分别与形参 a 和 b 绑定,a 作为 x 的别名,b 作为 y 的别名,在函数体中通过别名交换了 x 和 y 的值,所以第 38 行输出的值又变成了 10 和 20。

由例 5.9 可以看出,使用指针传递和引用传递,都可以直接在实参对象上操作,因此,可以直接改变实参对象。当不希望改变实参对象时,可以用 const 来保护实参。

例 5.10 使用 const 限定指针参数,保护实参对象。

```
1   //ex5-10.cpp:使用 const 限定指针参数,保护实参对象
2   # include < iostream >
3   using namespace std;
4   //函数声明:通过指针传递整数,并使用 const 保护它不被修改
5   void processValue(const int * ptr,int count){
6       int localSum = 0;
7       for(int i = 0;i < count;++i){
8           cout <<"Value:"<< * ptr <<",Sum so far:"<< localSum << endl;
9           localSum += * ptr;
10      }
11      cout <<"Final sum after accumulating "<< count <<" times:"<< localSum << endl;
12      //尝试修改 ptr 所指对象的值,这将导致编译错误
13      // * ptr = 20;              //错误:ptr 是指向常量的指针,不能通过它来修改所指对象的值
14  }
15  int main(){
16      int value = 10;
17      int count = 5;
18      processValue(&value,count);
19      //尝试直接在 main() 函数中修改 value,以展示保护效果
20      //value = 30;              //这行代码是合法的,因为它是在 value 的作用域内
21  }
```

程序运行结果:

```
Value:10,Sum so far:0
Value:10,Sum so far:10
Value:10,Sum so far:20
Value:10,Sum so far:30
Value:10,Sum so far:40
Final sum after accumulating 5 times:50
```

在第 5～14 行的 processValue() 函数中,参数 const int * ptr 是一个指向整数的常量指针。使用 const 关键字表明,函数内部不能通过这个指针修改它所指对象的值,这保护了实参 value,确保它在函数调用期间不会被意外修改。第 18 行,在 main() 函数中调用 "processValue(& value,count);"时,传递的是 value 的地址。由于 ptr 是 const int *,因此任何尝试通过 ptr 修改 * ptr 的操作都会导致编译错误。

通过使用 const 关键字,能够有效地保护函数参数,防止在函数内部对实参的意外修改。尝试修改受保护实参的语句会导致编译错误,从而保护了实参的完整性。这种做法提高了代码的安全性和可读性。

例 5.11 使用 const 限定引用参数,保护实参对象。

```
1   //ex5-11.cpp:使用 const 限定引用参数,保护实参对象
```

```
2    # include < iostream >
3    using namespace std;
4    //函数声明:通过引用传递整数,使用 const 保护它不被修改
5    void processValue(const int& value){
6        cout <<"Value:"<< value << endl;
7        //尝试修改 value 所引用的值,这将导致编译错误
8        //value = 20;                        //错误:value 是 const 引用,不能通过它来修改值
9    }
10   void processExpression(const int& value){
11       cout <<"Expression Value:"<< value << endl;
12   }
13   int main(){
14       const int constantValue = 10;
15       processValue(constantValue);          //传递常量
16       int variableValue = 20;
17       processValue(variableValue);          //传递变量
18       processExpression(5 + 3);             //传递表达式
19       int anotherVariable = 30;
20       processValue(anotherVariable + 10);   //表达式结果作为实参
21   }
```

程序运行结果:

```
Value:10
Value:20
Expression Value:8
Value:40
```

第 5～9 行的 processValue() 函数接收一个 const int& 类型的参数,这意味着它是一个对整数的常引用参数,在函数体内不能修改实参对象;第 15 行和第 17 行分别传递 constantValue 和 variableValue 给函数 processValue() 时,由于第 5 行的形参 value 是常引用,因此任何尝试修改它的操作都会导致编译错误。

第 20 行将表达式 anotherVariable＋10 的值与 processValue() 函数的形参 value(const int& 类型)绑定,第 18 行调用的 processExpression() 函数同样接收一个 const int& 类型的参数,传递一个表达式(5+3)给形参 value。当实参为常量或表达式时,形参的引用参数必须加 const,即为常引用参数。

通过使用常引用参数可以保护函数参数不被修改,同时接收常量、变量,甚至是临时表达式作为实参。这种灵活性使得常引用参数在 C++ 中非常有用,尤其是在需要保护数据不被修改,同时又希望函数能够接收多种类型的参数时。

5.3.2 函数指针

1. 函数的地址

在 C++ 中,函数被视为存储在内存中的一段可执行代码,每个函数都有一个唯一的地址。对于已经定义的函数,函数的名称就是函数的入口地址,调用函数的语句为:

函数地址(实参表)

其中,"函数地址"实质上是一个地址表达式,可以是函数名,也可以是能够表示函数入口地址的表达式。

例 5.12 函数地址测试程序。

```
1   //ex5-12.cpp:函数地址测试程序
2   # include <iostream>
3   using namespace std;
4   void simple()
5   {
6       cout <<"This is a simple program."<< endl;
7   }
8   int main()
9   {
10      cout <<"Call function:"<< endl;
11      simple();                        //名方式调用
12      (& simple)();                    //地址方式调用
13      (*&simple)();                    //间址方式调用
14      cout <<"Address of function:"<< endl;
15      cout << simple << endl;          //函数名是地址
16      cout << &simple << endl;         //取函数地址
17      cout << * &simple << endl;       //函数地址所指对象
18  }
```

程序运行结果：

```
Call function:
This is a simple program.
This is a simple program.
This is a simple program.
Address of function:
00007FF60963146A
00007FF60963146A
00007FF60963146A
```

从例 5.12 可以看出，simple、&simple、* &simple 都是函数的入口地址，以下调用语句可以达到相同的效果：

```
simple();
(&simple)();
( * &simple)();
```

注意：后两种调用方式中，第一个括号不能省略，它使得地址表达式的计算先于参数结合。

2. 函数的类型

函数的类型是指函数的接口，包括函数的参数定义和返回类型。例如，以下函数的函数类型相同：

```
double max(double,double);
double min(double,double);
double average(double,double);
```

这些函数都有两个 double 类型参数，返回值为 double 类型，它们的类型为

```
double(double,double)
```

一般地，表示函数类型的形式为

类型(形参表)

C++中，可以用关键字 typedef 定义函数类型名。函数类型名定义的一般形式为

typedef 类型 函数类型名(形参表);

其中，"函数类型名"是用户定义标识符。例如：

typedef double functionType(double,double);　//定义 functionType 为 double(double,double)类型

此时，如果定义：

functionType　max,min,average;

则等价于前面的 3 个函数原型声明。

3. 函数指针

函数指针是表示函数入口地址的指针。要定义指向某一类函数的指针变量，可以用以下两种说明语句：

类型(* 指针变量名)(形参表);

或

函数类型 * 指针变量名;

对于上述已经定义的 functionType，可以定义指向这一类函数的指针变量：

double(* fp)(double,double);

或

functionType * fp;

都是定义一个函数指针变量 fp，可以存放一个 double（double，double）类型函数的入口地址。

注意：以下两个语句说明有不同的含义。

double(* fp)(double,double);　　　//定义指向 double(double,double)类型的函数指针 fp
double * fp (double,double);　　　//定义函数 fp()的原型，其返回值为 double 类型的指针

例 5.13　用函数指针调用不同函数。

```
1   //ex5 - 13.cpp:用函数指针调用不同函数
2   # include < iostream >
3   using namespace std;
4   int add( int a, int b){
5       return a + b;
6   }
7   int substract( int a, int b){
8       return a - b;
9   }
10  int multiply( int a, int b){
11      return a * b;
12  }
13  typedef int functionType (int, int);        //定义函数类型
14  functionType * operatorp;                   //函数指针声明
15  int main()
```

```
16   {
17       int num1 = 10,num2 = 5;
18       operatorp = add;                                    //函数指针指向 add()函数
19       cout <<"Add:"<< operatorp(num1,num2)<< endl;        //使用函数指针调用 add()函数
20       operatorp = substract;                              //函数指针指向 substract()函数
21       cout <<"Substract:"<< operatorp(num1,num2)<< endl;  //使用函数指针调用 substract()函数
22       operatorp = multiply;                              //函数指针指向 multiply()函数
23       cout <<"Multiply:"<< operatorp(num1,num2)<< endl;  //使用函数指针调用 multiply()函数
24   }
```

程序运行结果：

```
Add: 15
Substract: 5
Multiply: 50
```

例 5.13 中第 4～12 行定义了三个类型相同的函数 add()、substract()和 multiply()，分别实现加、减和乘运算。第 14 行定义函数指针 operatorp，第 18 行、第 20 行和第 22 行分别将函数指针指向不同的函数，实现不同的运算。

例 5.14 使用函数指针参数调用函数。

```
1    //ex5 - 14.cpp:使用函数指针参数调用函数
2    # include < iostream >
3    using namespace std;
4    int add( int a,int b){
5        return a + b;
6    }
7    int substract( int a,int b){
8        return a - b;
9    }
10   int multiply( int a,int b){
11       return a * b;
12   }
13   typedef int functionType( int,int);                    //定义函数类型
14   int operate( int a,int b,functionType * operatorp)      //定义一个函数,使用函数指针
                                                           //operatorp 作为参数
15   {
16     return operatorp(a,b);}
17   int main()
18   {
19       int num1 = 10,num2 = 5;
20       cout <<"Add:"<< operate(num1,num2,add)<< endl;   //函数指针指向 add,调用 add()函数
21       cout <<"Substract:"<< operate(num1,num2,substract)<< endl; //函数指针指向 substract,
                                                           //调用 substract()函数
22       cout <<"Multiply:"<< operate(num1,num2,multiply)<< endl;   //函数指针指向 multiply,
                                                           //调用 multiply()函数
23   }
```

程序运行结果：

```
Add: 15
Substract: 5
Multiply: 50
```

函数指针的一个重要用法是用于函数参数。例 5.14 中第 14～16 行定义的 operate 是一个通用函数，接收两个整型参数 a 和 b，以及一个函数指针 operatorp。函数指针 operator

的类型是 int(*)(int,int),表示它指向具有两个整型参数并返回一个整数的函数。

5.4　数组

数组是由一定数目的同类型元素顺序排列而成的自定义数据类型。在计算机中,一个数组在内存中占据一片连续的存储区域,数组名就是这块存储空间的首地址。

5.4.1　一维数组

1. 一维数组的定义
一维数组的说明格式为

类型　标识符[下标表达式];

其中,"标识符"是用户自定义的数组名;"类型"规定了存放在数组中的元素的类型,数组定义中的类型名可以是内置数据类型,也可以是用户定义的数据类型,如类类型;"下标表达式"指定数组元素的个数,必须是大于或等于 1 的常量表达式,该常量表达式只能包含整型常量、枚举常量或者用常量表达式初始化的整型常量对象。例如:

```
const int max_size = 512, min_size = 20;   //定义常量 max_size 和 min_size
int arr_size = 30;                          //定义变量 arr_size
const int brr_size = get_size();            //常量 brr_size 的值需要运行时通过 get_size()函数返回
char in_buffer[max_size];                   //合法:max_size 为常量
float out_buffer[min_size + 1];             //合法:常量表达式
double salaries[arr_size];                  //非法:arr_size 不是常量
int test_values[brr_size];                  //非法:brr_size 的值需要运行时才给出
int buf_size[get_size()];                   //非法:不是常量表达式
```

虽然 arr_size 是用常数进行初始化,但由于 arr_size 本身不是常量,因此,用该变量定义数组维数是非法的。brr_size 虽然是 const 对象,但它的值要运行时调用 get_size()函数后才知道,因此,用它定义数组维数也是非法的。

说明数组后,C++数组元素的值是内存的随机状态值,可以在定义时为数组提供一组用逗号分隔的初值,这些初值可用{}括起来,称为初始化列表。例如:

```
int arr_1[3] = {0,1,2};          //三个元素分别初始化为 0、1 和 2
int arr_2[3] = {2};              //第一个元素初始化为 2,剩余元素初始化为 0
int arr_3[] = {1,2,3}            //合法:编译器根据列出的元素个数确定数组长度为 3
int arr_4[10] = {0};            //合法:将全部元素初始化为 0
int arr_5[3] = {1,2,3,4};       //非法:初始化元素个数超出数组长度
static int arr_8[6];            //合法:自动把静态数组各元素值初始化为 0
const int arr_9[5] = {2,4,6,8,10};   //数组元素约束为只读
```

如果指定了数组长度,那么初始化列表提供的元素个数不能超过数组长度,如 arr_5 的初始化不合法。如果数组长度大于列出元素的初值个数,则只初始化前面的数组元素,其余元素初始化为 0。

2. 以下标方式访问一维数组
一维数组元素可用下标运算符([])来访问,数组元素下标从 0 开始,对于一个包含 10 个元素的数组,下标值为 0~9。

例 5.15 用下标运算符访问一维数组元素。

```
1  //ex5 - 15.cpp:用下标运算符访问一维数组元素
2  # include < iostream >
3  using namespace std;
4  int main()
5  {
6      const int array_size = 10;
7      int ia[array_size];
8      for(int i = 0;i < array_size;i++)
9          ia[i] = i;
10 }
```

一个数组不能用另外一个数组初始化,也不能将一个数组直接赋值给另外一个数组,但是可以使用循环,实现对应元素的复制。

例 5.16 数组的复制。

```
1  //ex5 - 16.cpp:数组的复制
2  # include < iostream >
3  using namespace std;
4  int main()
5  {
6      int arr1[5] = { 1,2,3,4,5 };
7      int arr2[5];
8      //arr2 = arr1;              //非法:不能将一个数组直接赋值给另一个数组
9      for(int i = 0;i < 5;++i)     //使用循环复制初始化数组
10     {
11         arr2[i] = arr1[i];
12     }
13     for(int i = 0;i < 5;++i)
14     {
15         cout <<"arr2["<< i <<"]:"<< arr2[i]<<" ";
16     }
17 }
```

程序运行结果:

```
arr2[0]: 1 arr2[1]: 2 arr2[2]: 3 arr2[3]: 4 arr2[4]: 5
```

在使用数组时,必须保证其下标值在正确范围内,数组越界会导致程序致命的错误。

3. 以指针方式访问一维数组

在 C++ 中,数组和指针有着密切的联系,可以用指针来访问和操作数组中的元素。

对于一个已定义的数组,数组名是数组存储空间的首地址,如图 5.1 所示。因此,有

$$a == \&a[0] \quad a+1 == \&a[1] \quad a+i == \&a[i]$$
$$*a == a[0] \quad *(a+1) == a[1] \quad *(a+i) == a[i]$$

上式中的 == 表示符号两边的内容相同。可以通过定义指针变量访问数组元素,例如:

```
int arr1[] = {0,2,4,6,8};
int * ip = arr1;                    //指针 ip 指向 arr1[0]
ip = &arr1[4];                      //ip 指向 arr1 的最后一个元素
```

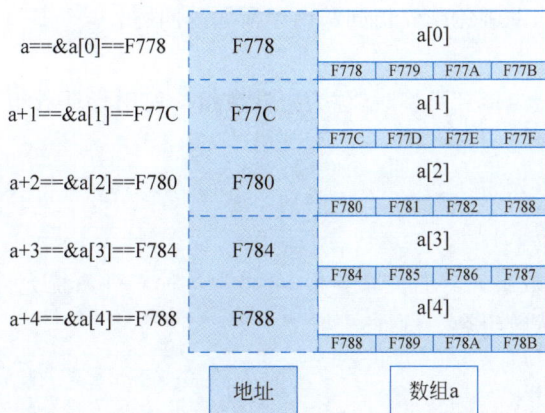

图 5.1 数组名与数组元素地址的关系

可以通过指针的算术运算来获取指定元素的存储地址。在指向数组某个元素的指针上加上(或者减去)一个整型数值,就可以计算出指向数组的另一个元素的指针值。例如:

```
ip = arr1;                    //合法:指针 ip 指向 arr1[0]
int * ip2 = ip + 4;           //合法:ip2 指向 arr1[4]
int * ip2 = arr1 + 10;        //非法:数组的长度只有 4,arr1 + 10 为无效地址
```

要注意指针进行算术运算时不能超出数组长度,否则会出现访问越界的错误。

例 5.17 用不同的方式访问数组。

```
1   //ex5 - 17.cpp:用不同的方式访问数组
2   # include < iostream >
3   using namespace std;
4   int main()
5   {
6     int arr[ ] = { 10,20,30,40,50 };
7     int * ptr = arr;                          //指针指向数组的首元素 arr[0]
8     for(int i = 0;i < 5;++i,ptr++){
9         cout <<"Element "<< i <<":"<< * ptr <<" ";   //使用指针的间址方式遍历数组
10    }
11    cout << endl;
12    ptr = &arr[0];                            //指针重新指向数组的首元素
13    for(int i = 0;i < 5;++i){
14        cout <<"Element "<< i <<":"<< ptr[i]<<" ";    //使用指针的下标方式访问数组
15    }
16    cout << endl;
17    for(int i = 0;i < 5;++i){
18        cout <<"Element "<< i <<":"<< * (ptr + i)<< endl;   //使用指针的间址方式访问数组
19    }
20    cout << endl;
21  }
```

程序运行结果:

```
Element 0: 10 Element 1: 20 Element 2: 30 Element 3: 40 Element 4: 50
Element 0: 10 Element 1: 20 Element 2: 30 Element 3: 40 Element 4: 50
Element 0: 10 Element 1: 20 Element 2: 30 Element 3: 40 Element 4: 50
```

例 5.17 展示了如何使用指针来访问数组。指针提供了一种灵活的方式来访问数组元

素,但也需要小心使用,以避免越界访问和内存泄漏等问题。

4. 指针数组

当数组元素的类型为指针类型时,称为指针数组。使用指针数组便于对一组相关对象的地址进行管理。

指针数组的说明形式为

类型　　* 标识符[表达式];

其中,"类型"表示指针数组元素的关联类型,可以为各种 C++ 系统允许的数据类型,包括函数类型。"标识符"表示数组名。例如:

```
int * pi[3];                              //数组元素是关联类型为 int 的指针
double * pf[5];                           //数组元素是关联类型为 double 的指针
char * ps[7];                             //数组元素是关联类型为 char 的指针
```

在 C++ 中,互不相关的变量在系统中分配的内存往往是离散的,当需要对类型相同的变量进行统一处理时,可以使用指针数组管理它们的地址,通过指针数组对这些变量进行间址访问。

例 5.18　测试指向基本类型的指针数组。

```
1    //ex5 - 18.cpp:测试指向基本类型的指针数组
2    # include < iostream >
3    using namespace std;
4    int main()
5    {
6        int * ptrArray[5];                    //声明一个包含 5 个整型指针的数组
7        //创建 5 个整型变量
8        int a = 10,b = 20,c = 30,d = 40,e = 50;
9        //将这些整型变量的地址赋值给指针数组的元素
10       ptrArray[0] = &a,ptrArray[1] = &b,ptrArray[2] = &c,ptrArray[3] = &d,ptrArray[4] = &e;
11       //通过指针数组访问并打印这些整型变量的值
12       for( int i = 0;i < 5;++i){
13           cout <<"Value at ptrArray["<< i <<"]:"<< * ptrArray[i]<< endl;
14       }
15   }
```

程序运行结果:

```
Value at ptrArray[0]: 10
Value at ptrArray[1]: 20
Value at ptrArray[2]: 30
Value at ptrArray[3]: 40
Value at ptrArray[4]: 50
```

第 6 行声明了一个名为 ptrArray 的指针数组,它能够存储 5 个指向 int 类型的指针。第 8 行创建了 5 个整型变量 a、b、c、d 和 e 并初始化,第 10 行将它们的地址赋值给 ptrArray 的相应元素。最后,第 12~14 行通过指针数组访问并打印这些整型变量的值。

当指针数组存放数组地址时,可以通过这个指针数组访问这些数组的元素。可以使用指针数组管理几个类型相同的数组。

例 5.19　利用指针数组管理数组的测试程序。

```
1    //ex5 - 19.cpp:利用指针数组管理数组的测试程序
2    # include < iostream >
```

```
3    using namespace std;
4    int main()
5    {
6        int * ptrArray[3];                      //声明指针数组
7        //创建 3 个数组
8        int arr1[3] = { 1,2,3 };
9        int arr2[3] = { 4,5,6 };
10       int arr3[3] = { 7,8,9 };
11       //将数组的地址赋值给指针数组的元素
12       ptrArray[0] = arr1;
13       ptrArray[1] = arr2;
14       ptrArray[2] = arr3;
15       //通过指针数组访问并输出数组元素的值
16       for( int i = 0;i < 3;++i){
17           cout <<"Array "<< i + 1 <<":" ;
18           for( int j = 0;j < 3;++j){
19               cout << * (ptrArray[ i] + j)<<" ";
20           }
21           cout << endl;
22       }
23   }
```

程序运行结果：

```
Array 1: 1 2 3
Array 2: 4 5 6
Array 3: 7 8 9
```

例 5.19 中,第 6 行定义的 ptrArray 是一个长度为 3 的指针数组,其数组元素关联类型 int * ,因此,每个元素可以分别存放 int 类型元素的数组地址。第 8～10 行定义的 arr1、 arr2、arr3 是长度为 3、元素类型为 int 的数组。第 12～14 行将数组 arr1、arr2、arr3 的地址 分别赋值给指针数组 ptrArray 的三个元素。第 16～22 行通过指针数组访问 arr1、arr2、 arr3 三个数组的元素。

第 19 行的 * (ptrArray[i]＋j)是这样求值的:首先通过 ptrArray[i]获得数组的首地 址,然后 ptrArray[i]＋j 得到当前数组第 j 个元素的地址,最后通过 * (ptrArray[i]＋j)进行 间址运算,得到数组元素的值。

当然,利用指针数组也可以管理长度不同的数组,前提是指针的关联类型和数组的元 素类型必须相同。也可以使用指向数组的指针数组管理数组。

例 5.20 使用指向数组的指针数组管理数组。

```
1    //ex5 - 20.cpp:使用指向数组的指针数组管理数组
2    # include < iostream >
3    using namespace std;
4    int main()
5    {
6        //声明一个长度为 3 的指向数组的指针数组,所指向的数组包含 3 个整型元素
7        int ( * ptrArray[3])[3];
8        //创建 3 个整型数组,并初始化
9        int arr1[3] = { 1,2,3 };
10       int arr2[3] = { 4,5,6 };
11       int arr3[3] = { 7,8,9 };
```

```
12        //将 3 个数组的地址赋值给指针数组的元素
13        //ptrArray[0] = arr1;Error:不能将 int * 类型的值分配到 int( * )[3]类型的实体
14        ptrArray[0] = &arr1;
15        ptrArray[1] = &arr2;
16        ptrArray[2] = &arr3;
17        //通过指针数组访问并输出三个数组的元素
18        for(int i = 0;i < 3;++i){
19            cout <<"Array "<< i + 1 <<":" ;
20            for(int j = 0;j < 3;++j){
21                cout << * ( * ptrArray[i] + j)<<" ";
22            }
23            cout << endl;
24        }
25    }
```

程序运行结果与例 5.19 的运行结果相同。

例 5.20 中,arr1、arr2、arr3 的各元素都是通过指向数组的指针数组 ptrArray 的元素来访问的。 * ptrArray[i]表示某数组的起始地址,*(* ptrArray[i]+j)表示访问该数组的第 j 个元素。

5.4.2　二维数组

1. 二维数组的定义

二维数组的说明格式为

类型 数组名[常量表达式 1][常量表达式 2];

其中,"常量表达式 1"指定二维数组第一维的长度,"常量表达式 2"指定二维数组第二维的长度。二维数组表示矩阵,第一维表示行数,第二维表示列数。

例如:

```
int arr1[3][4];                        //3 行 4 列的 int 类型数组
double arr2[5][5];                     //5 行 5 列的 double 类型数组
char arr3[20][20];                     //20 行 20 列的 char 类型数组
```

二维数组可以看成一个一维数组,该一维数组的每一个元素又是一个一维数组。对于数组 arr1,可以看成一个有 3 个元素的一维数组:arr[0]、arr[1]、arr[2],每个元素都是长度为 4 的一维整型数组,如图 5.2(a)所示。

二维数组中元素是按照"行主序"的方式存储的,即先存储第一行的元素,然后是第二行的元素,以此类推。如图 5.2(b)所示,数组 a 的存放次序是:a[0][0],a[0][1],a[0][2],a[0][3],a[1][0],a[1][1],…,a[2][2],a[2][3]。

2. 二维数组的初始化

和一维数组一样,可以使用由花括号括起的初始化列表来初始化二维数组的元素。例如:

```
int arr1[3][4] = {
    {0,1,2,3},                         //初始化第 0 行
    {4,5,6,7},                         //初始化第 1 行
    {8,9,10,11}                        //初始化第 2 行
};
```

FB98	a[0][0]			
	FB98	FB99	FB9A	FB9B
FB9C	a[0][1]			
	FB9C	FB9D	FB9E	FB9F
FBA0	a[0][2]			
	FBA0	FBA1	FBA2	FBA3
FBA4	a[0][3]			
	FBA4	FBA5	FBA6	FBA7
FBA8	a[1][0]			
	FBA8	FBA9	FBAA	FBAB
FBAC	a[1][1]			
	FBAC	FBAD	FBAE	FBAF
FBB0	a[1][2]			
	FBB0	FBB1	FBB2	FBB3
FBB4	a[1][3]			
	FBB4	FBB5	FBB6	FBB7
FBB8	a[2][0]			
	FBB8	FBB9	FBBA	FBBB
FBBC	a[2][1]			
	FBBC	FBBD	FBBE	FBBF
FBB0	a[2][2]			
	FBC0	FBC1	FBC2	FBC3
FBC4				
	FBC4	FBC5	FBC6	FBC7

a[0]	a[0][0]	a[0][1]	a[0][2]	a[0][3]
a[1]	a[1][0]	a[1][1]	a[1][2]	a[1][3]
a[2]	a[2][0]	a[2][1]	a[2][2]	a[2][3]

(a) 二维数组　　　　　　　　　(b) 二维数组的存储

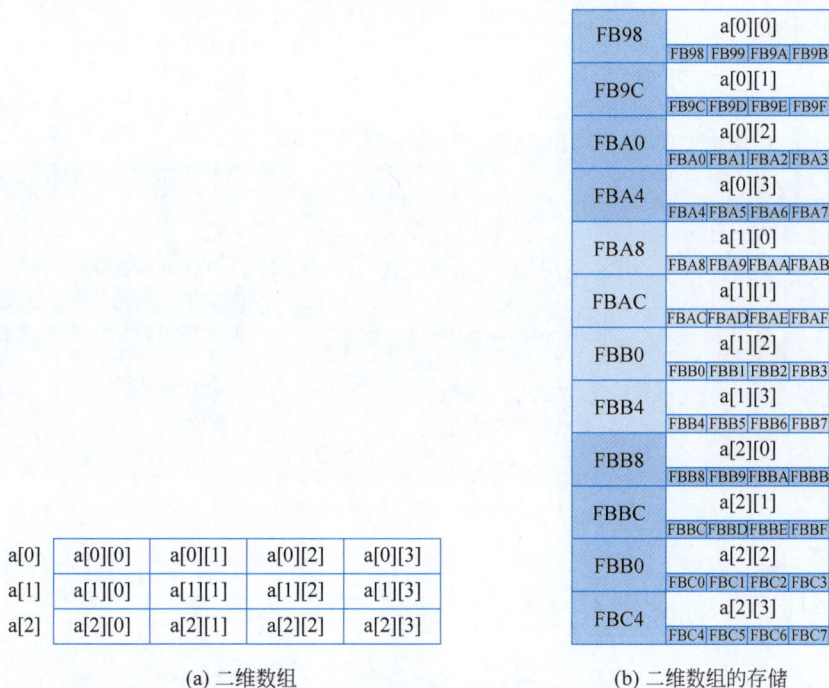

图 5.2　二维数组的存储方式

可以省略用来标志每一行的花括号,例如:

```cpp
int arr1[3][4] = {0,1,2,3,4,5,6,7,8,9,10,11};      //初始化 arr1
```

可以只对部分元素初始化,例如:

```cpp
int arr1[3][4] = {{0},{1},{2}};
```

该语句只初始化了数组 arr1 的每行的第一个元素,其余元素被初始化为 0。

```cpp
int arr1[3][4] = {1,2,3,4};
```

该语句初始化了数组 arr1 第一行的元素,其余元素被初始化为 0。

3. 以下标方式访问二维数组

二维数组元素带有两个下标表达式,具体格式如下:

数组名[表达式 1][表达式 2]

其中,"表达式 1"说明了元素所在的行,"表达式 2"说明了元素所在的列。

例 5.21　使用下标访问二维数组。

```cpp
1    //ex5 - 21.cpp:使用下标访问二维数组
2    # include < iostream >
3    using namespace std;
4    int main()
5    {
6      int arr[3][4] = {                         //定义一个 3 行 4 列的二维数组
7          {1,2,3,4},
8          {5,6,7,8},
9          {9,10,11,12}
```

```
10        };
11        for(int i = 0;i < 3;i++){                          //遍历行
12            for(int j = 0;j < 4;j++){                      //遍历列
13                cout << arr[i][j]<<" ";                    //访问并输出二维数组的所有元素
14            }
15            cout << endl;                                  //每打印完一行后换行
16        }
17        cout <<"Accessing an individual element:"<< endl;
18        cout <<"The value of arr[1][2] is:"<< arr[1][2]<< endl;  //访问输出第二行第三列的元素
19        arr[1][2] = 99;                                    //修改第二行第三列的元素为 99
20        cout <<"The array after modification:"<< endl;     //再次输出数组以查看修改后的结果
21        for(int i = 0;i < 3;i++){
22            for(int j = 0;j < 4;j++){
23                cout << arr[i][j]<<" ";
24            }
25            cout << endl;
26        }
27    }
```

程序运行结果：

```
1 2 3 4
5 6 7 8
9 10 11 12
Accessing an individual element:
The value of arr[1][2] is: 7
The array after modification:
1 2 3 4
5 6 99 8
9 10 11 12
```

4. 以指针方式访问二维数组

以指针方式访问二维数组，可以从一维数组的结构推导出来。从图 5.3 可以看出，二维数组 a 是由元素 a[0]、a[1]、a[2] 组成的一维数组，所以，a 是 a[0]、a[1]、a[2] 的首地址（指针），有

$a == \&a[0]$ $a+1 == \&a[1]$ $a+2 == \&a[2]$

$*a == a[0]$ $*(a+1) == a[1]$ $*(a+2) == a[2]$

元素 a[0] 是一维数组，有 4 个整型元素，分别为 a[0][0]、a[0][1]、a[0][2] 和 a[0][3]。a[0] 是这个一维数组的指针，有

$a[0] == \&a[0][0]$ $a[0]+1 == \&a[0][1]$ $a[0]+2 == \&a[0][2]$

$a[0]+3 == \&a[0][3]$

$*a[0] == a[0][0]$ $*(a[0]+1) == a[0][1]$ $*(a[0]+2) == a[0][2]$

$*(a[0]+3) == a[0][3]$

同理，a[1]、a[2] 具有类似的特点。

$a[1] == \&a[1][0]$ $a[1]+1 == \&a[1][1]$ $a[1]+2 == \&a[1][2]$

$a[1]+3 == \&a[1][3]$

$*a[1] == a[1][0]$ $*(a[1]+1) == a[1][1]$ $*(a[1]+2) == a[1][2]$

$*(a[1]+3) == a[1][3]$

$a[2] == \&a[2][0]$ $a[2]+1 == \&a[2][1]$ $a[2]+2 == \&a[2][2]$

$a[2]+3 == \&a[2][3]$

$*a[2]==a[2][0]$　　　$*(a[2]+1)==a[2][1]$　　　$*(a[2]+2)==a[2][2]$

$*(a[2]+3)==a[2][3]$

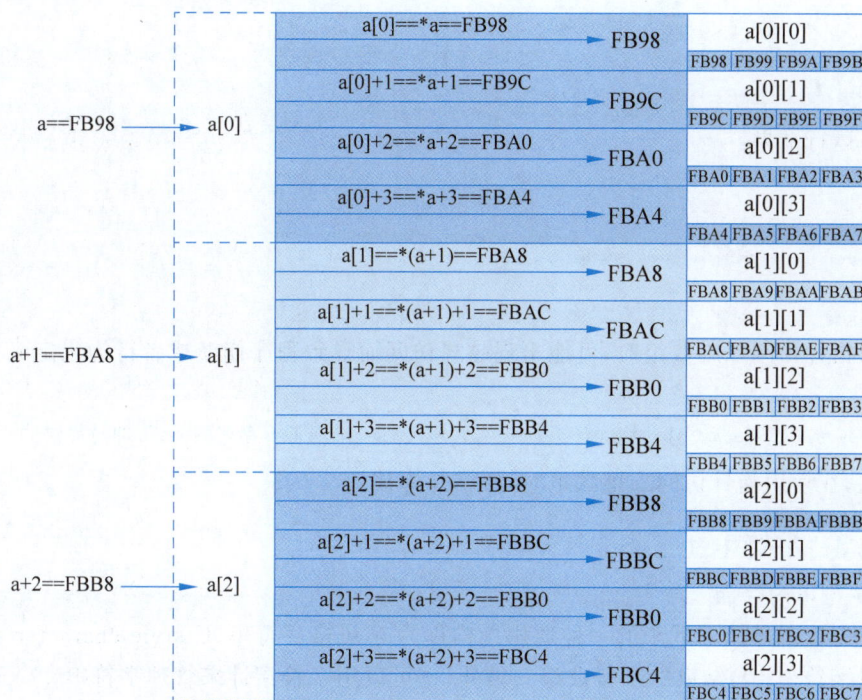

图 5.3　二维数组的指针表示

例 5.22　使用指针访问二维数组。

```
1    //ex5-22.cpp:使用指针访问二维数组
2    # include < iostream >
3    using namespace std;
4    int main()
5    {
6        int arr[3][4] = {
7            {1,2,3,4},
8            {5,6,7,8},
9            {9,10,11,12}
10       };
11       int rows = 3;
12       int cols = 4;
13       cout <<"Accessing elements using pointers:"<< endl;   //使用指针访问输出所有元素
14       for(int i = 0;i < rows;i++){
15           for(int j = 0;j < cols;j++){
16               cout << * (arr[i] + j)<<" ";                //访问元素 arr[i][j]
17           }
18           cout << endl;
19       }
20       cout <<"Accessing elements using pointers (another way):"<< endl;
                                              //使用指针访问(另一种方式)
21       for(int i = 0;i < rows;i++){
```

```
22          for( int j = 0 ; j < cols ; j++ ){
23              cout << * ( * (arr + i) + j )<<" ";
24          }
25          cout << endl;
26      }
27  }
```

程序运行结果：

```
Accessing elements using pointers:
1 2 3 4
5 6 7 8
9 10 11 12
Accessing elements using pointers (another way):
1 2 3 4
5 6 7 8
9 10 11 12
```

使用指针访问二维数组时,可能出现越界访问而导致程序崩溃或者行为未定义。如:

```
int arr[3][4];
int val = * ( * (arr + 3) + 4);              //错误:访问了不存在的元素,即越界访问
```

因此,在使用指针访问二维数组时,要格外谨慎。

5.4.3　字符串

1. 字符串的存储

C++从 C 语言继承下来的一种通用结构称为 C 风格字符串(C-style character string),它是以空字符('\0')结束的字符数组。另外,也可以用字符指针来管理字符串。

用字符数组存放字符串,有不同的初始化方式。

```
char str0[] = {'H','e','l','l','o'};//逐个字符对数组元素赋初始值,系统不会自动添加结束符'\0'
char str1[] = {'H','e','l','l','o','\0'};       //逐个字符对数组元素赋初始值
char str2[] = {"Hello"};               //用串常量赋初值,自动添加结束标志'\0'
char str3[] = "Hello";                 //可省略{},直接用串常量赋初值
```

采用逐个字符对数组元素进行初始化时,系统不会自动添加结束符'\0',可能会导致不可预料的错误。

实际应用中,字符串的长度变化很大,将字符指针作为串地址,为管理字符串提供了方便:

```
char * pstr1 = str1;                   //字符指针指向字符串 str1 的第一个字符
char * pstr2 = str2;                   //字符指针指向字符串 str2 的第一个字符
const char * pstr3 = "Hello";          //用字符串常量初始化字符指针
```

2. 字符串的访问

字符串可以作为一个整体进行输入输出。字符串中的各个元素可以通过下标或指针的间址方式进行访问。

例 5.23　字符串的访问。

```
1   //ex5 - 23.cpp:字符串的访问
2   # include < iostream >
3   using namespace std;
4   int main()
5   {
6       char str1[100];                //定义一个字符串变量 str1,以字符数组表示字符串
7       cout <<"Enter a string without spaces:";
```

```
8        cin >> str1;                          //使用 cin 读取用户输入的字符串,不包括空格
9        cout <<"You entered:"<< str1 <<'\n'; //输出 str1
10       char str2[] = "Hello,C++world!";   //定义一个字符串变量 str2,以字符数组表示字符串
11       char * ptr;
12       for(ptr = str2; * ptr != '\0';ptr++) //访问字符串中的每个字符
13       {
14           cout << * ptr;
15       }
16       cout <<'\n';
17       int length = 0;
18       for(ptr = str2; * ptr != '\0';ptr++) //计算字符串长度
19       {
20           length++;
21       }
22       cout <<"String length is:"<< length << endl;
23       char firstChar = str2[0];         //访问特定位置的字符:第一个字符
24       char lastChar = str2[length - 1];   //访问特定位置的字符:最后一个字符
25       cout <<"First character:"<< firstChar <<'\n';
26       cout <<"Last character:"<< lastChar <<'\n';
27       str2[7] = 'c';                        //修改字符串内容,将'C++'改为'c++'
28       cout <<"Modified string:"<< str2 <<'\n';
29   }
```

程序运行结果：

```
Enter a string without spaces: Hello!
You entered: Hello!
Hello, C++ world!
String length is: 17
First character: H
Last character: !
Modified string: Hello, c++ world!
```

例 5.23 演示了如何访问字符串。第 6~9 行实现了字符串的整体输入输出,使用 cin 和 cout 分别读取用户输入的字符串(不包括空格)和输出字符串;第 10~16 行使用字符指针遍历字符串并打印每个字符;第 17~22 行演示了如何计算字符串的长度;第 23~26 行访问字符串的第一个和最后一个字符;第 27、28 行演示了修改字符串中的特定字符。

3. 字符串的赋值

可以像数值型数组一样,用循环语句将一个字符数组的各个元素赋值给另一个字符数组对应元素,从而实现字符串的赋值。

例 5.24 字符串的赋值。

```
1   //ex5 - 24.cpp:字符串的赋值
2   # include < iostream >
3   # include < cstring >
4   using namespace std;
5   int main()
6   {
7   char str1[] = "Hello";
8   int len = 0;
9   while (str1[len] != '\0')              //计算 str1 的长度
10  {
11      len++;
12  }
```

```
13      char str2[256];                          //创建一个足够大的数组 str2 来存储 str1 的副本
14      for(int i = 0;i < len;++i)               //手动赋值
15      {
16          str2[i] = str1[i];
17      }
18      str2[len] = '\0';                        //在 str2 的末尾添加结束符
19      cout <<"str2:"<< str2 << endl;
20  }
```

程序运行结果：

```
str2: Hello
```

4. C 风格字符串的标准库函数

表 5.1 列出了 C 语言标准库提供的一系列处理 C 风格字符串的库函数,表中的 errno_t 是能够存储错误代码的无符号整数类型,size_t 是 C 和 C++ 标准库中定义的一个无符号整数类型,用于表示对象的大小;rsize_t 是 size_t 的别名。要使用这些标准库函数,必须包含相应的 C 头文件：♯ include < cstring >,这里,cstring 是 string. h 头文件的 C++ 版本。

表 5.1　处理字符串的库函数

函 数 原 型	功　　能
errno_t strcpy_s(char * dest,rsize_t destsz,const char * src);	将 src 指向的字符串安全地复制到 dest 指向的位置,destsz 是 dest 的大小
errno_t strncpy_s(char * dest,rsize_t destsz,const char * src,rsize_t count);	将 src 指向的字符串的前 count 个字符安全地复制到 dest 指向的位置,destsz 是 dest 的大小
errno_t strcat_s(char * dest,rsize_t destsz,const char * src);	将 src 指向的字符串安全地连接到 dest 指向的字符串的末尾,destsz 是 dest 的大小
errno_t strncat_s(char * dest,rsize_t destsz,const char * src,rsize_t count);	将 src 指向的字符串的前 count 个字符安全地连接到 dest 指向的字符串的末尾,destsz 是 dest 的大小
int strcmp(const char * s1,const char * s2);	比较两个字符串,如果 s1 等于 s2 则返回 0,若 s1 小于 s2 则返回负数,若 s1 大于 s2 则返回正数
int strncmp(const char * s1,const char * s2,size_t n);	比较两个字符串的前 n 个字符
size_t strlen(const char * s);	返回字符串的长度,不包括结尾的空字符

例 5.25　使用 C 风格字符串的标准库函数。

```
1   //ex5 - 25.cpp:使用 C 风格字符串的标准库函数
2   # include < iostream >
3   # include < cstring >                        //包含 C 风格字符串操作函数
4   using namespace std;
5   int main()
6   {
7       char str1[50] = "Hello";
8       char str2[50] = "C++World";
9       char str3[100];
10      char str4[50];
11      int result;
12      result = strcpy_s(str3,sizeof(str3),str1);     //使用 strcpy_s()函数复制字符串
13      if(result == 0){
14          cout <<"After strcpy_s:"<< str3 << endl;
15      }
```

```
16      else{
17          cout <<"Error occurred during strcpy_s."<< endl;
18      }
19      result = strncpy_s(str4,sizeof(str4),str2,3); //使用 strncpy_s()函数安全复制字符串
20      if(result == 0){
21          cout <<"After strncpy_s:"<< str4 << endl;
22      }
23      else{
24          cout <<"Error occurred during strncpy_s."<< endl;
25      }
26      result = strcat_s(str3,sizeof(str3)," ");        //在 str3 的末尾添加一个空格
27      if(result == 0){
28          cout <<"After strcat_s (adding space):"<< str3 << endl;
29      }
30      else{
31          cout <<"Error occurred during strcat_s (adding space)."<< endl;
32      }
33      result = strcat_s(str3,sizeof(str3),str2);      //使用 strcat_s()函数连接字符串
34      if(result == 0){
35          cout <<"After strcat_s:"<< str3 << endl;
36      }
37      else{
38          cout <<"Error occurred during strcat_s."<< endl;
39      }
40      result = strcmp(str1,str3);                      //使用 strcmp()函数比较字符串
41      if(result == 0){
42          cout <<"strcmp:str1 and str3 are equal."<< endl;
43      }
44      else{
45          cout <<"strcmp:str1 and str3 are not equal."<< endl;
46      }
47  }
```

程序运行结果：

```
After strcpy_s: Hello
After strncpy_s: C++
After strcat_s (adding space): Hello
After strcat_s: Hello C++ World
strcmp: str1 and str3 are not equal.
```

第 12 行使用 strcpy_s()函数将 str1 的内容复制到 str3 中。第 19 行使用 strncpy_s()
函数从 str2 复制最多 3 个字符到 str4 中。strncpy_s()函数允许指定复制的最大字符数。
第 26 行使用 strcat_s()函数在 str3 的末尾添加一个空格。第 33 行使用 strcat_s()函数将
str2 的内容连接到 str3 的末尾。第 40~46 行使用 strcmp()函数比较 str1 和 str3 的内容，
如果 strcmp()函数返回 0，则表示两个字符串相等，如果 strcmp()函数返回非 0 值，则表示
两个字符串不相等。

注意，strcpy_s()、strncpy_s()、strcat_s()和 strncat_s()函数需要检查目标缓冲区的大
小，防止缓冲区溢出，是比 strcpy()、strncpy()、strcat()和 strncat()函数更安全的版本。但
是这几个函数是 C++11 标准的一部分，不是所有的编译器都支持。另外，在不同的编译器
中可能有不同的实现或名称，例如在某些编译器中，它们可能被命名为 strcpy_s,strcat_s 和
strncpy_s,而在其他编译器中可能需要包含特定的头文件或使用不同的命名空间。在使用

这些函数之前,请确保查阅相关编译器文档以获取正确的用法。

5．C风格字符串的注意事项

（1）内存管理。当使用字符数组时,需要确保数组的大小足够容纳字符串及其终止符（'\0'）。当使用字符指针时,要特别注意指针指向的内存是否有效。

（2）边界检查。许多C风格字符串操作函数不进行边界检查,这可能导致缓冲区溢出和安全漏洞。因此,使用这些函数时需要格外小心,或者使用更安全的替代函数。

5.4.4　数组与函数

1．数组作为函数参数

当数组名作为函数参数时,C++进行传址处理。调用函数时,形参数组名接收实参数组的地址,函数通过形参指针对实参数组元素间址访问。

例 5.26　假设使用一个数组来记录几名学生的成绩,现在欲计算学生的平均分。请使用数组名作为函数参数编程实现。

```
1   //ex5-26.cpp:用数组名作为函数参数计算平均成绩
2   # include < iostream >
3   using namespace std;
4   double calculateAverage(double scores[ ], int size);        //函数原型声明,计算平均值
5   int main()
6   {
7       //学生成绩数组
8       double C1_scores[ ] = { 85.5,90.0,78.2,92.5,88.0 };
9       int size = sizeof(C1_scores)/sizeof(C1_scores[0]);      //计算数组中元素的数量
10      double average = calculateAverage(C1_scores,size);      //计算平均值
11      cout <<"The average C1_score is:"<< average << endl;    //输出平均值
12  }
13  //函数定义,计算平均值
14  double calculateAverage(double scores[ ], int size)
15  {
16      double sum = 0.0;                                       //用于累加成绩的变量
17      for(int i = 0;i < size;++i){
18          sum += scores[i];                                   //累加数组中的成绩
19      }
20      return sum/size;                                        //计算平均值并返回
21  }
```

程序运行结果:

```
The average C1_score is: 86.84
```

例 5.26 中,calculateAverage()函数接收一个 double 类型的数组 scores 和一个 int 类型的 size 参数,分别代表成绩数组和数组的大小。在 main()函数中,定义了一个包含学生成绩的数组 C1_scores,并计算了数组的大小。然后,调用 calculateAverage()函数,并传入成绩数组和数组大小,计算平均值。

第 10 行中,C1_scores 是数组名,而根据 C++的规则,C1_scores 表示数组第一个元素的地址,因此函数传递的是地址。由于数组的类型是 double,因此,接收 C1_scores 的形参类型必须是 double 指针,即 double *,所以,函数原型声明也可以是这样:

```
double calculateAverage(double * scores,int size);
```

当(且仅当)用于函数头或者函数原型中,double * scores 和 double scores[]的含义才相同。它们都意味着 scores 是一个指针。因此,上述程序中 calculateAverage()函数也可以用如下代码实现:

```
1    double calculateAverage(double scores * ,int size)        //函数头
2    {
3        double sum = 0.0;
4        for(int i = 0;i < size;++i){
5            sum += * scores;
6            scores++;
7        }
8        return sum/size;
9    }
```

第 6 行的 scores++表示将指针指向数组的下一个元素。

例 5.27　数组作为函数参数,观察形参和实参的大小。

```
1    //ex5 - 27.cpp:数组作为函数参数
2    # include < iostream >
3    using namespace std;
4    //函数用于输出形参的大小
5    void test( int ap[ ],double bp[ ],char cp[ ]){
6        cout <<"sizeof(ap) = "<< sizeof(ap)<< endl;        //输出形参 ap 的大小
7        cout <<"sizeof(bp) = "<< sizeof(bp)<< endl;        //输出形参 bp 的大小
8        cout <<"sizeof(cp) = "<< sizeof(cp)<< endl;        //输出形参 cp 的大小
9    }
10   int main(){
11       int intArray[10] = { 1,2,3,4,5,6,7,8,9,10 };        //整型数组
12       double doubleArray[10] = { 0.1,0.2,0.3,0.4,0.5,0.6,0.7,0.8,0.9,1.0 }; //双精度浮
                                                              //点型数组
13       char charArray[10] = { 'a','b','c','d','e','f','g','h','i','j' };        //字符型数组
14       //输出实参的大小
15       cout <<"sizeof(intArray) = "<< sizeof(intArray)<< endl;   //输出实参 intArray 的大小
16       cout <<"sizeof(doubleArray) = "<< sizeof(doubleArray)<< endl;   //输出实参 doubleArray
                                                              //的大小
17       cout <<"sizeof(charArray) = "<< sizeof(charArray)<< endl;//输出实参 charArray 的大小
18       //调用 test()函数
19       test(intArray,doubleArray,charArray);
20   }
```

程序运行结果:

```
sizeof(intArray) = 40
sizeof(doubleArray) = 80
sizeof(charArray) = 10
sizeof(ap) = 4
sizeof(bp) = 4
sizeof(cp) = 4
```

例 5.27 中,第 15～17 行输出 intArray、doubleArray 和 charArray 占用的内存大小。对于 intArray,每个整型数通常占用 4 字节(这取决于编译器和机器架构,但 4 字节是最常见的),所以 sizeof(intArray)会输出 40。对于 doubleArray,每个双精度浮点型数通常占用 8 字节,所以 sizeof(doubleArray)会输出 80。对于 charArray,每个字符通常占用 1 字节,所

以 sizeof(charArray)会输出 10。

在 test()函数中,sizeof(ap)、sizeof(bp)和 sizeof(cp)会输出相同的值。这是因为在 C++中,数组作为函数参数时会被退化为指针,所以 sizeof 操作符实际上返回的是指针的大小(即一个内存地址的字节数),而不是数组的大小。内存地址的字节数取决于机器架构,通常是 4 字节(32 位系统)或 8 字节(64 位系统)。

由上面几个示例程序可见,在数组作为函数参数的示例中,并没有将实参数组内容传递给函数的形参,而是将实参数组的位置(起始地址)、包含的元素种类(类型)以及元素数目(size 变量)传递给函数,有了这些信息,函数便可以访问实参数组。将数组地址作为实参可以节省复制整个数组所需的时间和内存。

但是,在函数中直接访问实参增加了破坏实参的风险,因此,可以使用 const 来约束形参,起到保护实参的目的。

例 5.28 对数组中学生的成绩进行修改,并输出学生成绩。

```
1   //ex5-28.cpp:对数组中学生的成绩进行修改,并输出学生成绩
2   # include < iostream >
3   using namespace std;
4   void printScores(const double scores[ ], int size);        //函数声明,打印成绩
5   void scaleScores(double scores[ ], int size, double factor);   //函数声明,修改学生成绩并输出
6   int main(){
7       double C1_scores[ ] = { 85.5,90.0,78.2,92.5,88.0 };    //学生成绩数组
8       int size = sizeof(C1_scores)/sizeof(C1_scores[0]);     //计算数组中元素的数量
9       cout <<"Original scores:";                             //输出原始成绩
10      printScores(C1_scores, size);
11      scaleScores(C1_scores, size, 1.05);                    //修改成绩,每个成绩乘以 1.05 的系数
12      cout <<"Scaled scores:";                               //输出修改后的成绩
13      printScores(C1_scores, size);
14  }
15  //函数定义,打印成绩
16  void printScores(const double scores[ ], int size){
17      for(int i = 0; i < size;++i){
18          cout << scores[i]<<" ";
19      }
20      cout << endl;
21  }
22  //函数定义,修改学生成绩
23  void scaleScores(double scores[ ], int size, double factor){
24      for(int i = 0; i < size;++i){
25          scores[i] * = factor;                              //将每个成绩乘以系数
26      }
27  }
```

程序运行结果:

```
Original scores: 85.5 90 78.2 92.5 88
Scaled scores: 89.775 94.5 82.11 97.125 92.4
```

例 5.28 中,第 16～21 行定义的 printScores()函数的第一个参数使用 const 关键字约束,意味着在函数体内不能修改数组的内容。

2. 函数与二维数组

将二维数组作为参数函数,数组名仍被视为地址,相应的形参是一个指针。例如:

```
int myArray[3][4] = {{1,2,3,4},{6,7,8,9},{2,4,6,7}};
int total = sum(myArray,3);
```

Myarray 是一个二维数组,可以看成具有 3 个元素的一维数组,每个元素又是由 4 个整型数据组成的一维数组,因此,Myarray 是指向具有 4 个整型数据的一维数组的常指针,由此可以确定 sum()函数原型:

```
int sum(int( * arr)[4],int size);
```

或

```
int sum(int arr[][4],int size);
```

以上两种原型的第一个参数都表示,arr 是指针变量,它指向由 4 个整型数据组成的一维数组,调用函数时,将实参数组 Myarray 传递过来即可。

例 5.29　二维数组作为函数参数。

```
1    //ex5 - 29.cpp:二维数组作为函数参数
2    # include < iostream >
3    using namespace std;
4    //函数用于计算二维数组中所有元素的和
5    int sumOfArray( int arr[ ][10], int rows)
6    {
7        int sum = 0;
8        for( int i = 0; i < rows; ++i){
9            for( int j = 0; j < 10; ++j){
10               sum += arr[i][j];
11           }
12       }
13       return sum;
14   }
15   //函数用于打印二维数组的所有元素
16   void printArray(const int arr[ ][10], int rows)
17   {
18       for( int i = 0; i < rows; ++i){
19           for( int j = 0; j < 10; ++j){
20               cout << arr[i][j]<<" ";
21           }
22           cout << endl;
23       }
24   }
25   int main()
26   {
27           int myArray[3][10] = {
28           {1,2,3,4,5,6,7,8,9,10},
29           {11,12,13,14,15,16,17,18,19,20},
30           {21,22,23,24,25,26,27,28,29,30}
31       };
32       int totalSum = sumOfArray(myArray,3);               //计算二维数组中所有元素的和
33       cout <<"The sum of all elements in the array is:"<< totalSum << endl;
34       cout <<"The elements of the array are:"<< endl;
35       printArray(myArray,3);                              //打印二维数组的所有元素
```

```
36   }
```

程序运行结果：

```
The sum of all elements in the array is: 465
The elements of the array are:
1 2 3 4 5 6 7 8 9 10
11 12 13 14 15 16 17 18 19 20
21 22 23 24 25 26 27 28 29 30
```

例 5.29 中，sumOfArray()函数和 printArray()函数都有一个二维数组和一个整型变量作为参数，其中 printArray()函数中的第一个参数被声明为 const，意味着在函数内部不能修改数组的内容，达到保护实参的目的。

函数形参接收高维数组的地址后，也可以用不同的方式进行处理，其关键在于不同维数的数组名代表不同逻辑级别的指针，不同逻辑级别的指针移动时具有不同的偏移量。

例 5.30 数组的降维处理。

```
1   //ex5-30.cpp:数组的降维处理
2   # include < iostream >
3   using namespace std;
4   //函数用于求第 i 行到第 j 行元素的和,将二维数组降维为一维数组来计算
5   int sumRows(int * oneDArray,int cols,int i,int j)
6   {
7       //检查索引是否在有效范围内
8       if(i < 0||j > = cols||i > j){
9           cout <<"Invalid row indices."<< endl;
10          return 0;                                      //返回 0
11      }
12      int sum = 0;
13      for(int row = i;row < = j;++row){
14          for(int col = 0;col < cols;++col){
15              sum += oneDArray[row * cols + col];
16          }
17      }
18      return sum;
19  }
20  int main()
21  {
22      const int Rows = 3;
23      const int Cols = 4;
24      int twoDArray[Rows][Cols] = {
25          {1,2,3,4},
26          {5,6,7,8},
27          {9,10,11,12}
28      };
29      int i = 0;                                         //起始行
30      int j = 2;                                         //结束行
31      int result = sumRows(&twoDArray[0][0],Cols,i,j);   //求第 i 行到第 j 行元素的和
32      cout <<"The sum from row "<< i <<" to row "<< j <<" is:"<< result << endl;
33  }
```

程序运行结果：

```
The sum from row 0 to row 2 is: 78
```

例 5.30 中,sumRows()函数接收一个指向整型数据的指针 oneDArray、列数 cols,以及起始行索引 i 和结束行索引 j,函数通过遍历指定区间的数组元素,将每个元素累加到变量 sum 中。main()函数定义了一个二维数组 twoDArray,将数组第一个元素的地址作为实参传递给形参 oneDArray,调用 sumRows()函数计算指定区间的和,并将结果存储在变量 result 中。

3. 指向函数的指针数组

函数可以用名调用,也可以用指针调用。因此,同类型的函数就可以用指针数组管理。

例 5.31 指向函数的指针数组。

```
1   //ex5-31.cpp:指向函数的指针数组
2   #include <iostream>
3   using namespace std;
4   const double PI = 3.1415;                              //使用 const 定义常量 PI
5   double Square_Girth(double l){ return 4 * l;}          //计算正方形的周长
6   double Square_Area(double l){ return l * l;}           //计算正方形的面积
7   double Round_Girth(double r){ return 2 * PI * r;}      //计算圆的周长
8   double Round_Area(double r){ return PI * r * r;}       //计算圆的面积
9   typedef double ( * ft)(double);                        //定义函数类型
10  int main()
11  {
12      double x = 1.23;
13      ft pfun[4] = {Square_Girth,Square_Area,Round_Girth,Round_Area};   //函数指针数组
14      for(int i = 0;i < 4;i++){
15          if(pfun[i]){                                  //检查函数指针是否为 nullptr
16              cout <<( * pfun[i])(x)<< endl;
17          }
18          else{
19              cout <<"Function pointer is null."<< endl;
20          }
21      }
22  }
```

程序运行结果:

```
4.92
1.5129
7.72809
4.75278
```

第 9 行使用 typedef 定义了函数指针类型 ft,它指向的函数接收一个 double 类型参数并返回一个 double 类型的值。第 13 行定义了一个函数指针数组 pfun,元素类型为 ft 类型,并初始化为 Square_Girth、Square_Area、Round_Girth 和 Round_Area。第 14 行的 for 语句中,随着 i 值的变化,由 cout 语句调用了不同的函数,并输出返回结果。第 16 行的函数调用表达式(* pfun[i])(x)可以写成(pfun[i])(x)。

5.5　动态存储

很多时候,程序设计无法提前预知需要多少内存来存储需要处理的信息,所需内存的大小要在运行时才能确定。在 C++中,可以使用 new 运算符为给定类型的对象动态分配堆

内的内存。由 new 运算符分配的内存,可以使用 delete 运算符释放。

new 与 delete 的一般语法形式为

```
指针变量 = new 类型
delete 指针变量
```

在这里,new 按照指定类型的长度分配存储空间,并返回所分配空间的首地址。"类型"可以是包括数组在内的任意内置的数据类型,也可以是包括类或结构在内的用户自定义的任何数据类型。

例如:

```
int * pvalue1 = new int(10);          //动态分配一个 int 类型存储空间,并初始化为 10
char * pvalue2 = new char;            //动态分配一个 char 类型存储空间
double * pvalue3 = new double;        //动态分配一个 double 类型存储空间
//…
delete pvalue1;                       //释放 pvalue1 所指向的存储空间
delete pvalue2;                       //释放 pvalue2 所指向的存储空间
delete pvalue3;                       //释放 pvalue3 所指向的存储空间
```

如果需要申请动态数组,则使用数组类型:

```
int * pvalue4 = new int[4];           //分配长度为 4 的 int 类型数组存储空间
//…
delete[]pvalue4;                      //释放 pvalue4 所指向的存储空间
```

例 5.32 使用指针动态申请内存。

```
1    //ex5 - 32.cpp:使用指针动态申请内存
2    # include < iostream >
3    using namespace std;
4    int main()
5    {
6        int * ptr = new int(10);         //动态分配一个整型对象的内存,并初始化为 10
7        cout << * ptr << endl;
8        * ptr = 20;                      //修改内存中的值
9        cout << * ptr << endl;
10       int * arr = new int[5];          //动态分配具有 5 个元素的 int 类型数组内存,数组的
                                          //起始地址由 arr 指向
11       for(int i = 0;i < 5;++i){        //访问动态数组
12           arr[i] = i * i;
13       }
14       for(int i = 0;i < 5;++i){        //输出数组元素
15           cout << arr[i]<<" ";
16       }
17       cout << endl;
18       delete ptr;                      //释放动态整型对象的内存
19       delete[] arr;                    //释放动态数组的内存
20   }
```

程序运行结果:

```
10
20
0 1 4 9 16
```

第 6 行和第 10 行分别使用 new 来分配一个 int 类型对象和一个数组对象的内存,第 18 行和第 19 行分别使用 delete 来释放它们。使用 new 分配的内存应使用 delete 来释放,如果忘记释放内存,则可能会导致内存泄漏。

在 C++ 中,创建动态二维数组可以通过使用指针的指针(即指向指针的指针)和 new 操作符来实现。

例 5.33 使用指针的指针创建动态二维数组。

```
1    //ex5-33.cpp:使用指针的指针创建动态二维数组
2    #include < iostream >
3    using namespace std;
4    int main()
5    {
6        int rows,cols;
7        cout <<"Enter the number of rows and columns:";
8        cin >> rows >> cols;
9        int ** arr = new int * [rows];    //分配指针数组的内存,每个元素指向二维数组的一行
10       for(int i = 0;i < rows;++i){
11           arr[i] = new int[cols];       //分配每行的内存,行的起始地址由指针数组元素保存
12       }
13       for(int i = 0;i < rows;++i){      //访问内存,给动态数组各元素赋值
14           for(int j = 0;j < cols;++j){
15               arr[i][j] = i * cols + j; //赋值
16           }
17       }
18       for(int i = 0;i < rows;++i){      //访问内存,输出动态数组各元素的值
19           for(int j = 0;j < cols;++j){
20               cout << arr[i][j]<<" ";
21           }
22           cout << endl;
23       }
24       for(int i = 0;i < rows;++i){      //释放二维动态数组的内存
25           delete[] arr[i];             //释放每行的内存
26       }
27       delete[] arr;                    //释放指向行的指针数组的内存
28   }
```

程序运行结果:

```
Enter the number of rows and columns: 3 5
0 1 2 3 4
5 6 7 8 9
10 11 12 13 14
```

使用指针的指针和 new 操作符来动态分配二维数组的内存,需要程序员自己负责内存的分配和释放,如果忘记释放内存,则可能会导致内存泄漏。

例 5.34 动态申请字符串的存储空间。

```
1    //ex5-34.cpp:动态存储示例
2    #include < iostream >
3    #include < cstring >
4    using namespace std;
```

```
5    int main()
6    {
7        const char *  source = "Hello,China!";
8        char *  str;
9        str = new char[strlen(source) + 1];              //动态分配内存
10       if(str == nullptr){
11           cerr <<"Memory allocation failed.\n";
12           return 1;
13       }
14       strcpy_s(str,strlen(source) + 1,source);         //复制字符串
15       cout <<"Copied string:"<< str << endl;            //使用字符串
16       delete[] str;                                     //释放内存
17   }
```

程序运行结果：

Copied string: Hello, China!

第 9 行使用 new 分配内存后，第 10 行检查返回的指针是否为 nullptr，以检测内存分配是否成功。第 16 行使用 delete[] 来释放动态数组的内存，以防内存泄漏。

5.6　应用举例

本节通过应用示例对前述的知识进行综合运用。

例 5.35　选择排序法。

排序是计算机程序设计中的一种重要算法，按关键字从小到大排序称为升序排序，反之则称为降序排序。排序后的数据给处理带来极大的方便，可以提高数据处理的效率。

排序的方法有很多，本例介绍的选择排序法思路如下：

首先将 n 个待排序的整数放在数组 a[0]，a[1]，a[2]，…，a[n−1]中，然后进行以下步骤：第一趟，在 a[0]～a[n−1]中找出一个最小元素，设它是 a[min_idx]，则把 a[min_idx] 与 a[0]交换，使得 a[0]最小；第二趟，在 a[1]～a[n−1]中找到最小元素 a[min_idx]，把它与 a[1]交换；其余类推，直到在 a[n−1]和 a[n]之中找到最小值。选择排序的算法可以描述为

```
for(i = 0;i < n − 1;i++)
{   从 a[i]到 a[n − 1]找到最小元素 a[min_idx]
    把 a[min_idx]与 a[i]交换
}
```

下面细化寻找最小元素算法。在每趟寻找中，设一个变量 min_idx，记录当前最小元素的下标：

```
for(j = i + 1;j < n;j++)
    if(a[j]< a[min_idx]) min_idx = j
```

对数组一趟搜索完成后，找到当前最小元素 a[min_idx]，然后将 a[i]和 a[min_idx]交换。对具有 5 个元素(47,44,5,38,3)的整数序列进行选择排序的过程如图 5.4 所示，i 的取值为 0、1、2、3，即需排序 4 轮，每轮都是找剩下元素中的最小值，并交换到合适的位置。

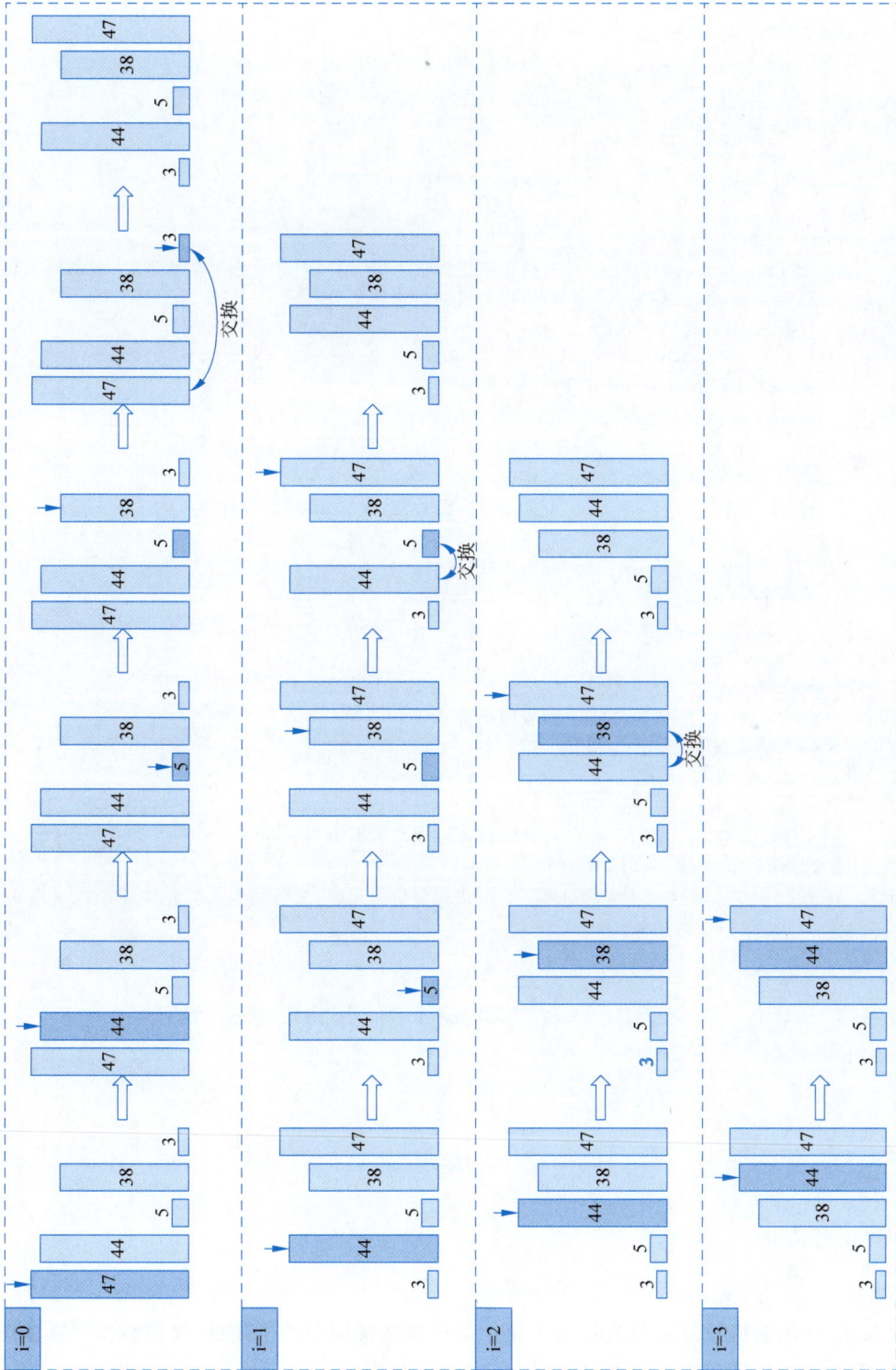

图 5.4 选择排序法排序过程

根据以上算法,可以写出如下程序。

```cpp
1    //ex5-35.cpp:选择排序法
2    # include < iostream >
3    # include < cstdlib >          //包含标准函数库,用于生成随机数
4    # include < ctime >            //包含时间函数库,用于生成随机数种子
5    using namespace std;

6    void sort(int[],int);          //函数原型声明
7    int main(){
8      int i,a[10];
9      srand((int)(time(0)));       //设置随机数种子,使用当前时间作为实参调用 srand()函数
10     for(i = 0;i < 10;i++){       //使用随机函数初始化数组 a
11         a[i] = rand() % 100;
12     }
13     for(i = 0;i < 10;i++){       //输出原始序列
14         cout << a[i]<<"     ";
15     }
16     cout << endl;
17     sort(a,10);                  //调用排序函数,对数组 a 进行升序排序
18     cout <<"Ordered:"<< endl;
19     for(i = 0;i < 10;i++){       //输出排序后序列
20         cout << a[i]<<"     ";
21     }
22     cout << endl;
23     return 0;
24   }                             //程序结束
25     //函数定义,按照升序排序
26   void sort(int x[], int n){
27       for(int i = 0;i < n - 1;i++){
28           int min_idx = i;        //初始化最小元素索引为当前索引
29           for(int j = i + 1;j < n;j++){
30               if(x[j]< x[min_idx]){    //找到更小的元素,更新最小元素索引
31                   min_idx = j;
32               }
33           }
34           if(min_idx != i){        //如果最小元素不在当前位置,则进行交换
35               int temp = x[i];
36               x[i] = x[min_idx];
37               x[min_idx] = temp;
38           }
39       }
40   }
```

程序运行结果:

```
5   76   28   18   47   6   58   22   70   32
Ordered:
5   6   18   22   28   32   47   58   70   76
```

例 5.35 中用随机数对数组进行初始化。随机数经常用于产生测试、模拟数据。在实际应用中,有许多生成随机数的方法,线性同余法就是其中之一。用线性同余法生成随机数,随机数序列中的第 k 个数 r_k,可由它的前一个数 r_{k-1} 计算出来,计算公式如下:

$$r_k = (\text{multiplier} \times r_{k-1} + \text{increment}) \% \text{modulus}$$

例如,如果有

$$r_k = (25\,173 \times r_{k-1} + 13\,849) \% 65\,536$$

则可以产生 65 536 个互不相同的整型随机数。对这个公式稍作修改,还可以得到其他形式的随机数。但是,以上公式产生的序列并不是真正的随机数,而是伪随机数,因为给定 r_0 的值后,总能得到唯一的 r_k 的值。所以,把公式改为

$$r_k = (\text{multiplier} \times \text{number} + \text{increment}) \% \text{modulus}$$

其中,number 称为"种子"。这样,就可以产生接近真实的随机数了。

C++标准库< cstdlib >中提供两个用于产生随机数的函数:

rand()随机函数:返回 0~32 767 的随机值。该函数没有参数。

srand(number)种子函数:要求一个无符号整型参数设置随机数生成器的启动值。

为了使种子值变化敏感,通常用系统时间作为 srand()函数的参数。time()函数在< ctime >文件中定义。

第 9 行函数调用 time(0)表示用 0 作为实参,返回用整型数表示的系统当前时间。

例 5.36 冒泡排序法。

冒泡排序法也是常见的排序算法之一。冒泡排序法的排序过程就是对相邻元素进行比较调整。例如,对具有 n 个元素的数组 a 按升序排列的方法是,首先将 a[0]和 a[1]进行比较,如果为逆序(即 a[0]>a[1]),则 a[0]与 a[1]交换,然后比较 a[1]和 a[2],以此类推,直到 a[n-2]和 a[n-1]进行过比较为止。这个过程称为一趟冒泡排序,其结果使得最大值放在最后一个位置 a[n-1]上。然后进行第二趟冒泡排序,对 a[0]~a[n-2]进行同样的操作,其结果使得次大值放在 a[n-2]的位置上,以此类推,直到所有的元素都排好序。整个过程就像烧开水一样,较小值像水中的气泡一样逐渐往上冒,每趟都有一个"最大"的值沉到水底。对具有 5 个元素(47,44,5,38 和 3)的整数序列进行冒泡排序法的过程如图 5.5 所示,i 的取值为 0、1、2、3,即需排序 4 趟,每趟都是对剩下没有排序好的元素进行两两比较,如果为"逆序"则进行交换。

根据以上分析,可以写出如下程序。

```
1   //ex5-36.cpp:冒泡排序法
2   # include < iostream >
3   # include < cstdlib >
4   # include < ctime >
5   using namespace std;
6   //冒泡排序函数定义
7   void bubbleSort(int * arr,int size){
8       bool wasSwapped;                    //局部变量,用于监控是否发生了交换
9       for(int i = 0;i < size - 1;i++){
10          wasSwapped = false;             //每轮开始时重置 wasSwapped 为 false
11          for(int j = 0;j < size - i - 1;j++){
12              if(arr[j]> arr[j + 1]){
13                  //使用临时变量交换两个元素的位置
14                  int temp = arr[j];
15                  arr[j] = arr[j + 1];
16                  arr[j + 1] = temp;
```

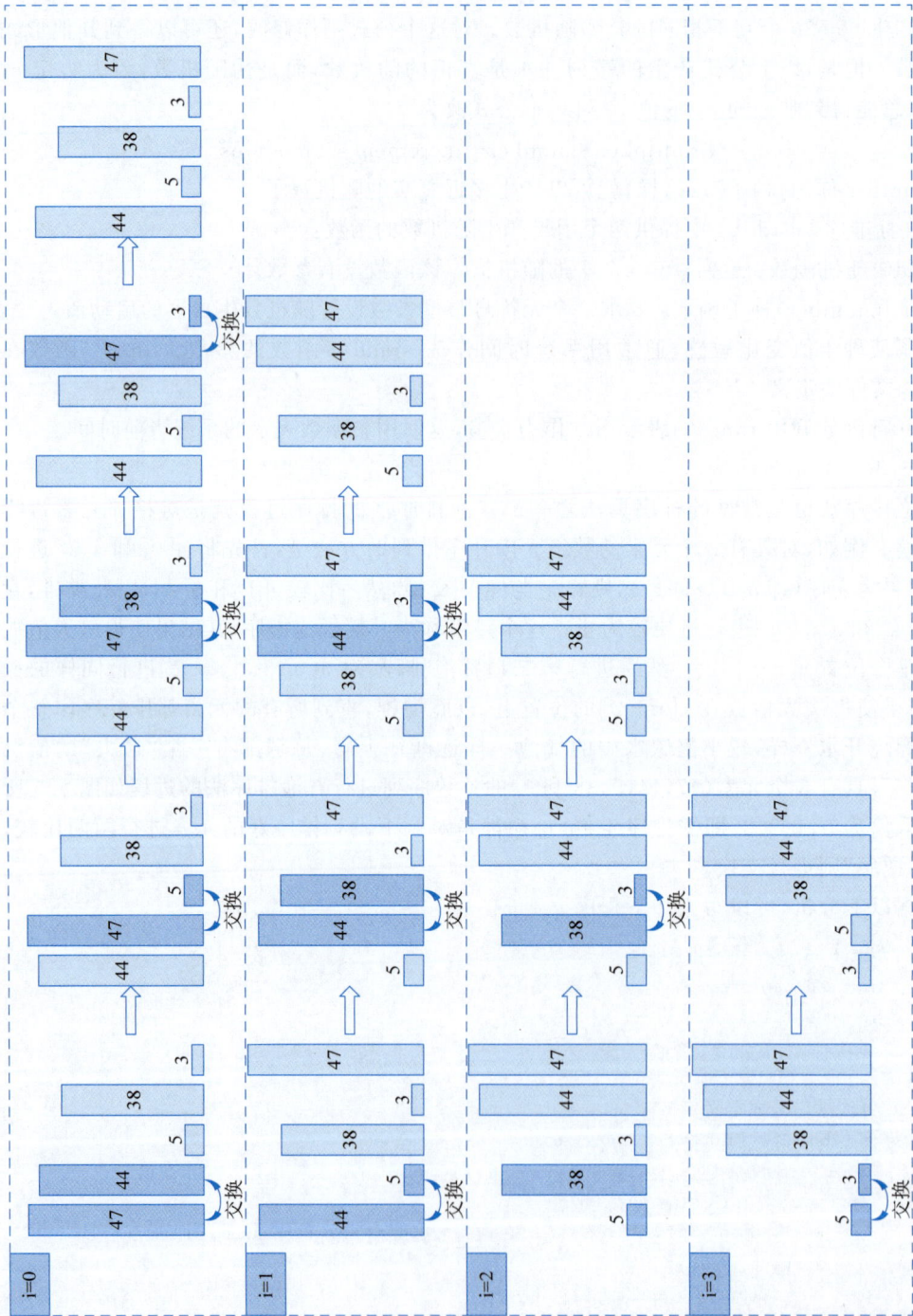

图 5.5　冒泡排序法排序过程

```
17              wasSwapped = true;        //发生了交换,设置 wasSwapped 为 true
18          }
19      }
20      //如果在一轮遍历中没有发生交换,则数组已经排序完成,可以提前结束排序
21      if(!wasSwapped){
22          break;
23      }
24    }
25  }
26  int main(){
27    const int ARRAY_SIZE = 10;
28    int * arr = new int[ARRAY_SIZE];
29    srand((int)(time(nullptr)));        //使用当前时间作为随机数种子
30    for(int i = 0;i < ARRAY_SIZE;i++){
31        arr[i] = rand() % 100;          //生成 0 到 99 之间的随机数
32    }
33    cout <<"Original array:"<< endl;
34    for(int i = 0;i < ARRAY_SIZE;i++){
35        cout << arr[i]<<" ";
36    }
37    cout << endl;
38    bubbleSort(arr,ARRAY_SIZE);         //调用冒泡排序函数
39    cout <<"Sorted array:"<< endl;      //输出排序后的数组
40    for(int i = 0;i < ARRAY_SIZE;i++){
41        cout << arr[i]<<" ";
42    }
43    cout << endl;
44    delete[] arr;                       //释放动态数组的内存
45  }
```

程序运行结果:

```
Original array:
38 2 66 76 58 16 16 52 16 22
Sorted array:
2 16 16 16 22 38 52 58 66 76
```

在第 7～25 行定义的 bubbleSort()函数中,wasSwapped 是监控变量,用于监控在一轮遍历中是否发生了交换,每轮开始时重置 wasSwapped 为 false,如果在一轮遍历中没有发生交换,则数组已经排序完成,可以提前结束排序。

例 5.37 矩阵相乘。

求两矩阵的乘积 $C = A \times B$。设 A、B 分别为 $m \times p$ 和 $p \times n$ 的矩阵,则 C 是 $m \times n$ 的矩阵。按矩阵乘法的定义,结果矩阵 C 的第 i 行和第 j 列的元素 c_{ij} 由下面公式定义:

$$C_{ij} = \sum_{k=1}^{p} A_{ik} \times B_{kj} \quad (i = 1, 2, \cdots, m; \ j = 1, 2, \cdots, n)$$

若有一个 4×3 的矩阵 A 乘以一个 3×2 的矩阵 B,将得到一个 4×2 的矩阵 C。在程序中,可以用二维数组表示矩阵。根据以上分析,可以写出如下程序。

```
1   //ex5 - 37.cpp:矩阵相乘
2   # include < iostream >
3   # include < iomanip >
4   using namespace std;
```

```
5    const int m = 4, p = 3, n = 2;
6    int a[m][p], b[p][n], c[m][n];
7    bool multimatrix(const int a[m][p], const int arow, const int acol, const int b[p][n],
8      const int brow, const int bcol, int c[m][n], const int crow, const int ccol);  //函数原型声明
9    int main(){
10     int i, j;
11     cout << "Please input A:\n";
12     for(i = 0; i < m; i++){
13         for(j = 0; j < p; j++){
14             cin >> a[i][j];
15         }
16     }
17     cout << "\nPlease input B:\n";
18     for(i = 0; i < p; i++){
19         for(j = 0; j < n; j++){
20             cin >> b[i][j];
21         }
22     }
23     //输出矩阵 A
24     cout << "\nMatrix A:\n";
25     for(i = 0; i < m; i++){
26         for(j = 0; j < p; j++){
27             cout << setw(5) << a[i][j];
28         }
29         cout << endl;
30     }
31     //输出矩阵 B
32     cout << "\nMatrix B:\n";
33     for(i = 0; i < p; i++){
34         for(j = 0; j < n; j++){
35             cout << setw(5) << b[i][j];
36         }
37         cout << endl;
38     }
39     if(!multimatrix(a, m, p, b, p, n, c, m, n)){          //函数调用
40         cout << "Illegal matrix multiply.\n";
41         return 1;                                         //返回非 0 值表示错误
42     }
43     //输出结果矩阵 C
44     cout << "\nMatrix C (Result of A * B):\n";
45     for(i = 0; i < m; i++){
46         for(j = 0; j < n; j++){
47             cout << setw(5) << c[i][j];
48         }
49         cout << endl;
50     }}
51   //函数定义
52   bool multimatrix(const int a[m][p], const int arow, const int acol,
53     const int b[p][n], const int brow, const int bcol, int c[m][n],
54     const int crow, const int ccol){
55     if(acol != brow || crow != arow || ccol != bcol) return false;
```

```
56      for(int i = 0;i < crow;i++){
57          for(int j = 0;j < ccol;j++){
58              c[i][j] = 0;                        //初始化 c[i][j]为 0
59              for(int k = 0;k < acol;k++){
60                  c[i][j]  += a[i][k] * b[k][j];
61              }
62          }
63      }
64      return true;
65  }
```

程序运行结果：
```
Please input A:
2 3 1 4 5 6 7 8 2 3 5 7

Please input B:
2 4 5 6 8 7

Matrix A:
    2     3     1
    4     5     6
    7     8     2
    3     5     7

Matrix B:
    2     4
    5     6
    8     7

Matrix C (Result of A * B):
   27    33
   81    88
   70    90
   87    91
```

例 5.37 中，第 51～65 行的 multimatrix() 函数中矩阵乘法计算是通过三层嵌套循环完成的，第 56 行的外层循环遍历矩阵 C 的行，第 57 行的中间层循环遍历矩阵 C 的列，第 59 行的内层循环用于计算矩阵 C 中每个元素的值，它是矩阵 A 的一行与矩阵 B 的一列对应元素乘积的和。第 55 行判断两个矩阵是否满足相乘的条件，不满足时提前退出。

例 5.38 输出杨辉三角形。

二项式 $(a+b)^n$ 展开式的项数由幂 n 决定，n 次幂有 $n+1$ 项，各项系数具有如下特点：第一项和最后一项系数等于 1，其余各项系数可以从 $n-1$ 次幂系数表递推计算出来，其计算公式如下：

$$\mathrm{yh}_i^n = \mathrm{yh}_{i-1}^{n-1} + \mathrm{yh}_i^{n-1}$$

即 n 次幂的第 i 项系数可以由 $n-1$ 次幂的第 $i-1$ 项系数和第 i 项系数相加得到。把 $n(n=0\sim k)$ 次幂的二项式系数表排列在一起的数据阵列称为杨辉三角形。5 次幂的杨辉三角形如下所示。

```
        1
        1  1
        1  2  1
        1  3  3  1
        1  4  6  4  1
        1  5 10 10  5  1
```

由于每行元素都是在上一行的基础上计算出来的，因此可以用一维数组进行迭代。数组长度根据二项式的幂次决定，可以使用动态数组存放系数表。根据以上分析，可以写出以下输出杨辉三角形的程序。

```
1   //ex5－38.cpp:输出杨辉三角形
2   ＃include < iostream >
3   using namespace std;
4   //函数定义
5   void yhtriangle( int *  yh, int n)
6   {
7       for( int i = 0; i < n; i++)
8       {
9           yh[ i] = 1;                          //每行的第一个和最后一个元素为1
10          for( int j = i－1; j > 0; j－－ )
11          {
12              yh[ j] = yh[ j－1] + yh[ j];      //中间元素是上一行相邻两元素之和
13          }
14          //输出 i 次幂二项式系数表
15          for( int k = 0; k < =  i; k++){
16              cout << yh[ k]<<"   ";
17          }
18          cout << endl;
19      }
20  }
21  int main(){
22      int n;
23      cout <<"Please input power (0 < n < =  20):\n";
24      do {
25          cin >> n;
26      } while (n < 0||n > 20);
27      int *  yh = new int[ n + 1];              //申请内存
28      yh[ 0] = 1;                               //初始化第一行的第一个元素为1
29      yhtriangle( yh, n);                       //调用函数,输出杨辉三角形
30      delete[ ] yh;                             //释放内存
31  }
```

程序运行结果:

```
Please input power (0 < n <= 20):
6
1
1  1
1  2  1
1  3  3  1
1  4  6  4  1
1  5  10  10  5  1
```

例 5.38 中,第 5～20 行是输出杨辉三角形的函数,外层循环遍历每一行元素,内层循环计算中间元素的值,最后打印出每一行元素。main()函数中,第 27 行通过动态内存分配来存储杨辉三角形的一行,第 30 行释放内存。

例 5.39 字符串排序。

排序可以使用前述的选择排序法或冒泡排序法,字符串比较可以调用字符串比较函数strcmp()。本例使用冒泡排序法对字符串进行排序。程序代码如下:

```
1   //ex5－39.cpp:使用冒泡排序法对字符串进行排序
2   ＃include < iostream >
3   ＃include < cstring >                         //用于 strcmp()函数
```

```
4    using namespace std;
5    void bubbleSort(const char * arr[],int n)
6    {   //冒泡排序函数,用于对 C 风格字符串数组进行排序
7        for(int i = 0;i < n - 1;++i){
8            for(int j = 0;j < n - i - 1;++j){
9                if(strcmp(arr[j],arr[j+1])> 0){
10                   const char * temp = arr[j];      //交换 arr[j]和 arr[j+1]
11                   arr[j] = arr[j+1];
12                   arr[j+1] = temp;
13               }
14           }
15       }
16   }
17   int main()
18   {
19       //创建一个 C 风格字符串数组
20       const char * name[] = {"Li Hua","Zhang Ming","Liu Lei","Sun Fei","He Xiaoming"};
21       int n = sizeof(name)/sizeof(name[0]);
22       bubbleSort(name,n);                          //使用冒泡排序法对数组进行排序
23       cout <<"Sorted names:"<< endl;               //输出排序后的数组
24       for(int i = 0;i < n;++i){
25           cout << name[i]<< endl;
26       }
27   }
```

程序运行结果：

```
Sorted names:
He Xiaoming
Li Hua
Liu Lei
Sun Fei
Zhang Ming
```

第 5～16 行是冒泡排序函数,函数的第一个形参是指向字符数组的指针,第二个参数指定参加排序的字符串的个数。第 9 行比较两个字符串的大小时,调用了字符串比较函数 strcmp()。

本章小结

指针是用来存储内存地址的变量。指针指向它存储的内存地址。指针定义说明了指针指向对象的类型。指针的间址运算即对指针指向的内存单元进行访问。

引用是一种特殊的变量类型,它是一个已存在对象的别名,一旦定义后不能重新绑定到另一个对象。

C++的函数名表示了函数的入口地址,通过将函数指针作为参数,可以调用不同名称的同类型函数。

数组是同类元素的集合,在内存中占据一片连续的存储区域,通过下标可以访问数组元素。指针和数组紧密相关。一维数组的名称表示了数组第一个元素的地址,是一个常指针。数组可以通过下标方式访问,也可以通过指针方式访问。

C 风格字符串是以空字符('\0')结束的字符数组。可以用字符数组、字符串常量和字

符指针来表示字符串。C 语言标准库提供了一系列处理 C 风格字符串的库函数。

　　new 运算符允许在程序运行时为数据对象请求内存。如果不再需要动态分配的内存空间,则可以使用 delete 运算符释放。

习题 5

习题 5

C++

第6章

位运算与结构

C++语言提供了位运算功能,直接对整数在内存中的二进制位进行操作,便于灵活高效地处理数据。利用位运算,还可以实现集合的基本操作。在 C++中,结构体(struct)是一种数据结构,它允许将多个不同类型的数据项组合成一个单一的类型。结构体可以用来创建复杂的数据类型,使得数据的组织和操作更加方便。本章主要介绍位运算、结构以及链表的概念和基本操作。

6.1 位运算

6.1.1 位运算符

计算机的存储器采用二进制位表示数据,绝大多数计算机系统中的存储器用每 8 位(bit)为一个字节(byte)编址。C++语言提供了位运算功能,便于灵活高效地处理数据,编写不同类型的应用程序。位运算符在 C++中常用于底层编程,也可以用于算法优化,因为位运算通常比算术运算更快。C++位运算符有 &(按位与)、|(按位或)、^(按位异或)、~(按位取反)、<<(左移)、>>(右移),由位运算符可以组成复合的赋值运算符有 &=、|=、^=、<<=、>>=。

1. 按位与运算

按位与运算把左右操作数对应的每位分别进行逻辑与运算。按位与运算的规则如表 6.1 所示。

表 6.1 按位与运算的规则

表达式	值	表达式	值
0&0	0	1&0	0
0&1	0	1&1	1

例如,10&29,即 00001010&00011101,结果为 8,即 00001000。

2. 按位或运算

按位或运算把左右操作数对应的每位分别进行逻辑或运算。表 6.2 为按位或运算的规则。例如,10|29,即 00001010|00011101,结果为 31,即 00011111。

表 6.2　按位或运算的规则

表达式	值	表达式	值
0|0	0	1|0	1
0|1	1	1|1	1

3. 按位异或运算

按位异或运算当左右操作数对应位不相同时，即当且仅当其中一个为 1 时，位操作的结果才为 1。表 6.3 为按位异或运算的规则。

表 6.3　按位异或运算的规则

表达式	值	表达式	值
0^0	0	1^0	1
0^1	1	1^1	1

例如，10^29，即 00001010^00011101，结果为 23，即 00010111。

4. 按位取反

按位取反是单目运算符，对操作数按位进行逻辑非运算，即把所有为 0 的位置 1，所有为 1 的位置 0。按位取反运算的规则如表 6.4 所示。

表 6.4　按位取反运算的规则

表达式	值
~0	1
~|1	0

例如，~10，即 ~00001010，结果为 −11，即 11110101。

注意：负数在计算机中用补码表示，11110101 是 −11 的补码。

5. 左移运算符

左移运算符的操作如下：

```
value << shift
```

其中，value 为要被操作的整数值，shift 是要移动的位数。

例如，27 << 2，将 27 的所有位向左移 2 位。腾出的位置用 0 填充，超出边界的位被丢弃。左移运算符的操作如图 6.1 所示。由于每位都表示右边一位的 2 倍，所以每左移一位就相当于乘以 2（若结果不溢出）。左移 2 位相当于乘以 4。因此，27 << 2 的值为 27×4，即 108。

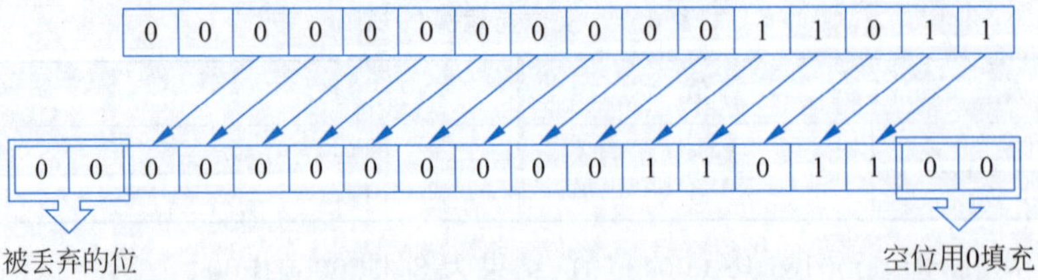

图 6.1　左移运算符的操作

如果要用左移运算符来修改变量的值，则必须使用赋值运算符。例如：

```
x = x << 2;                              //修改 x 的值,将 x 按位左移 2
```

6. 右移运算符

右移运算符的操作如下：

`value >> shift`

其中，value 为要被操作的整数值，shift 是要移动的位数。

例如，27 >> 2，将 27 的所有位向右移 2 位。对于无符号整数，腾出的位置用 0 填充，超过边界的位被删除。对于有符号整数，最高位（符号位）不变。右移运算符的操作如图 6.2 所示。向右移动一位相当于除以 2。向右移动 n 位相当于除以 2^n。

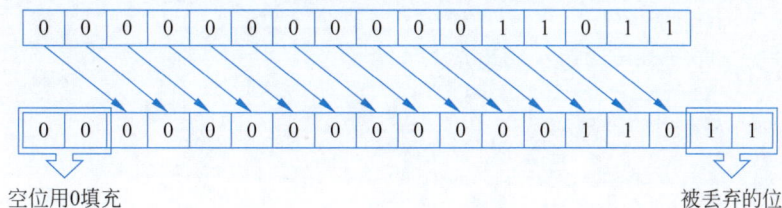

图 6.2　右移运算符的操作

可以用右移赋值符修改变量的值，如：

```
int q = 43;
q = q >> 2;                          //修改 q 的值，将 q 按位右移 2，即得 10
```

7. 按位复合赋值运算符

位运算的 5 个复合赋值运算符与其他复合赋值运算符的操作形式一致。例如，若有

```
int a,b;
```

则

```
a& = b;                              //等价于 a = a&b
a| = b;                              //等价于 a = a|b
a^ = b;                              //等价于 a = a^b
a << = b;                            //等价于 a = a << b
a >> = b;                            //等价于 a = a >> b
```

8. 掩码

在 C++中，使用掩码来实现对数据的二进制输出是一种常见的方法。掩码是一个特殊的值，它的某些位被设置为 1，而其他位被设置为 0。通过与掩码进行按位与操作（&），可以检查数据的特定位是否为 1。

例 6.1　按二进制位串形式输出无符号整数的值。

```
1    //exp6-1.cpp:按二进制位串形式输出无符号整数的值
2    # include < iostream >
3    using namespace std;
4    void bitDisplay(unsigned int number);      //函数原型声明
5    int main(){
6        unsigned int number;
7        cout <<"Enter an unsigned integer:";
8        cin >> number;
9        cout <<"Binary representation:";
10       bitDisplay(number);                      //调用函数
```

```
11        cout << endl;
12    }
13    void bitDisplay(unsigned value)              //函数定义
14    {
15        unsigned c;
16        unsigned bitMask = 1 << 31;              //掩码,最高位置 1
17        cout << value <<' = ';
18        for(c = 1;c <= 32;c++)
19        {
20            cout <<(value & bitMask ? '1':'0');  //输出 value 的最高位
21            value <<= 1;                          //value 左移 1 位
22            if(c % 8 == 0)    cout <<' ';
23        }
24        cout << endl;
25    }
```

程序运行结果:

```
Enter an unsigned integer: 45
Binary representation: 45=00000000 00000000 00000000 00101101
```

函数 bitDisplay() 中,定义了掩码 bitMask(第 16 行)并执行 bitMask=1<<31,使得 bitMask 最高位为 1。当掩码与 value 值按位与(第 20 行)时,只能表示出 value 最高位的状态,把其他位"掩盖"掉了。

例 6.2 位运算测试。

```
1     //exp6-2.cpp:位运算测试
2     #include < iostream >
3     using namespace std;
4     void bitDisplay(unsigned value);
5     int main()
6     {
7         unsigned n1,n2;
8         n1 = 214;   n2 = 5;
9         cout << n1 <<" = \t";
10        bitDisplay(n1);
11        cout << n2 <<" = \t";
12        bitDisplay(n2);
13        cout << n1 <<'&'<< n2 <<" = \t";
14        bitDisplay(n1 & n2);
15        cout << n1 <<'|'<< n2 <<" = \t";
16        bitDisplay(n1 | n2);
17        cout << n1 <<'^'<< n2 <<" = \t";
18        bitDisplay(n1 ^ n2);
19        cout << n1 <<"<<"<< n2 <<" = \t";
20        bitDisplay(n1 << n2);
21        cout << n1 <<">>"<< n2 <<" = \t";
22        bitDisplay(n1 >> n2);
23        cout <<'~ '<< n1 <<" = \t";
24        bitDisplay(~n1);
25    }
26    void bitDisplay(unsigned value)
27    {
```

```
28        unsigned c;
29        unsigned bitMask = 1 << 31;                //掩码,最高位置1
30        cout << value <<' = ';
31        for(c = 1;c <= 32;c++)
32        {
33              cout <<(value&bitMask ? '1':'0');    //输出 value 的最高位
34              value << = 1;                         //value 左移 1 位
35              if(c % 8 == 0)      cout <<' ';
36        }
37        cout << endl;
38    }
```

程序运行结果：

```
214=    214=00000000 00000000 00000000 11010110
5=        5=00000000 00000000 00000000 00000101
214&5=  4=00000000 00000000 00000000 00000100
214|5=  215=00000000 00000000 00000000 11010111
214^5=  211=00000000 00000000 00000000 11010011
214<<5= 6848=00000000 00000000 00011010 11000000
214>>5= 6=00000000 00000000 00000000 00000110
~214=   4294967081=11111111 11111111 11111111 00101001
```

例 6.3 统计一个数的二进制表示中 1 的个数。

```
1    //exp6 - 3.cpp:统计一个数的二进制表示中 1 的个数
2    # include < iostream >
3    using namespace std;
4    int countOnes(unsigned int number){        //函数定义
5        int count = 0;
6        while (number){
7            count += number & 1;
8            number >> = 1;
9        }
10       return count;
11   }
12   int main(){
13       unsigned int number;
14       cout <<"Enter a number:";
15       cin >> number;
16       cout <<"Number of 1s in binary representation:"<< countOnes(number)<< endl;   //函数调用
17   }
```

程序运行结果：

```
Enter a number: 45
Number of 1s in binary representation: 4
```

例 6.3 中定义了一个名为 countOnes 的函数,函数通过一个循环来计算 number 的二进制表示中 1 的个数。在每次循环中,使用 number&1 来检查 number 的最低位是否为 1,如果是,则将 count 加 1。然后使用 number >>=1 将 number 右移一位,这样下一次循环就会检查下一位。

例 6.4 颠倒输入整数的二进制位顺序。

```
1    //exp6 - 4.cpp:颠倒输入整数的二进制位顺序
2    # include < iostream >
3    using namespace std;
4    unsigned int reverseBits(unsigned int n){    //函数定义,实现逆序功能
```

```
5        unsigned int result = 0;
6        for(int i = 0;i < 32;i++){              //对于 32 位整数
7            result << = 1;                       //将结果左移一位,为下一位腾出空间
8            result| = (n&1);                     //将 n 的最低位加到 result 的最低位
9            n >> = 1;                            //将 n 右移一位,准备处理下一位
10       }
11       return result;
12   }
13   void bitDisplay(unsigned value)
14   {
15       unsigned c;
16       unsigned bitMask = 1 << 31;              //掩码,最高位置 1
17       cout << value <<' = ';
18       for(c = 1;c <= 32;c++)
19       {
20           cout <<(value & bitMask ? '1':'0');  //输出 value 的最高位
21           value << = 1;                        //value 左移 1 位
22           if(c % 8 == 0)      cout <<' ';
23       }
24       cout << endl;
25   }
26   int main(){
27       unsigned int number;
28       cout <<"Enter an unsigned integer:";
29       cin >> number;                           //输入一个无符号整数
30       bitDisplay(number);
31       cout <<"Reversed binary representation:"<< reverseBits(number)<< endl;
32       bitDisplay(reverseBits(number));
33   }
```

程序运行结果:

```
Enter an unsigned integer: 13
13=00000000 00000000 00000000 00001101
Reversed binary representation: 2952790016
2952790016=10110000 00000000 00000000 00000000
```

在 C++ 中,异或(XOR)运算符(^)可以用来恢复数据。异或运算的一个特性是,当对同一个比特位进行两次异或操作时,它会回到原始状。也就是说,如果有一个原始值和一个被异或过的值,可以通过与同一个异或掩码再次进行异或操作来恢复原始值,如表 6.5 所示,第 4 列和第 1 列的值完全相同。

表 6.5　异或运算符真值表

表达式	a	b	a = a ^ b	a = a ^ b
值	1	0	1	1
	0	1	1	0
	1	1	0	1
	0	0	0	0

例 6.5　验证数据恢复。

```
1    //exp6 - 5.cpp:验证数据恢复
2    # include < iostream >
```

```
3    using namespace std;
4    //加密函数,使用异或运算符
5    int encrypt(int data,int key){
6        return data ^ key;
7    }
8    //解密函数,使用异或运算符恢复原始数据
9    int decrypt(int encryptedData,int key){
10       return encryptedData^key;            //因为(a^b)^b = a
11   }
12   int main(){
13       int originalData = 123;              //原始数据
14       int key = 42;                        //密钥
15       //加密数据
16       int encryptedData = encrypt(originalData,key);
17       cout <<"Original Data:"<< originalData << endl;
18       cout <<"Encrypted Data:"<< encryptedData << endl;
19       //解密数据
20       int decryptedData = decrypt(encryptedData,key);
21       cout <<"Decrypted Data:"<< decryptedData << endl;
22   }
```

程序运行结果：

```
Original Data: 123
Encrypted Data: 81
Decrypted Data: 123
```

例 6.5 中,encrypt()函数接收数据和密钥作为参数,并对它们执行异或操作来加密数据。decrypt()函数接收加密后的数据和密钥,再次执行异或操作来恢复原始数据。由于异或操作的可逆性,decrypt()函数能够准确地恢复出原始数据。

例 6.6 整型变量值交换。

```
1    //exp6 - 6.cpp:整型变量值交换
2    # include < iostream >
3    using namespace std;
4    int main(){
5        int a = 123,b = 456;
6        cout <<"Before swap:a = "<< a <<",b = "<< b << endl;
7        //使用异或运算符交换 a 和 b 的值
8        a = a^b;
9        b = a^b;                             //此时 b 是 a 的原始值
10       a = a^b;                             //此时 a 是 b 的原始值
11       cout <<"After swap:a = "<< a <<",b = "<< b << endl;
12   }
```

程序运行结果：

```
Before swap: a = 123, b = 456
After swap: a = 456, b = 123
```

例 6.6 使用异或运算符来交换两个整型变量的值是一种巧妙的方法,它不需要使用临时变量。对于两个浮点型数据的交换,则可以使用整型指针的间址访问来实现。其代码片段如下:

```
double x = 3.14,y = 6.28;
int * px = (int * )(&x), * py = (int * )(&y);        //整型指针指向浮点型对象,需要强制类型转换
```

```
    * px = * px ^ * py, * py = * px ^ * py, * px = * px ^ * py;     //交换两个浮点型变量的前 4 字节
    px++,py++;                                                       //将指针指向浮点型对象的第 5 字节
    * px = * px ^ * py, * py = * px ^ * py, * px = * px ^ * py;     //交换两个浮点型变量的前后 4 字节
    cout << x <<'\t'<< y << endl;                                   //输出的 x 为 6.28,y 为 3.14
```

6.1.2　使用位运算符实现集合运算

位运算符可以用来高效地实现集合运算,特别是在处理集合的并集、交集和差集时。在计算机科学中,集合通常可以用一个整数的二进制表示来模拟,其中每位对应集合中的一个元素。如果某位是 1,表示该元素在集合中;如果是 0,则表示该元素不在集合中。利用 C++的位运算功能,可以实现集合的相关运算。位运算实现集合运算的优势在于速度快,因为位运算是直接在整数的二进制表示上进行的。

1. 集合的相关表示

一个无符号整数有 32 位,可以表示由 32 个元素组成的集合。二进制位串从低位到高位(从右到左)对应的位序为 $0\sim31$。如果全集是 $\{1,2,\cdots,32\}$ 的整数集,则当位序为 i 的位其值等于 1 时,表示元素 $i+1$ 在集合中。

例如:

```
unsigned A;
```

要用 A 表示集合 $\{1,3,6\}$,此时其二进制位串表示为 00000000 00000000 00000000 00100101,从右向左,第 0 位、第 2 位和第 5 位的值等于 1,表示元素 1、3、6 在集合中;其余位等于 0,表示那些元素不在集合中。

2. 集合基本运算的实现

当用无符号整数表示集合时,位运算可以实现各种基本运算。集合基本运算对应的 C++位运算实现如表 6.6 所示。

表 6.6　用 C++位运算实现集合运算

集 合 运 算	对应的位运算
并集:$A\cup B$	$A\mid B$
交集:$A\cap B$	$A\& B$
差集:$A-B$	$A\&(\sim(A\& B))$
包含:$A\subseteq B$	$A\mid B==B$
补集:$\sim A$	$\sim A$
属于:$x\in A$	$A<<(x-1)\& A==1<<(x-1)$
空集:$A=$	$A==0$

例 6.7　用无符号整数和位运算实现集合的基本运算。

```
1    //setH.h:函数原型声明
2    # include < iostream >
3    using namespace std;
4    unsigned putX(unsigned& S, unsigned x);      //元素 x 并入集合 S
5    void setPut(unsigned& S);                     //输入集合 S 的元素
6    void setDisplay(unsigned S);                  //输出集合 S 中的全部元素
7    unsigned Com(unsigned A, unsigned B);         //求并集
```

```
8    unsigned setInt(unsigned A,unsigned B);              //求交集
9    unsigned setDiff(unsigned A,unsigned B);             //求差集
10   bool Inc(unsigned A,unsigned B);                     //判断是否蕴含
11   bool In(unsigned S,unsigned x);                      //判断是否属于
12   bool Null(unsigned S);                               //判断是否为空集


1    //setOperate.cpp:函数定义
2    # include "setH.h"
3    void setPut(unsigned& S)                             //输入集合元素
4    {
5        unsigned x;
6        cin >> x;
7        while (x){ putX(S,x);     cin >> x;}
8    }
9    void setDisplay(unsigned S)                          //输出集合 S 中的全部元素
10   {
11       unsigned c;
12       unsigned bitMask = 1;
13       if(Null(S))
14       {
15           cout <<"{   }\n";
16           return ;
17       }
18       cout <<"{ ";
19       for(c = 1;c <= 32;c++)
20       {
21           if(S & bitMask)
22               cout << c <<",";
23           bitMask <<= 1;
24       }
25       cout <<"\b\b }\n";                               //删除最后一个逗号
26       return;
27   }
28   unsigned putX(unsigned& S,unsigned x)                //元素 x 并入集合 S
29   {
30       unsigned bitMask = 1;
31       bitMask <<= x - 1;
32       S | = bitMask;
33       return  S;
34   }
35   unsigned Com(unsigned A,unsigned B)                  //求并集
36   {
37       return  A|B;
38   }
39   unsigned setInt(unsigned A,unsigned B)               //求交集
40   {
41       return  A & B;
42   }
43   unsigned setDiff(unsigned A,unsigned B)              //求差集
44   {
45       return  A & (~(A & B));
```

```
46    }
47    bool Inc(unsigned A, unsigned B)              //判断是否蕴含
48    {
49          if((A | B) == B)
50              return  true;
51          return  false;
52    }
53    bool In(unsigned S, unsigned x)               //判断是否属于
54    {
55          unsigned bitMask = 1;
56          bitMask << = x - 1;
57          if(S & bitMask)
58              return  true;
59          return  false;
60    }
61    bool Null(unsigned S)                         //判断是否为空集
62    {
63          if(S == 0)
64              return  true;
65          return false;
66    }
```

```
1     //test.cpp:主函数,调用集合运算函数
2     # include "setH. h"
3     int main()
4     {
5          unsigned A = 0, B = 0;
6          unsigned x;
7          cout <<"Input the elements of set A, 1 - 32, until input 0:\n";
8          setPut(A);
9          cout <<"Input the elements of set B, 1 - 32, until input 0:\n";
10         setPut(B);
11         cout <<"A = ";
12         setDisplay(A);
13         cout <<"B = ";
14         setDisplay(B);
15         cout <<"Input x:";
16         cin >> x;
17         cout <<"Put "<< x <<" in A = ";
18         setDisplay(putX(A, x));
19         cout <<"A + B = ";
20         setDisplay(Com(A, B));
21         cout <<"A * B = ";
22         setDisplay(setInt(A, B));
23         cout <<"A - B = ";
24         setDisplay(setDiff(A, B));
25         if(Inc(A, B))
26             cout <<"A <= B\n";
27         else
28             cout <<"not A <= B\n";
29         cout <<"Input x:";
```

```
30      cin >> x;
31      if(In(A,x))
32          cout << x <<" in A\n";
33      else
34          cout << x <<" not in A\n";
35  }
```

程序运行结果：

```
Input the elements of set A,1－32,until input 0:
2 5 7 8 13 31 0
Input the elements of set B,1－32,until input 0:
```

```
Input the elements of set A, 1-32, until input 0：
2 5 7 8 13 31 0
Input the elements of set B, 1-32, until input 0：
4 6 7 8 13 24 0
A = { 2, 5, 7, 8, 13, 31 }
B = { 4, 6, 7, 8, 13, 24 }
Input x: 9
Put 9 in A = { 2, 5, 7, 8, 9, 13, 31 }
A+B = { 2, 4, 5, 6, 7, 8, 9, 13, 24, 31 }
A*B = { 7, 8, 13 }
A-B = { 2, 5, 9, 31 }
not A <= B
Input x: 4
4 not in A
```

例 6.7 中，使用一个无符号整数 unsigned int 来表示集合，其中每位对应一个元素(1～32)，如果该位为 1，则表示该元素在集合中，为 0 则不在。putX()函数用于将元素添加到集合中。setPut()函数用于从用户输入中读取元素并添加到集合。setDisplay()函数用于输出集合中的所有元素。Com()函数用于计算两个集合的并集。setInt()函数用于计算两个集合的交集。setDiff()函数用于计算两个集合的差集。Inc()函数用于判断一个集合是否为另一个集合的子集。In()函数用于判断一个元素是否属于某个集合。Null()函数用于判断集合是否为空。

当需要表示的集合元素个数大于 32 时，可以使用数组。长度为 N 的整型数组，可以表示 32 * N 个元素的集合。设有说明：

```
Unsigned Set[N];                                //N 为常量
```

若元素 x 属于 Set，可以用以下方式确定 x 所在的位置：数组下标：$(x-1)/32$，数位位序：$(x-1)\%32$。即 $Set[(x-1)/32]$ 的第 $(x-1)\%32$ 的值等于 1。

例 6.8 用数组和位运算实现集合的基本运算。用长度为 N，元素为无符号整数的数组表示全集为 $\{1,2,\cdots,32*N\}$ 的整数集合。

```
1   //setH.h
2   # include < iostream >
3   using namespace std;
4   const unsigned N = 4;                              //数组长度
5   typedef unsigned setType[N];                       //用数组存放长度的集合
6   void setPut(setType S);                            //输入集合 S 的元素
7   void setDisplay(const setType S);                  //输出集合 S 中的全部元素
8   void putX(setType S,unsigned x);                   //元素 x 并入集合 S
9   void Com(setType C,const setType A,const setType B);   //求并集,C = A∪B
10  void setInt(setType C,const setType A,const setType B); //求交集,C = A∩B
11  void setDiff(setType C,const setType A,const setType B); //求差集,C = A－B
```

```
12  bool Inc(const setType A,const setType B);          //判断是否蕴含
13  bool In(const setType S,unsigned x);                //判断是否属于
14  bool Null(const setType S);                         //判断是否为空集,若为空集则返回 true

1   //setOperate.cpp
2   # include"setH.h"
3   void setPut(setType S)                              //输入集合元素
4   {
5       unsigned x;
6       cin >> x;
7       while (x)
8       {
9           putX(S,x);         cin >> x;
10      }
11  }
12  void setDisplay(const setType S)                    //输出集合 S 中的全部元素
13  {
14      unsigned c,i;   unsigned bitMask;
15      if(Null(S))
16      {
17          cout <<"{     }\n";
18          return;
19      }
20      cout <<"{ ";
21      for(i = 0;i < N;i++)                            //处理每个数组元素
22      {
23      bitMask = 1;                                    //掩码,32 位
24      for(c = 1;c <= 32;c++)                          //按位处理
25      {
26        if(S[i] & bitMask)
27          cout << i * 32 + c <<",";                  //输出元素
28        bitMask <<= 1;
29      }
30      }
31      cout <<"\b\b }\n";                              //删除最后的逗号
32  }
33  //元素 x 并入集合 S
34  void putX(setType S,unsigned x)
35  {
36      unsigned bitMask = 1;
37      bitMask <<= ((x-1) % 32);
38      S[(x-1)/32] |= bitMask;
39  }
40  //求并集,C = A∪B
41  void Com(setType C,const setType A,const setType B)
42  {
43      for(int i = 0;i < N;i++)
44          C[i] = A[i] | B[i];
45  }
46  //求交集,C = A∩B
47  void setInt(setType C,const setType A,const setType B)
```

```
48    {
49        for( int i = 0 ; i < N ; i++ )
50            C[ i ] = A[ i ] & B[ i ];
51    }
52    //求差集, C = A - B
53    void setDiff( setType C, const setType A, const setType B )
54    {
55        for( int i = 0 ; i < N ; i++ )
56            C[ i ] = A[ i ] & ( ～( A[ i ] & B[ i ] ) );
57    }
58    bool Inc( const setType A, const setType B )              //判断是否蕴含
59    {
60        bool t = true;
61        for( int i = 0 ; i < N ; i++ )
62        {
63            if( ( A[ i ] | B[ i ] ) != B[ i ] )   t = false;
64        }
65        return t;
66    }
67    bool In( const setType S, unsigned x )                    //判断是否属于
68    {
69        unsigned bitMask = 1;
70        bitMask << = ( ( x - 1 ) % 32 );
71        if( S[ ( x - 1 )/32 ] & bitMask )   return true;
72        return false;
73    }
74    bool Null( const setType S )                              //判断是否为空集
75    {
76        bool t = true;
77        for( int i = 0 ; i < N ; i++ )
78        {
79            if( S[ i ] )   t = false;
80        }
81        return t;
82    }

1     //test.cpp
2     # include"setH. h"
3     int main()
4     {
5         setType A = { 0 }, B = { 0 }, C = { 0 };   unsigned x;
6         cout <<"Input the elements of set A, 1 - "<< 32 * N <<", until input 0:\n";
7         setPut( A );
8         cout <<"Input the elements of set B, 1 - "<< 32 * N <<", until input 0:\n";
9         setPut( B );
10        cout <<"A = ";   setDisplay( A );
11        cout <<"B = "; setDisplay( B );
12        cout <<"Input x:"; cin >> x;   putX( A, x );
13        cout <<"Put "<< x <<" in A = ";   setDisplay( A );
14        cout <<"C = A + B = ";   Com( C, A, B );   setDisplay( C );
15        cout <<"C = A * B = ";   setInt( C, A, B ); setDisplay( C );
```

```
16      cout <<"C = A - B = ";   setDiff(C,A,B); setDisplay(C);
17      if(Inc(A,B))    cout <<"A <= B\n";
18      else        cout <<"not A <= B\n";
19      cout <<"Input x:"; cin >> x;
20      if(In(A,x))    cout << x <<" in A\n";
21      else      cout << x <<" not in A\n";
22   }
```

程序运行结果：

```
Input the elements of set A, 1-128 , until input 0 :
34 65 78 98 0
Input the elements of set B, 1-128 , until input 0 :
56 34 78 96 0
A = { 34, 65, 78, 98 }
B = { 34, 56, 78, 96 }
Input x: 65
Put 65 in A = { 34, 65, 78, 98 }
C = A+B = { 34, 56, 65, 78, 96, 98 }
C = A*B = { 34, 78 }
C = A-B = { 65, 98 }
not A <= B
Input x: 44
44 not in A
```

例 6.8 定义了一个集合类型 setType，使用一个固定大小的数组来存储集合中的元素，每个元素可以是 $1 \sim 32 \times 4$ 的整数，这意味着集合可以存储最多 128 个不同的元素。test.cpp 文件中的 main() 函数是程序的入口点，它创建了两个集合 A 和 B，让用户输入它们的元素，然后执行各种集合操作，如添加元素，计算并集、交集和差集，并检查元素是否属于某个集合以及集合间的蕴含关系。

6.2 结构

假设要存储一名学生的有关信息，包括姓名、年龄、性别、学号、成绩等，希望可以将这些信息存储在相邻的单元中。C++中的结构可以满足这个要求。

结构是用户定义的类型，由数目固定的成员构成，各成员可以具有不同的数据类型。一个结构变量在内存中占有一片连续的存储空间。

6.2.1 定义结构

结构可以将多个不同类型的数据组合成一个数据结构，以关键字 struct 标识。定义结构类型的形式如下：

```
struct 标识符
{
   类型 成员 1;
   类型 成员 2;
    ⋮
   类型 成员 n;
};
```

其中，"标识符"是用户自定义的类型名，括号"{}"中为结构的成员列表，结构的成员可以是各种数据类型，包括基本数据类型、其他结构、指针、数组等，最后是以"；"结束。

例如,定义学生信息的结构如下:

```
struct student
{
    char name[50];
    int    studentNo;
    int age;
    char * address;
    char phone[20];
};
```

其中,student 是结构类型标识符,它与基本类型 int、double 等一样,表示一种数据类型。

结构变量的声明方式有两种,一种是在定义类型的同时声明变量,例如:

```
struct student
{
    char name[50];
    int    studentNo;
    int age;
    char * address;
    char phone[20];
} student1,student2, * pStu;
```

student1 和 student2 是两个 student 类型的变量, * pStu 是 student 类型的指针变量。

另一种是在结构定义之后,使用类型标识符声明变量,定义方式跟其他变量声明方式一致,例如:

```
student student1,student2, * pStu;
```

在声明结构变量的同时可以进行初始化,例如:

```
student student1 = {"zhangsan","20240001","18","0401","Guangzhou","13876543210"};
```

6.2.2　访问结构

结构内定义的数据成员,从形式上看与普通变量声明一样,而这些成员一旦被 struct 封装后,就和普通变量有了本质区别。普通变量声明时就开辟了内存空间,而结构类型中声明的成员仅仅只有"类型"的概念。只有当声明结构变量以后,系统才分别为结构变量的成员分配存储空间。

结构成员的访问可以使用结构变量名访问,也可以使用指针访问。

使用结构变量名访问时,采用圆点运算符:

结构变量名.成员

例如:

```
struct date
{
    int year;
    int month;
    int day;
}
struct student
```

```
    {
        char name[50];
        int    studentNo;
        int age;
        date birth;
        char * address;
        char phone[20];
    }
    student student1;
```

变量 student1 的成员可表示为 student1. name、student1. studentNo、student1. age、student1. birth. year、student1. birth. month、student1. birth. day、student1. address、student1. phone。

如果定义了指针变量指向结构类型的变量,则访问形式为

```
* (指针). 成员名
```

或者

```
指针名 -> 成员名
```

例如：

```
student student1, * pStu = &student1;
```

用指针 pStu 访问结构成员的形式为(* pStu). name、(* pStu). studentNo、(* pStu). birth. year 或者 pStu-> name、pStu-> studentNo、pStu-> birth. year。

例 6.9　使用变量和指针访问结构成员。

```
1   //exp6-9.cpp:使用变量和指针访问结构成员
2   #include<iostream>
3   using namespace std;
4   //定义一个结构体 Student,使用字符数组存储名字
5   struct Student {
6       char name[50];
7       int score;
8   };
9   int main(){
10      //使用变量访问结构体成员
11      Student student1;
12      const char * name1 = "Li Lei";
13      int score1 = 95;
14      strcpy_s(student1.name,name1);              //复制名字到结构
15      student1. score = score1;
16      cout <<"Using variable:\n";
17      cout <<"Student1 Name:"<< student1.name <<",Score:"<< student1.score << endl;
18      //使用指针访问结构成员
19      Student student2;
20      Student * ptr = &student2;
21      const char * name2 = "Wang Fang";
22      int score2 = 88;
23      strcpy_s(ptr->name,name2);                  //复制名字到结构
24      ptr-> score = score2;
```

```
25        cout <<"Using pointer:\n";
26        cout <<"Student2 Name:"<< ptr -> name <<",Score:"<< ptr -> score << endl;
27    }
```

程序运行结果：

```
Using variable:
Student1 Name:Li Lei,Score:95
Using pointer:
Student2 Name:Wang Fang,Score:88
```

类型相同的结构变量可以使用赋值运算进行整体赋值。

例 6.10　结构整体赋值示例程序。

```
1     //exp6 - 10.cpp:结构整体赋值示例程序
2     # include < iostream >
3     using namespace std;
4     struct weather {                              //定义结构类型
5         double temp;
6         double wind;
7     } yesterday;
8     int main(){
9         weather today;                            //定义结构变量
10        yesterday.temp = 23.5;
11        yesterday.wind = 3.1;
12        today = yesterday;                        //结构变量整体赋值
13        cout <<"Temp = "<< today.temp << endl;
14        cout <<"Wind = "<< today.wind << endl;
15    }
```

程序运行结果：

```
Temp = 23.5
Wind = 3.1
```

6.2.3　结构数组

当数组的元素类型为结构类型时,该数组称为结构数组。结构数组是将多个结构变量存储在连续内存位置的数据结构。这使得处理多个记录或对象变得更加高效和方便。

例如：

```
struct S_type
{
    int a;double x;
};
S_type S_ary[10];
```

S_ary 是一个有 10 个元素的数组,元素类型是 S_type。

数组的每一个元素包含两个数据成员。

```
S_ary[0].a      S_ary[0].x
S_ary[1].a      S_ary[1].x
  ⋮
S_ary[9].a      S_ary[9].x
```

结构数组的定义和访问遵循数组和结构的语法规则,例如:

```
struct Point {
    int x;
    int y;
};
Point points[5];                          //声明一个包含 5 个 Point 结构的数组
```

points 是一个有 5 个元素的数组,元素类型为结构类型 Point,即数组的每个元素都包含两个数据成员。可以在声明时初始化数组,例如:

```
Point points[] = {{0,0},{1,1},{2,2},{3,3},{4,4}};
```

也可以在声明后给数组元素赋值。例如:

```
Point points[5];
points[0].x = 0,points[0].y = 0;
...//初始化其他元素
```

例 6.11 使用结构数组来存储和操作点的坐标。

```
1   //exp6-11.cpp:使用结构数组来存储和操作点的坐标
2   # include < iostream >
3   using namespace std;
4   struct Point {
5       int x;
6       int y;
7   };
8
9   int main(){
10      Point points[5] = {
11          { 0,0 },
12          { 1,1 },
13          { 2,2 },
14          { 3,3 },
15          { 4,4 }
16      };
17
18      //遍历数组并打印每个点的坐标
19      for(int i = 0;i < 5;++i){
20          cout <<"Point "<< i <<":("<< points[i].x <<","<< points[i].y <<")\n";
21      }
22
23      //更新数组中的一个点
24      points[2].x = 100;
25      points[2].y = 100;
26
27      //再次打印更新后的数组
28      cout <<"After update:\n";
29      for(int i = 0;i < 5;++i){
30          cout <<"Point "<< i <<":("<< points[i].x <<","<< points[i].y <<")\n";
31      }
32  }
```

程序运行结果：

```
Point 0: (0, 0)
Point 1: (1, 1)
Point 2: (2, 2)
Point 3: (3, 3)
Point 4: (4, 4)
After update:
Point 0: (0, 0)
Point 1: (1, 1)
Point 2: (100, 100)
Point 3: (3, 3)
Point 4: (4, 4)
```

例 6.11 中，第 4～7 行定义了一个 Point 结构体，用于存储二维空间中的点的坐标。在 main() 函数中，第 10～16 行创建了一个包含 5 个 Point 结构体的数组 points，使用循环来遍历数组，并实现了访问和修改数组中元素的成员。

6.2.4 结构与函数

使用结构编程时，可以像处理基本类型那样，将结构作为函数的参数传递，并在需要时将结构作为返回值使用。结构允许函数一次性返回多个相关值，而不需要使用输出参数或全局变量，且通过返回结构，函数的返回值具有明确的语义，即返回一个完整的数据对象，而不是多个独立的值。如果结构比较大，则复制结构将增加内存要求，降低系统运行速度。这种情况下可以使用指针或者引用作为函数的参数。

例 6.12 直角坐标到极坐标的转换。

```
1   //exp6-12.cpp:直角坐标到极坐标的转换
2   # include <cmath>
3   using namespace std;
4   const double PI = 3.14;
5   //定义极坐标结构体
6   struct PolarCoord{
7       double r;                          //极径
8       double theta;                      //极角,以弧度为单位
9   };
10  //直角坐标到极坐标的转换函数
11  PolarCoord cartesianToPolar(double x,double y){
12      PolarCoord polar;
13      polar.r = sqrt(x * x + y * y);     //计算极径
14      polar.theta = atan2(y,x);          //计算极角,atan2()函数返回的是弧度值
15      return polar;
16  }
17  //展示极坐标的函数
18  void displayPolarCoord(const PolarCoord&r_polar){
19      double thetaDegrees = r_polar.theta * 180.0/PI;  //将弧度转换为角度
20      cout <<" Polar coordinates: (r = "<< r_polar.r <<", theta = "<< thetaDegrees << " degrees)"<< endl;
21  }
22  int main(){
23
24      double x,y;                        //直角坐标系中的点
25      cout <<"Enter the Cartesian coordinates(x and y):";
26      cin >> x >> y;
```

```
27        PolarCoord polar = cartesianToPolar(x,y);    //转换为极坐标
28        displayPolarCoord(polar);                     //展示极坐标
29    }
```

程序运行结果：

```
Enter the Cartesian coordinates (x and y): 3 4
Polar coordinates: (r = 5, theta = 53.1571 degrees)
```

例 6.12 中，PolarCoord 结构类型被用来表示极坐标系中的点，包含极径 r 和极角 theta。程序实现了两个函数：第 11~16 行的 cartesianToPolar() 函数用于将直角坐标转换为极坐标，第 18~20 行的 displayPolarCoord() 函数用于展示极坐标。cartesianToPolar() 函数接收两个 double 类型的参数 x 和 y，计算了给定直角坐标(x,y)对应的极坐标，并返回一个包含这些值的 PolarCoord 类型对象。displayPolarCoord() 函数使用了 PolarCoord 类型的引用参数 r_polar，函数通过 r_polar 可以直接访问调用时绑定的实参 polar(第 28 行)。参数前的 const 限定符起到了保护实参的目的。

例 6.13 使用结构指针实现直角坐标到极坐标的转换。

```
1     //exp6-13.cpp:使用结构指针实现直角坐标到极坐标的转换
2     # include < iostream >
3     # include < cmath >
4     using namespace std;
5     const double PI = 3.14;
6     //定义极坐标结构体
7     struct PolarCoord {
8         double r;                          //极径
9         double theta;                      //极角,以弧度为单位
10    };
11    //直角坐标到极坐标的转换函数
12    void cartesianToPolar(double x, double y, PolarCoord * p_polar){
13        p_polar -> r = sqrt(x * x + y * y);     //计算极径
14        p_polar -> theta = atan2(y, x);        //计算极角,atan2()函数返回的是弧度值
15    }
16    //展示极坐标的函数
17    void displayPolarCoord(PolarCoord * p_polar){
18        double thetaDegrees = p_polar -> theta * 180.0/PI;    //将弧度转换为角度
19        cout <<" Polar coordinates: (r = "<< p_polar -> r <<", theta = "<< thetaDegrees <<
" degrees)"<< endl;
20    }
21    int main(){
22        double x, y;                        //直角坐标系中的点
23        cout <<"Enter the Cartesian coordinates (x and y):";
24        cin >> x >> y;
25        PolarCoord polar;                   //创建极坐标结构体实例
26        cartesianToPolar(x, y, &polar);     //转换为极坐标,传入结构体指针
27        displayPolarCoord(&polar);          //展示极坐标,传入结构体指针
28    }
```

程序运行结果：

```
Enter the Cartesian coordinates (x and y): 3 4
Polar coordinates: (r = 5, theta = 53.1571 degrees)
```

例 6.13 与例 6.12 的主要区别在于,它使用了指针传递而不是值传递或引用传递来处理 PolarCoord 结构。在这个程序中,cartesianToPolar()函数(第 12～15 行)和 displayPolarCoord()函数(第 17～20 行)都接收一个指向 PolarCoord 结构体的指针作为参数。main()函数中,第 26 行和第 27 行将实参 polar 对象的地址传递给函数的形参指针 p_polar,函数通过 p_polar 间址访问实参对象 polar。

6.3 链表

链表是一种常见的数据结构,它由一系列结点组成,每个结点包含数据部分和指向链表中下一个结点或上一个结点的指针。链表中的结点通过指针相互连接,但相邻结点的物理存储位置并不相邻。链表可以是单向的(单链表)、双向的(双链表)或循环的,本节仅通过单向链表来介绍动态结构中对数据元素及其之间关系的存储和基本操作。

链表采用动态数据结构,链表结点的存储空间可以动态分配和释放,链表的大小可以在运行时动态地增加或者减少,不需要像数组那样在创建时指定大小。链表的结点可以存储在内存中的任何位置,不像数组那样要求所有元素连续存储。为了能访问链表的所有结点,每个结点需要额外的内存来存储指向后继结点的指针,因此增加了内存开销。

链表插入、删除操作方便,通过修改结点的指针指向,可以方便地在链表中的任何位置插入或删除结点,效率较高。

1. 链表存储

如图 6.3 所示,单向链表由结点组成,结点包含两部分:数据部分,用于存储结点的数据,类型可以是基本类型或自定义数据类型;指针部分,指向链表中下一个结点的地址。单向链表的最后一个结点的指针部分通常设置为 NULL,表示链表的结束。链表第一个结点的地址由结构指针 head 指向。

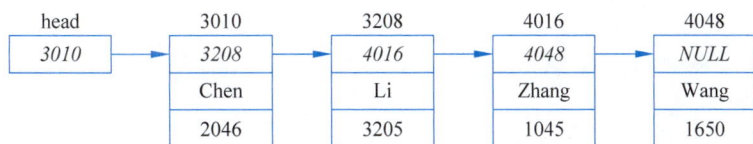

图 6.3 单向链表

单向链表不支持快速随机访问,访问任意结点都需要从 head 指向的结点开始顺序遍历,找到待访问的结点,访问第 i 个元素,必须先访问第 $i-1$ 个元素,取出第 i 个元素的地址。链表通常用于实现栈、队列等数据结构,或者在需要频繁插入和删除而随机访问较少的场景。

单向链表的结点可以定义为一个结构类型,例如:

```
struct Node
{
    datatype data;
    Node * next;
}
```

其中,成员 next 是指向自身结构类型的指针;data 成员的类型 datatype 可以是任意 C++ 允许的数据类型,但不能是自身的结构类型。

例如,图 6.3 的链表结点类型可以定义为

```
struct Node
{
    char name[20];
int code;
    Node * next;
}
```

2. 建立和遍历链表

创建链表时,需要从头结点开始构建,然后建立后继结点。建立链表的过程可以描述为

```
生成头结点;
while(未结束)
{
  生成新结点;
  把新结点插入链表;
}
```

例 6.14 建立和遍历单向链表。

```
1    //exp6-14.cpp:建立和遍历单向链表
2    # include < iostream >
3    using namespace std;
4    //定义链表结点类型
5    struct node {
6        int data;
7        node *  next;
8    };
9    //全局变量,指向链表的头结点
10   node *  head = nullptr;
11   //创建链表的函数定义
12   node *  CreateList(){
13       node *  s = nullptr;
14       node *  p = nullptr;
15       int data;
16       cout <<"Enter the elements of the list (enter 0 to stop):";
17       while(cin >> data && data != 0){
18           s = new node;
19           s -> data = data;
20           s -> next = nullptr;
21           if(head == nullptr){
22               head = s;
23               p = s;
24           }
25           else{
26               p -> next = s;
27               p = s;
28           }
29       }
30       if(p != nullptr){
```

```
31              p -> next = nullptr;
32         }
33      return head;
34   }
35   //打印链表的函数定义
36   void PrintList(node *  ptr){
37      while (ptr != nullptr){
38          cout << ptr -> data <<" ";
39          ptr = ptr -> next;
40      }
41      cout << endl;
42   }
43   int main(){
44      head = CreateList();                    //调用创建链表函数
45      cout <<"The created list is:";
46      PrintList(head);                        //调用打印链表函数
47   }
```

程序运行结果：

```
Enter the elements of the list (enter 0 to stop): 3 5 6 7 9 13 0
The created list is: 3 5 6 7 9 13
```

第12～34行的 CreateList()函数使用 new 关键字动态创建结点,从标准输入读取数据,直到用户输入 0;如果 head 为空,则将新结点设置为头结点,否则,将新结点链接到链表的末尾;最后,将链表的最后一个结点的 next 指针设置为 nullptr,表示链表的结束。

第36～42行的 PrintList()函数遍历链表,打印每个结点的数据。遍历链表必须从表头指针开始,使用跟踪指针逐个输出结点值,直到指针为空。

请读者思考,遍历链表中语句"ptr＝ptr－＞next;"可以用"ptr＋＋;"替换吗?

3. 插入结点

(1) 在表头插入结点。

在表头插入结点,就是要使得被插入的结点成为第一个结点,其步骤如图6.4所示。首先生成新结点,然后把新结点链接到链表上,最后修改表头指针。

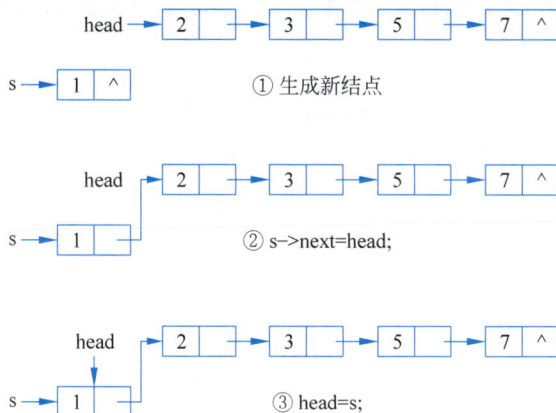

图 6.4　在表头插入结点

(2) 在任意位置插入结点。

将结点 * s 插入结点 * p 之后,可以先查找 p 的位置,然后插入,如图6.5所示。

191

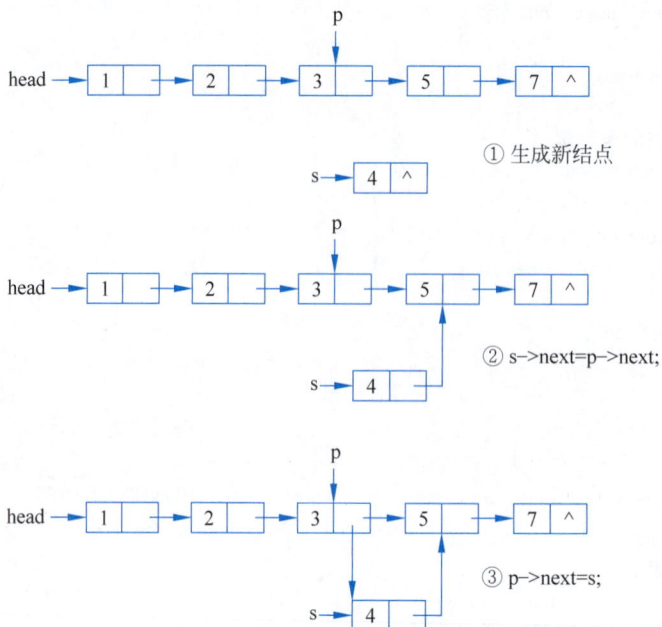

图 6.5　将结点 * s 插入结点 * p 之后

　　将结点 * s 插入结点 * p 之前,需要先找到 * p 的前驱结点 * q(假设 * q 为 * p 的前驱结点),如图 6.6 所示。

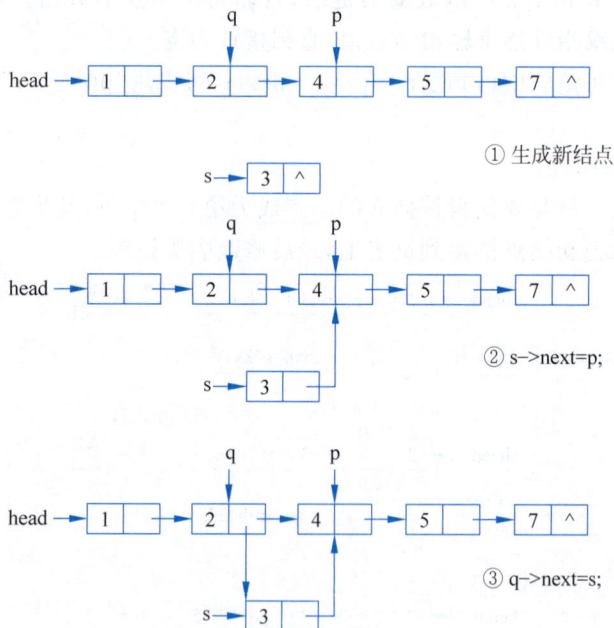

图 6.6　将结点 * s 插入结点 * p 之前

　　如果前驱结点未知,可以通过下列程序实现将结点 * s 插入 * p 之前,首先把 * s 插入 * p 之后,然后交换两个结点的数据域。

```
s->next=p->next;            //将结点 s 的 next 指针指向 p 的下一个结点
```

```
p->next = s;                //将 p 的 next 指针指向 s,这样 s 就成为 p 的直接后继
temp = p->data;             //交换数据域
p->data = p->next->data;    //p->data = s->data 将 p 结点的数据设置为 p->next
                            //(即 s 结点)的数据
p->next->data = temp;       //s->data = temp
```

例 6.15 用插入法生成一个有序链表。

```
1   //exp6-15.cpp:用插入法生成一个有序链表
2   #include <iostream>
3   using namespace std;
4   struct list {
5       int data;
6       list *  next;
7   };
8   //插入新结点的函数定义,通过引用传递头指针
9   void insert(list * & head, int num){
10      list *  s = new list;
11      s->data = num;
12      s->next = NULL;
13      //如果头结点为空或者新结点的数据小于头结点的数据,则新结点成为新的头结点
14      if(head == NULL||head->data >= s->data){
15          s->next = head;
16          head = s;               //直接修改头指针
17          return;
18      }
19      //初始化跟踪指针
20      list *  prev = NULL, *  curr = head;
21      //寻找合适的插入位置
22      while (curr != NULL && curr->data < s->data){
23          prev = curr;
24          curr = curr->next;
25      }
26      //插入新结点
27      s->next = curr;
28      if(prev == NULL){
29          head = s;                   //如果 prev 是 NULL,则说明新结点应该插入头部
30      }
31      else{
32          prev->next = s;
33      }
34  }
35  //显示链表的函数定义
36  void showlist(list * head){
37      cout <<"Now the items of list are:\n";
38      list *  current = head;
39      while (current != NULL){
40          cout << current->data <<'\t';
41          current = current->next;
42      }
43      cout << endl;
```

```
44    }
45    int main(){
46        int k;
47        list *  head = NULL;          //局部变量 head
48        cin >> k;
49        while (k != 0)
50        {
51            insert(head,k);          //函数调用,传递头指针的引用
52            cin >> k;
53        }
54        showlist(head);
55    }
```

程序运行结果:

```
5 6 31 75 23 12 7 0
Now the items of list are:
5       6       7       12      23      31      75
```

例 6.15 中,第 9~34 行定义的 insert()函数实现将一个结点插入链表。第 36~44 行定义的 showlist()函数实现遍历链表,打印出每个结点的数据成员。

请读者思考,为什么函数 insert()中链表头指针需要使用指针类型的引用参数。

4. 删除结点

删除结点的基本步骤:查找待删除结点的上一个结点;将待删除结点的 next 指针赋给上一个结点的 next 指针;释放被删除结点的内存。

(1) 删除头结点。

删除头结点,操作如图 6.7 所示。

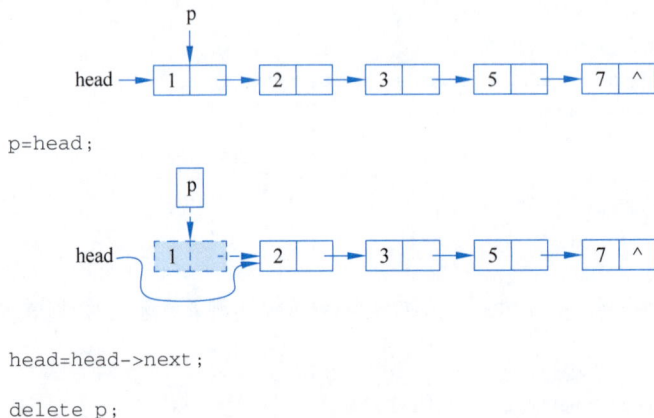

```
p=head;
```

```
head=head->next;
```

```
delete p;
```

图 6.7　删除头结点

(2) 删除任意结点 * p。

删除结点 * p,需要知道其前驱结点指针,操作如图 6.8 所示。

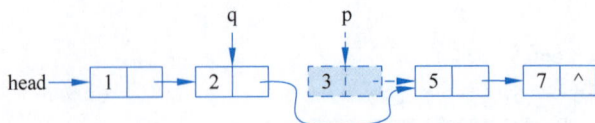

图 6.8　删除结点 * p

```
q - > next = p - > next;
delete p;
```

（3）释放链表。

当链表使用完成之后，需要释放其占用的内存。释放链表内存是一个重要的步骤，特别是在使用动态内存分配（如 new 关键字）创建链表时。如果不正确地释放内存，可能会导致内存泄漏。

可以使用以下语句释放链表：

```
while(head != nullptr)
{
        temp = head;
        head = head - > next;
        delete temp;
}
```

例 6.16 删除单向链表中的重复元素。

```
1    //exp6 - 16.cpp:删除单向链表中的重复元素
2    ♯ include < iostream >
3    using namespace std;
4    //定义链表结点类型
5    struct Node {
6        int data;
7        Node *  next;
8    };
9    //函数定义:创建链表
10   Node *  createList(){
11       Node *  head = nullptr, *  tail = nullptr, *  newNode;
12       int data;
13       cout <<"Enter the elements of the list(enter 0 to stop):";
14       while(cin >> data && data != 0){
15           newNode = new Node;
16           newNode - > data = data;
17           newNode - > next = nullptr;
18
19           if(head == nullptr){
20               head = newNode;
21               tail = newNode;
22           }
23           else{
24               tail - > next = newNode;
25               tail = newNode;
26           }
27       }
28       return head;
29   }
30   //函数定义:删除链表中的重复元素
31   Node *  removeDuplicates(Node *  head){
32       if(head == nullptr||head - > next == nullptr){
33           return head;
```

```
34          }
35
36          Node * current = head;
37          while(current != nullptr){
38              Node * runner = current;
39              while(runner -> next != nullptr){
40                  if(current -> data == runner -> next -> data){
41                      Node * temp = runner -> next;
42                      runner -> next = temp -> next;
43                      delete temp;
44                  }
45                  else{
46                      runner = runner -> next;
47                  }
48              }
49              current = current -> next;
50          }
51          return head;
52      }
53      //函数定义:打印链表
54      void printList(Node * head){
55          Node * current = head;
56          while(current != nullptr){
57              cout << current -> data <<" ";
58              current = current -> next;
59          }
60          cout << endl;
61      }
62      int main(){
63          Node * head = createList();                    //函数调用:创建链表
64          cout <<"The original list is:";
65          //打印原始链表
66          printList(head);
67          head = removeDuplicates(head);                 //函数调用:删除重复元素
68          cout <<"The list after removing duplicates is:";
69          printList(head);                               //函数调用:打印链表
70          //释放链表内存
71          Node * temp;
72          while(head != nullptr){
73              temp = head;
74              head = head -> next;
75              delete temp;
76          }
77      }
```

程序运行结果：

```
Enter the elements of the list(enter 0 to stop): 3 4 6 7 7 8 8 9 0
The original list is: 3 4 6 7 7 8 8 9
The list after removing duplicates is: 3 4 6 7 8 9
```

例 6.16 中，第 31～52 行定义的 removeDuplicates()函数使用两个指针 current 和 runner 来遍历链表。current 用于遍历链表，runner 用于查找重复元素。如果找到重复元素,则删除该元素。这个函数确保每个元素在链表中只出现一次。

6.4 应用举例

本节通过应用示例对前述知识进行综合运用。

例 6.17 建立学生成绩表,每个学生均包含姓名、学号和成绩三列信息,按成绩从低到高输出学生成绩表。

分析:可以定义一个结构数组存储学生信息,定义三个函数分别完成对结构数组的输入、输出以及排序功能。程序如下:

```cpp
//exp6-17.cpp:建立学生成绩表
#include <iostream>
#include <iomanip>
using namespace std;
//定义结构类型
struct Student{
    char name[20];                              //姓名
    unsigned int id;                            //ID
    double score;                               //成绩
};
const int SIZE = 6;                             //学生数量
Student allone[SIZE];                           //结构数组声明
void sortStudentsByScore(Student students[],int size); //函数原型声明
void inputStudents(Student students[],int size){     //函数定义:输入学生成绩表
    for(int i = 0;i < size;i++){
        cout << i <<":Name:";
        cin.ignore();                           //忽略之前读取的换行符
        cin.getline(students[i].name,10);       //读取姓名
        cout <<"ID:";
        cin >> students[i].id;
        cout <<"Score:";
        cin >> students[i].score;
        cout << endl;
    }
}
//函数定义:输出学生成绩表
void outputStudents(const Student students[],int size){
    cout <<"Sorted by score:\n";
    for(int i = 0;i < size;i++)
        cout << left << setw(10)<< students[i].name << right << setw(5)<< students[i].id << setw(10)<< fixed << setprecision(2)<< students[i].score << endl;
}
int main(){
    inputStudents(allone,SIZE);                 //函数调用:输入学生数据
    cout <<"Sort by score:\n";
    sortStudentsByScore(allone,SIZE);           //函数调用:以成绩为关键字排序
    outputStudents(allone,SIZE);                //函数调用:输出排序后的数据
}
```

```
38    //函数定义:对学生成绩表按成绩进行排序
39    void sortStudentsByScore(Student students[],int size){
40        for(int i = 1;i < size;i++){
41            for(int j = 0;j < size − i;j++){
42                if(students[j].score > students[j + 1].score){  //结构变量的整体交换
43                    Student temp = students[j];
44                    students[j] = students[j + 1];
45                    students[j + 1] = temp;
46                }
47            }
48        }
49    }
```

程序运行结果：

```
0: Name: Li Lei
ID: 1001
Score: 88

1: Name: Wang Fang
ID: 1002
Score: 27

2: Name: Jia Ming
ID: 1003
Score: 96

3: Name: Lu Lin
ID: 1004
Score: 75

4: Name: Xiao Qin
ID: 1005
Score: 68

5: Name: Chen Hong
ID: 1006
Score: 93

Sort by score:
Sorted by score:
Wang Fang   1002    27.00
Xiao Qin    1005    68.00
Lu Lin      1004    75.00
i Lei       1001    88.00
Chen Hong   1006    93.00
Jia Ming    1003    96.00
```

例 6.17 中，第 6～10 行定义了 Student 结构类型；第 14～25 行定义的 inputStudents()函数用于输入学生成绩表；第 27～31 行定义的 outputStudents()函数用于输出学生成绩表；第 39～49 行定义的 sortStudentsByScore()函数使用冒泡排序对学生成绩表按成绩升序排序。

例 6.18 用辅助数组对结构数组的数据按关键字排序。

```
1    //exp6 - 18.cpp:用辅助数组对结构数组的数据按关键字排序
2    # include < iostream >
3    using namespace std;
4    struct Student                              //定义结构类型
5    {
6        char name[10];
7        unsigned int id;
8        double score;
9    };
10   //函数原型声明
11   void Input(Student[],const int);
12   void Sort(Student * [],const int);
13   void Output(Student * [],const int);
```

```
14
15   int main()
16   {
17       Student allone[100];                    //说明结构数组
18       Student * index[100];                   //说明索引数组
19       int total;
20       for(int i = 0;i < 100;i++)              //索引数组元素值初始化为结构数组元素地址
21           index[i] = allone + i;
22       cout <<"输入学生人数:";
23       cin >> total;
24       cout <<"输入学生信息:\n";
25       Input(allone,total);                    //函数调用
26       cout <<"以成绩作为关键字排序\n";
27       Sort(index,total);                      //函数调用
28       cout <<"输出排序后信息:\n";
29       Output(index,total);                    //函数调用
30   }
31
32   void Input(Student all[],const int n)       //函数定义
33   {
34       int i;
35       for(i = 0;i < n;i++)                    //输入数据
36       {
37           cout << i <<"姓名:";
38           cin >> all[i].name;
39           cout <<"学号:";
40           cin >> all[i].id;
41           cout <<"成绩:";
42           cin >> all[i].score;
43       }
44   }
45
46   void Sort(Student * pi[],const int n)       //函数定义
47   {
48       int i,j;
49       Student * temp;                         //说明结构指针
50       for(i = 1;i < n;i++)                    //以成员 score 进行关键字排序
51       {
52           for(j = 0;j < n - 1 - i;j++)
53           {
54               if(pi[j] -> score > pi[j + 1] -> score) //通过索引数组访问结构数组元素
55               {
56                   temp = pi[j];               //交换索引数组元素值
57                   pi[j] = pi[j + 1];
58                   pi[j + 1] = tmp;
59               }
60           }
61       }
62   }
63
64   void Output(Student * pi[],const int n)     //函数定义
```

```
65  {
66     for(int i = 0;i < n;i++)                    //输出排序后的数据
67        cout << pi[i] -> name <<'\t'<< pi[i] -> id <<'\t'<< pi[i] -> score << endl;
68  }
```

例 6.18 使用辅助数组对结构数组中的学生数据进行按关键字排序,这样可以避免直接交换结构体对象,提高排序效率。

main()函数中,第 18 行说明的 index 是一个指针数组,第 20、21 行将 index 元素值初始化为结构数组 allone 对应元素的地址,index 数组和 allone 数组的对应关系如表 6.7 所示。

表 6.7　index 数组和 allone 数组的对应关系

index 数组		allone 数组			
索引	指针	索引	name	id	score
[0]	&allone[0]	[0]	陈小华	0010	75
[1]	&allone[1]	[1]	李向东	0020	92
[2]	&allone[2]	[2]	张力扬	0030	88
[3]	&allone[3]	[3]	黄山	0040	95
[4]	&allone[4]	[4]	何解	0050	67

排序函数 Sort()通过 index 数组访问 allone 数组,第 54 行对 pi[j]-> salary 与 pi[j+1]-> salary 进行按关键字比较,逆序排序时,执行第 56~58 行语句,交换 pi[j]与 pi[j+1]。

完成排序后,调整了 index 数组元素的指针值,形成了按 score 关键字排序的顺序映像,如表 6.8 所示。Output()函数通过 index 数组访问 allone 数组,按 score 的升序显示 allone 数组中各元素的值。

表 6.8　排序后的 index 数组和 allone 数组的对应关系

index 数组		allone 数组			
索引	指针	索引	name	id	score
[0]	&allone[4]	[0]	陈小华	0010	75
[1]	&allone[0]	[1]	李向东	0020	92
[2]	&allone[2]	[2]	张力扬	0030	88
[3]	&allone[1]	[3]	黄山	0040	95
[4]	&allone[3]	[4]	何解	0050	67

例 6.19 输入一行字符,按输入字符的反序建立一个字符结点的单向链表,并输出该链表中的大写字母。

分析:本题可采用单向链表将输入字符串的字符反序存储到链表中,使得链表的头结点存储的是字符串的最后一个字符。可以使用字符的 ASCII 码来判断是否是大写英文字母。程序如下:

```
1   //exp6-19.cpp:输入一行字符,按输入字符的反序建立一个字符结点的单向链表,并输出该链
    //表中的大写字母
2   # include < iostream >
3   # include < cstring >
4   using namespace std;
5   //定义结点类型
```

```
6    struct CharNode {
7        char data;                              //存储字符数据
8        CharNode *  next;                       //指向下一个结点的指针
9    };
10   //函数定义:创建单向链表
11   CharNode *  create(const char *  str){
12       CharNode *  head = nullptr;             //链表头指针,初始为空
13       CharNode *  tail = nullptr;             //链表尾指针,初始为空
14       CharNode *  newNode = nullptr;
15       int length = strlen(str);               //获取字符串长度
16       for(int i = length - 1; i > = 0; -- i){
17           newNode = new CharNode;             //创建新结点
18           newNode - > data = str[i];          //设置结点数据
19           newNode - > next = nullptr;         //新结点的下一个结点为空
20               //如果链表为空,则新结点既是头结点又是尾结点
21           if(head == nullptr){
22               head = newNode;
23               tail = newNode;
24           }
25           else{
26               tail - > next = newNode;        //将新结点链接到链表的末尾
27               tail = newNode;                 //更新尾指针
28           }
29       }
30       return head;                            //返回链表头指针
31   }
32   //函数定义:输出链表中大写字母
33   void show(CharNode *  head){
34       CharNode *  current = head;             //链表的当前结点
35       //遍历链表
36       while(current!= nullptr){
37           if(current - > data > = 'A'&&current - > data < = 'Z'){   //如果当前字符是大写字母
38               cout << current - > data;        //输出大写字母
39           }
40           current = current - > next;          //移动到下一个结点
41       }
42       cout << endl;                           //输出换行
43   }
44   //主函数
45   int main(){
46       char input[100];                        //假设输入的字符不超过 99 个
47       cout <<"Please input a line of characters:";
48       cin.getline(input,100);                 //获取一行输入
49
50       CharNode *  list = create(input);       //函数调用:创建链表
51       cout <<"The uppercase letters in the list are:";
52       show(list);                             //函数调用:输出链表中的大写字母
53       //释放链表占用的内存
54       CharNode *  current = list;
55       while (current != nullptr){
56           CharNode *  temp = current;
```

```
57              current = current -> next;
58              delete temp;
59          . }
60      }
```

程序运行结果：

```
Please input a line of characters: DASHUgyt678QTE
The uppercase letters in the list are: ETQUHSAD
```

例 6.19 中，第 11～31 行定义的 create() 函数接收一个字符串 str 作为参数，创建一个单向链表，并返回链表的头指针，从字符串的末尾开始，逐个字符创建链表结点，并将其链接到链表的末尾，如果链表不为空，则将新结点链接到链表的末尾，并更新尾指针。

例 6.20 编写程序，模拟约瑟夫问题（Josephus Problem，也称为约瑟夫环问题或约瑟夫置换）的求解过程。问题描述：有 n 个人围成一个圆圈，从第 i 个人开始从 1 到 m 报数，凡报到第 m 的人出列，这个过程一直持续，直到所有人都出列。如 $n=8$，$i=2$，$m=3$，则出列的顺序为 4,7,2,6,3,1,5,8。要求：①程序应能够接收用户输入的 n、i、m 的值。②程序应能够模拟约瑟夫问题的求解过程，并输出出列的顺序。

约瑟夫问题可以使用环形链表来模拟。程序如下：

```
1    //exp6-20.cpp:约瑟夫问题
2    # include < iostream >
3    # include < iomanip >
4    using namespace std;
5    struct Jonse {
6        int code;                          //结点编号
7        Jonse * next;                      //指向下一个结点的指针
8    };
9    //函数定义:创建一个包含 n 个结点的循环链表
10   Jonse * Create(int n){
11       Jonse * h, * p;
12       h = new Jonse;                     //创建头结点
13       p = h;
14       for(int i = 1; i <= n; i++){
15           p -> code = i;                 //设置当前结点的编号
16           if(i < n){
17               p -> next = new Jonse;     //创建下一个结点
18               p = p -> next;
19           }
20       }
21       p -> next = h;                     //将链表的末尾结点指向头结点,形成循环链表
22       return h;
23   }
24   //函数定义:输出链表中的所有结点编号
25   void ShowList(Jonse * h){
26       Jonse * p = h;
27       do {
28           cout << p -> code <<'\t';      //输出当前结点的编号
29           p = p -> next;                 //移动到下一个结点
30       } while(p != h);                   //如果没有回到头结点,则继续循环
31       cout << endl;
```

```
32    }
33    //函数定义:约瑟夫问题的求解
34    void Out(Jonse *  h, int i, int d){
35        Jonse *  p, *  prev;
36        int k;
37        p = h;
38        //找到最后一个结点
39        for(prev = h; prev -> next != h; prev = prev -> next);
40        //移动到开始位置
41        for(k = 1;k < i;k++){
42            prev = p;
43            p = p -> next;
44        }
45        //输出并删除结点
46        while(p != p -> next){
47            for(k = 1;k < d;k++){
48                prev = p;
49                p = p -> next;
50            }
51            cout << p -> code <<'\t';              //输出当前结点的编号
52            prev -> next = p -> next;    //将前一个结点的 next 指向当前结点的 next,即删除当前结点
53            Jonse *  temp = p;
54            p = p -> next;
55            delete temp;                          //删除当前结点
56        }
57        cout << p -> code << endl;                //输出最后一个结点的编号
58        delete p;                                 //删除最后一个结点
59    }
60    int main(){
61        Jonse *  head;
62        int num, val, beg;
63        cout <<"\nplease input the number of total:\n";
64        cin >> num;
65        head = Create(num);                       //函数调用:创建链表
66        ShowList(head);                           //函数调用:输出链表结点信息
67        cout <<"\nplease input the code of begin:\n";
68        cin >> beg;
69        cout <<"\nplease input interval of counting:\n";
70        cin >> val;
71        cout <<"the new list is:\n";
72        Out(head, beg, val);                      //函数调用:求解约瑟夫问题
73    }
```

程序运行结果：

```
please input the number of total:
8
1    2    3    4    5    6    7    8

please input the code of begin:
2

please input interval of counting:
3
the new list is:
4    7    2    6    3    1    5    8
```

例 6.20 中,第 10～23 行的 Create()函数创建一个包含 n 个结点的环形链表,第 21 行

将链表的末尾结点指向头结点,形成环形链表。第 34～59 行的 Out() 函数求解约瑟夫问题,输出出列顺序。

本章小结

C++语言具备强大的位运算功能,使得程序员能够精细地操控数值中的每一位。此外,位运算符还能被巧妙地应用于高效地执行集合运算。

结构类型通过 struct 关键字进行定义,它由多个不同类型的数据成员组合而成。在内存中,结构变量占据一片连续的存储空间。当数组的元素类型为结构时,这样的数组称为结构数组,其定义和访问均遵循数组与结构的语法规则。

结构可以作为函数的参数进行传递,并在必要时作为函数的返回值。然而,对于较大的结构,直接复制会增加内存消耗。在这种情况下,通过指针或引用传递结构可以更为高效。

线性表是数据结构中的核心概念之一。动态链表允许在程序运行时动态地创建或删除数据元素。链表操作灵活便捷,借助指针,可以轻松地在链表中的任意位置插入或删除结点,从而实现高效的元素管理。

习题 6

习题 6

## 第7章

类与对象

C++中引入类的概念主要是为了支持面向对象编程(object-oriented programming, OOP)。面向对象编程是一种以对象为核心,将数据和方法组织在一起的编程范式。类(class)是对现实事务的抽象,也是面向对象程序设计实现信息封装的基础。类不但提供了对数据的封装,还提供了对数据的处理函数。类是一种用户定义类型,也称为类类型。通过创建自己的类,程序员可以对 C++语言进行扩展。类的实例称为对象,正如基本数据类型的实例称为变量一样,在程序设计中,"变量"与"对象"两个术语常常可以互换使用。

本章介绍类和对象的定义、类的各种成员性质和访问方式。

7.1 类的定义与访问

7.1.1 定义类

1. 类定义的语法形式

类是一种用户定义类型,也称为类类型。一个类型是某个概念的一个具体体现。例如,C++内部类型 int 及其运算符＋、－、＊ 等所提供的就是数学中整数概念的一个具体近似。一个类就是一个用户定义类型。设计一个新类型,是为了给某个在内部类型中没有直接对应物的概念提供一个定义。例如,在学生注册管理程序中设计一个新的类型 Student,可以使程序更容易理解,也更容易修改。

通过类定义可以创建一个类,每个类包含数据说明(数据成员)和一组操作数据或传递消息的函数(成员函数)。类定义描述了封装在该类中的数据成员和成员函数,其语法形式为

```
class <类名>
{
    public:
            数据成员和成员函数;
    private:
            数据成员和成员函数;
    protected:
            数据成员和成员函数;
};
```

其中,class 是定义类的关键字。"类名"是用户自定义的标识符,用于标识类型的名字。所有类的内部成员都要在花括号内定义,以分号结束类定义语句。

类成员用关键字指定不同的访问特性,决定其在类体系中或类外的可见性。不需要在每个成员前面都加上访问限制,如果一个成员前面没有访问限制,则其访问限制和前面定义的成员相同。各种不同访问性质的成员说明段在类定义中没有顺序规定,也可以重复出现。一般访问限制的关键字有 public、private 和 protected,它们的访问限制如下:

(1) public。公有的,这个限制后面所定义的成员(包括数据和函数)可以被外部访问。一般抽象出来供外部使用的接口都要定义为 public 限制。

(2) private。私有的,表示定义的成员只供本类内部使用,外部不可以使用。一般情况下受保护的数据成员和内部函数要定义为 private 限制。

(3) protected。受保护的,其特性是在类和它的派生类中可见,外部不可见。

当用 class 定义类时,其成员的访问限制默认都是 private,也就是说如果不加任何访问限制,那么所有的成员都是 private 限制。除了 class 外,关键字 struct 也可以用于定义类。用 struct 定义类时,若不特别指出,则所有成员都是公有的。

为了便于了解接口,往往把公有的成员放在开始位置。也有许多程序员习惯于先定义数据成员,再定义对数据操作的函数。下面的代码定义了一个时间类 Time:

```
class Time
{
    public:
        Time(int h = 0, int m = 0, int s = 0);          //构造函数
        void setTime(int, int, int);                    //设置时间
        Time getTime();                                 //获取时间
        void addSeconds(int s);                         //增加秒数
        void display();                                 //显示时间
        ~Time();                                        //析构函数
    private:
        int hour;
        int minute;
        int second;
};
```

2. 类的数据成员

类是对事物的封装,因此类要封装必要的描述事物的数据。这些数据称为类的数据成员或者成员变量。上面定义的 Time 类中有三个数据成员:hour、minute、second,分别用来表示时、分、秒。这些数据成员被组织起来,用来表示一个时间的信息。

类的数据成员可以是任何数据类型。所有可以定义变量的数据类型都可以定义类的数据成员。类的数据成员除了可以是基本类型外,还可以是数组、结构、类等自定义的数据类型。如果一个类的成员是一个已经定义的类类型,则称为类的包含(或组合)。

类的数据成员的定义顺序没有特别的要求,这些数据成员可以以任何顺序出现。类的数据成员的定义和普通的变量定义一样。但是类的定义仅仅是定义一个自定义的类型,并没有分配相应的存储空间,因此在定义类时,不可以给类的数据成员赋值。例如:

```
class Time
{
    int hour = 0;                                               //定义错误
    ⋮
};
```

3. 类的成员函数

在 C++ 中,类不但封装了数据,还抽象出了对数据的操作,通过这些操作,可以方便地修改类的数据成员。这些操作可以完成类的数据成员之间的协调,可以保证数据的一致性。这些抽象出来的操作就是函数,将这些函数封装到类中,成为类的成员函数,用于处理该类的数据成员。

在前面定义的类 Time 中,有 6 个公有成员函数,这些成员函数可以分为普通的成员函数,如:setTime()函数设置时间,getTime()函数获取时间,display()函数输出时间,addSeconds()函数增加秒数。构造函数 Time()和析构函数~Time()是两个特殊的成员函数。构造函数用于初始化,而析构函数往往用来进行"清理善后"的工作。这两个函数在7.2节中将会详细地介绍。

类的成员函数的定义和普通函数的定义一样,包括返回类型、函数名、参数列表和函数体。在类的成员函数中,可以直接使用类的成员变量。对于类的成员变量和成员函数的定义,没有严格的顺序要求,可以以任何的顺序出现。

类的成员函数也可以在类中声明,在类外定义。成员函数在类外定义使用作用域区分符进行说明,此时函数头的形式为

返回类型 类名::函数名(参数表)

其中,作用域区分符::由两个冒号构成,用于标识属于什么类的成员。例如,下面的代码在类外定义成员函数 setTime()。

```
void Time::setTime(int h, int m, int s){
    hour = (h >= 0&&h < 24) ? h:0;
    minute = (m >= 0&&m < 60) ? m:0;
    second = (s >= 0&&s < 60) ? s:0;
}
```

此时,在类中只需要 setTime()函数的原型声明语句。

7.1.2 类对象的定义及访问

1. 定义类对象

定义的类是一个用户自定义类型,可以像 C++ 内部数据类型和其他自定义类型一样使用。类是一个类型,不可以直接对类进行操作。要使用类,就要先定义一个类对象,对象是类类型的变量,说明方法与普通变量相同。例如:

```
Time meetingTime;                    //定义了 Time 类的对象 meetingTime
Time * timePtr;                      //定义了 Time 类指针变量 timePtr
```

类只需定义一次,但一个类可以定义很多对象。类本身不占用内存,只有定义了类对象之后,对象才占用内存空间。说明一个类类型的对象后,编译器为每个对象的数据成员分配内存。对象的存储空间大小完全由数据成员决定。如果用 sizeof(meetingTime)语句

来输出对象 meetingTime 的长度,输出的结果是 12;同样的也可以用 sizeof(Time)语句来输出类 Time 的长度,输出的结果也是 12,Time 类的长度为其数据成员的长度之和。如果类含有不同类型的成员变量,编译器可能会对成员变量进行内存对齐,以确保访问速度。这可能会导致类对象的大小比成员变量大小简单相加的结果要大。

2. 访问类对象

使用对象包括访问对象的数据成员和调用成员函数。类中的成员函数可以使用自身不同性质的数据成员和成员函数。公有成员是提供给外部的接口,只有公有成员在类体系外可见。对象成员的访问形式与访问结构的形式相同,运算符".."和"—>"用于访问对象成员。如果有说明:

```
Time meetingTime;
Time * timePtr = &meetingTime;
```

则 meetingTime.setTime(14,30,00)用对象名和运算"."调用了 Time 类的成员函数 setTime()。而 imePtr—> display()则用指针和运算"—>"调用了 Time 类的成员函数 display()。另外,也可以用数组组织对象。例如:

```
Time vecTime[10];
```

vecTime 是一个有 10 个元素的类类型数组,它的每个元素 vecTime[i]都是 Time 类对象,vecTime[i].hour 表示第 i 个时间对象的小时。对第 i 个时间对象进行设置的形式为

```
vecTime[i].setTime(14,30,00);
```

3. 类与对象示例

通常情况下,在程序设计中,为了使类的结构清晰,在头文件中只放置类的定义,而类成员函数的实现通常放在.cpp 文件中。

例 7.1 声明一个 Time 类,包含小时、分钟和秒数,以及一些基本的操作,如设置时间、获取时间、增加秒数、打印时间。

类的定义放在头文件 Time.h 中,其中第 7~11 行是成员函数的原型声明。

```
1    //Time.h
2    # ifndef TIME_H
3    # define TIME_H
4
5    class Time {
6    public:
7      Time(int h = 0, int m = 0, int s = 0);   //构造函数,对数据成员进行初始化,默认值均为 0
8      void setTime(int, int, int);              //设置时间
9      Time getTime();                           //获取时间
10     void addSeconds(int s);                   //增加秒数
11     void display();                           //显示时间
12     ~Time();                                  //析构函数
13   private:
14     int hour;                                 //0~23
15     int minute;                               //0~59
16     int second;                               //0~59
17   };
18   # endif
```

类的成员函数定义则放在 Time.cpp 文件中。

```cpp
1    //Time.cpp
2    # include < iostream >
3    # include < iomanip >
4    using namespace std;
5    # include "Time.h"
6    //构造函数
7    Time::Time(int h , int m, int s){
8        setTime(h, m, s);                 //对数据成员进行初始化
9    }
10
11   //设置时间
12   void Time::setTime(int h, int m, int s){
13       hour = (h > = 0 && h < 24) ? h:0;
14       minute = (m > = 0 && m < 60) ? m:0;
15       second = (s > = 0 && s < 60) ? s:0;
16   }
17
18   //获取时间
19   Time  Time::getTime(){
20       return * this;
21   }
22
23   //增加秒数
24   void Time::addSeconds(int s){
25       second += s;
26       if(second > = 60){
27           minute +=  second/60;
28           second % = 60;
29       }
30       if(minute > = 60){
31           hour += minute/60;
32           minute % = 60;
33       }
34       if(hour > = 24)
35           hour % = 24;
36   }
37
38   //显示时间
39   void Time::display(){
40       cout << setfill('0') << setw(2) << hour <<":"
41         << setw(2) << minute <<":" << setw(2) << second << endl;
42   }
43
44   //析构函数
45   Time::~Time(){
46       //清理工作(如果有的话)
47   }
```

使用 Time 类的测试代码放在 TimeTest.cpp 文件中。

```
1    //TimeTest.cpp
2    # include < iostream >
3    # include < iomanip >
4    using namespace std;
5    # include "Time. h"
6     int main(){
7        Time t1,t2;                          //创建 Time 类对象 t1 和 t2
8        t1.display();                        //显示默认时间为 00:00:00
9        t2.display();                        //显示默认时间为 00:00:00
10       t1.setTime(12,25,0);                 //设置时间
11       t2.setTime(10,30,45);                //设置时间
12       Time meetingTime;                    //创建 Time 类对象 meetingTime
13       meetingTime = t1.getTime();          //获取时间赋给 meetingTime
14       meetingTime.display();               //显示时间
15       Time * timePtr = &meetingTime;
16       timePtr -> addSeconds(65);           //利用指针对 meetingTime 增加秒数
17       timePtr -> display();
18       Time vecTime[2] = {t1,t2};           //定义 Time 类数组 vecTime[2]
19       for( int i = 0;i < 2;i++)
20            vecTime[i].display();
21       return 0;
22   }
```

程序运行结果：

```
00:00:00
00:00:00
12:25:00
12:26:05
12:25:00
10:30:45
```

例 7.1 通过 Time 类示例展示了类如何封装数据和操作数据。Time 类中包含了存储时间的私有数据成员，以及可以提供给外界使用的对时间进行设置、获取、显示和处理（如增加秒数）的公有成员函数。这个示例仅是一个基础的类设计，可以根据需要进行扩展和修改。

7.1.3 this 指针

C++ 中，同一类的各个对象都有自己的数据成员的存储空间，但系统不会为每个类的对象建立成员函数副本，类的成员函数可以被各个对象调用。也就是说，不同对象都调用同一个函数代码段。例如，对于例 7.1 程序中定义的 Time 类，定义了 2 个同类对象 t1、t2：

```
Time t1,t2;
t1.display();
t2.display();
```

t1. display() 和 t2. display() 调用的都是同一个成员函数 display()，当不同对象的成员函数引用数据成员时，怎么能保证引用的是所指定的对象的数据成员呢？

C++ 为成员函数提供了一个称为 this 的隐含指针参数，通常称成员函数拥有 this 指针。当一个对象调用类的成员函数时，对象的地址被传递给 this 指针，即 this 指针指向该对象。this 指针是一个常指针：

```
class_Type *    const  this
```

其中,class_Type 是用户定义的类类型标识符。this 指针一旦初始化(成员函数被调用)之后,它的值是当前调用成员函数的对象的起始地址,this 指针值就不能再修改和赋值,以保证不会指向其他对象。

当调用成员函数时,成员函数默认第一个参数为 class_Type * const this,即在成员函数的形参表列中增加一个 this 指针,通过 this 这个隐式参数可以访问该对象的数据成员。因此,上述例子中

```
t1.display();
```

实际上是用以下方式调用的:

```
t1.display(&t1);
```

即将对象 t1 的地址传给形参 this 指针,然后按 this 的指向去引用其成员。所谓“调用对象 t1 的成员函数 display()”实际上是在调用成员函数 display()时使 this 指针指向对象 t1,从而访问对象 t1 的成员。

this 是一个隐含指针,由编译器维护,编程序者不必人为地在形参中增加 this 指针,也不必将对象 t1 的地址传给 this 指针。this 不需要显式地定义,但可以在成员函数中显式使用。例如在 Time 类的 display()函数中,下面两种表示方法都是合法的、相互等价的。

(1) 隐含使用 this 指针。

```
cout << hour <<":"<< minute <<":"<< second << endl;
```

(2) 显式使用 this 指针。

```
cout << this -> hour <<":"<< this -> minute <<":"<< this -> second << endl;
```

可以用 * this 表示被调用的成员函数所在的对象,* this 就是 this 所指向的对象,即当前的对象。例如:

```
cout <<( * this).hour <<":"<<( * this).minute <<":"<<( * this).second << endl;
```

注意,* this 两侧的括号不能省略,不能写成 * this. hour。

7.2 构造函数和析构函数

7.2.1 构造函数与析构函数基本概念

数据类型总是与存储结构相联系的。例如,当程序中说明一个变量:

```
int a = 0;
```

意味着在内存中分配了以标识符 a 命名的、长度为 4 字节(假设在 32 位机器)的空间,并同时对存储单元赋初值 0。当一个变量的生存期结束时,系统将自动回收这个存储单元。对于一般数据类型,这种分配内存、数据初始化和内存回收工作,编译程序能够很轻易完成。当建立一个用户定义的类类型对象时,也需要做类似的工作。C++提供了类对象的基本构造和析构功能。

1. 构造函数

构造函数是特殊的成员函数,其工作是保证每个对象的数据成员具有合适的初始值。

只要创建类的对象,都要执行构造函数。如果没有为一个类定义任何构造函数,那么在初始化时会调用默认构造函数。默认构造函数是由编译器生成的,为所有的数据成员提供初始化,默认构造函数没有任何参数。但是一个类一旦定义了构造函数,那么编译器就不再提供默认构造函数。

由于类体系结构的复杂性,建立对象的初始化工作和释放对象资源的变化很大,因此,通常需要用户自定义构造函数和析构函数。

与其他成员函数不同的是,构造函数和类同名,而且没有返回类型;与其他成员函数相同的是,构造函数也有形参表和函数体。一个类可以有多个构造函数,每个构造函数必须有与其他构造函数不同数目或类型的形参。

如例 7.1 中 Time 类的构造函数 Time(int h,int m,int s)有三个形参,这三个参数默认值为 0。因此在定义类对象时可以传递参数对数据成员赋初值,例如:

```
Time meetingTime(14,30,0);
```

也可以不带参数,使用默认值,例如:

```
Time meetingTime;
```

在创建对象时,编译器会自动调用构造函数,不需要用户来调用。构造函数也可以包含一个构造函数初始化列表,构造函数初始化列表紧跟在构造函数的后面,以一个冒号开始,接着是一个以逗号分隔的数据成员列表,每个数据成员后面跟一个放在圆括号中的初始值。其形式为

```
构造函数名(变元表):数据成员 1(变元表),…,数据成员 n(变元表)
{/   …   /}
```

带参数的构造函数使用"参数初始式"调用类成员的构造函数或基类构造函数(参见第 9 章)对数据成员置初值,也可以对自身数据成员赋值。下面是 Time 类构造函数的参数初始式形式。

```
Time::Time(int h,int m,int s):hour(h),minute(m),second(s)    {      }
```

同下面的构造函数一样都是利用参数对 Time 类的数据成员进行初始化。

```
Time::Time(int h,int m,int s){
    hour = h;minute = m;second = s;
}
```

但上面两种方法是有区别的:第一种方法对每个变量只有一次初始化,而第二种方法则先用默认值初始化,然后又赋一个值,也就是说在进入构造函数之前已经完成了初始化。所以使用初始化列表的效率更高。使用初始化列表时,有一些需要注意的地方:

(1) 不是所有的数据成员都必须出现在初始化列表中;

(2) 初始化列表中每个成员只能出现一次,不可以重复初始化;

(3) 数据成员在初始化列表中的出现顺序与类中定义的顺序无关。

2. 析构函数

析构函数与构造函数相反,当对象脱离其作用域时(例如对象所在的函数已调用完毕),系统自动执行析构函数。析构函数往往用来进行"清理善后"的工作,例如在建立对象时用 new 开辟了一片内存空间,应在退出程序前在析构函数中用 delete 释放。

析构函数使用波浪线"～"加类名作为函数名,没有返回类型,没有参数。例 7.1 中 Time 类的析构函数为～Time()。

如果没有为类定义析构函数,那么编译器也会自动添加一个析构函数,不过这个由编译器添加的析构函数不进行任何操作。因此,如果程序中有一些需要释放的资源,如指针指向的动态内存空间或者打开的文件,就一定需要定义析构函数;如果程序中没有使用这些资源,可以不定义析构函数,直接使用编译器提供的析构函数即可。

需要说明的是,构造函数和析构函数也受访问限制的约束。一般情况下,构造函数和析构函数都要定义为 public 限制。一个类可以定义多个构造函数,但是只能定义一个析构函数。这是因为构造函数可以定义参数,可以通过初始化形参列表的不同来区分,而析构函数不需要提供参数,并且是在释放时由编译器自动调用的,所以析构函数只能定义一个。

7.2.2 构造函数的重载

一个类可以定义多个构造函数,不同的构造函数允许用户指定不同的方法来初始化对象。同函数的重载一样,这些构造函数的形参必须不同。当一个类定义了多个构造函数时,编译器会根据提供的实参的类型和数目来选择构造函数初始化对象。

例 7.2 Person 类的定义与使用。假定 Person 类包含姓名、年龄、性别三个属性。则可以设计出如下程序。

```
1    //ex7-2.cpp:person 类的定义及使用
2    # include < iostream >
3    # include < cstring >
4    using namespace std;
5
6    class Person{
7    private:
8    char * name;
9    int age;
10   char Gender;
11   public:
12   Person();                                      //无参构造函数原型
13   Person(const char * name, int a);              //带名字和年龄的构造函数原型
14   Person(const char * name, int a, const char g); //带名字、年龄和性别的构造函数原型
15   ～Person();                                     //析构函数
16   void printInfo()const;                          //成员函数,用于打印信息
17   };
18
19   Person::Person(){
20   name = new char[8];
21   strcpy_s(name, strlen("Unknown") + 1, "Unknown");
22   age = 0;
23   Gender = 'U';
24   cout <<"调用无参构造函数!"<< endl;
25   }
26
27   Person::Person(const char * name, int a):age(a){
28   this -> name = new char[ strlen(name) + 1];
```

```
29    strcpy_s(this->name,strlen(name)+1,name);
30    Gender = 'U';
31    cout <<"调用带 name 和 age 的构造函数!"<< endl;
32    }
33
34    Person::Person(const char * name,int a,const char g):age(a),Gender(g){
35    this->name = new char[strlen(name)+1];
36    strcpy_s(this->name,strlen(name)+1,name);
37    cout <<"调用带 name、age 和 gender 的构造函数!"<< endl;
38    }
39
40    Person::~Person(){
41    delete[] name;
42    }
43
44    void Person::printInfo() const {
45    cout <<"Name:"<< name <<",Age:"<< age <<",Gender:"<< Gender << endl;
46    }
47
48    int main(){
49    Person person1;                    //使用无参构造函数创建对象
50    person1.printInfo();
51    Person person2("张三 ",20);        //使用带名字和年龄的构造函数创建、初始化对象
52    person2.printInfo();
53    Person person3("李四 ",22,'F');    //使用带名字、年龄和专业的构造函数创建、初始化对象
54        person3.printInfo();
55        return 0;
56    }
```

程序运行结果：

```
调用默认构造函数!
Name: Unknown, Age: 0, Gender: U
调用带name和age的构造函数!
Name: 张三, Age: 20, Gender: U
调用带name、age和gender的构造函数!
Name: 李四, Age: 22, Gender: F
```

例 7.2 中,如代码第 12~14 行所示,Person 类有三个构造函数可以接收不同数量的参数。在这三个构造函数中,均使用运算符 new 来动态分配内存给 name。每个构造函数都使用 strcpy_s()函数来复制传入的字符串到新分配的内存中。析构函数~Person()中用 delete 来释放这些动态分配的内存,以防止内存泄漏。在 main()函数中,分别使用这三种构造函数创建了三个 Person 对象,并调用对象的方法 printInfo()打印对象的信息。

7.2.3　复制构造函数

创建对象时,有时希望用一个已有的同类型对象的数据对它进行初始化。C++可以完成类对象数据的简单复制。例如：

```
Time t1(11,50,45);                      //调用一般构造函数
Time t2 = t1;                           //调用复制构造函数
Time t3(t1);                            //调用复制构造函数
```

第一条语句调用一般构造函数创建对象 t1 并进行初始化。第二条和第三条语句都调

用了复制构造函数,用对象 t1 的数据初始化新创建的对象 t2 和 t3。t2 和 t3 所有的数据都和 t1 一样。对于例 7.1 中定义的 Time 类,这个过程是可以接受的。但是对于一些包含了指针数据成员的类,复制时只会复制这个指针,使得两个指针指向同样的地址,后面的对象依赖于前面的对象,例如对于例 7.2 中定义的 Person 类,利用已有的对象 person3 创建新的对象 person4:

```
Person person3("李四",22,'F');
Person person4(person3);              //调用复制构造函数
```

用对象 person3 的数据初始化对象 person4,对于指针类成员,也会只做指针值的复制,因而导致 person4 的 name 与 person3 的 name 都指向相同的空间,即有 person4.name==person3.name。程序结束后,在调用析构函数分别撤销对象 person3 和 person4 时,所共同指向的存储空间会被释放两次,导致程序错误。

在 C++ 中,可以用用户定义的复制构造函数来解决以上问题。复制构造函数是一个特殊的构造函数,该构造函数接收一个该类类型的引用作为参数,且只有一个参数。其定义形式为

```
类名::类名(const 类名 & 引用名);
```

用户自定义的复制构造函数用于完成更复杂的操作。通过使用复制构造函数,可以用一个现有的类对象来初始化一个新建的类对象。

例 7.3 为例 7.2 中的 Person 类添加一个复制构造函数,并进行测试。

```
1   //ex7-3.cpp:复制构造函数示例
2   # include < iostream >
3   # include < cstring >
4   using namespace std;
5
6   class Person{
7   private:
8       char * name;
9       int age;
10      char Gender;
11  public:
12      Person();                            //无参构造函数
13      Person(const char * name, int a);    //带名字和年龄的构造函数
14      Person(const char * name, int a, const char g);  //带名字、年龄和性别的构造函数
15      Person(const Person&);               //复制构造函数
16      ~Person();                           //析构函数
17      void printInfo() const;              //成员函数,用于打印信息
18  };
19
20  Person::Person(){
21      name = new char[8];
22      strcpy_s(name, strlen("Unknown") + 1, "Unknown");
23      age = 0;
24      Gender = 'U';
25      cout <<"调用无参构造函数!"<< endl;
26  }
```

```
27
28  Person::Person(const char * name, int a):age(a){
29    this->name = new char[strlen(name) + 1];
30    strcpy_s(this->name,strlen(name) + 1,name);
31    Gender = 'U';
32    cout <<"调用带 name 和 age 的构造函数!"<< endl;
33  }
34
35  Person::Person(const char * name, int a,const char g):age(a),Gender(g){
36    this->name = new char[strlen(name) + 1];
37    strcpy_s(this->name,strlen(name) + 1,name);
38    cout <<"调用带 name、age 和 gender 的构造函数!"<< endl;
39  }
40
41  Person::Person(const Person& other):age(other.age),Gender(other.Gender){
42    name = new char[strlen(other.name) + 1];
43    strcpy_s(name,strlen(other.name) + 1,other.name);
44    cout <<"调用复制构造函数!"<< endl;
45  }
46
47  Person::~Person(){
48    delete[] name;
49  }
50
51  void Person::printInfo() const{
52    cout <<"Name:"<< name <<",Age:"<< age <<",Gender:"<< Gender << endl;
53  }
54
55  Person getFunction(Person obj){
56    return obj;
57  }
58
59  int main(){
60    Person person3("李四" ,22,'F');      //调用普通构造函数
61    Person person4(person3);             //调用复制构造函数,已有对象创建新对象
62    Person person2 = person3;            //调用复制构造函数,已有对象创建新对象
63    getFunction(person2);                //调用两次复制构造函数,分别为参数传递和返回值
64    return 0;
65  }
```

程序运行结果:

```
调用带name、age和gender的构造函数!
调用复制构造函数!
调用复制构造函数!
调用复制构造函数!
调用复制构造函数!
```

例 7.3 中,第 41～45 行代码是 Person 类的复制构造函数的定义。复制构造函数中要实现对象的复制,因此要在复制构造函数中复制成员变量。

复制构造函数一般在以下情况下被调用。

(1) 定义类对象时直接用其他的类对象初始化。如第 61、62 行代码,对象 person2 和 person4 的构造是由复制构造函数完成的。

（2）调用函数时。如果函数的参数为类类型，即函数是值传递的，编译器会自动将实参复制给形参，这个时候会调用复制构造函数。如第 55～57 行代码定义的函数 getFunction()，其形参是 Person 类的对象，在第 63 行代码调用这个函数进行参数传递时会调用一次复制构造函数。

（3）在函数返回时。如果函数的返回类型为类类型，那么在函数返回时编译器会调用复制构造函数返回一个类类型的对象。在第 63 行代码调用函数 getFunction()，函数结束后返回 Person 类的对象时会调用一次复制构造函数。

因此，执行第 63 行代码总共会调用两次复制构造函数。

同构造函数一样，如果一个类没有定义复制构造函数，编译器会自动添加一个复制构造函数。一个类只能有一个复制构造函数。

7.3　类的特殊成员

7.3.1　对象成员

对象成员是指在 C++类定义中的类类型成员。A 类的对象作为 B 类的成员，则称其为 B 类的一个对象成员。在一个类的定义中包含对象成员，称为类的包含（或组合）。

一个类中若含有对象成员，其建立该类对象时，通过带参数的构造函数对对象成员进行初始化，则必须使用"参数初始式"。首先调用成员类的构造函数初始化对象成员，然后执行自身的构造函数完成其他成员的初始化。析构对象时，先执行自身的析构函数析构自身的成员，再执行成员类的析构函数析构对象成员。

例 7.4　Date 类和 Student 类的定义。

```
1    //ex7-4.cpp:Date 类和 Student 类的定义示例
2    # include < iostream >
3    # include < string >
4    using namespace std;
5
6    //Date 类,表示由年、月、日组成的日期
7    class Date {
8      private:
9        int day;
10       int month;
11       int year;
12     public:
13       //Date 类的构造函数
14       Date( int d, int m, int y ):day(d),month(m),year(y){
15         cout <<"Construct a Date object."<< endl;
16       }
17
18       //Date 类的析造函数
19       ～Date(){
20         cout <<"Destory a Date object."<< endl;
21       }
22
```

```
23          //成员函数,用于打印日期
24          void printDate(){
25              cout <<"Date:"<< day <<"/"<< month <<"/"<< year << endl;
26          }
27      };
28
29  //Student 类,表示由姓名、出生日期和专业组成的学生类,其中出生日期 birthDate 是对象成员
30  class Student {
31  private:
32      string name;
33      Date birthDate;                //对象成员,是 Date 类的实例
34      string major;                  //专业
35
36  public:
37      //Student 类的构造函数,参数初始式完成对象成员和自身数据成员初始化
38      Student(const string& nm, int d, int m, int y, const string& mj)
39          :name(nm),birthDate(d,m,y),major(mj){
40          cout <<"Construct a Student object."<< endl;
41      }
42
43      //Student 类的析造函数
44      ~Student(){
45        cout <<"Destory a Student object."<< endl;
46      }
47
48       //成员函数,用于打印学生信息
49       void printInfo(){
50          cout <<"Name:"<< name <<",Major:"<< major << endl;
51          birthDate.printDate();      //调用对象成员的方法来打印生日
52      }
53  };
54
55  int main(){
56      //创建一个 Student 对象,birthDate 和 major 是通过构造函数初始化的
57      Student student("John Doe",15,5,2000,"Computer Science");
58      student.printInfo();            //输出学生信息和生日
59      return 0;
60  }
```

程序运行结果:

```
Construct a Date object.
Construct a Student object.
Name: John Doe, Major: Computer Science
Date: 15/5/2000
Destory a Student object.
Destory a Date object.
```

例 7.4 中,Student 类的数据成员 birthday 的类型是已经定义的 Date 类类型,即在 Student 类中通过数据成员方式使用 Date 类。Student 类的构造函数用参数初始式的形式调用成员类的构造函数,实现 Student 类对象的全部数据成员的初始化。对类成员的使用方式与结构相同,例如在 Student::printInfo()函数中,第 51 行代码中的语句"birthDate. printDate();"调用了类成员的成员函数,输出日期数据值。

在 main()函数中,第 57 行代码中创建 Student 对象 student 时,会先调用 Date 类的构造函数来创建和初始化对象成员 birthDate,然后调用 Student 类的构造函数创建和初始化其他成员。main()函数运行结束时,student 对象的生命周期结束,Student 和 Date 类的析构函数依次被调用,以析构 student 对象。

7.3.2　常成员

正确地使用 const 对于正确的类设计、程序设计和编码至关重要。在类中,定义常成员用 const 约束。根据成员类型不同,常成员分为常成员函数和常数据成员。

1. 常成员函数

常成员(const 成员)函数是指成员函数的 this 指针被约束为指向常量的常指针,在函数体内不能修改数据成员的值。定义 const 成员函数时,把 const 关键字放在函数的参数表和函数体之间。如例 7.4 中的 Student 类的成员函数 printInfo()不需要修改数据成员,可以声明为常成员函数。

```
class Student{
        ⋮
    void printInfo() const;
};
```

关键字 const 必须用同样的方式重复出现在函数定义中,否则编译器会把它看成一个不同的函数,例如:

```
void Student::printInfo() const            //注意定义的形式
{
        cout <<"Name:"<< name <<",Major:"<< major << endl;
        birthDate.printDate();
    }
```

如果 printInfo()试图改变数据成员或调用另一个非 const 成员函数,编译器将给出错误信息。

在定义类的成员函数时,任何不需要修改成员数据的函数都应该声明为 const 函数,这样有助于提高程序的可读性和可靠性。例如 Date 类中的 printDate()同样也可以声明为 const 函数。

const 成员函数还有另外一个作用,即与常量对象相关。对于类类型,可以定义常量对象。声明一个对象为 const 有助于强制执行最小特权的原则。假定有一个类,如果定义了该类的常量对象,常量对象的数据成员在对象生存期内不能改变。为了确保常量对象的数据成员不会被改变,在 C++中,常量对象只能调用 const 成员函数。如果一个成员函数实际上没有对数据成员进行任何形式的修改,但是它没有被 const 关键字限定,也不能被常量对象调用。下面通过一个例子来说明这个问题。

```
class simpleC{
    int x;
    public:
        int GetX(){return x;}
        void SetX(int a){x = a;}
};
```

```
void main(){
  const simpleC constObj ;
  cout << constObj .GetX();
}
```

编译上面的程序代码,编译器会出现错误提示:constObj 是一个常量对象,它只能调用 const 成员函数。虽然 GetX() 函数实际上并没有改变数据成员 X,但由于没有 const 关键字限定,因此仍旧不能被 constObj 对象调用。如果将 int GetX() 改成 const 成员函数再重新编译,就没有问题了,即改为

```
int GetX() const{return x;}
```

2. 常数据成员

常数据成员是指数据成员在实例化被初始化后约束为只读。在 C++ 的类定义中,const 可以约束基本类型的数据成员为常数据成员。因为类对象要通过执行构造函数才能建立存储空间,所以,用构造函数实现常数据成员值的初始化是必需的。在 C++ 中,使用构造函数参数初始式对常数据成员进行初始化。常数据成员可以在构造函数中直接用常量进行初始化,这样,每个对象建立的常数据成员都有相同的值。另外一种对常数据成员进行初始化的方法是,使用带参数的构造函数,创建对象时,用实参对常数据成员赋值。这样,每个对象的常数据成员就可以有不同的初始值。

例 7.5　对例 7.4 中的 Student 类增加一个常数据成员来存储身份证号码,确保身份证号码在对象的生命周期内不会被更改。

```
1    //ex7－5.cpp:用常数据成员存储身份证号码
2    # include < iostream >
3    # include < string >
4    using namespace std;
5
6    //Date 类,表示日期
7    class Date{
8      private:
9        int day;
10       int month;
11       int year;
12
13     public:
14       //Date 类的构造函数
15       Date(int d, int m, int y):day(d),month(m),year(y){}
16
17       //成员函数,用于打印日期
18       void printDate() const{
19           cout <<"Date:"<< day <<"/"<< month <<"/"<< year << endl;
20       }
21   };
22
23   //Student 类
24   class Student{
25     private:
26       string name;
```

```
27        int age;
28        Date birthDate;
29        string major;
30        const string idCard;                    //常数据成员,存储身份证号码
31     public:
32        //构造函数,使用参数初始式初始化常数据成员
33        Student(const string& nm, int ag, int d, int m, int y, const string& mj, const string& ic)
34          :name(nm), age(ag), birthDate(d, m, y), major(mj), idCard(ic){}
35
36        //用于返回 idCard
37        string  GetidCard() const{
38            return idCard;
39        }
40
41        //成员函数,用于打印学生信息
42        void printInfo() const{
43            cout <<"Name:"<< name <<",Age:"<< age <<",Major:"<< major
44              <<",ID Card:"<< idCard << endl;
45            birthDate.printDate();          //调用对象成员的方法来打印生日
46        }
47     };
48
49     int main(){
50        Student student("John Doe",20,15,5,2000,"Computer Science","123456789012345678");
51        student.printInfo();
52        cout << student.GetidCard()<< endl;
53        return 0;
54     }
```

程序运行结果：

```
Name: John Doe, Age: 20, Major: Computer Science, ID Card: 123456789012345678
Date: 15/5/2000
123456789012345678
```

在例 7.5 中, idCard 是一个常数据成员, 它在构造函数中被初始化, 并且其值在初始化后不能被修改。常数据成员通常用于那些在对象创建后不应改变的数据, 如身份证号等。在带参数的构造函数中用参数初始式 idCard(ic) 对 idCard 赋初值。这个值在建立对象后被约束为只读, 对应的 GetidCard() 函数也必须声明为 const 成员函数。

7.3.3　静态成员

对于特定类类型的全体对象而言, 访问一个全局变量有时是有必要的, 例如, 统计已创建的特定类类型对象的数量。如果没有安全保护, 则全局变量会破坏封装。类可以通过定义静态成员, 达到所有对象公用的目的, 同时又不破坏封装。

当类成员冠以 static 声明时, 称为静态成员。静态成员提供了一种同类对象的共享机制, 与普通类成员一样静态成员受不同访问特性的约束。

1. 静态数据成员

在数据成员声明前加上关键字 static 可将数据成员定义为静态数据成员。静态数据成员遵循正常的公有、私有访问限制。不像普通的非静态数据成员存在于类类型的每个对象

中,静态数据成员独立于该类的任意对象而存在,每个静态数据成员是与类关联的。

静态数据成员要求在类中声明,在类外定义。尽管静态数据成员从存储性质上看是全局变量,但其作用域是类。静态数据成员在类外可以用"类名::"作为限定词进行访问,也可以通过对象访问。

在类中,声明静态数据成员和普通的非静态数据成员一样,不会建立存储空间。非静态数据成员在说明对象时建立内存,但静态数据成员的存储空间的建立不依赖于对象,即不论创建多少个对象,都不会创建静态数据成员的存储空间。所以,在类声明之外要有一个静态数据成员的说明语句,让它在编译时建立内存并进行初始化。若不指定初始化值,则系统自动初始化为 0。

例 7.6　对例 7.5 中的 Student 类增加一个静态数据成员 studentCount,用以统计 Student 对象的数量。

```
1    //ex7-6.cpp:用静态数据成员 studentCount 统计 Student 对象的数量
2    # include < iostream >
3    # include < string >
4    using namespace std;
5
6    //Date 类,表示日期
7    class Date {
8      private:
9        int day;
10       int month;
11       int year;
12
13     public:
14       //Date 类的构造函数
15       Date( int d, int m, int y) :day(d), month(m), year(y) { }
16
17       //成员函数,用于打印日期
18       void printDate() const{
19           cout <<"Date:"<< day <<"/"<< month <<"/"<< year << endl;
20       }
21   };
22
23   //Student 类
24   class Student{
25     private:
26       string name;
27       int age;
28       Date birthDate;
29       string major;
30       const string idCard;            //常数据成员,存储身份证号码
31     public:
32       static int studentCount;        //静态数据成员,用于统计学生数量
33       //构造函数
34       Student(const string& nm, int ag, int d, int m, int y, const string& mj, const string& ic)
35           :name(nm), age(ag), birthDate(d,m,y), major(mj), idCard(ic){
36           //每次创建 Student 对象时,学生数量加 1
```

```
37          ++studentCount;
38      }
39
40      //析构函数
41      ～Student(){                          //析构时,学生数量减1
42          -- studentCount;
43      }
44
45      //成员函数,用于打印学生信息
46      void printInfo() const{
47          cout <<"Name:"<< name <<",Age:"<< age <<",Major:"<< major
48              <<",ID Card:"<< idCard << endl;
49          birthDate.printDate();          //调用对象成员的成员函数来打印生日
50      }
51
52      //静态成员函数,用于获取当前学生总数
53      static int getStudentCount(){
54          return studentCount;
55      }
56  };
57
58  //静态数据成员的定义必须在类外进行
59  int Student::studentCount = 0;
60
61  int main(){
62      Student student("John Doe",20,15,5,2000,"Computer Science","123456789012345678");
63      student.printInfo();
64      cout <<"学生总数:"<< student.studentCount << endl;
65      Student * ptr = new Student ( " Jane Smith", 22, 10, 6, 1998," Mathematics ",
"987654321098765432");
66      ptr -> printInfo();
67      cout <<"学生总数:"<< Student::studentCount << endl;
68      delete ptr;
69      cout <<"删除一个学生后 --------- "<< endl;
70      cout <<"学生总数:"<< Student::getStudentCount()<< endl;
71      return 0;
72  }
```

程序运行结果:

```
Name: John Doe, Age: 20, Major: Computer Science, ID Card: 123456789012345678
Date: 15/5/2000
学生总数: 1
Name: Jane Smith, Age: 22, Major: Mathematics, ID Card: 987654321098765432
Date: 10/6/1998
学生总数: 2
删除一个学生后————
学生总数: 1
```

在例 7.6 中,studentCount 是一个静态数据成员,用于跟踪创建的 Student 对象的数量。在类说明中,静态数据成员的声明不是定义,因此必须在类外定义并初始化,代码第 59 行用以分配存储空间并进行初始化。静态数据成员在所有对象之间共享,因此在 main() 函数中可以使用 Student::studentCount(代码第 67 行)来访问它,也可以通过对象名来访问它,如 student.studentCount(代码第 64 行)。

2. 静态成员函数

正如类可以定义静态数据成员一样,类也可以定义静态成员函数。当一个成员函数冠以 static 声明时,称为静态成员函数。静态成员函数提供了一个不依赖于类数据结构的共同操作,它没有 this 指针。因为静态成员函数只能访问类的静态数据成员,所以设计静态成员函数与静态数据成员可协同操作。静态成员函数在类外可以用"类名::"作为限定词调用,或通过对象调用。在例 7.6 中,第 53～55 行代码定义的静态成员函数 getStudentCount( ) 用于获取当前的学生总数。

3. 静态成员与非静态成员的区别

静态成员和类的普通成员一样,也具有 public、protected、private 访问限制,也可以具有返回值、const 修饰符等参数。设置静态成员的目的是将某些和类紧密相关的全局变量和全局函数写到类中,形式上成为一个整体。静态成员函数和非静态成员函数间的区别,体现在下面几点。

(1) 普通数据成员属于类的一个具体的对象,只有对象被创建了,普通数据成员才会被分配内存。而静态数据成员属于整个类,即使没有任何对象创建,类的静态数据成员变量也存在。静态成员函数本质上是类范围的全局函数。

(2) 因为类的静态数据成员的存在不依赖于任何类对象的存在,所以类的静态数据成员应该在代码中被显式的初始化,一般要在类外进行。

(3) 可以使用类名和域运算符(::)访问 static 成员,或者通过对象、引用或指向类类型对象的指针访问。

(4) 类的静态成员函数没有 this 指针,所以无法直接访问普通数据成员,而类的任何成员函数都可以访问类的静态数据成员。

7.4 友元

7.4.1 私有与安全性

类的特性是封装和抽象,也就是只向外部提供有限的功能接口,其他部分只有内部可见,外部不能访问。在定义类时,可以在成员的前面加上访问限制,来限制该成员是否可以被外部访问。

为了安全性考虑,一般情况下应当把数据成员限制设置为 private 以限制外部的访问。在外部需要得到这个数据时,可以提供一个公有的函数来获取或者设置私有成员变量。例如在例 7.1 的 Time 类中,数据成员 hour、minute、second 都是 private 的,外部只能通过公有成员函数对其进行访问。使用公有成员函数来存取私有变量是面向对象中很常用的方法,这样处理有以下好处。

(1) 可以很容易地修改实现细节,把细节封装在函数中,对于外部的接口不变,修改了内部细节造成的影响很小。

(2) 可以统一对数据的有效性、完整性进行检查,而不用担心有什么遗漏;可以提高对数据的保护,防止外部随便修改数据。

7.4.2　友元函数与友元类

一个对象的私有数据,只能通过成员函数访问,这种限制性使得对不同对象协同操作开销较大,而定义公有数据又破坏了信息的隐蔽性。C++语言提供了一种辅助手段——定义类的友元。友元被授予从外部访问类的私有部分的权限,友元可以是一个普通函数、成员函数或者另一个类。

任何函数,或者成员函数或者类想成为某个类的友元,是由这个类来决定的。友元的声明以关键字 friend 开始,它只能出现在类定义的内部。通常情况下把友元的声明放在类的开始部分或者结尾部分,这样比较直观。

友元可以访问类的所有成员,包括私有成员。友元关系是非对称的、非传递的。例如,除非特别声明,否则,F 是 A 的友元,但 A 不是 F 的友元;B 是 A 的友元,C 是 B 的友元,但 C 不是 A 的友元。

1. 友元函数

在一个类 A 中,如果将关键字 friend 冠于一个函数原型或类名之前,则该函数或类成为类 A 的友元。友元不受在类中声明位置(private、protected 或 public)的影响,它仅仅声明类 A 的一个友元。

例 7.7　友元函数示例。

```
1   //ex7-7.cpp:友元示例
2   # include < iostream >
3   using namespace std;
4
5   //Time 类定义
6   class Time{
7   private:
8   int hours;
9   int minutes;
10  int seconds;
11  public:
12  Time(int h = 0, int m = 0, int s = 0)                    //构造函数
13      :hours(h), minutes(m), seconds(s){}
14  friend bool isTimeLater(const Time&, const Time&);      //声明友元函数
15  };
16
17  //友元函数,用于比较两个时间的先后
18  bool isTimeLater(const Time& t1, const Time& t2){
19  //计算 t1 和 t2 的总秒数
20  int totalSeconds1 = t1. hours * 3600 + t1. minutes * 60 + t1. seconds;
21  int totalSeconds2 = t2. hours * 3600 + t2. minutes * 60 + t2. seconds;
22  //比较总秒数
23  return totalSeconds1 > totalSeconds2;
24  }
25
26  int main(){
27  Time t1(23,59,59);                                      //晚上 11 点 59 分 59 秒
28  Time t2(00,00,01);                                      //午夜 00 点 00 分 01 秒
```

```
29   //使用友元函数比较两个时间
30   if(isTimeLater(t1,t2)){
31   cout <<"Time t1 is later than t2."<< endl;
32   }
33   else{
34   cout <<"Time t2 is later than t1 or they are the same."<< endl;
35   }
36   return 0;
37   }
```

程序运行结果：

```
Time t1 is later than t2.
```

在例 7.7 中,第 18～24 行定义的函数 isTimeLater 是类 Time 的友元,它接收两个 Time 对象作为参数,并比较它们的时间先后,通过计算每个 Time 对象的总秒数来进行比较。在函数 isTimeLater()中可以直接访问 Time 类的所有私有成员。但友元函数不是类的成员,它只能通过参数访问对象的私有成员,例如 isTimeLater(t1,t2),友元函数必须在参数表中显式地指明要访问的对象。

2. 友元类

若 F 类是 A 类的友元类,则 F 类的所有成员函数都是 A 类的友元函数。在程序中,友元类通常设计为一种对数据操作或类之间传递消息的辅助类。

例 7.8 假设 School 类需要访问 Student 类的私有数据成员来管理学生信息。将 School 类设置为 Student 类的友元类可以提供这种访问权限,同时保持数据的封装性。

```
1    //ex7-8.cpp:将 School 类设置为 Student 类的友元类
2    # include < iostream >
3    # include < cstring >
4    using namespace std;
5
6    class Student {                      //Student 类定义
7      private:
8        string name;
9        int age;
10       string id;                       //学生 ID,假定为私有成员
11     public:
12       //构造函数
13       Student(const string& nm, int ag, const string& i):name(nm),age(ag),id(i){ }
14       //声明 School 类为友元类
15       friend class School;
16     };
17
18     //School 类定义
19     class School{
20       private:
21         int count;                      //当前学生数量
22         Student * students[100];        //学生信息数组的指针数组,学生数量最多为 100
23       public:
24         School():count(0){    }
25         ~School(){    }
26
27       //添加学生
```

```
28        void addStudent(Student * s){
29            if(count < 100){
30                students[count++] = s;        //添加学生信息到数组
31            }
32            else{
33                cout <<"School is full. Cannot add more students."<< endl;
34            }
35        }
36
37    //打印所有学生信息
38    void printStudentsInfo() const {
39        for(int i = 0;i < count;++i){
40            cout <<"Student ID:"<< students[i] -> id <<",Name:"<< students[i] -> name
41            <<",Age:"<< students[i] -> age << endl;
42        }
43    }
44 };
45
46    int main(){
47    //创建学校对象
48    School school;
49
50    //添加学生
51    Student s1("John Doe",20,"S1001");
52    Student s2("Jane Smith",22,"S1002");
53    school.addStudent(&s1);
54    school.addStudent(&s2);
55     //打印学生信息
56    school.printStudentslnfo();
57    return 0;
58    }
```

程序运行结果：

```
Student ID: S1001, Name: John Doe, Age: 20
Student ID: S1002, Name: Jane Smith, Age: 22
```

在例 7.8 中，School 类表示一个学校，可以存储和管理学生信息。School 类的私有成员 students 是一个指针数组，用于存储最多 100 个 Student 对象的指针。School 类需要访问 Student 类的私有数据成员来管理学生信息。因此，我们声明 School 类为 Student 类的友元类。School 类可以访问 Student 类的私有数据，但这种访问是受控的，有助于保持数据封装性。

友元类是一种强大的工具，但应该谨慎使用。它们可以提供对私有成员的访问，但过度使用可能会破坏封装性，降低代码的模块化和可维护性。

7.5 应用举例

本节通过对例 7.8 中的 School 类和 Student 类进行完善，完成一个简单的学校管理系统，演示对本章知识点的综合运用。

例 7.9 对例 7.8 中的 School 类和 Student 类进行完善，完成一个简单的学校管理系统，应包括学生注册(enrollment)和退学(withdrawal)的功能。

```
1    //ex7-9:一个简单的学校管理系统
2    # include < iostream >
3    # include < string >
4    using namespace std;
5
6    class Date{
7      private:
8        int year;
9        int month;
10       int day;
11       bool isLeapYear( int y);
12       bool isValidDay( int m, int d);
13     public:
14       Date( int y, int m, int d);
15       void setDate( int y, int m, int d);
16       void printDate() const;
17   };
18
19     bool Date::isLeapYear( int y){
20         return (y % 4 == 0 && y % 100 != 0)||(y % 400 == 0);
21     }
22
23     bool Date::isValidDay( int m, int d){
24         const int daysInMonth[ ] = {31, 28, 31, 30, 31, 30, 31, 31, 30, 31, 30, 31 };
25         if( m < 1 || m > 12) return false;
26         if( d < 1 || d > daysInMonth[ m - 1]) return false;
27         if( m == 2 && d == 29 && ! isLeapYear( year)) return false;
28         return true;
29     }
30
31     Date::Date( int y, int m, int d){
32         setDate( y, m, d);
33     }
34
35     void Date::setDate( int y, int m, int d){
36       if( isValidDay( m, d)){
37           year = y;
38           month = m;
39           day = d;
40       }
41       else{
42         cout <<"无效日期,设置为默认日期"<< endl;
43         year = 2000;
44         month = 1;
45         day = 1;                                          //设置默认日期
46       }
47     }
48
49     void Date::printDate() const {
50         cout << year <<" - "<< month <<" - "<< day << endl;
51     }
52
53   class Address {
54     private:
```

```
55        string street;
56        string city;
57        string zipCode;
58
59    public:
60        //无参构造函数
61        Address():street(""),city(""),zipCode(""){}
62
63        //带参数的构造函数
64        Address(const   string& st,const string& ct,const string& zc)
65        :street(st),city(ct),zipCode(zc){}
66
67        void setStreet(const string& st);
68        void setCity(const   string& ct);
69        void setZipCode(const string& zc);
70        string getStreet() const;
71        string getCity() const;
72        string getZipCode() const;
73        void printAddress() const;
74    };
75
76    void Address::setStreet(const string& st){
77        street = st;
78    }
79
80    void Address::setCity(const string& ct){
81        city = ct;
82    }
83
84    void Address::setZipCode(const string& zc){
85        zipCode = zc;
86    }
87
88    string Address::getStreet() const {
89        return street;
90    }
91
92    string Address::getCity() const {
93        return city;
94    }
95
96    string Address::getZipCode() const {
97        return zipCode;
98    }
99
100 void Address::printAddress() const {
101     cout <<"Street:"<< street << endl;
102     cout <<"City:"<< city << endl;
103     cout <<"ZIP Code:"<< zipCode << endl;
104 }
105 class Student {
```

```
106  private:
107      string name;
108      Date birthDate;
109      Address homeAddress;
110      string major;
111      const string idCard;
112      static int studentCount;
113
114  public:
115      Student(const string& nm,const Date& bd,const Address& addr,
116      const string& mj,const string& ic);
117      ～Student();
118      Student(const Student&);                    //复制构造函数
119      void printStudentInfo() const;
120      static int getStudentCount();
121      friend class School;                        //声明 School 为友元类
122  };
123
124  int Student::studentCount = 0;
125
126  Student::Student(const string& nm,const Date& bd,const Address& addr,
127      const string& mj,const string& ic)
128      :name(nm),birthDate(bd),homeAddress(addr),major(mj),idCard(ic){
129      ++studentCount;
130  }
131
132  //复制构造函数
133  Student::Student(const Student& other)
134      :name(other.name),birthDate(other.birthDate),homeAddress(other.homeAddress),
135      major(other.major),idCard(other.idCard){
136      ++studentCount;
137  }
138
139  Student::～Student(){
140    -- studentCount;
141  }
142
143  void Student::printStudentInfo() const{
144      cout <<"Name:"<< name <<",Birth Date:";
145      birthDate.printDate();
146      cout <<",Address:";
147      homeAddress.printAddress();
148      cout <<",Major:"<< major <<",ID Card:"<< idCard << endl;
149  }
150
151  int Student::getStudentCount(){
152      return studentCount;
153  }
154
155  class School {
156    private:
```

```
157      int MAX_STUDENTS;                           //假设学校最多有 MAX_STUDENTS 名学生
158      Student ** students;                        //使用指针数组来存储学生对象
159      int studentNumber;                          //当前学生数量
160  public:
161      School(int m);                              //构造函数
162      ~School();
163      bool enrollStudent(Student& student);       //注册学生
164      bool withdrawStudent(const   string& idCard);  //根据身份证号退学学生
165      int getStudentNumber() const;               //获取当前学生数量
166  };
167  School::School(int m){
168      MAX_STUDENTS = m;
169      students = new Student * [MAX_STUDENTS];
170      studentNumber = 0;
171  }
172
173  School::~School(){
174      delete[] students;
175  }
176
177  bool School::enrollStudent(Student& student){
178      if(studentNumber > = MAX_STUDENTS){
179          cout <<"人数已满,不能再注册."<< endl;
180          return false;
181      }
182      students[studentNumber] = &student;          //复制学生对象
183      ++studentNumber;
184      cout <<"学生注册:"<< student. name << endl;
185      return true;
186  }
187
188  bool School::withdrawStudent(const string& idCard){
189      for(int i = 0;i < studentNumber;++i){
190      if(students[i] -> idCard == idCard){
191      //找到学生后,删除该学生,将后面的学生向前移动一位
192      for(int j = i;j < studentNumber - 1;++j){
193          students[j] = students[j + 1];
194      }
195      -- studentNumber;
196      cout <<"学生退学:"<< idCard << endl;
197      return true;
198  }
199  }
200      cout <<"需要退学学生的身份证号"<< idCard <<"没有找到."<< endl;
201      return false;
202  }
203
204  int School::getStudentNumber() const {
205      return studentNumber;
206  }
207
```

```
208 int main(){
209     Address addr("123 Apple St","Fruit City","90210"); //创建地址对象
210     Date birthDate(2002,4,15);                    //创建日期对象,表示学生的出生日期
211     //创建学生对象
212     Student student1("John Doe",birthDate,addr,"Computer Science",123 - 456 - 7890);
213     Student student2("Jane Smith",birthDate,addr,"Mathematics","234 - 567 - 8901");
214     School school(100);                           //创建学校对象
215     school.enrollStudent(student1);               //注册学生
216     school.enrollStudent(student2);               //注册学生
217     cout <<" ------------ "<< endl;
218     school.withdrawStudent("123 - 456 - 7890");   //退学一个学生
219     school.withdrawStudent("000 - 000 - 0000");   //尝试退学一个不存在的学生
220     cout <<"\n 当前学校学生数量:"<< school.getStudentNumber()<< endl;
                                                      //获取并打印学生数量
221     return 0;
222 }
```

程序运行结果:

```
学生注册: John Doe
学生注册: Jane Smith
------------
学生退学: 123-456-7890
需要退学学生的身份证号000-000-0000没有找到.

当前学校学生数量: 1
```

在例 7.9 中包含 Date、Address、Student、School 4 个类。Student 类中的数据成员 birthDate 为 Date 类的对象,homeAddress 为 Address 类的对象,它们都是对象成员。用于存储身份证号的 idCard 为常数据成员,不允许修改,studentCount 为静态数据成员,用于跟踪当前创建的学生对象数量,对应的 getStudentCount() 函数为静态成员函数。School 类实现注册和退学功能,该类中包含一个二级指针 students,该指针指向用于存储注册学生的指针数组。School 类的 enrollStudent() 成员函数接收一个 Student 对象,并将其添加到学生列表中。withdrawStudent() 成员函数接收一个身份证号作为参数,从学生列表中找到并移除对应的学生对象。为了使 School 类能够访问 Student 类的私有成员(如身份证号),在 Student 类中将 School 类声明为友元类。

本章小结

类类型是结构类型的拓展,通常用关键字 class 定义。类是数据成员和成员函数的封装。类的实例称为对象。

数据成员是类的属性,可以是各种合法的 C++ 数据类型,包括类类型。成员函数用于操作类的数据或在对象之间发送消息。类成员由 private、protected 和 public 决定其访问特性。public 成员集称为类的接口。不能在类的外部访问 private 成员。

构造函数是特殊的成员函数,在创建和初始化对象时自动调用;析构函数则在对象作用域结束时自动调用。重载构造函数和复制构造函数提供了创建对象的不同初始化方式。当一个对象拥有的资源是由指针指示的堆时,必须自定义复制构造函数和析构函数完成资源的分配与回收。

类的成员类型为已经定义的类类型,称为类的包含,是一种软件重用技术。常数据成

员是建立对象后约束为只读的数据成员,需要用构造函数的参数初始式赋值。常成员函数的 this 指针被约束为指向常量的常指针,常成员函数不能修改数据成员的值。静态成员是局部于类的成员,它提供了一种同类对象的共享机制。静态数据成员在编译时建立并初始化存储空间。静态数据成员和静态成员函数依赖于类而使用,它与是否建立对象无关。

友元是类对象操作的一种辅助手段。一个类的友元可以访问该类各种性质的成员。

习题 7

习题 7

C++

第8章

运算符重载

数据类型总是与相关操作联系在一起的。C++为基本数据类型定义了丰富的运算符函数,方便通过以简捷、明确的运算符操作数据。程序员也可以重载这些运算符函数,将运算符用于操作自定义的数据类型。

本章介绍运算符重载的语法和使用。

8.1 运算符重载的规则

C++中预定义了很多运算符,有数学运算符,如＋、－、＊、/等;关系运算符,如>、<、==、!=等。C++已经为基本数据类型重载了这些运算符,因此可以使用这些运算符操作基本数据类型。此外,C++允许把这些运算符和类结合起来,通过重新定义运算符对类的操作来实现特定功能,这种机制称为运算符重载,运算符重载一般用函数的形式实现,称为重载运算符函数。当程序员定义和使用重载运算符函数时,必须遵守 C++有关语法规则。

C++中大部分预定义的运算符都可以被重载,其中包括以下几类。

(1) 算术运算符:＋、－、＊、/、％、＋＋、－－。

(2) 位操作运算符:＆、|、～、^、<<、>>。

(3) 逻辑运算符:!、＆＆、||。

(4) 比较运算符:<、>、>=、<=、==、!=。

(5) 赋值运算符:=、+=、-=、＊=、/=、％=、＆=、|=、^=、<<=、>>=。

(6) 其他运算符:[ ]、()、,、new、delete、->、->＊。

(7) 不可以重载的运算符::、::、.、.＊、?:、sizeof。

重载运算符函数可以对运算符做出新的解释,即定义用户所需要的各种操作。但运算符重载后,原有的基本语义不变,包括不改变运算符的优先级、结合性以及所需要的操作数。优先级和结合性主要体现在重载运算符的使用上,而操作数的个数不但体现在重载运算符的使用上,更关系到重载运算符函数定义时的参数设定。

不能创建新的运算符,只有系统预定义的运算符才能被重载。值得注意的是,重载运算符函数可以对运算符定义新的操作,甚至编写与原来版本意思完全不同的代码。例如,重载＋运算符做对象减法运算,一般不建议这样定义,否则程序员将会面临违反习惯逻辑思维的问题。

用于类运算的运算符通常都要重载。但有两个运算符系统提供默认重载版本:①赋值运算符"＝",系统默认重载为对象数据成员的复制;②地址运算符"＆",系统默认重载为返回任何类对象的地址。当然,程序员也可以根据需要对这两个运算符进行重载。

8.2 运算符重载的方法

运算符函数既可以重载为成员函数,也可以重载为友元函数或普通函数。使用普通函数重载,需访问类的 private 和 protected 数据成员时,必须通过 public 接口提供的函数实现,会增加程序的开销。所以,运算符通常用成员函数或友元函数重载。二者的关键区别在于,成员函数有 this 指针,而友元函数没有 this 指针。

8.2.1 用成员函数重载

当一元运算符的操作数,或者二元运算符的左操作数是该类的一个对象时,重载运算符函数一般定义为成员函数。成员函数定义一个重载运算符就像定义一个普通的成员函数,不过函数的名字是关键字 operator 后接要定义的运算符符号。成员函数重载运算符也受类成员访问限制的约束,其定义格式为

```
类型 类名::operator op(参数表)
{
        //相对于该类定义的操作
}
```

其中,"类型"是函数的返回类型。"类名"是要重载该运算符的类。op 表示要重载的运算符。函数名是 operator op,由关键字 operator 和被重载的运算符 op 组成。"参数表"列出该运算符所需要的操作数。由于成员函数有隐含的 this 指针作为参数,因此用成员函数重载运算符时,其形参的数目比实际的操作数数目少 1。因此,对于一元运算符,定义为成员函数时没有参数;对于二元运算符只需要一个参数。

对于一元运算符,不论前置或后置,都要求有一个操作数,其形式为 Object op 或 op Object。

当运算符重载为成员函数时,编译器将其解释为 Object.operator op()。成员函数重载运算符时 operator op 所需的操作数由对象 Object 通过 this 指针隐含传递,所以参数表为空。

对于任何二元运算符都要求有左、右操作数,即 ObjectL op ObjectR。当重载为成员函数时,编译器解释为 ObjectL.operator op(ObjectR)。左操作数由对象 ObjectL 通过 this 指针传递,右操作数由参数 ObjectR 传递。参数表只有一个参数。

例 8.1 设计一个复数类,用成员函数重载运算符＋。

```
1    //ex8-1.cpp:复数类,用成员函数重载运算符 +
2    ♯include < iostream >
3    using namespace std;
4
```

```
5    class Complex
6    {
7      public:
8        Complex(double = 0.0,double = 0.0);                    //构造函数
9        Complex operator + (const Complex&) const;            //重载运算符 +
10       void print();
11     private:
12       double real;                                          //实部
13       double imaginary;                                     //虚部
14   };
15
16   //构造函数
17   Complex::Complex(double realPart,double imaginaryPart)
18    :real(realPart),imaginary(imaginaryPart){ }
19
20   //成员函数方式重载运算符 +
21   Complex Complex::operator + (const Complex &operand2) const {
22     return Complex(real + operand2.real,imaginary + operand2.imaginary);
23   }
24
25   //输出函数
26   void Complex::print(){
27       cout <<"("<< real <<" + i"<< imaginary <<")";
28       return;
29   }
30
31   int main(){
32     Complex x,y(1.2,7.2 ),z(3.3,1.1 ),k(2.2,4.4);
33     x = y + z;
34     y.print();cout <<' + ';z.print();cout <<' = ';
35     x.print();cout <<'\n';
36     x = y + z + k;
37     y.print();cout <<' + ';z.print();cout <<' + ';k.print();cout <<' = ';
38     x.print();cout <<'\n';
39     return 0;
40   }
```

程序运行结果：

(1.2+i7.2)+(3.3+i1.1)=(4.5+i8.3)
(1.2+i7.2)+(3.3+i1.1)+(2.2+i4.4)=(6.7+i12.7)

当为某个类重载了运算符之后，就可以像基本数据类型那样使用运算符操作类对象了。虽然前面说过重载运算符就像定义函数，不过运算符的使用和函数不一样。使用运算符时，不需要用对象加点"."操作，也不需要像函数那样把函数名放在前面。使用运算符时，可以把运算符放在两个操作对象的中间。例如，例 8.1 中第 33 行代码中的表达式 y＋z 中激活函数的是对象 y，运算符右边的对象被作为参数传递给运算符函数 operator＋。该表达式解释为 y.operator＋(z)。

重载运算符"＋"的成员函数参数表只有一个参数，作为右操作数，左操作数由 this 指针隐含传送。重载运算符函数像其他函数一样，可以返回 C++合法类型。在该程序中，重载"＋"运算符函数返回类类型均为 Complex。第 36 行代码中的复杂表达式 y＋z＋k，被解释

为(y+z)+k,它符合预定义版本运算符的操作规则,使表达式能够正确执行。

8.2.2 用友元函数重载

可以把重载运算符定义为全局函数,在这种情况下对类来说该运算符就是一个外部函数。因此要想在运算符中访问类的 private 成员,就必须把其定义为所操作类的友元。用友元函数重载运算符的定义格式为

返回类型 operator op(参数列表);

参数列表中参数的个数与运算符的操作数相同。当运算符重载为友元函数时,编译器将一元运算符 Object op 或 op Object 解释为 operator op(Object),函数 operator op 所需的操作数由参数表的参数 Object 提供。同样地,编译器将二元运算 ObjectL op ObjectR 解释为 operator op(ObjectL,ObjectR),左、右操作数都由参数传递。

例 8.2 在例 8.1 设计的复数类中,增加用友元函数重载的运算符一。

```
1   //ex8-2.cpp:用友元函数重载的运算符-
2   #include <iostream>
3   using namespace std;
4
5   class Complex
6   {
7     public:
8       Complex(double = 0.0,double = 0.0);                //构造函数
9       Complex operator + (const Complex&) const;         //成员重载运算符+
10    friend Complex operator - (const Complex&,const Complex&);  //友元函数重载运算符-
11      void print();
12    private:
13      double real;                                        //实部
14      double imaginary;                                   //虚部
15  };
16
17  Complex::Complex(double realPart,double imaginaryPart)
18   :real(realPart),imaginary(imaginaryPart){ }
19
20  Complex Complex::operator + (const Complex &operand2) const{
21     return Complex(real + operand2.real,imaginary + operand2.imaginary);
22  }
23
24  //友元函数重载运算符-
25  Complex operator - (const Complex &operand1,const Complex &operand2){
26  return Complex(operand1.real - operand2.real,operand1.imaginary - operand2.imaginary);
27  }
28
29  void Complex::print(){
30     cout <<"("<< real <<" + i"<< imaginary <<")";
31     return;
32  }
33
34  int main(){
```

```
35    Complex x,y(1.2,7.2),z(3.3,1.1);
36    x = y - z;
37     y.print();cout <<' - ';z.print();cout <<' = ';
38     x.print();cout <<'\n';
39     x = 3.0 - z;
40     cout <<"3.0 - ";z.print();cout <<' = ';
41     x.print();cout <<'\n';
42     x = y - 2.0;
43     y.print();cout <<" - 2.0 = ";
44     x.print();cout <<'\n';
45     return 0;
46    }
```

程序运行结果：

```
(1.2+i7.2)-(3.3+i1.1)=(-2.1+i6.1)
3.0-(3.3+i1.1)=(-0.3+i-1.1)
(1.2+i7.2)-2.0=(-0.8+i7.2)
```

例 8.2 中，"－"运算符函数重载为友元函数，左、右操作数都由参数传递，第 36 行代码中的表达式 y－z 被解释为 operator－(y,z)。第 39、42 行代码中的表达式 3.0－z 和 y－2.0 分别被解释为 operator－(3.0,z)和 operator－(y,2.0)。左、右操作数都由参数传递，C++可以通过构造函数实现数据类型隐式转换，将 3.0 和 2.0 转换为 Complex 对象，再进行同类对象的运算，因而 3.0－z 和 y－2.0 完全正确。

8.2.3 运算符重载方法的选择

由例 8.2 可以看出，使用重载运算符可以使程序代码看起来更加清晰。不过在使用重载运算符时，也有几点应该注意。

（1）重载运算符函数必须至少有一个类类型参数，也就是说不能所有的参数都为基本数据类型，因为运算符对于基本数据类型的意义都是固定的。

（2）不能改变运算符原来的优先级和结合性，重载后的运算符还具有操作基本数据类型时的优先级和结合性。

（3）重载运算符不保证操作数的求值顺序，并且对于所有的操作数都要求值。

大部分重载运算符函数既可以定义为成员函数，也可以定义为友元函数。不管是成员函数还是友元函数重载，运算符的使用方法都相同。但由于它们传递参数的方法不同，因此导致实现的代码不同，应用场合也不同。选择成员函数还是友元函数重载运算符，具体考虑以下几种情况。

（1）当一个运算符的操作需要修改类对象状态时，应该以成员函数重载。例如，需要左值操作数的运算符函数（如＋＋）应该用成员函数重载。如果以友元函数重载，则可以使用引用参数修改对象。

（2）如果希望运算符的操作数（尤其是第一个操作数）有隐式转换，则重载运算符时必须用友元函数或普通函数。例如，在 Complex 类中"＋"运算符函数重载为成员函数，则表达式 2.5＋z 被解释为 2.5.operator＋(z)，其中，实数 2.5 不是 Complex 类对象，无法调用运算符函数。因此，用成员函数重载的"＋"运算符无法完成此运算。但在 Complex 类中"－"运算符函数重载为友元函数，因此 3.0－z 是正确的。

（3）要把重载运算符函数定义为类成员函数，重载运算符函数的左操作数必须是该类类型。对于<<和>>运算符,因为左边的操作对象为 cout 和 cin 等 stream 类对象,而这些类的定义是不能改动的,所以这类重载运算符函数都需要定义为友元函数。

(4) C++中不能用友元函数重载的运算符有＝、()、[]、—>。

8.3 几个典型运算符的重载

8.3.1 自增与自减运算符

自增(＋＋)和自减(——)运算符有前置和后置两种形式。每个重载运算符函数都必须有明确的特征,使编译器确定要使用的版本。C++规定,前置形式重载为一元运算符函数,后置形式重载为二元运算符函数。例如,设有类 A 的对象 Aobject,其前置自增表达式和后置自增表达式说明如下。

1. 前置自增＋＋Aobject

若用成员函数重载,则编译器解释为 Aobject.operator＋＋(),对应的函数原型为

```
A& A::operator++();
```

若用友元函数重载,则编译器解释为 operator＋＋(Aobject),对应的函数原型为

```
friend A& operator++(A&);
```

2. 后置自增 Aobject＋＋

成员函数重载的解释为 Aobject.operator＋＋(0),对应的函数原型为

```
A A::operator++(int);
```

友元函数重载的解释为 operator＋＋(Aobject,0),对应的函数原型为

```
friend A operator++(A&,int);
```

在此,参数 0 是一个伪值,用于区别前置形式重载。

例 8.3 在 Time 类中使用成员函数重载前置＋＋和后置＋＋运算符,用友元函数重载前置——和后置——运算符。

```
1   //ex8－3.cpp
2   //用成员函数重载前置++和后置++运算符
3   //用友元函数重载前置－－和后置－－运算符
4   ♯include<iostream>
5   using namespace std;
6
7   class Time {
8     //声明友元函数
9     friend Time operator－－(Time& t,int);     //友元函数重载后置自减运算符
10    friend Time& operator－－(Time& t);        //友元函数重载前置自减运算符
11    public:
12      Time(int h = 0,int m = 0,int s = 0);     //构造函数
13      Time& operator++();                      //成员函数重载前置自增运算符
14      Time operator++(int);                    //成员函数重载后置自增运算符
15      void printTime() const;                  //打印时间的成员函数
16    private:
17      int hours;
```

```
18      int minutes;
19      int seconds;
20      void normalize();                              //私有辅助函数,用于调整时间
21    };
22
23    //定义前置自减运算符的友元函数
24    Time& operator -- (Time& t){
25    if(t.seconds > 0){
26        t.seconds -- ;
27    }
28    else if(t.minutes > 0){
29        t.seconds = 59;
30        t.minutes -- ;
31    }
32    else if(t.hours > 0){
33        t.seconds = 59;
34        t.minutes = 59;
35        t.hours -- ;
36    }
37    t.normalize();
38    return t;
39    }
40
41    //定义后置自减运算符的友元函数
42    Time operator -- (Time& t,int){
43    Time temp = t;
44    -- t;
45    return temp;
46    }
47
48    //构造函数的实现
49    Time::Time( int h, int m, int s):hours(h),minutes(m),seconds(s){
50    normalize();
51    }
52
53    //重载前置自增运算符的成员函数
54    Time& Time::operator++(){
55    seconds++;
56    normalize();
57    return * this;
58    }
59
60    //重载后置自增运算符的成员函数
61    Time Time::operator++(int){
62    Time temp = * this;
63    ++( * this);
64    return temp;
65    }
66
67    //私有辅助函数的实现
68    void Time::normalize(){
```

```
69      if(seconds > 59){
70          seconds -= 60;
71          minutes++;
72      }
73      if(minutes > 59){
74          minutes -= 60;
75          hours++;
76      }
77  }
78
79  //打印时间的成员函数
80  void Time::printTime() const {
81  std::cout << hours <<":"<< minutes <<":"<< seconds << std::endl;
82  }
83
84  int main(){
85      Time t1(0,0,10);
86      cout <<"初始时间为:";t1.printTime();
87      ++t1;                              //使用前置自增
88      cout <<"前置自增后:";t1.printTime();
89      t1++;                              //使用后置自增
90      cout <<"后置自增后:";t1.printTime();
91      --t1;                              //使用前置自减
92      cout <<"前置自增后:";t1.printTime();
93      --t1;                              //使用后置自减
94      cout <<"后置自增后:";t1.printTime();
95      ++(++t1);                          //级联使用前置自增,两个自增都作用在 t1 上
96      cout <<"级联前置自增后:";t1.printTime();
97      return 0;
98  }
```

程序运行结果:

```
初始时间为: 0:0:10
前置自增后: 0:0:11
后置自增后: 0:0:12
前置自增后: 0:0:11
后置自增后: 0:0:10
级联前置自增后: 0:0:12
```

在例 8.3 中,自增和自减运算符的实现考虑了时间的进位和借位逻辑,确保时间在自增和自减时能够正确地更新小时、分钟和秒数。

成员函数 operator++重载了前置自增运算符,operator++(int)重载了后置自增运算符。它们的实现区别是,后置操作中使用了临时变量 temp,保存对象的原值作为函数的返回值,然后对类对象进行自增运算。重载++运算符后可以对 Time 类对象进行自增运算。例如,表达式++t1 被解释为 t1.operator++();而表达式 t1++则被解释为 t1.operator++(0)。此外,前置自增 operator++返回的是引用,后置自增 operator++(int)返回的是 Time 类的对象,在级联使用前置自增++(++t1)时 t1 自增了两次。

友元函数 operator--(Time& t)重载了前置递减运算符,operator--(Time& t, int)重载了后置递减运算符。友元函数允许访问 Time 类的私有成员,但它们并不是类的成员函数。因为需要对参数 t 做修改,通过引用方式传送参数。

8.3.2 赋值运算符

C++提供预定义版本的重载赋值运算符(=),实现数据成员的简单复制。这一点和默认复制构造函数的操作一样。所以,对于用指针管理堆的数据对象,以及绝大多数重要的类,系统的赋值运算符操作往往不够,需要程序员自己进行重载。运算符函数 operator＝必须重载为成员函数,而且不能被继承。重载函数原型为

```
类名 & 类名::operator = (类名);
```

例 8.4 定义一个简单的字符串类 MyString 并重载赋值运算符 operator＝。赋值运算符应当能够正确地将一个字符串对象的内容复制到另一个字符串对象中,同时确保原始数据被正确释放,避免内存泄漏。

```
1    //ex8-4.cpp:定义字符串类 MyString 并重载赋值运算符 operator =
2    # include < iostream >
3    # include < cstring >                    //包含 C 标准库的 strcpy_s()函数
4    using namespace std;
5
6    class MyString {
7     private:
8      char * data;                          //动态分配的字符数组
9      size_t size;                          //字符串的实际长度
10
11    public:
12      //无参构造函数
13      MyString():data(NULL),size(0){}
14
15      //带参数的构造函数
16      MyString(const char * str);
17
18      //复制构造函数
19      MyString(const MyString& other);
20
21      //赋值运算符重载
22      MyString& operator = (const MyString& other);
23
24      //析构函数
25      ~MyString();
26
27      //其他成员函数,例如获取字符串长度
28      size_t length() const { return size;}
29
30      //打印字符串
31      void print() const;
32    };
33
34
35      //定义带参数的构造函数
36      MyString::MyString(const char * str){
37      size = strlen(str);
```

```
38        data = new char[size + 1];
39        strcpy_s(data, size + 1, str);
40        }
41
42        //定义复制构造函数
43        MyString::MyString(const MyString& other){
44        size = other.size;
45        data = new char[size + 1];
46        strcpy_s(data, size + 1, other.data);
47    }
48
49    //定义重载赋值运算符函数
50    MyString& MyString::operator = (const MyString& other){
51      //自赋值检查
52    if(this != &other){
53        delete[] data;                        //释放原有内存
54        size = other.size;
55        data = new char[size + 1];
56        strcpy_s(data, size + 1, other.data);
57    }
58        return * this;
59    }
60
61    //定义析构函数
62    MyString::~MyString(){
63      delete[] data;
64    }
65
66    //定义输出函数
67    void MyString::print() const {
68      std::cout << data << std::endl;
69    }
70
71    int main(){
72      MyString str1("Hello world!");        //调用带参数的构造函数
73      MyString str2 = str1;                 //调用复制构造函数
74      MyString str3;
75      str3 = str1;                          //赋值运算符
76      str3 = str3;                          //自赋值不影响 str3 的值
77      str1.print();
78      str2.print();
79      str3.print();
80      return 0;
81    }
```

程序运行结果：

```
Hello world!
Hello world!
Hello world!
```

在例 8.4 中，MyString 类的私有数据成员 data 是一个字符指针，用于存储字符串数据，size 用于记录字符串的实际长度。构造函数 MyString(const char * str)接收一个 C 风格字符串，并使用 new 操作符动态分配内存来存储这个字符串的副本。析构函数 ～MyString()确保当 MyString 对象被销毁时，动态分配的内存也被释放。

复制构造函数 MyString(const MyString& other)确保当使用一个 MyString 对象来初始化另一个对象时，能够正确复制其数据。重载赋值运算符 operator＝用于实现字符串对象之间的赋值操作，它首先检查自赋值，然后释放当前对象的内存，接着复制源对象的数据到新对象。复制构造函数和重载赋值运算符函数虽然都是实现数据成员的复制，但执行时机不同。前者用于对象的初始化，后者用于程序运行时修改对象的数据。

8.3.3　重载运算符[ ]和()

运算符[ ]和()只能用成员函数重载，不能用友元函数重载。

1. 重载下标运算符[ ]

下标运算符[ ]是二元运算符，用于访问数据对象的元素。其重载函数调用的一般形式为

对象名[下标表达式]

例如，类 classX 有重载函数：

```
int & classX::operator[ ] (int);
```

如果 objx 是 classX 类的对象，则调用函数的表达式 objx[k] 被解释为 objx. operator[ ](k)。

2. 重载函数调用运算符()

函数调用运算符()可以看成一个二元运算符。其重载函数调用的一般形式为

对象名(表达式表)

其中，将对象作为左操作数，而"表达式表"作为右操作数，"表达式表"可以为空。运算符()的最重要的应用是为对象提供常规的函数调用语法形式，使它们具有像函数似的行为方式。

例如，类 classA 有重载函数：

```
int classA::operator()(int,int);
```

若 obja 是 classA 类对象，则调用函数的表达式 obja(x,y)被解释为 obja. operator()(x,y)。

例 8.5　对例 8.4 定义的字符串类 MyString，添加用重载[ ]运算符访问字符串元素，用重载()运算符返回字符串的子串。

```
1    //ex8-5.cpp:对字符串类 MyString 重载[ ]运算符和 ()运算符
2    # include < iostream >
3    # include < cstring >                        //包含 C 标准库的 strcpy_s()函数
4    using namespace std;
5
6    class MyString{
7      private:
8      char *  data;                              //动态分配的字符数组
9      size_t size;                               //字符串的实际长度
10     char *  substring(size_t pos,size_t len) const;   //私有辅助函数,用于获取子串
11     public:
12     MyString():data(NULL),size(0){}            //无参构造函数定义
```

```
13    MyString(const char *  str);                    //带参数的构造函数原型
14    MyString(const MyString& other);                //复制构造函数原型
15    MyString& operator = (const MyString& other);   //重载赋值运算符函数原型
16    ~MyString();                                     //析构函数原型
17    size_t length() const { return size;}           //获取字符串长度函数定义
18    void print() const;                             //字符串输出函数原型
19    char& operator[](size_t index);                 //重载[]运算符函数原型
20    MyString operator()(size_t pos,size_t len);     //重载()运算符函数原型
21  };
22
23  //定义带参数的构造函数
24  MyString::MyString(const char *  str){
25    size = strlen(str);
26    data = new char[size + 1];
27    strcpy_s(data,size + 1,str);
28  }
29
30  //定义复制构造函数
31  MyString::MyString(const MyString& other){
32    size = other.size;
33    data = new char[size + 1];
34    strcpy_s(data,size + 1,other.data);
35  }
36
37  //定义重载赋值运算符函数
38  MyString& MyString::operator = (const MyString& other){
39      //自赋值检查
40    if(this != &other){
41        delete[] data;                              //释放原有内存
42        size = other.size;
43        data = new char[size + 1];
44        strcpy_s(data,size + 1,other.data);
45    }
46    return * this;
47  }
48
49  //定义析构函数
50  MyString::~MyString(){
51    delete[] data;
52  }
53
54  //定义字符串输出函数
55  void MyString::print() const{
56    cout << data << endl;
57  }
58   //定义重载[]运算符函数
59  char& MyString::operator[](size_t index){
60    if((index >= size)||(index < 0)){              //错误下标越界
61      cout <<"Index out of range"<< endl;
62      exit(1);                                     //终止程序
63    }
```

```
64      return data[index];
65    }
66    //定义重载()运算符函数
67    MyString MyString::operator()(size_t pos,size_t len){
68      if(pos >= size||pos < 0||pos + len > size){        //下标越界错误
69         cout <<"Substring range out of bounds"<< endl;
70         exit(1);                                        //终止程序
71      }
72      return MyString(substring(pos,len));
73    }
74
75    char * MyString::substring(size_t pos,size_t len) const{
76      static char * result = new char[len + 1];          //注意,这里使用了静态分配的内存
77      strncpy_s(result,len + 1,data + pos,len);
78      result[len] = '\0';                                //确保字符串以空字符结尾
79      return result;
80    }
81
82    int main(){
83    //测试带参数的构造函数
84      MyString str1("Hello World!");
85      cout <<"原始字符串为:" ;
86      str1.print();
87
88    //测试重载[]运算符
89      cout <<"将下标为 4 的字符"<< str1[4] ;
90    //修改字符串中的一个字符
91      str1[4] = 'M';
92      cout <<"修改为"<< str1[4]<<"后字符串为:";
93      str1.print();
94
95    //测试重载()运算符以返回子串
96      MyString substr = str1(0,5);
97      cout <<"该字符串 0 开始长度为 5 的子串为:" ;
98      substr.print();
99      return 0;
100   }
```

程序运行结果:

```
原始字符串为: Hello World!
将下标为4的字符o修改为M后字符串为: HellM World!
该字符串0开始长度为5的子串为: HellM
```

在例 8.5 中,运算符[]以成员函数的方式重载,以提供对字符串元素的访问,其返回结果的类型是 char&,允许修改字符串中的字符。因此,代码第 91 行 str1[4]＝'M'表达式中 str1[4]作为左值操作合法。

运算符()返回字符串的子串,它同样以成员函数的方式重载,其中调用了私有辅助函数 substring()来处理子串复制。substring()是一个私有辅助函数,用于复制指定长度的子串到静态分配的内存中,该函数使用静态分配的内存来避免频繁的内存分配和释放。

8.3.4 输入输出运算符

运算符"<<"和">>"在 C++ 的流类库中重载为插入和提取操作,用于输入输出基本类型的数据和字符串,所以也称这两个运算符为输入输出运算符。程序员也可以重载这两个运算符用于传输用户自定义类型的数据。重载<<和>>运算符通常采用友元函数的方式,以下是重载这两种运算符的一般语法形式:

```
ostream& operator <<(ostream& out,const classT & obj);
istream& operator >>(istream& in,classT & obj);
```

其中,classT 是自定义的类。重载插入运算符函数的第一个参数 out 是 ostream 流类的引用,重载提取运算符函数的第一个参数 in 是 istream 流类的引用。istream、ostream 是 C++ 基本类库中定义的流类,这将在第12章中详细讨论。这两个重载函数的第二个参数都是自定义类 classT 的对象的引用。

如果 objx 是 classT 的对象,则编译器将表达式 cin >> objx 解释为 operator >>(cin,objx)。对于表达式 cout << objx,编译器解释为 operator <<(cout,objx)。

例 8.6 对例 8.5 的字符串类 MyString 添加重载输出运算符<<和输入运算符>>,用于输出和输入 MyString 类的对象。

```
1   //ex8-6.cpp:对字符串类 MyString 重载 [ ]运算符、()运算符、<<运算符和>>运算符
2   # include < iostream >
3   # include < cstring >                      //包含 C 标准库的 strcpy_s()函数
4   using namespace std;
5
6   class MyString{
7    private:
8      char * data;                            //动态分配的字符数组
9      size_t size;                            //字符串的实际长度
10     char * substring(size_t pos,size_t len) const;  //私有辅助函数,用于获取子串
11   public:
12     MyString():data(NULL),size(0){}         //默认构造函数
13     MyString(const char * str);             //带参数的构造函数原型
14     MyString(const MyString& other);        //复制构造函数原型
15     MyString& operator = (const MyString& other);  //重载赋值运算符函数原型
16     ~MyString();                            //析构函数原型
17     size_t length() const {return size;}    //获取字符串长度函数定义
18     void print() const;                     //打印字符串函数原型
19     char& operator[](size_t index);         //重载[]运算符函数原型
20     MyString operator()(size_t pos,size_t len);  //重载()运算符函数原型
21
22     //重载输入运算符函数原型
23     friend istream& operator >>(istream& in,MyString& str);
24     //重载输出运算符函数原型
25     friend   ostream& operator <<(ostream& out,const MyString& str);
26   };
27
28   //带参数的构造函数定义
29   MyString::MyString(const char * str){
```

```
30      size = strlen(str);
31      data = new char[size + 1];
32      strcpy_s(data, size + 1, str);
33    }
34
35    //复制构造函数定义
36    MyString::MyString(const MyString& other){
37      size = other.size;
38      data = new char[size + 1];
39      strcpy_s(data, size + 1, other.data);
40    }
41
42    //赋值运算符重载函数定义
43    MyString& MyString::operator = (const MyString& other){
44      if(this != &other){                          //自赋值检查
45          delete[] data;                           //释放原有内存
46          size = other.size;
47          data = new char[size + 1];
48          strcpy_s(data, size + 1, other.data);
49      }
50    return * this;
51    }
52
53    //析构函数定义
54    MyString::~MyString(){
55        delete[] data;
56    }
57
58    //打印字符串函数定义
59    void MyString::print() const {
60        cout << data << endl;
61    }
62
63    char& MyString::operator[](size_t index){
64      if((index >= size)||(index < 0)){            //下标越界错误
65          cout <<"Index out of range"<< endl;
66          exit(1);                                 //终止程序
67      }
68    return data[index];
69    }
70
71    MyString MyString::operator()(size_t pos, size_t len){
72      if(pos >= size||pos < 0||pos + len > size){  //下标越界错误
73          cout <<"Substring range out of bounds"<< endl;
74          exit(1);                                 //终止程序
75      }
76      return MyString(substring(pos, len));
77    }
78
79    char * MyString::substring(size_t pos, size_t len) const {
80        static char * result = new char[len + 1];  //注意,这里使用了静态分配的内存
```

```
81        strncpy_s(result,len+1,data+pos,len);
82        result[len]='\0';                        //确保字符串以空字符结尾
83        return result;
84    }
85
86    //重载输入运算符函数定义
87    istream& operator >>(istream& in,MyString& str){
88      if(str.data){
89        delete[] str.data;
90      }
91      char temp[256];                             //假设字符串不会超过255个字符
92      in >> temp;
93      str.size = strlen(temp);
94      str.data = new char[str.size+1];
95      strcpy_s(str.data,str.size+1,temp);
96      return in;
97    }
98
99    //重载输出运算符函数定义
100 ostream& operator <<(ostream& out,const MyString& str){
101    out << str.data;
102    return out;
103 }
104 int main(){
105    MyString str;
106    cout <<"请输入一个字符串:";
107    cin >> str;
108    cout <<"输出该字符串:";
109    cout << str;
110    MyString str1,str2;
111    cout <<"\n请输入两个字符串:";
112    cin >> str1 >> str2;
113    cout <<"输出这两个字符串:";
114    cout << str1 <<" "<< str2;
115    return 0;
116 }
```

程序运行结果：

```
请输入一个字符串：Hello
输出该字符串：Hello
请输入两个字符串：Hello World!
输出这两个字符串：Hello  World!
```

在例8.6中，operator >>被重载为友元函数，实现从istream(如cin)中读取字符串到MyString对象的功能。其中使用了一个固定大小的数组temp来暂存输入的字符串，然后将其复制到MyString对象的动态分配内存中。operator <<也被重载为友元函数，实现将MyString对象的内容输出到ostream(如cout)。cout是C++输出流ostream的预定义对象，用于连接显示器；cin是输入流istream的预定义对象，用于连接键盘。

重载提取运算符函数：

istream& operator >>(istream& in,MyString& str)

第一个参数in是istream流类的引用，第二个参数是自定义的MyString类的引用。对于第 107 行代码中的表达式 cin >> str，编译器解释为 operator >>(cin, str)。引用参数 in 是 cin 的别名。

函数 operator >> 返回一个 istream 的引用，以便提取运算符的连续调用。例如，对于第 112 行代码中的表达式 cin >> str1 >> str2，首先调用 operator >>(cin, str1)，该调用返回 cin 的引用。随后表达式的剩余部分可解释为 cin >> str2，调用 operator >>(cin, str2)。这与流提取操作原语义一致。

重载插入运算符的操作和以上分析的原理一致。注意，函数 operator <<() 和 operator >>() 被声明为 MyString 类的友元，是因为要把 MyString 类对象作为运算符的右操作数，即引起调用函数的是流类对象 cin 或 cout，而不是 MyString 类的对象。所以，这两个运算符的重载函数必须为非成员函数。

8.4　类类型转换

数据类型转换是指在程序编译或运行时，将数据值的某种类型转换为另外一种类型。C++ 中，类是用户自定义的类型，类之间、类与基本类型之间可以像系统预定义的基本类型一样进行类型转换。实现这种转换使用构造函数和类型转换函数。与基本类型的转换相同，有隐式调用和显式调用两种方式。

具有一个非默认参数的构造函数可以实现从参数类型到该类类型的转换。构造函数的形式为

```
ClassX::ClassX(Type arg);
```

其中，ClassX 为用户定义的类类型名，arg 是将被转换为 ClassX 类的参数。arg 为 Type 类型，Type 类型可以是基本类型或类类型。这个函数的功能是把 Type 类型的对象转换为 ClassX 类型的对象。

具有一个非默认参数的构造函数能够把某种类型对象转换为指定类类型对象，但不能将一个类类型对象转换为基本类型数据。为此，C++ 引入一种特殊的成员函数——类型转换函数，类型转换函数的形式为

```
ClassX::operator Type()
{
    ⋮
    return Type_Value;
}
```

其中，ClassX 为类类型标识符；Type 为类型标识符，可以是基本类型、复合类型或类类型；Type_Value 为 Type 类型的表达式。这个函数的功能是把 ClassX 类型的对象转换为 Type 类型的对象。类型转换函数没有参数，没有返回类型，但必须有一个返回 Type 类型值的语句。类型转换函数只能定义为一个类的成员函数，不能定义为类的友元的函数。

构造函数转换和类型转换函数转换都可以完成类型转换。不过二者是有区别的，构造函数定义在目标类型的类中，用于将其他类型转换为目标类类型，而类型转换函数定义在源类型的类中，用于将源类类型转换为其他类型。

例 8.7　定义有理数 Rational 类，为类定义一个类型转换函数，实现从 Rational 到

double 的转换。

```
1    //ex8-7.cpp:类型转换函数实现从 Rational 到 double 的转换
2    # include < iostream >
3    using namespace std;
4
5    class Rational
6    {
7        friend ostream& operator <<(ostream& output, const Rational& r);    //重载运算符函数原型
8    public:
9        Rational(int = 0, int = 1);                    //带默认参数的构造函数原型
10       Rational operator + (const Rational&);          //重载运算符 + 函数原型
11       operator double();                             //类型转换函数原型,目标类型为 double
12
13   private:
14       int numerator;                                //分子
15       int denominator;                              //分母
16       void reduction();                             //分数约减函数原型
17   };
18
19   //构造函数
20   Rational::Rational(int n, int d){
21       numerator = n;
22       denominator = (d == 0) ? 1:d;                 //分母有效性检测,若为 0 则修改为 1
23       reduction();
24   }
25
26   //重载运算符 +
27   Rational Rational::operator + (const Rational& a){
28       return Rational(numerator * a.denominator + denominator * a.numerator,
29                       denominator * a.denominator);
30   }
31
32   //重载运算符<<
33   ostream& operator <<(ostream& output, const Rational& r){
34       if((r.numerator == 0)||(r.denominator == 1))  //打印 0 或按整数打印
35           output << r.numerator;
36       else
37           output << r.numerator <<'/'<< r.denominator;
38       return output;
39   }
40
41   //约减函数
42   void Rational::reduction(){
43       int smaller, gcd = 1;
44       smaller = (numerator < denominator) ? numerator:denominator;
45       //求最大公约数
46       for(int loop = 2; loop <=  smaller; loop++)
47           if(numerator  %  loop == 0 && denominator  %  loop == 0)
48               gcd = loop;
49       //约减
```

```
50    numerator /= gcd;
51    denominator /= gcd;
52  }
53
54  //定义类型转换函数
55  Rational::operator double(){
56    double d;
57    d = double(numerator)/denominator;
58    return d;
59  }
60
61  int main(){
62    Rational a(6,4),b;
63    int x = 7;
64    double d, y = 2.0;
65    b = a + Rational(x);
66    cout << a <<" + "<< x <<" = "<< b <<'\n';
67    d = y + b;
68    cout << y <<" + "<< b <<" = "<< d <<'\n';
69    return 0;
70  }
```

程序运行结果：

```
3/2 + 7 = 17/2
2 + 17/2 = 10.5
```

例 8.7 中带默认参数的构造函数 Rational(int=0,int=1)可以实现将一个 int 对象转换为 Rational 对象。在第 65 行代码中的表达式 a+Rational(x)的计算过程中,通过调用 Rational 类的构造函数,把 int 类型的变量 x 转换为 Rational 类的对象,实现类型转换。编译器将 a+Rational(x)解释为 a.operator+(Rational(x))。

函数 operator double()实现将一个 Rational 对象转换为 double 对象。在第 67 行代码中的表达式 y+b,通过调用类型转换函数 double()将 Rational 类的对象 b 转换为 double 类型,y+b 是两个 double 类型的值进行相加,运算符+使用的是 C++中预定义的版本。

8.5 应用举例

本节通过定义一个整型数组类并实现基本的运算符重载,展示本章知识点的具体运用。

例 8.8 定义一个整型数组类 MyArray,为类重载运算符函数,包括加法、减法、取元素、赋值、相等、输入和输出,实现数组类对象的基本运算,并编写测试代码,测试类的功能。

```
1   //ex8-8.cpp:整型数组类 MyArray 的定义及测试
2   # include < iostream >
3   # include < cstring >
4   using namespace std;
5
6   class MyArray {
7     private:
8     int * data;
```

```
9    size_t size;
10   void copyData(const int * src,size_t newSize);     //复制函数原型
11   public:
12   MyArray(size_t sz);                                //构造函数原型
13   MyArray(const MyArray& other);                     //复制构造函数原型
14   MyArray& operator = (const MyArray& other);        //重载 = 运算符函数原型
15   int& operator[](size_t index);                     //重载[]运算符函数原型,可读可写
16   const int& operator[](size_t index) const;         //重载[]运算符函数原型,仅可读
17   MyArray operator + (const MyArray& other) const;   //重载 + 运算符函数原型
18   MyArray operator - (const MyArray& other) const;   //重载 - 运算符函数原型
19   bool operator == (const MyArray& other) const;     //重载 == 运算符函数原型
20   ~MyArray();                                        //析构函数原型
21   size_t getSize() const;                            //获取数组大小函数原型
22   friend   ostream& operator <<(ostream& out,const MyArray& arr);   //重载<<运算符函数原型
23   friend   istream& operator >>(istream& in,MyArray& arr);       //重载>>运算符函数原型
24   };
25
26   //复制函数定义
27   void MyArray::copyData(const int * src,size_t newSize){
28       for(size_t i = 0;i < newSize;++i){
29           data[i] = src[i];
30       }
31   }
32
33   //构造函数定义
34   MyArray::MyArray(size_t sz):size(sz),data(new int[sz]){
35     memset(data,0,sizeof(int) * sz);
36   }
37
38   //复制构造函数定义
39   MyArray::MyArray(const MyArray& other):size(other.size),data(new int[other.size]){
40       copyData(other.data,other.size);
41   }
42
43   //重载 = 运算符函数定义
44   MyArray& MyArray::operator = (const MyArray& other){
45     if(this != &other){
46         delete[] data;
47         size = other.size;
48         data = new int[other.size];
49         copyData(other.data,other.size);
50     }
51   return * this;
52   }
53
54   //重载[]运算符函数定义,可读可写
55   int& MyArray::operator[](size_t index){
56     return data[index];
57   }
58
59   //重载[]运算符函数定义,常成员函数,仅可读
```

```
60   const int& MyArray::operator[](size_t index) const {
61     return data[index];
62   }
63
64   //重载 + 运算符函数定义
65   MyArray MyArray::operator + (const MyArray& other) const {
66     if(size != other.size){
67         cout <<"进行相加运算的数组必须大小相同"<< endl;
68         exit(1);
69     }
70     MyArray result(size);
71     for(size_t i = 0;i < size;++i){
72         result[i] = data[i] + other[i];
73     }
74     return result;
75   }
76
77   //重载 - 运算符函数定义
78   MyArray MyArray::operator - (const MyArray& other) const {
79     if(size != other.size){
80       cout <<"进行相减运算的数组必须大小相同"<< endl;
81     exit(1);
82     }
83     MyArray result(size);
84     for(size_t i = 0;i < size;++i){
85     result[i] = data[i] - other[i];
86     }
87     return result;
88     }
89
90     //重载 == 运算符函数定义
91     bool MyArray::operator == (const MyArray& other) const {
92     if(size != other.size){
93     return false;
94     }
95     for(size_t i = 0;i < size;++i){
96     if(data[i] != other[i]){
97     return false;
98     }
99     }
100    return true;
101  }
102
103  //析构函数定义
104  MyArray::~MyArray(){
105    delete[] data;
106  }
107
108  //获取数组大小函数定义
109  size_t MyArray::getSize() const {
110    return size;
```

```
111 }
112
113 //重载<<运算符函数定义
114 ostream& operator <<(ostream& out,const MyArray& arr){
115   for(size_t i = 0;i < arr.getSize();++i){
116   out << arr[i]<<" ";
117   }
118   return out;
119 }
120
121 //重载>>运算符函数定义
122 istream& operator >>(istream& in,MyArray& arr){
123   for(size_t i = 0;i < arr.getSize();++i){
124   in >> arr.data[i];
125   }
126   return in;
127 }
128
129 int main(){
130   //创建两个 MyArray 对象
131   MyArray arr1(5);
132   MyArray arr2(5);
133
134   //使用赋值运算符填充数组
135   for(int i = 0;i < arr1.getSize();++i){
136   arr1[i] = i * 2;
137   arr2[i] = i + 1;
138   }
139
140   //打印第一个数组
141   cout <<"第一个数组:";
142   cout << arr1 << endl;
143
144   //打印第二个数组
145   cout <<"第二个数组:";
146   cout << arr2 << endl;
147
148   //测试 + 运算符
149   MyArray arrSum = arr1 + arr2;
150   cout <<"两个数组对应相加:";
151   cout << arrSum << endl;
152
153   //测试 - 运算符
154   MyArray arrDiff = arr1 - arr2;
155   cout <<"两个数组对应相减:";
156   cout << arrDiff << endl;
157
158   //测试 == 运算符
159   cout <<"两个数组是否相等:"<<(arr1 == arr2 ?"是 ":"否 " )<< endl;
160
161   //测试>>运算符
```

```
162    cout <<"请重新输入第一个数组:";
163    cin >> arr1;
164
165    //测试<<运算符
166    cout <<"第一个数组更新后为:";
167    cout << arr1 << endl;
168
169    return 0;
170  }
```

程序的一次运行结果：

```
第一个数组: 0 2 4 6 8
第二个数组: 1 2 3 4 5
两个数组对应相加: 1 4 7 10 13
两个数组对应相减: -1 0 1 2 3
两个数组是否相等: 否
请重新输入第一个数组: 2 1 3 9 8
第一个数组更新后为: 2 1 3 9 8
```

在例 8.8 中，MyArray 类有两个私有数据成员 data 和 size。data 是一个指针，用于指向动态分配的数组，size 是数组元素数量。私有成员函数 copyData() 是一个辅助函数，实现从源数组复制数据到当前对象，该函数用于辅助复制构造函数和赋值运算符，完成数组中数据的复制。MyArray 类中重载了两个不同的下标运算符[ ]：

```
int& operator[](size_t index);
const int& operator[](size_t index) const;
```

非 const 成员函数重载的下标运算符[ ]可以对数组元素进行读写，而用 const 成员函数重载的下标运算符[ ]对数组元素限定为只读。加法运算符＋和减法运算符－要求两个数组大小相同。相等运算符＝＝用于比较两个数组是否相等。输出运算符<<和输入运算符>>允许从 ostream 和 istream 中流式处理数组。相关函数描述如下：

（1）构造函数 MyArray::MyArray(size_t sz)。接收一个 size_t 类型的参数，用于设置数组的大小，使用 new 分配内存，并将所有元素初始化为 0。

（2）复制构造函数 MyArray::MyArray(const MyArray& other)。使用其他 MyArray 对象来初始化当前对象，通过调用 copyData() 函数复制数据。

（3）赋值运算符 MyArray::operator＝(const MyArray& other)。实现对象的复制，首先检查自赋值，然后释放当前对象的数据，复制新数据，并更新大小。

（4）下标运算符 operator[ ]。提供了两个版本的下标运算符，一个是可写的（非 const），另一个是只读的（const）。

（5）加法运算符 MyArray::operator＋(const MyArray& other) const。接收另一个 MyArray 对象作为参数，返回两个数组对应元素相加的结果。如果数组大小不一致，则输出错误信息并退出程序。

（6）减法运算符 MyArray::operator-(const MyArray& other) const。类似于加法运算符，但执行的是元素相减操作。

（7）相等运算符 MyArray::operator＝＝(const MyArray& other) const。比较两个数组是否相等，即数组的大小和所有元素是否都相同。

（8）析构函数 MyArray::～MyArray()。释放动态分配的内存。

（9）数组大小获取函数 MyArray::getSize() const。返回数组的当前大小。

（10）友元函数。输出运算符重载 operator ≪允许使用运算符≪输出 MyArray 对象的元素,输入运算符重载 operator ≫允许使用运算符≫读取数据到 MyArray 对象。

本章小结

运算符重载的作用是令用户可以像操作基本数据类型一样,用简洁、明确的运算符操作自定义的类对象。在程序设计中,运算符重载主要用于模仿数学类运算符的习惯用法。

C++语言中,大部分预定义的运算符都可以被重载。重载运算符函数可以对运算符做出新的解释,定义用户所需要的各种操作。但重载后,原有的基本语义,包括运算符的优先级、结合性和所需要的操作数不变。

运算符函数既可以重载为成员函数,也可以重载为友元函数或普通函数。当一元运算符的操作数或者二元运算符的左操作数是该类的一个对象时,以成员函数重载;当一个运算符的操作需要修改类对象状态时,应该以成员函数重载。如果以友元函数重载,可以使用引用参数修改对象。若运算符的操作数(尤其是第一个操作数)希望有隐式转换,则重载运算符时必须用友元函数。

构造函数和类型转换函数可以实现基本类型与类类型,以及类类型之间的类型转换。

习题 8

习题 8

## 第9章

继承与派生

继承(inheritance)是面向对象程序设计中软件重用的关键技术。继承机制使用已经定义的类作为基础建立新类。新类作为原有类的派生类继承了原有类的数据及操作,并在此基础上增加自身的数据及操作。新类把原有类作为基类引用,不需要修改原有类的定义。这种可扩充、可重用技术大大降低了大型软件的开发难度。

本章讨论面向对象程序设计中关于继承的概念及其在 C++ 中的实现方法。

9.1　基类和派生类

9.1.1　基类、派生类及继承

1. 基类与派生类间的关系

一个大的应用程序,通常由多个类构成,类与类之间互相协同工作。面向对象程序设计支持用继承方式组织类体系,通过继承,明确了类与类之间的逻辑关系,也使得派生类具有了基类的属性和行为,而不必重复定义。例如,假设已经定义和实现了汽车类 Automobile,而在一个新的应用中需要电动汽车类 ElectricCar。由于电动汽车也是汽车,因此没必要重头写一个新的类,只要在类 Automobile 的基础上添加一些电动汽车特有的属性和方法就可得到类 ElectricCar。新类 ElectricCar 叫作派生类或 Automobile 的子类,原有的类 Automobile 则称为基类或 ElectricCar 的父类。派生类 ElectricCar 继承了类 Automobile 的所有的成员函数和数据成员(构造函数、析构函数和运算符重载函数除外)。派生类除了继承其基类的数据成员和成员函数外,还可以拥有基类所没有的、自身的成员函数和数据成员。由于派生类可以继承其基类的代码(这些代码不必重新设计),因此继承机制可以促进代码的重用度,使得编程工作量大大降低。图 9.1 描述了这种派生机制:基类位于派生类的上方,箭头从派生类指向基类。

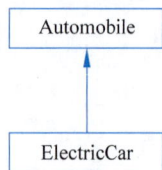

图 9.1　类 ElectricCar 继承类 Automobile

2. 继承的语法形式

在 C++ 中定义类之间的继承比较简单,只要在普通类定义的类名后面加一个冒号,并加上继承方式和基类名即可。其语法如下:

```
class 派生类名:继承方式 基类名
{
    派生类成员
};
```

其中的继承方式有三种,分别是 public(公有继承)、protected(保护继承)和 private(私有继承)。这三种继承方式也决定了派生类的成员函数对基类成员的可访问性,以及派生类对象对基类成员的可访问性。如果省略继承方式,则编译器自动将其当作私有继承。如果用关键字 struct(而不是 class)定义类,省略继承方式时,默认为公有继承。

例 9.1 定义汽车类 Automobile 及其派生类——电动汽车类 ElectricCar。Automobile 类包括所有汽车共有的属性,如制造厂商 make、型号 model、年份 year。ElectricCar 类是从 Automobile 派生出的子类,新增电动汽车特有的属性电池容量 batteryCapacity。

```cpp
1   //ex9-1.cpp:定义汽车类 Automobile 及其派生类——电动汽车类 ElectricCar
2   # include < iostream >
3   # include < string >
4   using namespace std;
5
6   //基类:Automobile
7   class Automobile{
8     protected:
9       string make;                                    //制造厂商
10      string model;                                   //型号
11      int year;                                       //年份
12
13      public:
14      //构造函数
15      Automobile(const string& mk,const string& mdl,int yr)
16        :make(mk),model(mdl),year(yr){}
17
18      //析构函数
19      ~Automobile(){}
20
21      //打印汽车信息
22      void printInfo() const{
23          cout <<"制造厂商:"<< make <<",型号:"<< model <<",制造年份:"<< year << endl;
24      }
25   };
26
27   //派生类:ElectricCar
28   class ElectricCar:public Automobile{
29     private:
30       int batteryCapacity;                            //电池容量
31     public:
32     //构造函数
33     ElectricCar(const std::string& mk,const std::string& mdl,int yr,int battCap)
34        :Automobile(mk,mdl,yr),batteryCapacity(battCap){}
35
36     //打印电动汽车的电池信息
37     void printBatteryInfo() const {
```

```
38              cout <<"电池容量:"<< batteryCapacity <<"kWh"<< endl;
39       }
40  };
41
42  int main(){
43      ElectricCar myCar("Tesla","Model S",2021,100);   //创建 ElectricCar 对象
44      myCar.printInfo();                               //调用从 Automobile 继承的方法
45      myCar.printBatteryInfo();                        //调用 ElectricCar 特有的方法
46      return 0;
47  }
```

程序运行结果：

```
制造厂商：Tesla，型号：Model S，制造年份：2021
电池容量：100kWh
```

例 9.1 展示了如何将 Automobile 类作为基类创建一个派生类 ElectricCar。类 Automobile 是基类，其属性和方法体现了共性，而派生类 ElectricCar 的属性和方法体现了差别。继承允许 ElectricCar 类复用 Automobile 类的方法和属性，make、model、year、printInfo()这些属性和方法无须在派生类 ElectricCar 中重新说明。除此之外，ElectricCar 类增加了自己的属性 batteryCapacity 和方法 printBatteryInfo()。

3. 派生类对象的内存结构

派生类继承了基类的属性和行为，在派生类对象中，基类的属性数据也将作为其中的一部分而存在。在对象的内存布局上，首先是基类的数据，然后才是派生类的数据。在派生类对象中的基类部分也被称作基类子对象。图 9.2 为 Automobile 类和 ElectricCar 类对象的内存布局。

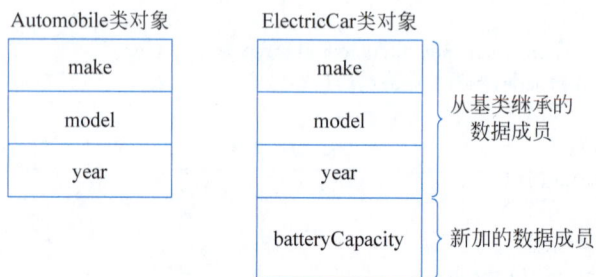

图 9.2　Automobile 类和 ElectricCar 类对象的内存布局

在对象的内存中，只有非静态的数据成员。如果基类中有静态的数据成员，那么在派生类中这个成员的静态属性将被保留，成为派生类的一个静态成员，派生类与静态成员的具体内容将在 9.3.2 节介绍。

9.1.2　继承的类型

一个派生类的成员由两部分组成：一部分从基类继承过来；另一部分自己定义，即创建一个派生类对象时，系统会建立所有继承的和自身定义的成员。但派生类不一定能直接使用(可见)这些成员。派生类对基类成员的使用，除了与类定义的继承访问控制有关外，还与基类中的成员性质有关。C++ 有 public、protected 和 private 三种继承方式，不同的继承方式决定了派生类的成员函数对基类成员的可访问性，以及派生类对象对基类成员的可

访问性。

1. 公有继承

一个派生类公有继承一个基类时,基类的 public 和 protected 成员在派生类中的性质不变。即,基类中所有 public 成员成为派生类的 public 成员,基类中所有 protected 成员成为派生类的 protected 成员。不论派生类以何种方式继承基类,都不能直接使用基类的 private 成员。派生类与基类的关系如图 9.3 所示。

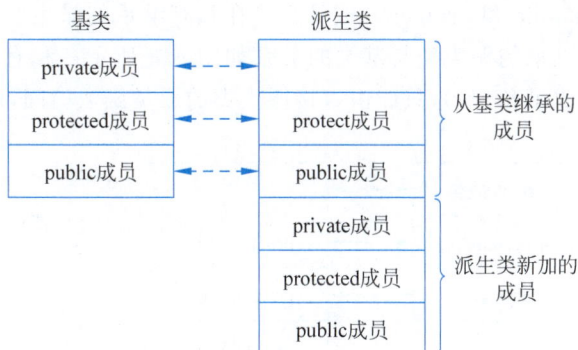

图 9.3　以公有方式继承的派生类与基类的关系

公有继承时,派生类的成员函数可以访问基类中的 public 成员和 protected 成员,不可以访问其 private 成员。通过派生类对象只可访问基类中的 public 成员,不能访问其他成员。假设有一基类 Base,派生类 PubDerived 公有继承于 Base 类。下面的代码展示了在派生类中访问基类的成员以及通过派生类对象访问基类成员的情况。

```
class Base{                    //基类
  public:                      //公有成员
    int ma;
    void f1();
  protected:                   //保护成员
    int mb;
    void f2();
  private:                     //私有成员
    int mc;
    void f3();
};
class PubDerived:public Base{  //派生类,公有继承于 Base 类
  public:
    void  fd(){
        ma = 1;                //正确,公有继承,ma 是基类公有的,可以被派生类访问
        f1();                  //正确,公有继承,f1()是基类公有的,可以被派生类访问
        mb = 2;                //正确,公有继承,mb 是基类保护的,可以被派生类访问
        f2();                  //正确,公有继承,f2()是基类保护的,可以被派生类访问
        mc = 3;                //错误,公有继承,mc 是基类私有的,不可以被派生类访问
        f3();                  //错误,公有继承,f3()是基类私有的,不可以被派生类访问
    }
};
int main(){
    PubDerived d;              //派生类对象
    d.ma = 4;                 //正确,公有继承,ma 在派生类是公有的,可以被外界访问
    d.f1();                   //正确,公有继承,f1()在派生类是公有的,可以被外界访问
```

```
    d.mb = 5;                    //错误,公有继承,mb 在派生类是保护的,不能被外界访问
    d.f2();                      //错误,公有继承,f2()在派生类是保护的,不能被外界访问
    d.mc = 6;                    //错误,公有继承,mc 是基类私有的,不能被外界访问
    d.f3()                       //错误,公有继承,f3()是基类私有的,不能被外界访问
}
```

2. 私有继承

以私有方式继承的派生类,基类的 public 和 protected 成员会成为派生类的 private 成员,即基类中定义的 public 和 protected 成员只能在私有继承的派生类中可见,而不能在类外使用。以私有方式继承的派生类与基类的关系如图 9.4 所示。私有继承时,基类的成员在直接派生类中都变成了私有的,只能由直接派生类的成员函数访问,而无法被外界访问。

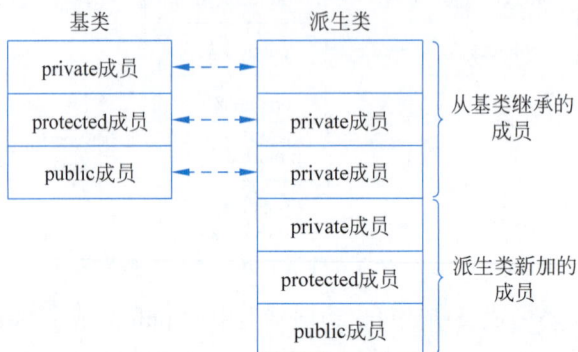

图 9.4   以私有方式继承的派生类与基类的关系

对于前面定义的 Base 类,派生类 PriDerived 私有继承于 Base 类。下面的代码展示了在派生类中访问基类的成员以及通过派生类对象访问基类成员的情况。

```
class PriDerived:private Base {    //派生类,私有继承于 Base 类
    public:
     void fd(){
       ma = 1;                     //正确,私有继承,ma 是基类公有的,可以被派生类访问
       f1();                       //正确,私有继承,f1()是基类公有的,可以被派生类访问
       mb = 2;                     //正确,私有继承,mb 是基类保护的,可以被派生类访问
       f2();                       //正确,私有继承,f2()是基类保护的,可以被派生类访问
       mc = 3;                     //错误,私有继承,mc 是基类私有的,不可以被派生类访问
       f3();                       //错误,私有继承,f3()是基类私有的,不可以被派生类访问
     }
};
int main(){
    PriDerived d;                  //派生类对象
    d.ma = 4 ;                     //错误,私有继承,ma 在派生类为私有的,不可以被外界访问
    d.f1();                        //错误,私有继承,f1()在派生类为私有的,不可以被外界访问
    d.mb = 5;                      //错误,私有继承,mb 在派生类为私有的,不能被外界访问
    d.f2();                        //错误,私有继承,f2()在派生类为私有,不能被外界访问
    d.mc = 6;                      //错误,私有继承,mc 是基类私有的,不能被外界访问
    d.f3()                         //错误,私有继承,f3()是基类私有的,不能被外界访问
}
```

3. 保护继承

保护继承把基类的 public 和 protected 成员作为派生类的 protected 成员,使其在派生

类中被屏蔽。以保护方式继承时派生类与基类的关系如图 9.5 所示。

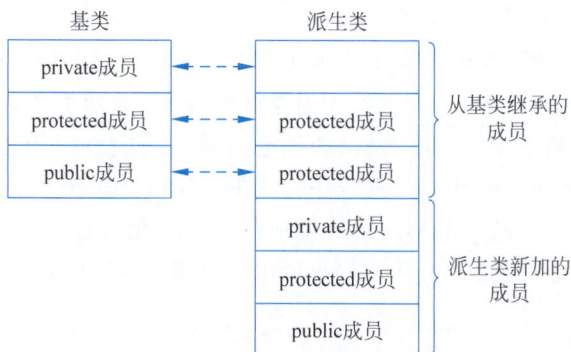

图 9.5 以保护方式继承的派生类与基类的关系

保护继承中,基类的所有 public 成员和 protected 成员都作为派生类的 protected 成员,并且只能被派生类的成员函数或友元访问。派生类也只能访问基类的 public 和 protected 成员,而不能访问基类的 private 成员。对于前面定义的 Base 类,派生类 ProDerived 保护继承于 Base 类。下面的代码展示了在派生类中访问基类的成员以及通过派生类对象访问基类成员的情况。

```
class ProDerived:protected Base {   //派生类,保护继承于 Base 类
    public:
     void  fd(){
            ma = 1;                //正确,私有继承,ma 是基类公有的,可以被派生类访问
            f1();                  //正确,私有继承,f1()是基类公有的,可以被派生类访问
            mb = 2;                //正确,私有继承,mb 是基类保护的,可以被派生类访问
            f2();                  //正确,私有继承,f2()是基类保护的,可以被派生类访问
            mc = 3;                //错误,私有继承,mc 是基类私有的,不可以被派生类访问
            f3();                  //错误,私有继承,f3()是基类私有的,不可以被派生类访问
    }
};
int main(){
    ProDerived d;                  //派生类对象
    d.ma = 4;                      //错误,私有继承,ma 在派生类为保护的,不可以被外界访问
    d.f1();                        //错误,私有继承,f1()在派生类为保护的,不可以被外界访问
    d.mb = 5;                      //错误,私有继承,mb 在派生类为保护的,不能被外界访问
    d.f2();                        //错误,私有继承,f2()在派生类为保护的,不能被外界访问
    d.mc = 6;                      //错误,私有继承,mc 是基类私有的,不能被外界访问
    d.f3()                         //错误,私有继承,f3()是基类私有的,不能被外界访问
}
```

继承的目的是软件重用,如果有需要屏蔽的成员,通常在基类中被定义为私有的或保护的成员。因此一般而言,保护继承和私有继承方式在程序设计中应用较少。

9.2 派生类的构造函数及析构函数

9.2.1 派生类对象的构造及初始化

派生类可以看作基类的特殊版本。派生类的对象除了继承基类的性质外,还拥有自身

的特殊性质,当创建一个派生类对象时,基类的构造函数被自动调用,用来对派生类对象中继承基类的部分进行初始化,并完成其他一些相关事务。

在 C++ 中,构造函数不能被继承,派生类必须重新定义自己的构造函数。在派生类的构造函数中,必须完成两件事情:一是基类子对象的构造;二是派生类新添加成员的初始化。基类子对象的构造和新添加的成员对象(如果有的话)的构造并不是在派生类构造函数内部完成的,而是在构造函数的初始化列表中完成的。定义一个派生类的构造函数时,应当在初始化列表中依次写上基类的构造函数和成员的初始化参数。特别是在基类和数据成员的构造函数带有参数的情况下,其参数只能由开发者指定,所以必须显式地初始化。其语法如下:

派生类构造函数名(参数列表):基类构造函数名(变元表),派生类数据成员 1(变元表),
…,派生类数据成员 n(变元表)
{/ … /}

例如,在例 9.1 中基类 Automobile 的构造函数为

```
Automobile(const string& mk,const string& mdl,int yr):make(mk),model(mdl),year(yr){}
```

派生类 ElectricCar 增加了新的数据成员 batteryCapacity,其构造函数为

```
ElectricCar(const string& mk,const string& mdl,int yr,int battCap):Automobile(mk,mdl,yr),
batteryCapacity(battCap){ }
```

如果基类拥有构造函数但没有不带参数的构造函数,那么派生类的构造函数必须显式地调用基类的某个构造函数。如果基类具有不带参数的构造函数,那么在定义派生类的构造函数时也可以不显式地调用基类的构造函数。如果派生类新增数据成员的类型是内置的数据类型,或者是具有默认构造函数的类,那么编译器也会自动添加数据成员的初始化代码。

派生类的构造总是按照下面的顺序进行:基类的构造函数、派生类对象成员的构造函数、派生类的构造函数。在派生类对象的初始化中,程序总是首先调用基类的构造函数初始化从基类继承的数据成员,然后调用对象成员所在类的构造函数初始化对象成员,最后执行自身的构造函数初始化派生类所定义的其他成员。其中,对象成员的初始化是按照其定义的顺序进行的。即使派生类构造函数的初始化列表被打乱了,程序仍然会按照上述初始化的顺序进行初始化。

例 9.2 派生类的构造执行顺序示例。

```
1    //ex9-2.cpp:派生类的构造执行顺序示例
2    # include < iostream >
3    using namespace std;
4
5    //数据类
6    class Data
7    {
8      public:
9        Data(int x):value(x){                        //数据类的构造函数
10       cout <<"构造 Data:"<< value << endl;        //输出数据类的构造信息
11     }
12     private:
```

```
13    int value;
14    };
15
16    //基类
17    class Base
18    {
19    public:
20    Base(int y):baseValue(y){                    //基类构造函数
21        cout <<"构造 Base:"<< baseValue << endl;   //输出基类构造信息
22    }
23    private:
24    int baseValue;
25    };
26
27    //派生类
28    class Derived:public Base
29    {
30    public:
31    Derived( int x, int y, int z)                //派生类构造函数
32       :derivedValue(x),mdata(y),Base(z)         //故意打乱的初始化列表
33    {
34        cout <<"构造 Derived:"<< derivedValue << endl; //输出派生类构造信息
35    }
36
37    private:
38    Data mdata;                                  //数据成员
39    int derivedValue;
40    };
41
42    int main(){
43    Derived(1,2,3);                              //构造派生类对象
44    return 0;
45    }
```

程序运行结果：

```
构造Base: 3
构造Data: 2
构造Derived: 1
```

本例中，在 Derived()构造函数的初始化列表中(第 32 行代码)，尽管对象成员 mdata 的初始化写在了基类的初始化 Base(z)的前面，但在实际运行过程中，仍然是基类构造函数先被调用，然后才是对象成员 mdata 所在类 data 的构造函数被调用，最后才是对数据成员 derivedValue 的初始化。

9.2.2 派生类对象的析构

类的析构函数也不能被继承，所以派生类也需要有自己的析构函数。而且在派生类的析构函数中也需要析构基类子对象以及新增的数据成员。与构造函数不同的是，由于析构函数没有参数，因此基类和新增数据成员的析构可以由编译器代劳，即在编译时由编译器插入相关的析构代码。

在派生类对象初始化时,程序先执行基类构造函数,再执行派生类的构造函数。因为派生类对象的创建以基类为先决条件,所以,初始化时首先执行基类构造函数。而派生类的析构与构造顺序刚好相反,其顺序是:调用派生类的析构函数析构派生类中定义的其他成员,调用对象成员所在类的析构函数析构对象成员,调用基类的析构函数析构基类子对象。开发者不能影响这个过程。

例 9.3 在例 9.2 的各个类中分别加入析构函数,观察相应的析构函数执行顺序。

```
1   //ex9-3.cpp:析构函数执行顺序
2    # include < iostream >
3   using namespace std;
4
5   //数据类
6   class Data{
7    public:
8      Data(int x):value(x){              //数据类的构造函数
9        cout <<"构造 Data:"<< value << endl;   //输出数据类的构造信息
10     }
11
12    ~Data(){                           //Data 类的析构函数
13       cout <<"析构 Data"<< endl ;
14     }
15
16    private:
17     int value;
18   };
19
20    //基类
21   class Base{
22     public:
23   Base(int y):baseValue(y){           //基类构造函数
24       cout <<"构造 Base:"<< baseValue << endl;  //输出基类构造信息
25   }
26
27    ~Base(){                           //Base 类的析构函数
28       cout <<"析构 Base"<< endl ;
29   }
30
31    private:
32     int baseValue;
33   };
34
35    //派生类
36   class Derived:public Base {
37     public:
38   Derived(int x, int y, int z)         //派生类构造函数
39       :derivedValue(x),mdata(y),Base(z)   //故意打乱的初始化列表
40   {
41       cout <<"构造 Derived:"<< derivedValue << endl;//输出派生类构造信息
42   }
```

```
43
44    ~Derived(){                              //Derived类的析构函数
45        cout <<"析构 Derived"<< endl ;
46    }
47
48    private:
49    Data mdata;                             //数据成员
50    int derivedValue;
51  };
52
53    int main(){
54    Derived(1,2,3);                         //构造派生类对象
55    return 0;
56  }
```

程序运行结果：

```
构造Base: 3
构造Data: 2
构造Derived: 1
析构Derived
析构Data
析构Base
```

9.3 派生类中的特殊成员

9.3.1 重名成员

C++允许派生类的成员与基类成员重名。在派生类中访问重名成员时,屏蔽基类的同名成员。如果要在派生类中使用基类的同名成员,可以显式地使用作用域符指定：

类名::成员

如果在派生类中定义了与基类同名的数据成员,根据继承规则,在建立派生类对象时,系统会为重名成员分别建立不同的存储空间。在派生类中定义与基类同名的成员函数,称为在派生类中重载基类的成员函数。由调用形式指示 this 指针的不同类型,调用不同版本的成员函数。例 9.4 演示了如何在派生类中使用基类中重名的数据成员与成员函数。

例 9.4 重名成员示例。

```
1   //ex9-4.cpp:重名成员示例
2   # include < iostream >
3   using namespace std;
4
5   class BaseClass{
6     protected:
7       int value;                           //基类中的受保护数据成员
8     public:
9       BaseClass(int val):value(val){}
10      int getValue() const{ return value;}
11  };
12
13  class DerivedClass:public BaseClass{
14      private:
```

```
15    int value;                                      //派生类中的私有数据成员,与基类成员重名
16    public:
17    DerivedClass(int baseVal,int derivedVal):BaseClass(baseVal),value(derivedVal){ }
18    int getValue() const{ return value;}
19
20    //使用作用域运算符访问基类和派生类的 value 成员
21    void printValues() const{
22      //示例如何访问重名数据成员
23      cout <<"Base value:"<< BaseClass::value <<",Derived value:"<< value << endl;
24
25      //示例如何在派生类中访问基类和派生类的重名成员函数
26      cout <<"Base value:"<< BaseClass::getValue()<<",Derived value:"<< getValue()<< endl;
27    }
28  };
29
30  int main(){
31    DerivedClass obj(10,20);                         //创建 DerivedClass 对象
32    obj.printValues();                               //打印基类和派生类的 value 成员
33
34    //示例如何在类外访问基类和派生类的重名成员函数
35    cout <<"Base value:"<< obj.BaseClass::getValue()<<",Derived value:"<< obj.getValue()<< endl;
36    return 0;
37  }
```

程序运行结果:

```
Base value: 10, Derived value: 20
Base value: 10, Derived value: 20
Base value: 10, Derived value: 20
```

在例 9.4 中,BaseClass 有一个受保护的数据成员 value,DerivedClass 继承自 BaseClass,并声明了一个同名的私有数据成员 value。由继承关系可知,派生类 DerivedClass 具有从基类继承的 value 及自身定义的 value。在 DerivedClass 的 printValues()成员函数中,使用 BaseClass::value 访问基类中的 value,而 value 直接访问派生类中的 value。

派生类和基类都定义了一个成员函数 getValue()用于获得各自的数据成员 value。通过继承,类 DerivedClass 具有两个同名成员函数:

```
int BaseClass::getValue();
int DerivedClass::getValue();
```

从派生类的角度看,getValue()是 this 指针类型不相同的重载函数。BaseClass::getValue()函数的隐含参数 this 指针类型为 BaseClass * this。而派生类版本的 DerivedClass::getValue()函数的隐含参数 this 指针类型为 DerivedClass * this。如果把 this 指针显式地写在参数表中,则上述两个成员函数的原型分别为

```
int print(BaseClass * this);
int print(DerivedClass * this);
```

在派生类中,不指定类域时,屏蔽基类的同名函数,调用派生类定义的版本。因此,为了使基类的 getValue()函数能够接收派生类对象调用(this 指针指向派生类对象),需要通过指定类域的方法指示实参对象地址类型。例如,在 DerivedClass 类的 printValues()函数中调用 BaseClass::getValue();或在主函数中调用 obj.BaseClass::getValue()。通过参

数类型推导进行调用匹配,就调用了基类 BaseClass 的 getValue()函数。但此时的调用应该在派生类对象上操作,即基类指针指向派生类对象。对于 C++,这是一件十分自然的事情,因为在类体系中,派生类继承基类,基类指针完全可以接收派生类对象的地址。

9.3.2　静态成员

如果在基类中定义了静态成员,这些静态成员将在整个类体系中被共享,根据静态成员自身的访问特性和派生类的继承方式,在类层次体系中具有不同的访问性质。

例9.5　在例 9.1 定义的 Automobile 类中添加一个静态数据成员,用于表示汽车总数量。

```
1    //ex9-5.cpp:静态数据成员示例
2    #include <iostream>
3    #include <string>
4    using namespace std;
5
6    //基类:Automobile
7    class Automobile {
8    protected:
9    string make;                                    //制造厂商
10   string model;                                   //型号
11   int year;                                       //年份
12   public:
13   Automobile(const string& mk,const string& mdl,int yr)//构造函数
14   :make(mk),model(mdl),year(yr){
15       ++staticProductionCount;                    //对象构造时增加汽车总数
16   }
17
18   ~Automobile(){                                  //析构函数
19       --staticProductionCount;                    //对象析构时减少汽车总数
20   }
21
22   void printInfo() const {                        //打印汽车信息
23       cout <<"制造厂商:"<< make <<",型号:"<< model <<",制造年份:"<< year << endl;
24   }
25
26   static int getStaticProductionCount(){          //获取汽车总数
27       return staticProductionCount;
28   }
29
30   private:
31   static int staticProductionCount;               //静态数据成员,记录汽车总数
32   };
33
34   //初始化静态成员
35   int Automobile::staticProductionCount = 0;
36
37   //派生类:ElectricCar
38   class ElectricCar:public Automobile {
```

```
39    private:
40    int batteryCapacity;                                    //电池容量
41    public:
42    //构造函数
43    ElectricCar(const string& mk,const string& mdl,int yr,int battCap)
44        :Automobile(mk,mdl,yr),batteryCapacity(battCap){ }
45
46    //打印电动汽车的电池信息
47    void printBatteryInfo() const {
48        cout <<"电池容量:"<< batteryCapacity <<" kWh"<< endl;
49    }
50    };
51
52    int main(){
53    Automobile car1("Tesla","Model 3",2022);
54    car1.printInfo();
55
56    //通过基类对象调用静态成员函数访问静态数据
57    cout <<"汽车总数:"<< car1.getStaticProductionCount()<< endl;
58
59    ElectricCar car2("Nissan","LEAF",2021,40);
60    car2.printInfo();
61
62    //通过派生类对象调用静态成员函数访问静态数据
63    cout <<"汽车总数:"<< car2.getStaticProductionCount()<< endl;
64    return 0;
65    }
```

程序运行结果:

```
制造厂商: Tesla, 型号: Model 3, 制造年份: 2022
汽车总数: 1
制造厂商: Nissan, 型号: LEAF, 制造年份: 2021
汽车总数: 2
```

静态成员属于类本身,而不是类的某个特定对象。因此,无论创建多少 Automobile 或其派生类的对象,这个静态成员都只有一个副本,并且所有对象共享这个成员。在例 9.5 中,Automobile 类的私有静态数据成员 staticProductionCount,用于跟踪汽车总数量。构造函数和析构函数中分别增加和减少 staticProductionCount 的值,以反映每次创建和销毁汽车对象时汽车数量的变化。getStaticProductionCount() 是一个静态成员函数,用于获取汽车数量。ElectricCar 派生自 Automobile,继承了其所有数据成员和成员函数,包括静态成员。在主函数创建 ElectricCar 对象 car2 时(第 59 行代码),会调用 Automobile 的构造函数,因此 staticProductionCount 也会增加。注意,静态成员的访问特性和派生类的继承方式不会影响静态成员本身的共享性质。无论派生类如何访问或继承静态成员,它始终是类的所有对象共享的资源。

9.4 多继承与虚继承

9.4.1 多继承

1. 定义多继承

在大多数情况下,单继承已经能够满足开发者的需要。但如果事物的逻辑层次结构稍显复杂,单继承就未必能够胜任。例如,在某个类层次结构中有两个类 A 和 B,现在要创建一个新类 C,而 C 同时具有 A 和 B 的属性和行为。显然,此时单继承难以满足要求。例如,混合动力车既有电动车的特性,又有燃油车的特性,仅从电动车类派生或仅从燃油车类派生混合动力车类,都难以满足要求。此时,需要引入多继承。

多继承的语法同单继承类似,只需要在定义类时在类名后面依次罗列继承方式和基类即可。继承方式同单继承一样,也有 public、protected 和 private 三种。在多继承中,针对不同的基类可以使用不同的继承方法。其语法如下:

```
class 派生类名:继承方式 基类 1, …,继承方式 基类 n
{…//派生类成员};
```

例9.6 定义电动汽车 ElectricCar 类、燃油汽车 GasolineCar 类,以及从这两个类多继承的混合动力车 HybridCar 类。

```cpp
1   //ex9-6.cpp:多继承示例
2   # include < iostream >
3   # include < string >
4   using namespace std;
5
6   class ElectricCar{
7       protected:
8           double batteryCapacity;                    //电池容量,单位为千瓦时
9       public:
10      //构造函数
11      ElectricCar(double battCap):batteryCapacity(battCap){
12          cout <<"构造一个电动汽车对象"<< endl;
13        }
14
15      void displayInfo() const {
16          cout <<"电池容量:"<< batteryCapacity <<"千瓦时"<< endl;
17      }
18
19      ~ElectricCar(){
20          cout <<"析构一个电动汽车对象"<< endl;
21        }
22  };
23
24  class GasolineCar {
25  protected:
26      double fuelCapacity;                       //油箱容量,单位为升
27  public:
28      //构造函数
29      GasolineCar(double fuelCap):fuelCapacity(fuelCap){
30          cout <<"构造一个电燃油汽车对象"<< endl;
31      }
32
33      void displayInfo() const {
34          cout <<"油箱容量:"<< fuelCapacity <<"升"<< endl;
35      }
36
```

```
37        ~GasolineCar(){
38            cout <<"析构一个燃油汽车对象"<< endl;
39        }
40   };
41
42   class HybridCar:public ElectricCar,public GasolineCar {
     //混合动力汽车同时具有电动和燃油特性
43    private:
44        double chargeEfficiency;                      //电池充电效率,单位为 %
45   public:
46        //构造函数
47      HybridCar(double battCap,double fuelCap,double efficiency)
48      :ElectricCar(battCap),GasolineCar(fuelCap),chargeEfficiency(efficiency){
49          cout <<"构造一个混合动力汽车对象"<< endl;
50      }
51
52   void displayInfo() const {
53      ElectricCar::displayInfo();
54      GasolineCar::displayInfo();
55      cout <<"充电效率:"<< chargeEfficiency <<" % "<< endl;
56   }
57
58      ~HybridCar(){
59        cout <<"析构一个混合动力汽车对象 "<< endl;
60      }
61   };
62
63   int main(){
     //创建混合动力汽车实例
65   HybridCar hybridCar(20.0,40.0,85.0);
     //电池容量为 20 千瓦时,燃油容量为 40 升,充电效率为 85 %
66
67   //同名成员访问
68   cout << endl <<"调用 hybridCar.displayInfo()"<< endl;
69   hybridCar.displayInfo();                 //访问派生类 HybridCar 的 displayInfo()函数
70   cout << endl <<"调用 hybridCar.ElectricCar::displayInfo()"<< endl;
71   hybridCar.ElectricCar::displayInfo();  //访问基类 ElectricCar 的 displayInfo()函数
72   cout << endl <<"调用 hybridCar.GasolineCar::displayInfo()"<< endl;
73   hybridCar.GasolineCar::displayInfo();  //访问基类 GasolineCar 的 displayInfo()函数
74   cout << endl;
75   return 0;
76   }
```

程序运行结果：

```
构造一个电动汽车对象
构造一个燃油汽车对象
构造一个混合动力汽车对象

调用hybridCar.displayInfo()
电池容量：20千瓦时
油箱容量：40升
充电效率：85%

调用hybridCar.ElectricCar::displayInfo()
电池容量：20千瓦时

调用hybridCar.GasolineCar::displayInfo()
油箱容量：40升

析构一个混合动力汽车对象
析构一个燃油汽车对象
析构一个电动汽车对象
```

例9.6中HybridCar类公有继承ElectricCar类和GasolineCar类,类间的关系如图9.6所示。

ElectricCar类有一个数据成员batteryCapacity表示电池容量,GasolineCar类有一个数据成员fuelCapacity表示燃油容量,HybridCar类通过多继承结合了两者的特性,同时新增了一个私有数据成

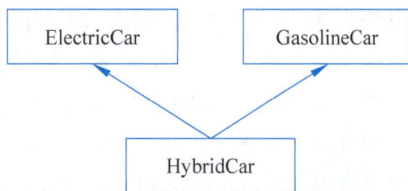

图9.6 例9.6中定义的类间关系示意

员chargeEfficiency用于存储电池的充电效率。每个类都有一个displayInfo()成员函数,用于打印汽车的相关信息。HybridCar的displayInfo()函数依次调用了从ElectricCar和GasolineCar继承的displayInfo()函数,以显示混合动力汽车的电动和燃油特性。

2. 多继承派生类对象的构造和访问

多个基类的派生类构造函数可以通过继承路径调用基类构造函数,执行顺序与单继承构造函数情况类似。先执行基类构造函数,再执行子对象构造函数,最后执行本身的构造函数。由于多继承的派生类有多个直接基类,因此,它们的构造函数执行顺序取决于定义派生类时指定的各个继承基类的顺序,而与派生类构造函数成员参数初始式列表中给定的基类顺序无关。而对于析构顺序与构造顺序相反。

一个派生类对象可以拥有多个直接或间接基类的成员。对于不同名的成员,访问不会出现二义性。但是,如果不同的基类有同名成员,派生类对象访问它们时就应该加以识别。

例9.6中的main()函数中定义的HybridCar对象hybridCar(第65行代码)有三个同名成员函数displayInfo(),通过类域确定需要访问的具体函数(参见第69、71、73行代码),原理与单继承中的重名成员一致。

3. 多继承派生类对象的内存布局

同单继承一样,通过多继承,派生类将拥有基类所有的属性和行为。在多继承派生类的对象中,将依次排列各个基类的非静态数据成员以及派生类新增的数据成员。派生类对象内存中的数据是按照定义时的顺序排列的。也就是说,在定义派生类时,排在前面的基类,其数据在派生类对象中也排在前面。例9.6中的派生类HybridCar对象的内存布局如图9.7所示。

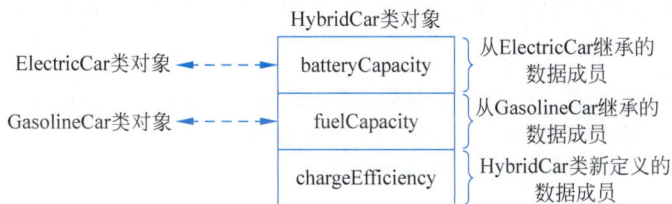

图9.7 派生类HybridCar对象的内存布局

派生类对象也可以转换为其基类类型的对象。对于多继承的情况,在转换时编译器可以根据要转换的类型进行适当的转换。例如,对于上面的多继承类,如果要将HybridCar类对象转换为ElectricCar类的对象,编译器会从HybridCar对象中按照内存排列的顺序,从中截取出从ElectricCar类继承来的部分构成新对象。

4. 多继承存在的问题

多继承虽然功能强大,可以让派生类同时具有多个基类的属性和行为,但是多继承同

时也会带来一些严重的问题。其中比较常见的问题就是多继承会导致数据重复,并由此带来数据不一致的问题。比较典型的情况是一个派生类 D 从两个基类 B1 和 B2 中派生,而这两个基类又有一个共同的基类 A,在这种情况下,派生类 D 有两个公共基类 A 的副本。

例 9.7   对例 9.6 中定义的 ElectricCar 和 GasolineCar 添加一个共同基类 Automobile,通过多继承从 ElectricCar 和 GasolineCar 派生 HybridCar 类。

```cpp
1    //ex9-7.cpp:多继承存的钻石继承问题
2    # include < iostream >
3    # include < string >
4    using namespace std;
5
6    class Automobile{
7      protected:
8          string make;
9          string model;
10   int year;
11     public:
12   Automobile(const string& mk,const string& mdl,int yr)
13       :make(mk),model(mdl),year(yr){
14        cout <<"构造一个汽车对象"<< endl;
15   }
16
17     ~Automobile(){
18     cout <<"析构一个汽车对象"<< endl;
19     }
20
21     void displayInfo() const{
22       cout <<"制造厂商:"<< make <<",型号:"<< model <<",制造年份:"<<   year << endl;
23     }
24   };
25
26   class ElectricCar:public Automobile{
27     protected:
28   double batteryCapacity;                    //电池容量,单位为千瓦时
29     public:
30   //构造函数
31     ElectricCar(const string& mk,const string& mdl,int yr,double battCap)
32       :Automobile(mk,mdl,yr),batteryCapacity(battCap){
33         cout <<"构造一个电动汽车对象"<< endl;
34     }
35
36     void displayInfo() const{
37        cout << endl <<"调用 ElectricCar 类的成员函数 displayInfo()"<< endl;
38        Automobile::displayInfo();
39        cout <<"电池容量:"<< batteryCapacity <<"千瓦时"<< endl;
40     }
41
42     ~ElectricCar(){
43        cout <<"析构一个电动汽车对象"<< endl;
44     }
```

```
45   };
46
47   class GasolineCar:public Automobile{
48     protected:
49     double fuelCapacity;                    //油箱容量,单位为升
50     public:
51   //构造函数
52     GasolineCar(const string& mk,const string& mdl,int yr,double fuelCap)
53     :Automobile(mk,mdl,yr),fuelCapacity(fuelCap){
54     cout <<"构造一个燃油汽车对象"<< endl;
55     }
56
57     void displayInfo() const{
58       cout << endl <<"调用 GasolineCar 类的成员函数 displayInfo()"<< endl;
59       Automobile::displayInfo();
60       cout <<"油箱容量:"<< fuelCapacity <<"升"<< endl;
61     }
62
63     ~GasolineCar(){
64       cout <<"析构一个燃油汽车对象"<< endl;
65     }
66   };
67
68   class HybridCar:public ElectricCar,public GasolineCar {
     //混合动力汽车同时具有电动和燃油特性
69     private:
70     double chargeEfficiency;                 //电池充电效率,单位为%
71     public:
72     //构造函数
73     HybridCar(const string& mk,const string& mdl,int yr,double battCap,double fuelCap,
double efficiency)
74       :ElectricCar(mk,mdl,yr - 2,battCap),GasolineCar(mk,mdl,yr + 2,fuelCap),chargeEfficiency
(efficiency){
75         cout <<"构造一个混合动力汽车对象"<< endl;
76     }
77
78     void displayInfo() const{
79         cout << endl <<"打印输出 HybridCar 对象 ------------------------------- " ;
80         ElectricCar::displayInfo();
81         GasolineCar::displayInfo();
82         cout << endl;
83         cout <<"充电效率:"<< chargeEfficiency <<" % "<< endl;
84         cout <<" -------------------------------------------------- "<< endl;
85     }
86
87     ~HybridCar(){
88         cout <<"析构一个混合动力汽车对象"<< endl;
89     }
90   };
91
92   int main(){
```

```
93    //创建混合动力汽车实例
94    HybridCar hybridCar("Toyota","Prius",2021,11.6,45.0,85.0);
95    hybridCar.displayInfo();
96    return 0;
97    }
```

程序运行结果：

```
构造一个汽车对象
构造一个电动汽车对象
构造一个汽车对象
构造一个燃油汽车对象
构造一个混合动力汽车对象

打印输出HybridCar对象——————————————————
调用ElectricCar类的成员函数displayInfo()
制造厂商：Toyota，型号：Prius，制造年份：2019
电池容量：11.6千瓦时

调用GasolineCar类的成员函数displayInfo()
制造厂商：Toyota，型号：Prius，制造年份：2023
油箱容量：45升

充电效率：85%
——————————————————————————————
析构一个混合动力汽车对象
析构一个燃油汽车对象
析构一个汽车对象
析构一个电动汽车对象
析构一个汽车对象
```

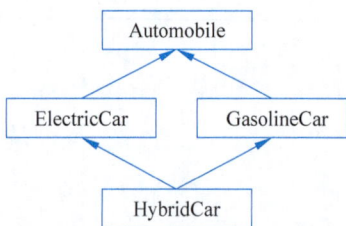

图 9.8　例 9.7 中定义的类间
继承关系示意

例 9.7 中类间继承关系如图 9.8 所示。Automobile 类是一个共同基类，包含汽车制造商、型号和年份等基本信息。ElectricCar 和 GasolineCar 类从 Automobile 基类继承，并分别添加了电池容量和燃油容量的数据成员。HybridCar 类通过多继承从 ElectricCar 和 GasolineCar 继承，结合了电动汽车和燃油汽车的特性。

类 Automobile 两次成为类 HybridCar 的间接基类。这意味着 HybridCar 类对象将生成两份从 Automobile 类继承的数据成员：由 ElectricCar 继承的 Automobile 类成员和由 GasolineCar 继承的 Automobile 类成员。在例 9.7 中 Automobile 类的构造函数被调用了两次，HybridCar 类对象 hybridCar 的内存布局如图 9.9 所示。

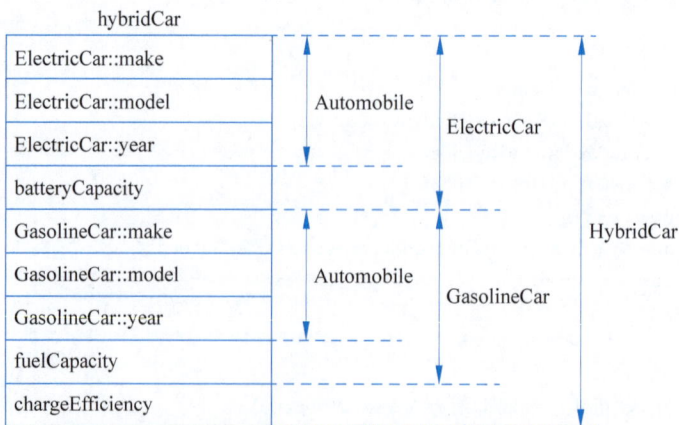

图 9.9　例 9.7 中派生类对象 hybridCar 的内存布局

在第 73、74 行代码 HybridCar 构造函数传送参数时,分别对参数 yr 减 2 和加 2 后对 ElectricCar 和 GasolineCar 进行初始化,这些参数经由 ElectricCar()构造函数和 GasolineCar()构造函数调用 Automobile()构造函数生成两个不同的 Automobile 对象。第 94、95 行代码创建 HybridCar 类对象 hybridCar 后调用 hybridCar.displayInfo()时,在 HybridCar∷ displayInfo()函数中,由第 80 行代码 ElectricCar∷displayInfo()函数去调用 Automobile 类的 displayInfo()和由第 81 行代码 GasolineCar∷displayInfo()去调用 Automobile 类的 displayInfo()打印输出的是由不同基类继承而来的 Automobile 对象数据。因此,第 95 行代码有如下输出结果:

```
打印输出HybridCar对象
调用ElectricCar类的成员函数displayInfo()
制造厂商: Toyota, 型号: Prius, 制造年份: 2019
电池容量: 11.6千瓦时

调用GasolineCar类的成员函数displayInfo()
制造厂商: Toyota, 型号: Prius, 制造年份: 2023
油箱容量: 45升

充电效率: 85%
```

9.4.2 虚继承

虚继承是解决多继承带来的问题的一个重要机制。通过虚继承,基类的数据在派生类中将只有一份副本,从而避免了多继承导致的数据冗余和数据不一致问题。

1. 虚继承的语法

虚继承是在定义派生类时将基类指明为虚基类,或者说派生类以虚拟的方式从基类派生定义虚继承的方法是在普通继承的基类名前加上 virtual 关键字,形式如下所示:

```
class 派生类名:继承方式 virtual 基类名
{ …//   派生类的定义};
```

例如 B 类从 A 类虚继承,则 B 类定义如下:

```
class B:public virtual  A              //B类从A类虚继承
{
    private:int b;                     //B类新增的成员数据
};
```

虚继承中的基类也称作"虚基类"。同多继承一样,虚基类也可以有多个,中间用逗号分隔。而且在定义派生类的过程中,虚基类和非虚基类可以一起使用。一般来讲,虚继承用在具有三层以及三层以上的类层次结构中。一旦被声明为虚基类,则在其后的派生类中,该类将一直作为虚基类。一个类在类体系中可以作为虚基类或非虚基类,这取决于派生类对它的继承方式,而与基类本身的定义方式无关。

2. 虚继承的构造

如果仅仅是一级派生,并不能体现出虚继承的优点。只有在两级和两级以上的多继承中,虚继承的优点才能体现出来。当一个新的类多继承几个基类,而这几个基类又"虚拟"继承自同一个基类时,这个新类对象的内存将因虚继承而改变,即在新类的对象中,最初那个基类的数据将只有一份副本。

例 9.8 对例 9.7 中定义的类,希望在建立 HybridCar 类对象 hybridCar 时,只要一个 Automobile 类的数据,并能够用构造函数正常地对数据成员进行初始化。为了实现这种继承方式,需要把 ElectricCar 和 GasolineCar 类对 Automobile 的继承说明为"虚继承"。

```cpp
1    //ex9-8.cpp:虚继承存示例
2    # include < iostream >
3    # include < string >
4    using namespace std;
5
6    class Automobile{
7      protected:
8          string make;
9          string model;
10   int year;
11   public:
12   Automobile(const string& mk,const string& mdl,int yr)
13     :make(mk),model(mdl),year(yr){
14       cout <<"构造一个汽车对象"<< endl;
15   }
16
17    ~Automobile(){
18    cout <<"析构一个汽车对象"<< endl;
19    }
20
21    void displayInfo() const {
22     cout <<"制造厂商:"<< make <<",型号:"<< model <<",制造年份:"<< year << endl;
23    }
24   };
25
26   class ElectricCar:public virtual Automobile {
27     protected:
28    double batteryCapacity;                    //电池容量,单位为千瓦时
29     public:
30    //构造函数
31    ElectricCar(const string& mk,const string& mdl,int yr,double battCap)
32       :Automobile(mk,mdl,yr),batteryCapacity(battCap){
33        cout <<"构造一个电动汽车对象"<< endl;
34    }
35
36    void displayInfo() const{
37       cout << endl <<"调用 ElectricCar 类的成员函数 displayInfo()"<< endl;
38       Automobile::displayInfo();
39       cout <<"电池容量:"<< batteryCapacity <<"千瓦时"<< endl;
40    }
41
42    ~ElectricCar(){
43       cout <<"析构一个电动汽车对象"<< endl;
44    }
45   };
46
47   class GasolineCar:public virtual Automobile{
48     protected:
49    double fuelCapacity;                      //油箱容量,单位为升
```

```
50    public:
51    //构造函数
52    GasolineCar(const string& mk, const string& mdl, int yr, double fuelCap)
53       :Automobile(mk, mdl, yr), fuelCapacity(fuelCap){
54       cout <<"构造一个燃油汽车对象"<< endl;
55    }
56
57    void displayInfo() const{
58       cout << endl <<"调用 GasolineCar 类的成员函数 displayInfo()"<< endl;
59       Automobile::displayInfo();
60       cout <<"油箱容量:"<< fuelCapacity <<"升"<< endl;
61    }
62
63    ～GasolineCar(){
64       cout <<"析构一个燃油汽车对象"<< endl;
65    }
66    };
67
68    class HybridCar:public ElectricCar, public GasolineCar {
      //混合动力汽车同时具有电动和燃油特性
69       private:
70    double chargeEfficiency;                //电池充电效率,单位为 %
71       public:
72    //构造函数
73    HybridCar(const string& mk, const string& mdl, int yr, double battCap, double fuelCap, double
efficiency)
74       :Automobile(mk, mdl, yr), ElectricCar(mk, mdl, yr - 2, battCap),
75       GasolineCar(mk, mdl, yr + 2, fuelCap), chargeEfficiency(efficiency){
76          cout <<"构造一个混合动力汽车对象"<< endl;
77    }
78
79    void displayInfo() const{
80    cout << endl <<"打印输出 HybridCar 对象 ---------------------------- " ;
81    ElectricCar::displayInfo();
82    GasolineCar::displayInfo();
83    cout << endl;
84    cout <<"充电效率:"<< chargeEfficiency <<" % "<< endl;
85    cout <<" ---------------------------------------------- "<< endl;
86    }
87
88    ～HybridCar(){
89    cout <<"析构一个混合动力汽车对象"<< endl;
90    }
91    };
92
93    int main(){
94    //创建混合动力汽车实例
95    HybridCar   hybridCar("Toyota", "Prius", 2021, 11.6, 45.0, 85.0);
96    hybridCar.displayInfo();
97    return 0;
98    }
```

程序运行结果：

```
构造一个汽车对象
构造一个电动汽车对象
构造一个燃油汽车对象
构造一个混合动力汽车对象

打印输出HybridCar对象———————————————————
调用ElectricCar类的成员函数displayInfo()
制造厂商：Toyota，型号：Prius，制造年份：2021
电池容量：11.6千瓦时

调用GasolineCar类的成员函数displayInfo()
制造厂商：Toyota，型号：Prius，制造年份：2021
油箱容量：45升

充电效率：85%
——————————————————————————————————————
析构一个混合动力汽车对象
析构一个燃油汽车对象
析构一个电动汽车对象
析构一个汽车对象
```

在例 9.8 中，如第 26 行和第 47 行代码所示，将类 ElectricCar 和 GasolineCar 对类 Automobile 继承声明为虚继承。在第 95 行代码中建立间接派生类 HybridCar 的对象时，仅调用了一次 Automobile 类的构造函数。对象 hybridCar 只有一个 Automobile 类数据成员的版本，不再出现访问的二义性。图 9.10 是 HybridCar 类对象 hybridCar 的内存布局。与普通继承不同，在虚继承中，派生类对象并不是在其内存中保留一份虚基类数据的副本，而是通过一种间接的引用方式，即将虚基类子对象的数据单独存放，在派生类对象中设置一个指针指向基类子对象。这样，当一个派生类通过多个继承路径继承同一个虚基类时，并不需要产生多个数据副本，而只要维护这个虚基类指针即可。由于是虚继承，因此无论虚基类在一个派生类中出现多少次，其数据只有一份。

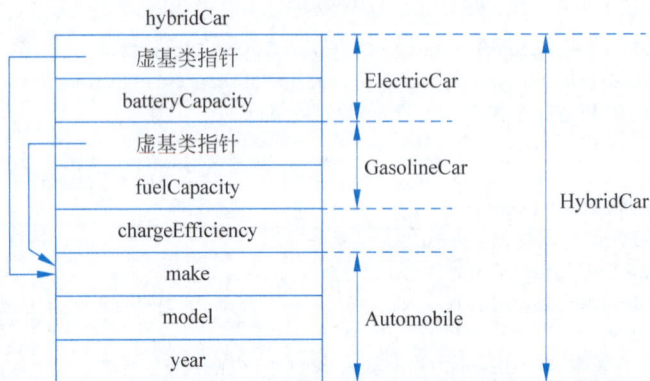

图 9.10　例 9.8 中派生类对象 **hybridCar** 的内存布局

具有虚继承的类层次构造函数的执行与一般类层次有所不同。由于在虚继承中，虚基类的数据只有一份，因此在间接派生类构造时需要特殊处理，即只能初始化虚基类一次。假设基类有一个带有参数的构造函数（而且没有默认构造函数），那么在中间派生类（虚拟继承）的构造函数中都要显式调用基类的构造函数。

如果是在一级派生中，如 ElectricCar 类虚拟继承 Automobile 类，那么其初始化同一般继承一样。

如果是在多级派生中，那么虚基类的初始化将由最终一级的派生类负责。所以，在如图 9.8 所示的类层次结构中，虚基类 Automobile 的初始化应当由最终一级派生类 HybridCar 负责，即 Automobile 的构造函数应当放在 HybridCar 的初始化列表中。因此即使如第73～75行代码所示，在HybridCar构造函数传送参数时，分别对yr减2和加2后，对ElectricCar和GasolineCar进行初始化，即

```
HybridCar(const string& mk,const string& mdl,int yr,double battCap,double fuelCap,double
efficiency):Automobile(mk,mdl,yr),ElectricCar(mk,mdl,yr - 2,battCap),GasolineCar(mk,mdl,yr +
2,fuelCap),chargeEfficiency(efficiency){
```

在第95行代码中创建HybridCar类对象hybridCar时，编译器会抑制中间派生类再去初始化虚基类。也就是说，虽然在定义中间派生类ElectricCar和GasolineCar的初始化列表时，需要初始化虚基类Automobile，但是在HybridCar类的初始化中会取消这个调用。如此，Automobile的初始化将只能由HybridCar类显式进行。可以看到，执行HybridCar类构造函数时，用参数初始式列表驱动了虚基类的构造函数，忽略了类ElectricCar、GasolineCar构造函数参数初始式列表的调用。因而第96行代码有如下输出结果：

```
打印输出HybridCar对象——————————————————
调用ElectricCar类的成员函数displayInfo()
制造厂商：Toyota，型号：Prius，制造年份：2021
电池容量：11.6千瓦时

调用GasolineCar类的成员函数displayInfo()
制造厂商：Toyota，型号：Prius，制造年份：2021
油箱容量：45升

充电效率：85%
```

如果一个派生类既有虚基类（不一定是直接基类），又有非虚基类，那么无论初始化列表如何排列，虚基类总是先初始化。如果有多个虚基类，那么排在前面的先初始化。派生类的析构顺序总是与构造顺序相反，所以如果一个派生类有虚基类，则虚基类总是在最后析构。

9.5 应用举例

本节通过定义一个汽车类层次结构，来进一步展示面向对象编程中的继承、多继承和虚继承的概念，以及如何将这些概念应用于实际中解决问题。

例9.9 随着环保意识的增强和技术的发展，混合动力汽车因其节能和环保的特性越来越受到市场的欢迎。混合动力汽车结合了电动汽车和燃油汽车的优点，能够在电池和燃油之间智能切换，以实现最佳的能源利用效率。用面向对象编程方法，设计实现含有导航系统的混合动力汽车的类层次结构，并编写测试代码测试类的各项功能。

```
1   //ex9 - 9.cpp:含有导航系统的混合动力汽车设计
2   # include < iostream >
3   # include < string >
4   using namespace std;
5
6   class Automobile{                              //汽车类
7   protected:
8       string make;
9       string model;
10      int year;
11  public:
12      Automobile(const string& mk,const string& mdl,int yr)
13      :make(mk),model(mdl),year(yr){
```

```
14        displayInfo();
15    }
16
17    ~Automobile(){    }
18
19    void displayInfo() const{
20        cout <<"制造厂商:"<< make <<",型号:"<< model <<",制造年份:"<< year << endl;
21    }
22 };
23
24 class SmartNavigation {                              //导航系统类
25    private:
26    string currentLocation;                          //当前位置
27    string destination;                              //目的地
28    public:
29    SmartNavigation():currentLocation("Unknown"),destination("Unknown"){}
30
31    void setDestination(const string& dest){         //设置目的地
32        destination = dest;
33    }
34
35    void navigateToDestination() const {             //导航到目的地
36        std::cout <<"从"<< currentLocation <<"导航到"<< destination << endl;
37    }
38
39    void updateCurrentLocation(const string& location){    //更新当前位置
40        currentLocation = location;
41    }
42 };
43
44 class ElectricCar:public virtual Automobile {      //电动汽车类
45    protected:
46    double batteryCapacity;                          //电池容量,单位为千瓦时
47    SmartNavigation navigationSystem;                //智能导航系统作为对象成员
48    public:
49    //构造函数
50    ElectricCar(const string& mk,const string& mdl,int yr,double battCap)
51    :Automobile(mk,mdl,yr),batteryCapacity(battCap){
52        displayInfo();
53    }
54
55    void displayInfo() const{
56        cout <<"电池容量:"<< batteryCapacity <<"千瓦时"<< endl;
57    }
58
59    void useNavigationSystem(const string& curLocation,const string& desLocation){
60        navigationSystem.updateCurrentLocation(curLocation);   //设置当前位置
61        navigationSystem.setDestination(desLocation);          //设置目的地
62        navigationSystem.navigateToDestination();              //导航到目的地
63    }
64
```

```
65      ～ElectricCar(){    }
66
67   };
68
69   class GasolineCar:public virtual Automobile {                    //燃油汽车类
70     protected:
71     double fuelCapacity;                                          //油箱容量,单位为升
72     public:
73     //构造函数
74     GasolineCar(const string& mk,const string& mdl,int yr,double fuelCap)
75     :Automobile(mk,mdl,yr),fuelCapacity(fuelCap){
76     displayInfo();
77   }
78
79   void displayInfo() const{
80     cout <<"油箱容量:"<< fuelCapacity <<"升"<< endl;
81   }
82
83     ～GasolineCar(){    }
84   };
85
86   class HybridCar:public ElectricCar,public GasolineCar {
     //含有导航系统的混合动力汽车类
87     private:
88     double currentBatteryLevel;                                   //当前电池电量
89     double currentFuelLevel;                                      //当前燃油量
90
91     public:
92     //设混合动力汽车同时具有电动车和燃油车特性
93     HybridCar(const string& mk,const string& mdl,int yr,double battCap,
94     double fuelCap,double batteryLevel,double fuelLevel)
95     :Automobile(mk,mdl,yr),ElectricCar(mk,mdl,yr,battCap),
96     GasolineCar(mk,mdl,yr,fuelCap),currentBatteryLevel(batteryLevel),
97     currentFuelLevel(fuelLevel){
98        displayInfo();
99     }
100
101    void displayInfo() const{
102       cout <<"当前电池电量:"<< currentBatteryLevel << endl;
103      cout <<"当前燃油量:"<< currentFuelLevel << endl;
104    }
105
106    //检查当前电量和燃油量,如果电量低于 20% 或者燃油低于 10 升,则调用导航系统
107    void checkAndNavigate(){
108       if((currentBatteryLevel < 20) && (currentFuelLevel < 10)){
109          cout <<"电量和燃油不足,正在搜索最近的充电站或加油站 …"<< endl;
110          useNavigationSystem("当前位置","充电站或加油站");
111       }
112    }
113
114    ～HybridCar(){    }
```

```
115  };
116
117  int main(){                                        //测试函数
118  ElectricCar electricCar("Toyota","Prius",2021,66.6);
119  electricCar.useNavigationSystem("当前位置","目的地");     //使用智能导航系统
120  cout << endl;
121  HybridCar hybridCar("Tesla","Model 3",2020,75.0,45.0,11.6,9.0);
122  hybridCar.checkAndNavigate();                    //检测是否需要使用智能导航系统
123  return 0;
124  }
```

程序运行结果：

```
制造厂商：Toyota,型号：Prius,制造年份：2021
电池容量：66.6千瓦时
从当前位置导航到目的地

制造厂商：Tesla,型号：Model 3,制造年份：2020
电池容量：75千瓦时
油箱容量：45升
当前电池电量：11.6
当前燃油量：9
电量和燃油不足，正在搜索最近的充电站或加油站…
从当前位置导航到充电站或加油站
```

例 9.9 定义了一个汽车类层次结构，包括基类 Automobile 及其直接派生类电动汽车类 ElectricCar 和燃油汽车类 GasolineCar，展示了面向对象编程中的单继承、多继承、包含等概念。混合动力汽车类 HybridCar 通过多继承从 ElectricCar 和 GasolineCar 继承。智能导航系统类 SmartNavigation 作为一个独立的导航系统，被集成到 ElectricCar 类中。跟汽车相关的每一个类都有自己的构造函数和析构函数，构造函数用于初始化对象，并在创建对象时调用成员函数 displayInfo() 显示汽车相关的信息。

智能导航系统类 SmartNavigation 包含两个数据成员，其中 currentLocation 表示当前位置，destination 表示目的地。构造函数初始化当前位置和目的地为 "Unknown"。成员函数 setDestination() 设置目的地，navigateToDestination() 导航到目的地，updateCurrentLocation() 更新当前位置。

汽车类 Automobile 为基类，包含数据成员汽车制造商 make、型号 model 和年份 year。电动汽车类 ElectricCar 和燃油汽车类 GasolineCar 类均虚继承于汽车类 Automobile。ElectricCar 新增了电池容量 batteryCapacity 和智能导航系统 navigationSystem 作为数据成员，成员函数 useNavigationSystem() 使用智能导航系统。GasolineCar 类新增数据成员燃油容量 fuelCapacity。

混合动力汽车类 HybridCar 多继承于电动汽车类 ElectricCar 和燃油汽车类 GasolineCar，因此同时拥有 ElectricCar 和 GasolineCar 的特性。该类新增了数据成员 currentBatteryLevel 表示当前电池电量，currentFuelLevel 表示当前燃油量；并新增了成员函数 checkAndNavigate() 用于检查电量和燃油量，当电量和燃油量低时提供导航服务，调用导航系统寻找最近的充电站或加油站。

本章小结

程序员可以在已有类的基础上定义新的数据成员和成员函数。原有类称为基类，新的类称为派生类，派生类成员由基类成员和自身定义的成员组成，这种程序设计方法称为继

承。继承是面向对象程序设计实现软件重用的重要方法。

　　类成员的访问特性和类的继承性决定了类成员的作用域和可见性。派生类不能访问基类的私有(private)成员,但可以访问基类的公有(public)和保护(protected)成员。对基类成员的访问性质还受到继承方式的影响。对于公有(public)继承方式,基类的 public 和 protected 成员在派生类中性质不变;对于保护(protected)继承方式,基类的 public 和 protected 成员都成为派生类的 protected 成员;对于私有(private)继承方式,基类的 public 和 protected 成员都成为派生类的 private 成员。

　　基类的私有数据成员在派生类中不可见,但这些数据存储单元依然被创建。创建派生类对象时,派生类的构造函数总是先调用基类构造函数来建立和初始化派生类中的基类成员。调用基类带参数的构造函数可以通过参数初始式列表实现数据成员的初始化。调用析构函数的次序和调用构造函数的次序相反。

　　单继承的派生类只有一个基类,多继承的派生类有多个基类。为了避免多继承中的共同基类类在派生类对象中产生不同副本,C++提供了虚继承机制。多继承提供了软件重用的强大功能,也增加了程序的复杂性。

习题 9

习题 9

第10章

多态性

"多态"一词来源于希腊语 polymorphism，意思是"拥有多种形态"。面向对象中的多态指的是实体在不同的情况下具有不同的属性或者具有不同的行为。

多态从实现的角度可以划分为两类：编译时的多态和运行时的多态。编译时的多态是在编译的过程中确定同名函数具体调用哪一个；而运行时的多态则是在程序运行过程中才动态地确定同名函数具体调用哪一个。C++支持这两种多态，编译时的多态（静态多态性）主要通过函数重载和模板实现，运行时的多态（动态多态性）通过虚函数实现。

本章将对静态多态、动态多态和虚函数、抽象类等相关内容进行讨论。

10.1 静态多态

联编是指一个程序模块、代码之间互相关联的过程。根据联编的时机，可以分为静态联编和动态联编。所谓静态联编，是指程序之间的匹配、连接在编译阶段，即程序运行之前完成，也称为早期匹配。大量的程序代码是静态联编的。例如，调用一个已经说明的函数，编译期间就能准确获得函数入口地址、返回地址和参数传递的信息，从而完成匹配。动态联编是指程序联编推迟到运行时进行，所以又称为晚期联编。switch 语句是一个动态联编的例子。程序编译阶段不能预知 switch 表达式的值，一直要等到程序运行时，对表达式求值之后，才能实现 case 子句匹配，决定代码执行的分支。需要进行条件判断决定程序流程的条件语句、循环语句的情况也相同。

静态联编支持的多态性称为编译时的多态性，又称为静态多态性。静态多态性可以通过函数重载和模板来实现。

10.1.1 函数重载实现静态多态

函数重载允许在同一个作用域内定义多个同名函数，但它们的参数类型或参数个数不同。编译器在编译时根据函数调用时提供的参数类型和数量来决定调用哪个函数。

例 10.1 函数重载实现静态多态。

```
1    //ex10-1.cpp:函数重载实现静态多态
```

```
2     # include < iostream >
3     # include < string >
4     using namespace std;
5     void print(int value){
6         cout <<"Integer:"<< value << endl;
7     }
8     void print(double value){
9         cout <<"Double:"<< value << endl;
10    }
11    void print(const string& value){
12        cout <<"String:"<< value << endl;
13    }
14    int main(){
15        print(10);                    //调用 int 版本的 print()
16        print(3.14);                  //调用 double 版本的 print()
17        print("Hello");               //调用 string 版本的 print()
18        return 0;
19    }
```

程序运行结果：

```
Integer: 10
Double: 3.14
String: Hello
```

在例 10.1 中，print()函数被重载了三次，分别接收 int、double 和 string 类型的参数。编译器会根据调用时提供的参数类型来决定调用哪个版本的 print()函数。

10.1.2　模板实现静态多态

模板是一种支持泛型编程的机制，它使得开发者能够定义能够接收任意类型作为参数的函数或类。模板在编译时根据提供的参数类型生成具体的代码。模板的详细介绍见第11章。

例 10.2　函数模板实现静态多态。

```
1     ex10 - 2.cpp:函数模板实现静态多态
2     # include < iostream >
3     # include < string >
4     using namespace std;
5     template < typename T >              //函数模板 print
6     void print(T value){
7         cout << value << endl;
8     }
9     int main(){
10        print(10);                    //调用 int 版本的 print()
11        print(3.14);                  //调用 double 版本的 print()
12        print("Hello");               //调用 string 版本的 print()
13        return 0;
14    }
```

程序运行结果：

```
10
3.14
Hello
```

在例 10.2 中,print()函数是一个函数模板,可以接收任意类型的参数。模板在编译时根据提供的类型参数生成具体的代码,从而实现静态多态性。

静态多态性在编译时就确定了具体的函数或类实例,因此它不涉及运行时的类型检查和函数调用开销。这使得静态多态性在某些情况下比动态多态性更高效。然而,它也有一定的限制,如不能像动态多态性那样在运行时根据对象的实际类型动态调用函数。

10.2　动态多态与虚函数

与静态多态不同,动态多态是程序运行时的多态。具有动态多态特征的实体是对象。程序运行时,对象的类型会改变,其行为也会随之改变。只是这种改变是有条件的,取决于当时的具体情况,并且受程序的逻辑控制。C++是一种强类型语言,变量一旦声明,其类型是不会改变的。所以在 C++中实现多态不能直接用对象,而是用指向对象的指针或者引用,并且对象的类型在定义时也有一定要求。

10.2.1　为什么要用动态多态

假设设计一个动物园模拟程序,其中有不同类型的动物。为此,可以定义一个基类 Animal 和多个派生类(如 Lion、Tiger、Bird 等),每个类都由自己的 makeSound()方法实现。使用动态多态,可以利用一个 Animal 类型的指针或引用来绑定不同类型的动物对象。程序可以在运行时根据指针或引用所绑定的具体动物对象而确定调用哪个具体的 makeSound()实现,而不需要在代码中使用大量的条件语句来区分动物类型。这种设计不仅使代码更加简洁和易于维护,而且提高了程序的灵活性和可扩展性。如果将来需要添加新的动物类型,只需添加一个新的派生类并实现它的成员函数 makeSound(),而无须修改现有的代码。

虽然基类指针不需经过类型转换就可以指向派生类对象,但是,基类指针却只能访问派生类从基类继承的成员。以下例子将演示这种情况。

例 10.3　基类指针指向派生类对象示例。

```
1   //ex10-3.cpp:基类指针指向派生类对象示例
2   #include <iostream>
3   using namespace std;
4
5   //基类 Animal
6   class Animal{
7   public:
8   void makeSound() const{
9   cout <<"动物叫声!"<< endl;
10  }
11  };
12
13  //派生类 Lion
14  class Lion:public Animal{
15  public:
16  void makeSound() const{
```

```
17    cout <<"狮子吼叫声!"<< endl;
18    }
19    };
20
21    //派生类 Tiger
22    class Tiger:public Animal{
23    public:
24    void makeSound() const{
25    cout <<"老虎吼叫声!"<< endl;
26    }
27    };
28
29    //派生类 Bird
30    class Bird:public Animal{
31    public:
32    void makeSound() const{
33     cout <<"鸟鸣!"<< endl;
34    }
35    };
36
37    //模拟动物园中的动物集合
38    void simulateZoo(Animal * animals[],int size){
39    for(int i = 0;i < size;++i){
40        animals[i] -> makeSound();        //只能调用基类的 makeSound()方法
41      }
42    }
43
44    int main(){
45    Animal * animals[] = { new Lion(),new Tiger(),new Bird() };      //创建不同类型的动物对象
46    int size = sizeof(animals)/sizeof(animals[0]);;
47    simulateZoo(animals,size);            //模拟动物园中的动物发出声音
48    return 0;
49    }
```

程序运行结果：

```
动物叫声!
动物叫声!
动物叫声!
```

在例 10.3 中，Animal 类的成员函数 makeSound()用于模拟动物发出的声音。Lion、Tiger 和 Bird 类继承自 Animal 并重写了成员函数 makeSound()。main()函数第 45 行代码创建了一个指针数组 animals，数组中存储了指向 Lion、Tiger 和 Bird 对象的指针。第 47 行代码在调用函数 simulateZoo()时，通过基类指针去访问不同对象的成员函数 makeSound()，总是调用基类 Animal 的成员函数 makeSound()，没有实现多态性，使得代码不够灵活和可扩展。

10.2.2 虚函数

实现运行时多态的关键是先要声明虚函数，而且必须用基类指针或引用调用派生类的不同实现版本。虚函数也是类的成员函数，只是在声明时比普通成员函数多了一个 virtual 关键字，语法如下：

virtual 类型 函数名(参数表)
{… //函数定义 }

定义虚函数时需注意如下几点。

(1) 一旦一个成员函数被声明为虚函数,则不管经历多少派生类层次,所有重写的函数都保持虚特性。

(2) 因为虚函数的动态联编必须在类层次中依靠 this 指针实现,所以虚函数必须是类的成员函数,不能将虚函数声明为全局(非成员)函数,也不能声明为静态成员函数。

(3) 不能将友元声明为虚函数,但虚函数可以是另一个类的友元。

(4) 析构函数可以是虚函数,但构造函数不能是虚函数。

尽管可以像调用其他成员函数那样,显式地用对象名来调用一个虚函数,但只有使用同一个基类指针或引用访问虚函数,才称为运行时的多态。如果将例 10.3 中的 Animal 类中的成员函数 makeSound()修改为虚函数,那么通过基类指针调用 makeSound()时,将根据对象的实际类型动态调用相应的成员函数。下面是修改后的代码示例。

例 10.4 将例 10.3 中的 Animal 类中的成员函数 makeSound()改为虚函数。

```
1    //ex10-4.cpp:虚函数实现动态多态性示例
2    #include <iostream>
3    using namespace std;
4
5    //基类 Animal
6    class Animal{
7    public:
8      virtual void makeSound() const{
9        cout <<"动物叫声!"<< endl;
10     }
11   };
12
13   //派生类 Lion
14   class Lion:public Animal{
15   public:
16     void makeSound() const{
17       cout <<"狮子吼叫声!"<< endl;
18     }
19   };
20
21   //派生类 Tiger
22   class Tiger:public Animal{
23   public:
24     void makeSound() const{
25       cout <<"老虎吼叫声!"<< endl;
26     }
27   };
28
29   //派生类 Bird
30   class Bird:public Animal {
31   public:
32     void makeSound() const {
```

```
33          cout <<"鸟鸣!"<< endl;
34      }
35  };
36
37    //模拟动物园中的动物集合
38  void simulateZoo(Animal * animals[], int size){
39    for(int i = 0;i < size;++i){
40            animals[i] -> makeSound();         //调用派生类的 makeSound()方法
41        }
42  }
43
44    //通过引用实现多态
45  void makeAnimalSound(const Animal& animal){
46    animal.makeSound();                        //调用对象的 makeSound()方法
47  }
48
49  int main(){
50    Animal * animals[] = { new Lion(),new Tiger(),new Bird() };   //创建不同类型的动物对象
51    int size = sizeof(animals)/sizeof(animals[0]);;
52    simulateZoo(animals,size);                 //测试指针与多态
53    for(int i = 0;i < size;i++)
54        makeAnimalSound( * animals[i]);        //测试引用与多态
55    return 0;
56  }
```

程序运行结果：

```
狮子吼叫声!
老虎吼叫声!
鸟鸣!
狮子吼叫声!
老虎吼叫声!
鸟鸣!
```

例 10.4 中,尽管 simulateZoo()函数通过基类 Animal 的指针数组调用 makeSound(),但由于 makeSound()是一个虚函数,程序在运行时能够识别每个对象的实际类型,并调用相应的 makeSound()重写版本。另外,第 45～47 行代码定义了一个使用引用实现多态的函数：

```
void makeAnimalSound(const Animal& animal)
```

该函数接收一个 Animal 类型的引用参数,当传递派生类对象作为实参时,将调用派生类中重写的 makeSound()方法。

可以看到,将 makeSound()方法改为虚函数后,程序能够实现动态多态性,即在运行时根据对象的实际类型调用相应的函数。这使得程序更加灵活和可扩展,程序员可以添加新的派生类并重写 makeSound()方法,而不需要修改现有的代码。这种设计允许程序以统一的方式处理不同类型的对象,同时保持了高度的可维护性和可扩展性。

10.2.3　虚函数重写

在 C++中,虚函数允许在派生类中被重写(override),即在派生类中提供一个与基类中具有相同名称和参数列表的函数,以改变或扩展原有函数的行为,重写时应当遵循以下原则：①函数名相同；②参数列表相同；③与基类中的虚函数同为 const 或非 const 成员函

数；④返回值类型相同或者是存在继承关系类型的指针（或引用），即派生类虚函数返回指针的类型继承自基类返回指针的类型。如果不遵循上述原则，那么派生类就是在声明一个新的成员函数，而不是重新声明，也就达不到多态的效果。

例 10.5 虚函数在派生类中重写示例。

```
1    //ex10-5.cpp:虚函数在派生类中重写示例
2    # include < iostream >
3    using namespace std;
4
5    //基类 Shape
6    class Shape {
7    public:
8        virtual void draw() const{              //虚函数,允许在派生类中被重写
9            cout <<"画一个图形。"<< endl;
10       }
11   };
12
13   //派生类 Circle
14   class Circle:public Shape{
15   public:
16       void draw() const {                     //重写基类的虚函数 draw()
17           cout <<"画一个圆。"<< endl;
18       }
19
20       void draw(int detailLevel) const {      //重载函数,不是虚函数
21           cout <<"画一个圆,半径为:"<< detailLevel <<"。"<< endl;
22       }
23   };
24
25   //派生类 Square
26   class Square:public Shape{
27   public:
28       void draw() const{                      //重写基类的虚函数 draw()
29           cout <<"画一个正方形。"<< endl;
30       }
31
32       void draw(int detailLevel) const {      //重载函数,不是虚函数
33           cout <<"画一个正方形,边长为:"<< detailLevel <<"。"<< endl;
34       }
35   };
36
37   int main(){
38       Shape *  shapes[ ] = { new Circle(),new Square() };
39       int detailLevels[ ] = { 1,2 };
40       for(size_t i = 0;i < sizeof(shapes)/sizeof(shapes[0]);++i){
41           shapes[i] -> draw();                        //正确调用相应的 draw()方法
42           //shapes[i] -> draw(detailLevels[i]); //错误!调用带参数的 draw()方法
43       }
44       Circle objCircle;
45       objCircle.draw(5);                      //调用 Circle 类的非虚重载函数 draw(int detailLevel)
```

```
46      Square objSquare;
47      objSquare.draw(5);          //调用 Square 类的非虚重载函数 draw(int detailLevel)
48      return 0;
49  }
```

程序运行结果：

画一个圆。
画一个正方形。
画一个圆，半径为：5。
画一个正方形，边长为：5。

在例 10.5 中，基类 Shape 有一个虚函数 draw()。Circle 类是 Shape 的派生类，它重写了基类的 draw() 函数，提供了绘制圆形的具体实现。第 20、21 行代码 Circle 类的成员函数 draw(int detailLevel) 是一个重载函数，该函数不是虚函数。Square 类似于 Circle，是 Shape 类的派生类，它同样重写了基类的 draw() 函数，也包含一个重载函数 draw(int detailLevel)，该函数也不是虚函数。

在 main() 函数中，创建了一个 Shape 类的指针数组 shapes，其中包含指向 Circle 和 Square 对象的指针，使用循环遍历 shapes 数组，并调用每个形状对象的 draw() 函数。由于 draw() 是虚函数，这里会根据对象的实际类型调用相应的重写版本，展示多态性。注释掉的第 42 行代码，是错误的语句。因为 draw(int detailLevel) 不是虚函数，它不会根据对象的实际类型进行动态绑定，调用的是基类的函数。但 Shape 类没有带参数的 draw() 函数，因此产生错误。

10.2.4 虚析构函数

构造函数不能是虚函数。因为建立一个派生类对象时，必须从类层次的根开始，沿着继承路径逐个调用基类的构造函数，直至自身的构造函数，不能"选择性地"调用构造函数。所以虚构造函数没有意义，定义虚构造函数将产生语法错误。

析构函数可以是虚的，虚析构函数是实现多态性的关键部分之一。如果基类析构函数是虚的，当删除一个指向派生类对象的基类指针时，将调用派生类的析构函数，从而确保派生类对象被正确地销毁。

例 10.6 示例说明为什么需要虚析构函数。

```
1   //ex10-6.cpp:示例说明为什么需要虚析构函数
2   # include < iostream >
3   using namespace std;
4
5   //基类 Shape
6   class Shape{
7     public:
8     virtual void draw() const{        //虚函数,允许在派生类中被重写
9        cout <<"画一个图形。"<< endl;
10    }
11
12    ～Shape(){//非虚析构函数
13       cout <<"析构一个 Shape 对象"<< endl;
14    }
15  };
```

```
16
17      //派生类 Circle
18    class Circle:public Shape {
19     public:
20     void draw() const {                //重写基类的虚函数 draw()
21        cout <<"画一个圆。"<< endl;
22     }
23
24     ~Circle(){                         //派生类 Circle 的析构函数
25        cout <<"析构一个 Circle 对象"<< endl;
26     }
27    };
28
29      //派生类 Square
30    class Square:public Shape{
31     public:
32      void draw() const {               //重写基类的虚函数 draw()
33        cout <<"画一个正方形。"<< endl;
34      }
35
36     ~Square(){                         //派生类 Square 的析构函数
37       cout <<"析构一个 Square 对象"<< endl;
38     }
39    };
40
41    int main(){
42    Shape * shapes[] = { new Circle(),new Square() };
43    int size = sizeof(shapes)/sizeof(shapes[0]);
44    for(int i = 0;i < size;++i){
45        shapes[i] -> draw();
46    }
47    for(int i = 0;i < size;++i){
48        delete shapes[i];              //错误的删除操作,将只调用基类的析构函数
49    }
50    return 0;
51    }
```

程序运行结果：

```
画一个圆。
画一个正方形。
析构一个Shape对象
析构一个Shape对象
```

例 10.6 中,Shape 类的析构函数不是虚函数。这意味着当通过基类指针删除派生类对象时,只会调用基类的析构函数,而不会调用派生类的析构函数。由于派生类的析构函数没有被调用,如果派生类在其构造函数中分配了资源(例如动态内存、文件句柄等),这些资源将不会被释放,从而导致资源泄漏。

当基类中有虚函数时,基类的析构函数也应该被声明为虚函数。这确保了当通过基类指针删除派生类对象时,能够正确地调用派生类的析构函数来释放资源,然后调用基类的析构函数。正确地管理资源是防止内存泄漏和其他资源泄漏的关键。使用虚析构函数可以确保派生类对象在被删除时其资源被适当地释放,从而避免资源泄漏和其他内存管理问

题。设计类层次结构时，往往不能预知使用它的各种复杂情况，为基类提供一个虚析构函数，能够使派生类对象在不同状态下正确调用析构函数。因此，通常将基类的析构函数说明为虚函数。

对例 10.6 的代码进行修改，将析构函数说明为虚函数，即在 shape 类的析构函数前增加关键字 virtual，将第 12 行代码修改为

```
virtual  ~Shape(){
```

其余类定义和主函数均无须改动。修改后通过基类指针删除派生类对象时，能够正确析构派生类对象，代码输出结果：

```
画一个圆。
画一个正方形。
析构一个Circle对象
析构一个Shape对象
析构一个Square对象
析构一个Shape对象
```

10.3　抽象类

抽象类是面向对象设计中的一个重要概念，它定义了一组相关类的接口，但不实现具体的功能。

10.3.1　纯虚函数与抽象类

纯虚函数和抽象类在 C++ 中是紧密相关的概念，它们共同构成了面向对象编程中的抽象类机制。

纯虚函数也是虚函数，但纯虚函数是一种没有实现的虚函数，它在基类中声明，不定义具体功能。声明纯虚函数时，在函数声明末尾加上"＝0；"，形式如下：

```
virtual 类型 函数名(参数表) = 0;
```

该函数赋值为 0，表示没有实现定义，虚函数的实现在它的派生类中定义。纯虚函数的主要用途是定义接口，如果某个虚函数不需要在基类中实现，或者实现也没有实际意义，则应声明为纯虚函数。例如，Shape 类的 draw()函数，Shape 类是对所有图形类的抽象，到底要画成什么样子在 Shape 类中不能确定，因此无须给出 draw()函数的具体实现，draw()函数应当声明为纯虚函数。

```
class Shape {
public:
    virtual void draw() const = 0;      //纯虚函数
};
```

如果一个类中包含至少一个纯虚函数，则该类是抽象类。由于包含纯虚函数，抽象类不能被直接实例化。抽象类的主要目的是作为基类，为派生类提供一个公共的接口，确保派生类遵循特定的协议。抽象类可以包含具体函数和数据成员，这些成员可以在派生类中被继承和使用。

例 10.7　抽象类 Shape 及其派生类的完整定义和实现。

```
1    //ex10 - 7.cpp:抽象类 Shape 及其派生类的完整定义和实现
2    ＃include <iostream>
```

```
3    using namespace std;
4
5    //抽象类 Shape
6    class Shape{
7      public:
8      virtual void draw() const = 0;        //纯虚函数
9      virtual ~Shape(){}                    //虚析构函数
10   };
11
12   //派生类 Circle
13   class Circle:public Shape{
14   public:
15     void draw() const {                   //重写纯虚函数
16        cout <<"画一个圆。"<< endl;
17     }
18   };
19
20   //派生类 Square
21   class Square:public Shape{
22    public:
23    void draw() const {                    //重写纯虚函数
24       cout <<"画一个正方形。"<< endl;
25    }
26   };
27
28   int main(){
29    Shape * shape;                         //抽象类 Shape 不能被直接实例化,但可以定义指针
30    //shape = new Shape();                  //错误:无法实例化抽象类
31    shape = new Circle();                  //正确:Circle 实现了纯虚函数
32    shape -> draw();                       //调用 Circle 的 draw()函数
33    delete shape;
34    shape = new Square();                  //正确:Square 也实现了纯虚函数
35    shape -> draw();                       //调用 Square 的 draw()函数
36    delete shape;
37    return 0;
38   }
```

程序运行结果:

画一个圆。
画一个正方形。

在例 10.7 中,Shape 是一个抽象类,它包含一个纯虚函数 draw()。Circle 和 Square 是 Shape 的派生类,它们都提供了 draw()函数的实现。由于 Shape 是抽象类,因此不能创建它的实例,但可以创建 Circle 和 Square 的实例,并通过 Shape 类型的指针或引用来使用它们,实现多态性。

对抽象类的使用,C++有以下限制:①抽象类只能用作其他类的基类;②抽象类不能建立对象,但是,可以说明抽象类的指针和引用;③抽象类不能用作参数类型、函数返回类型或显式类型转换。

例如,对 Shape 抽象类的使用:

```
Shape   obj;                               //错误:抽象类不能建立对象
```

```
Shape *   p;                        //正确:可以说明抽象类的指针
Shape function();                   //错误:抽象类不能作为返回类型
void   function(Shape obj);         //错误:抽象类不能作为参数类型
Shape& function(Shape &obj);        //正确:可以说明抽象类的引用
```

10.3.2　从抽象类派生具体类

拥有纯虚函数的抽象类不能实例化,必须首先从抽象类派生出一个具体类,然后实例化该具体类。具体类就是可以实例化的类,例 10.7 中的 Circle 和 Square 类都是具体类。需要注意的是,派生具体类必须重写基类的所有纯虚函数,否则该派生类还是一个抽象类,无法被实例化。

例 10.8　从抽象类派生具体类示例。

```
1   //ex10-8.cpp:从抽象类派生具体类示例
2   # include < iostream >
3   using namespace std;
4
5   //抽象类 Animal
6   class Animal{
7     public:
8       virtual void eat() const = 0;     //纯虚函数 eat()
9       virtual void sleep() const = 0;   //纯虚函数 sleep()
10
11      virtual ~Animal(){               //虚析构函数
12          cout <<"析构一个 Animal 对象"<< endl;
13      }
14  };
15
16  //派生类 Lion
17  class Lion:public Animal {            //Lion 没有重写 sleep(),因此 Lion 是抽象类
18    public:
19    void eat() const {                  //重写基类的纯虚函数 eat()
20        cout <<"狮子正在吃肉。"<< endl;
21    }
22
23    ~Lion(){
24        cout <<"析构一个 Lion 对象"<< endl;
25    }
26  };
27
28  //另一个派生类 Bird
29  class Bird:public Animal{
30    public:
31    void eat() const{                   //重写基类的纯虚函数 eat()
32        cout <<"鸟正在吃植物种子。"<< endl;
33    }
34
35    void sleep() const{                 //重写基类的纯虚函数 sleep()
36        cout <<"鸟正在睡觉。"<< endl;
37    }
```

```
38
39    ~Bird(){
40        cout <<"析构一个 Bird 对象"<< endl;
41    }
42  };
43
44  int main(){
45    Animal * bird = new Bird();        //创建 Bird 对象
46    bird -> eat();
47    bird -> sleep();
48    delete bird;                       //释放内存
49    //Animal * lion = new Lion();      //创建 Lion 对象将导致编译错误,因为 Lion 是抽象类
50        return 0;
51  }
```

程序运行结果:

```
鸟正在吃植物种子。
鸟正在睡觉。
析构一个Bird对象
析构一个Animal对象
```

例 10.8 中,Animal 是抽象类,Bird 类重写并实现了 Animal 类的纯虚函数,是具体类。但 Lion 类重写并实现了 Animal 类的纯虚函数 eat(),却没有重写并实现纯虚函数 sleep(),因而它依然是一个抽象类,不能被实例化。第 49 行代码尝试实例化 Lion 将导致编译错误。

main()函数用 new 创建了一个 Bird 对象,并利用 Animal 类型指针指向该对象,通过基类指针调用派生类对象的 eat()和 sleep()方法,实现多态。使用完毕后,使用 delete 操作符释放了分配的内存,由于析构函数是虚函数,因此通过基类指针删除对象,可以正确析构。

10.4 应用举例

本节通过员工工资管理系统来演示多态性和抽象类在面向对象编程中的具体应用。

例 10.9 设某单位的员工分年薪制和小时工两种,其中年薪制员工工资按 12 个月发放,小时工按照每个月工作的时数和每小时的单价计算月薪并发放。设计一个简单的员工工资管理系统,使用多态性和抽象类来设计不同类型的员工,每类员工有自己的月薪计算方式。

```
1   //ex10 - 9.cpp:一个简单的员工工资管理系统
2   # include < iostream >
3   # include < string >              //包含字符串类的定义
4   # include < vector >              //包含动态数组(向量)类的定义
5   using namespace std;
6   //抽象类 Employee
7   class Employee {
8     protected:
9       string name;
10      int id;
11    public:
12      Employee(const string& name, int id):name(name),id(id){}
```

```
13    virtual ~Employee(){}
14    virtual double calculateSalary() const = 0;      //纯虚函数,计算月薪
15
16    void printInfo() const {                          //打印员工信息
17        cout <<"证件号:"<< id <<",姓名:"<< name << endl;
18    }
19  };
20
21  //派生类 HourlyWorker
22  class HourlyWorker:public Employee{
23   private:
24    double hourlyRate;
25    int hoursWorked;
26
27   public:
28    HourlyWorker(const string& name, int id, double hourlyRate, int hoursWorked)
29     :Employee(name, id), hourlyRate(hourlyRate), hoursWorked(hoursWorked){}
30
31    double calculateSalary() const{
32        return hourlyRate * hoursWorked;
33    }
34  };
35
36  //派生类 SalariedWorker
37  class SalariedWorker:public Employee{
38   private:
39    double annualSalary;
40    public:
41    SalariedWorker(const string& name, int id, double annualSalary)
42     :Employee(name, id), annualSalary(annualSalary){}
43
44    double calculateSalary() const{
45        return annualSalary/12;                        //假设每月工资是年薪的十二分之一
46    }
47  };
48
49  //员工工资管理系统
50  class PayrollSystem {
51   private:
52    //employees是一个动态数组(向量),用来存储指向 Employee 类型对象的指针
53    //vector 是一个容器类模板,用于创建动态数组,可以自动调整大小以适应存储的元素数量
54    vector < Employee * > employees;
55
56    public:
57    ~PayrollSystem(){
58        int n = employees.size();
59        for( int i = 0; i < n; i++){
60            delete employees[i];                       //清理分配的内存
61        }
62    }
63
```

```
64    void addEmployee(Employee * employee){              //添加员工
65        employees.push_back(employee);
66    }
67
68    void processPayroll(){                             //打印所有员工的工资信息
69        int n = employees.size();
70        for(int i = 0;i < n;i++){
71            employees[i] -> printInfo();
72            cout <<"月薪:"<< employees[i] -> calculateSalary()<< endl;
73        }
74    }
75    };
76
77    int main(){
78    PayrollSystem payrollSystem;
79    //创建不同类型的员工
80    payrollSystem.addEmployee(new HourlyWorker("张三",10001,20.0,160));
81    payrollSystem.addEmployee(new SalariedWorker("李四",10002,60000));
82    payrollSystem.processPayroll();                    //处理工资
83    return 0;
84    }
```

程序运行结果：

```
证件号：10001，姓名：张三
月薪：3200
证件号：10002，姓名：李四
月薪：5000
```

例 10.9 是一个简单的使用面向对象编程概念的员工工资管理系统。Employee 是基类，它具有两个派生类 HourlyWorker 和 SalariedWorker。PayrollSystem 类用于实现工资管理。

抽象类 Employee 有两个受保护的成员变量 name 和 id，分别存储员工的名字和证件号，构造函数初始化员工的 name 和 id，虚析构函数确保派生类的析构函数被调用，纯虚函数 calculateSalary()定义了一个接口，要求所有派生类实现计算工资的方法，成员函数 printInfo()打印员工信息。

派生类 HourlyWorker 继承自 Employee 类，添加了两个私有成员变量 hourlyRate 和 hoursWorked，分别表示小时工资率和工作小时数。构造函数初始化继承的成员和新添加的成员。重写成员函数 calculateSalary()实现计算工资的逻辑，即小时工资率乘以工作小时数。

派生类 SalariedWorker 同样继承自 Employee 类，添加了一个私有成员变量 annualSalary，表示年薪。构造函数 SalariedWorker()初始化继承的成员和年薪。重写成员函数 calculateSalary()实现了计算月薪的逻辑，即年薪除以 12。

员工工资管理系统类 PayrollSystem 包含一个私有成员 employees，用于存储员工对象的指针，employees 是一个动态数组（向量），用来存储指向 Employee 类型对象的指针。析构函数~PayrollSystem()释放所有动态分配的员工对象。成员函数 addEmployee()向系统中添加一个员工，processPayroll()遍历所有员工，打印他们的信息和计算的工资。

在 PayrollSystem 类的定义中，"vector < Employee * > employees;"声明了一个名为

employees 的向量(vector),它可以存储一系列指向 Employee 派生类实例的指针。由于 Employee 是一个抽象类,这意味着 employees 向量实际上可以存储指向任何 Employee 派生类(如 HourlyWorker 或 SalariedWorker)实例的指针。

主函数 main()创建了一个 PayrollSystem 对象 payrollSystem,使用 new 动态创建不同类型的员工对象,并添加到工资系统中。调用 processPayroll()处理并打印所有员工的工资信息。

本章小结

面向对象编程(OOP)中的多态性、虚函数、纯虚函数和抽象类是密切相关的概念,它们共同构成了 OOP 的基石之一。

冠以关键字 virtual 的成员函数称为虚函数。派生类可以重载基类的虚函数,只要接口相同,函数的虚特性不变。虚函数和多态性使软件的设计易于扩充,使用类库更为灵活。

基类指针可以指向派生类对象,以及基类中拥有的虚函数,这是支持多态性的前提。当通过基类指针或引用使用虚函数时,C++在程序运行时根据所指对象类型在类层次中正确地选择重定义的函数。这种运行时的晚期匹配称为动态联编。如果通过对象名和点运算符方式调用虚函数,则调用关联在编译时由引用对象的类型确定,称为静态联编。

如果一个基类中包含虚函数,则通常把它的析构函数声明为虚析构函数。这样,它的所有派生类析构函数也自动成为虚析构函数(即使它们与基类析构函数名字不相同)。虚析构函数使得用 delete 运算符删除对象时,系统可以正确地调用析构函数。

纯虚函数是在说明时代码“初始化值”为 0 的虚函数。纯虚函数本身没有实现,由它的派生类定义所需的实现版本。具有纯虚函数的类称为抽象类。抽象类只能作为基类,不能建立实例化对象。如果抽象类的派生类不提供纯虚函数的实现,则它依然是抽象类。定义了纯虚函数实现的派生类称为具体类,可以用于建立对象。尽管不能建立抽象类的对象,但抽象类机制提供软件抽象和可扩展性的手段。

习题 10

习题 10

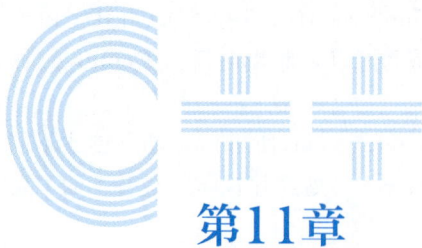

第11章

模　板

模板（template）是 C++ 中一种强大的代码复用机制，是一种泛型编程的工具。它允许程序员编写与数据类型无关的代码，从而提高代码的通用性和可重用性。模板主要分为函数模板和类模板两种类型。在 C++ 中，特化（specialization）是指对模板进行特定化的操作。特化允许程序员为模板的某些特定类型提供特殊的实现，而不是使用通用的模板代码。特化是模板编程中的一个重要概念，它增强了模板的灵活性和功能。在使用模板时，编译器会根据传递的实参类型生成相应的函数或类。本章将深入探讨 C++ 中模板的基本概念、操作和高级技巧，将重点介绍类模板 array 和 vector 以及由 char 特化的模板类 string 的使用方法。

11.1　模板的概念

模板是 C++ 中泛型编程的基础。作为强类型语言，C++ 要求所有变量都具有特定类型，由程序员显式声明或编译器推导。但是，许多数据结构和算法无论在哪种类型上操作，看起来都是相同的。使用模板可以定义类或函数的操作，并让用户指定这些操作应处理的具体类型。

11.1.1　定义和使用模板

为了定义函数模板或类模板，首先要进行模板说明，其作用是说明模板中使用的形参。模板以一个或多个模板形参参数化，形参有三种：类型形参（type parameter）、非类型形参（non-type parameter）和模板形参（template parameter）。

1. 类型形参

它是出现在模板形参列表中的，跟在 typename 或者 class 之后的参数类型名称。类型形参是模板定义中的占位符，用于在模板实例化时指定具体的类型。类型形参使得模板能够生成与指定类型相关的代码，从而实现代码的泛型编程。

2. 非类型形参

它是出现在模板参数列表中的，跟在类型之后的参数类型名称。常见的非类型形参的类型是整数类型(如 int、size_t 等)和指针类型(如 void ＊)。非类型形参允许在模板定义中使用具体的值(例如整数、指针等)作为参数,而不是类型。这增加了模板的灵活性,使得模板可以针对特定的值进行特化。

3. 模板形参

常见的模板说明形式为

```
template < typename T1,typename T2, … ,typename Tn >
```

或

```
template < class T1,class T2, … ,class Tn >
```

模板说明用关键字 template 开始,之后是用尖括号"〈〉"相括的模板形参列表。每一个形参之前都冠以关键字 typename 或 class。T1,T2,…,Tn 是用户定义的标识符,前缀关键字 typename 或 class 指定它们为类型形参,即可以实例化为内部类型或用户自定义类型。例如,有以下模板说明:

```
template < typename T >
template < typename ElementType >
template < typename StudentType,typename TeacherType >
```

其中,关键字 template 表示正在说明一个模板。冠以 typename 或 class 的标识符 T、ElementType、NameType、DateType 等是待实例化的类型形参。它们所对应的实参可以是 int、double、char 等基本类型,也可以是指针、类等各种用户已经定义的类型。

模板形参列表由一个或多个模板形参组成,每个形参用逗号分隔。

每个模板形参可以是一个类型形参(使用 typename 或 class)或一个非类型形参(如整型或指针)或者是一个模板形参。类型形参用于指定函数或类可以操作的数据类型,而非类型形参用于指定一些常量值或特定的非类型信息。

模板可以用于函数和类,使得同一段代码可以处理不同类型的数据。例如,可以定义如下所示的函数模板:

```
template < typename T >
T minimum(const T& lhs,const T& rhs)
{
    return lhs < rhs ? lhs:rhs;
}
```

上面的代码描述了一个具有单个类型形参 T 的泛型函数的模板,其返回值和调用参数(lhs 和 rhs)都具有此类型。可以随意命名类型形参,只要符合标识符的定义,但按照约定,最常使用单个大写字母。T 是模板形参,关键字 typename 表示此参数是类型的占位符。调用函数时,编译器会将每个 T 替换为由用户指定或编译器推导的具体类型。编译器从函数模板生成函数或从类模板生成类的过程称为"实例化",生成的函数称为模板函数,生成的类称为模板类。minimum < int >是模板 minimum < T >的实例化,该函数称为模板函数。

在其他地方,用户可以声明专用于 int 的模板实例。假设 get_a( )和 get_b( )是返回 int 的函数:

```
int a = get_a();
int b = get_b();
```

```
int i = minimum < int >(a,b);
```

但是,由于这是一个函数模板,编译器可以从参数 a 和 b 中推导出类型,因此可以像普通函数一样调用它:

```
int i = minimum(a,b);
```

当编译器遇到该语句时,它会生成一个新函数,在该函数中,T 在模板中的每个匹配项都替换为 int:

```
int minimum(const int& lhs,const int& rhs)
{
    return lhs < rhs ? lhs:rhs;
}
```

例 11.1　模板中类型形参的定义和使用方法。

```
1    //template_demo_1.cpp
2    # include < iostream >
3    using namespace std;
4
5    template < typename T >
6    T minimum(const T& lhs,const T& rhs)
7    {
8        return lhs < rhs ? lhs:rhs;
9    }
10
11   int main()
12   {
13       int a = 3;
14       int b = 4;
15       double c = 3.3;
16       double d = 4.4;
17       int i = minimum(a,b);           //等价于 int i = minimum < int >(a,b)
18       double j = minimum(c,d);        //等价于 double j = minimum < double >(c,d);
19       cout << i << endl;
20       cout << j << endl;
21
22       return 0;
23   }
```

程序运行结果:

```
3
3.3
```

11.1.2　模板中的 typename

在模板形参列表中,typename 用于指定类型形参。其语法格式为

```
typename identifier;
```

typename 和 class 在模板形参列表中是等价的,都可以用来声明模板类型形参。它们用于指示模板形参是一个类型。

例如,template＜typename T＞和 template＜class T＞是等价的,都表示 T 是一个类型形参。

通常,typename 更常用于模板形参,因为它更明确地表示这是一个类型名称,而 class 则可能让人误以为是类类型,尽管它们在功能上是相同的,语法上也是正确的。为统一起见,本章后续的叙述和例程都用 typename 说明类型形参。

11.1.3 类型形参

任何内置类型或用户定义的类型都可以用作类型形参。类型形参的数量在语法上没有限制,以逗号分隔多个参数。例如:

```
template＜typename T,typename U,typename V＞class Student{};
```

定义了三个类型形参 T、U 和 V。

可以使用省略号运算符(…)定义任意数量(零个或多个)类型形参的模板:

```
template＜typename…Arguments＞class Teacher;
Teacher <> teacherInstance1;              //0 个类型形参
Teacher < int > teacherInstance2;         //一个类型形参:int
Teacher < float,bool > teacherInstance3;  //两个类型形参:float 和 bool
```

11.1.4 非类型形参

与其他语言(如 C♯ 和 Java)中的泛型类型不同,C++模板支持非类型形参,也称为值参数。例如,可以提供常量整型值来指定数组的长度:

```
template＜typename T,int L＞
class MyArray
{
    T arr[L];
public:
    MyArray(){ … }
};
```

注意模板声明中的语法,int 类型的 L 即是非类型形参,必须是常量或常量表达式,可以如下所示使用它:

```
MyArray < MyClass * ,10 > arr;
```

非类型形参的约束如下:

(1)类型限制。非类型形参的类型通常是内置类型(如 int、char、size_t 等),也可以是枚举类型,甚至是指针类型(但必须是常量表达式)。

(2)常量表达式。非类型形参的值必须是编译时常量表达式,这意味着它的值必须在编译时确定。

(3)指针类型。如果非类型形参是指针类型,那么它必须指向一个常量对象(例如 const int *),或者是一个空指针(nullptr)。

例 11.2 模板中非类型形参的定义和使用方法。

```
1    //non - type_parameter.cpp
2    ♯ include < iostream >
3    //定义一个模板,使用非类型形参 N
```

```
4    template < int N >
5    class Array
6    {
7    public:
8        void printSize()
9        {
10           std::cout << "Array size:" << N << std::endl;
11       }
12   };
13
14   int main()
15   {
16       Array < 10 > arr10;
17       arr10.printSize();              //输出 Array size:10
18
19       Array < 20 > arr20;
20       arr20.printSize();              //输出 Array size:20
21
22       return 0;
23   }
```

程序运行结果：

```
Array size:10
Array size:20
```

11.1.5　模板作为模板形参

在 C++ 中，模板不仅可以接收类型和值作为参数，还可以接收其他模板作为参数。这种特性允许创建所谓的"模板元编程"结构，其中模板本身可以嵌套在其他模板内部。一个常见的例子是模板作为模板形参，这通常用于实现容器适配器或类似的泛型数据结构。

注：在 C++ 中，容器（container）是标准模板库（standard template library，STL）的核心组成部分之一，用来存储和管理一组对象（通常是元素）。容器提供了一种灵活且高效的方式来组织和操作数据，它们可以存储不同类型的数据，并且支持各种操作，如插入、删除、访问和遍历等。

例如，下面定义了一个模板，它接收一个模板形参 ContainerTemplate 和一个类型形参 T，ContainerTemplate 本身是一个模板，它接收至少一个类型形参。

```
template < template < typename... > typename ContainerTemplate, typename T >
```

11.1.6　默认模板参数

类和函数模板可以具有默认参数。如果模板具有默认参数，则可以在使用时不指定该参数。对于多个模板参数，第一个默认参数后的所有参数必须具有默认参数。

使用参数均为默认值的模板时，请使用空尖括号：

```
template < typename A = int, typename B = double >
class Bar
{
```

```
    //…
};
 ⋮
int main()
{
    Bar <> bar;                        //使用的实参均为默认值
}
```

11.2 函数模板

函数模板允许定义一个通用的函数,这个函数可以接收不同类型的参数。编译器会根据函数调用时传入的参数类型自动推断出模板参数的类型,并生成相应的函数代码。

11.2.1 函数模板的定义及实例化

一般函数是对相同类型数据对象(不同值)操作的抽象。函数模板是对相同逻辑结构(不同数据类型)数据对象操作的抽象,是生成不同类型参数的重载函数的“模板”。利用函数模板,可以指定基于相同代码但作用于不同类型的函数集。

函数模板定义由模板说明和函数定义组成。所有在模板中说明的类型形参通常在函数定义中至少出现一次。函数参数表中可以使用类型形参,也可以使用非类型形参,还可以使用模板形参。以下函数模板交换两个自变量的值。

例 11.3 函数模板的定义和使用方法。

```
1    //function_templates1.cpp
2    # include < iostream >
3    using namespace std;
4
5    template < typename T >
6    void mySwap(T& a, T& b)
7    {
8        T c(a);
9        a = b;
10       b = c;
11   }
12   int main()
13   {
14       int i = 3;
15       int j = 4;
16       mySwap(i, j);
17       cout <<"i = "<< i <<"        "<<"j = "<< j << endl;
18       float f1 = 3.3f;
19       float f2 = 4.4f;
20       mySwap(f1, f2);
21       cout <<"f1 = "<< f1 <<"      "<<"f2 = "<< f2 << endl;
22       return 0;
23   }
```

运行结果:

```
i = 4      j = 3
f1 = 4.4   f2 = 3.3
```

11.2.2　函数模板的实例化

当首次为每个类型调用函数模板时,编译器会创建一个实例化。每个实例化是专用于该类型的模板化函数版本。每次将该函数用于该类型时,此实例化都将调用。

例 11.3 中的 main() 函数对函数模板 mySwap 的调用与对普通函数的调用在形式上没有区别。main() 函数两次调用 mySwap(),使用不同类型的实参。函数模板 mySwap() 不是一个真正的函数,它仅仅是一个提供生成不同类型参数重载函数版本的"模板"。调用 mySwap() 分为以下两步。

(1) 编译程序时,编译器根据调用语句中实参的类型对函数模板进行实例化,以生成一个可运行的函数。

例如,编译器发现调用语句"mySwap(i,j);"中的实参 i、j 均为整型变量,编译器就用 int 替换类型形参 T,把函数模板实例化为一个 int 版本的模板函数:

```cpp
void mySwap(int& a, int& b)
{
    int c(a);
    a = b;
    b = c;
}
```

类似地,编译器发现调用语句"mySwap(f1,f2);"中的实参 f1、f2 均为整型变量,编译器就用 float 替换类型形参 T,把函数模板实例化为一个 float 版本的模板函数:

```cpp
void mySwap(float& a, float& b)
{
    float c(a);
    a = b;
    b = c;
}
```

图 11.1 给出了函数模板的实例化。下方的函数根据函数模板按实际类型生成,所以称为模板函数。编译模板函数自动生成目标代码,从而免去了程序员的复制修改工作。

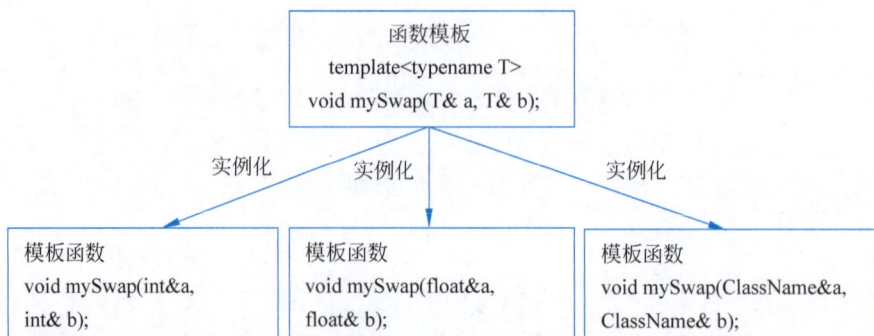

图 11.1　函数模板的实例化

（2）程序运行时，实参和形参相结合，执行对应的模板函数。这一步操作与普通函数调用一致。

在图 11.1 中，如果正确定义了类 ClassName 的复制构造函数和赋值运算符，mySwap() 甚至可以交换类类型变量。

11.2.3 函数模板调用的重载解析

函数模板可以重载同名的非模板函数。在此方案中，编译器首先尝试通过使用模板参数推导实例化具有唯一特化的函数模板来解析函数调用。如果模板参数推导失败，则编译器会考虑实例化函数模板重载和非模板函数重载来解析调用，这些其他重载称为候选集。如果模板参数推导成功，则生成的函数与候选集中的其他函数进行比较，以确定最佳匹配，并遵循重载解析规则。

例 11.4　选择非模板函数。

```
1    //template_function_match1.cpp
2    # include < iostream >
3    using namespace std;
4
5    void f(int, int)
6    {
7        cout <<"f(int, int)"<< endl;
8    }
9    void f(char, char)
10   {
11       cout <<"f(char, char)"<< endl;
12   }
13
14   template < typename T1, typename T2 >
15   void f(T1, T2)
16   {
17       cout <<"void f(T1, T2)"<< endl;
18   };
19
20   int main()
21   {
22       f(1, 1);                    //调用非模板函数 f(int, int)
23       f('a', 1);                  //调用函数模板 void f(T1, T2)
24       f < int, int >(2, 2);       //调用函数模板 void f(T1, T2)
25       return 0;
26   }
```

程序运行结果：

```
f(int, int)
void f(T1, T2)
void f(T1, T2)
```

如果非模板函数需要转换，则首选完全匹配的函数模板，如例 11.5 所示。

例 11.5　首选完全匹配函数模板。

```
1    //template_funtion_match2.cpp
2    # include < iostream >
```

```
3    using namespace std;
4
5    void f(int,int)
6    {
7        cout <<"f(int,int)"<< endl;
8    }
9
10   template < typename T1,typename T2 >
11   void f(T1,T2)
12   {
13       cout <<"void f(T1,T2)"<< endl;
14   };
15
16   int main()
17   {
18       long l = 0;
19       int i = 0;
20       f(l,i);
21       return 0;
22   }
```

程序运行结果:

void f(T1,T2)

本例中语句"f(l,i);"将调用函数模板 f(long,int),因为如果调用 f(int,int)需要将第一个参数从 long 类型转换为 int 类型。

11.3 类模板

C++类模板(class template)是泛型编程的重要工具,它允许程序员定义类时不指定具体的数据类型,而是在实例化类时才指定。这种机制使得类可以处理多种数据类型,提高了代码的复用性和灵活性。模板类(template class)则是使用类模板实例化得到的类。

11.3.1 类模板的定义

类模板允许定义一个通用的类,这个类可以接收不同类型的数据作为其成员或参数。在使用类模板时,需要指定具体的数据类型,编译器会根据指定的数据类型生成对应的类。

类模板的定义以 template 关键字开始,后跟模板参数列表(用尖括号<>包围),最后是类定义。模板参数可以是类型参数(如 typename T)或非类型参数(如 int N)或模板参数。

类模板由模板说明和类说明构成,例如:

```
template < typename T >
class MyClass
{
//MyClass 的成员函数
private:
    T dataMember;
    //d
```

```
};
```

类型参数通常在类说明中至少出现一次。

类模板在表示数据结构,如数组、表、图等时,显得特别重要,因为这些数据结构的表示和算法通常不受所包含的元素类型的影响。

模板类具有以下特性:

(1)类型安全。模板类在编译时检查类型,因此类型错误会在编译时被捕获。

(2)性能优化。模板类在编译时生成具体类型的代码,避免了运行时类型检查和转换的开销。

(3)代码复用。通过定义类模板,可以编写一次代码,然后用于多种数据类型。

例 11.6 一个二维坐标点类模板的定义。

```
1    //class_template.cpp
2    # include < iostream >
3    # include < cmath >
4    using namespace std;
5
6    //定义一个简单的类模板 Point,用于表示二维空间中的点
7    template < typename T >
8    class Point
9    {
10   private:
11       T x;                         //x 坐标
12       T y;                         //y 坐标
13
14   public:
15       //构造函数,初始化坐标
16       Point(T xCoord, T yCoord);
17
18       //获取 x 坐标的方法
19       T getX() const;
20
21       //获取 y 坐标的方法
22       T getY() const;
23
24       //设置 x 坐标的方法
25       void setX(T xCoord);
26
27       //设置 y 坐标的方法
28       void setY(T yCoord);
29
30       //打印点坐标的方法
31       void print() const;
32   };
33
34   template < typename T >
35   Point < T >::Point(T xCoord, T yCoord):x(xCoord), y(yCoord)
36   {
37
```

```
38    }
39
40    template < typename T >
41    T Point < T >::getX() const
42    {
43        return x;
44    }
45
46    template < typename T >
47    T Point < T >::getY() const
48    {
49        return y;
50    }
51
52    template < typename T >
53    void Point < T >::setX(T xCoord)
54    {
55        x = xCoord;
56    }
57
58    template < typename T >
59    void Point < T >::setY(T yCoord)
60    {
61        y = yCoord;
62    }
63
64    template < typename T >
65    void Point < T >::print() const
66    {
67        cout <<"Point("<< x <<","<< y <<")"<< endl;
68    }
69
70    //一个使用 Point 模板类的示例函数,计算两点之间的距离
71    template < typename T >
72    T calculateDistance(const Point < T > & p1, const Point < T > & p2)
73    {
74        T dx = p1.getX() - p2.getX();
75        T dy = p1.getY() - p2.getY();
76        return static_cast < T >(sqrt(dx * dx + dy * dy));
77    }
78
79    int main()
80    {
81        //使用 Point 模板类,指定类型为 int
82        Point < int > intPoint1(1,4);
83        Point < int > intPoint2(6,8);
84
85        //打印点坐标
86        intPoint1.print();             //输出:Point(1,4)
87        intPoint2.print();             //输出:Point(6,8)
88
```

```
89        //计算并打印两点之间的距离
90        int distanceInt = static_cast < int >(calculateDistance(intPoint1,intPoint2));
91        //由于使用了 int 类型,结果将被截断为整数
92        cout <<"Distance (int):"<< distanceInt << endl;
93
94        //使用 Point 模板类,指定类型为 double
95        Point < double > doublePoint1(1.1,4.4);
96        Point < double > doublePoint2(6.6,8.8);
97
98        //打印点坐标
99        doublePoint1.print();          //输出:Point(1.1,4.4)
100       doublePoint2.print();          //输出:Point(6.6,8.8)
101       //计算并打印两点之间的距离
102       double distanceDouble = calculateDistance(doublePoint1,doublePoint2);
103       cout <<"Distance (double):"<< distanceDouble << endl;
104
105       return 0;
106  }
```

程序运行结果:

```
Point(1,4)
Point(6,8)
Distance (int):6
Point(1.1,4.4)
Point(6.6,8.8)
Distance (double):7.04344
```

11.3.2　类模板的实例化

模板类是通过将具体的类型替换到类模板的模板参数位置来实例化的。

说明一个对象时,必须用实际类型参数替换类型形参,把类模板实例化为模板类。实际类型参数用尖括号相括。

例 11.6 中的语句:

```
Point < int > intPoint1(1,4);
Point < int > intPoint2(6,8);
```

的含义说明如下。

首先,类型表达式 Point < int >导致编译器用实际类型参数 int 替换类模板 Array 的类型形参 T,实例化为一个具体的类(即模板类):

```
class Point
{
private:
    int x;                          //x 坐标
    int y;                          //y 坐标
public:
    //构造函数,初始化坐标
    Point(int xCoord, int yCoord);
    //获取 x 坐标的方法
```

```
    int getX() const;
    //获取 y 坐标的方法
    int getY() const;
    //设置 x 坐标的方法
    void setX(int xCoord);
    //设置 y 坐标的方法
    void setY(int yCoord);
    //打印点坐标的方法
    void print() const;
};
```

然后,表达式"intPoint1(1,4);"和"intPoint2(6,8);"调用构造函数,分别建立一个模板类的对象 intPoint1 和 intPoint2。

以此类推,可以理解如下语句:

```
Point<double> doublePoint1(1.1,4.4);
Point<double> doublePoint2(6.6,8.8);
```

以例 11.6 中的类模板为例,其类模板的实例化如图 11.2 所示。

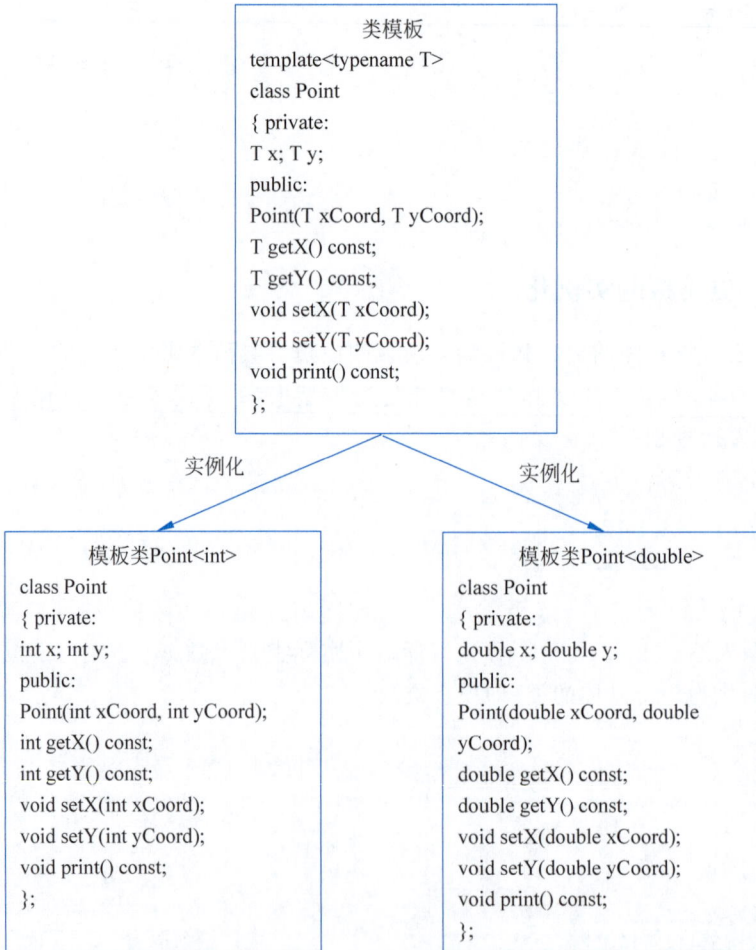

```
                            类模板
                template<typename T>
                class Point
                { private:
                T x; T y;
                public:
                Point(T xCoord, T yCoord);
                T getX() const;
                T getY() const;
                void setX(T xCoord);
                void setY(T yCoord);
                void print() const;
                };
```

      实例化   实例化

```
        模板类Point<int>                    模板类Point<double>
    class Point                         class Point
    { private:                          { private:
    int x; int y;                       double x; double y;
    public:                             public:
    Point(int xCoord, int yCoord);      Point(double xCoord, double
    int getX() const;                   yCoord);
    int getY() const;                   double getX() const;
    void setX(int xCoord);              double getY() const;
    void setY(int yCoord);              void setX(double xCoord);
    void print() const;                 void setY(double yCoord);
    };                                  void print() const;
                                        };
```

图 11.2　类模板的实例化

11.3.3 类模板的成员函数

可以在类模板的内部或外部定义成员函数。如果在类模板的外部定义成员函数,则会像定义函数模板一样定义它们。

例 11.7 在类模板的外部定义成员函数。

```
1   //member_function_templates1.cpp
2   template < typename T, int i >
3   class MyStack
4   {
5       T * pStack;
6       T StackBuffer[ i ];
7       static const int cItems = i * sizeof(T);
8   public:
9       MyStack(void);
10      void push(const T item);
11      T& pop(void);
12  };
13
14  template < typename T, int i >
15  MyStack < T, i >::MyStack(void)
16  {
17  };
18
19  template < typename T, int i >
20  void MyStack < T, i >::push(const T item)
21  {
22  };
23
24  template < typename T, int i >
25  T& MyStack < T, i >::pop(void)
26  {
27  };
28
29  int main()
30  {
31      return 0;
32  }
```

例 11.8 成员函数可以是函数模板并指定额外参数。

```
1   //member_templates.cpp
2   template < typename T >
3   class X
4   {
5   public:
6       template < typename U >
7       void mf(const U& u);
8   };
9
10  template < typename T >
```

```
11  template < typename U >
12  void X < T >::mf(const U& u)
13  {
14  }
15
16  int main()
17  {
18      return 0;
19  }
```

11.3.4 模板友元

类模板可以具有友元。类或类模板、函数或函数模板可以是模板类的友元。友元也可以是类模板或函数模板的特化,但不能是部分特化。

在以下示例中,友元函数将定义为类模板中的函数模板。此代码为模板的每个实例化生成一个友元函数版本。如果友元函数与类依赖于相同的模板参数,则此构造很有用。

例 11.9 友元函数为类模板中的函数模板。

```
1   //template_friend1.cpp
2   # include < iostream >
3   using namespace std;
4
5   template < typename T >
6   class Array
7   {
8       T * array;
9       int size;
10
11  public:
12      Array(int sz):size(sz)
13      {
14          array = new T[size];
15          memset(array,0,size * sizeof(T));
16      }
17
18      Array(const Array& a)
19      {
20          size = a.size;
21          array = new T[size];
22          memcpy_s(array,a.array,sizeof(T));
23      }
24
25      T& operator[ ](int i)
26      {
27          return * (array + i);
28      }
29
30      int length()
31      {
32          return size;
```

```
33          }
34
35          void print()
36          {
37              for( int i = 0; i < size; i++)
38                  cout << * (array + i)<<" ";
39              cout << endl;
40          }
41
42          template < typename T>
43          friend Array < T> *  combine(Array < T> & a1, Array < T> & a2);
44    };
45
46    template < typename T>
47    Array < T> *  combine(Array < T> & a1, Array < T> & a2)
48    {
49        Array < T> *  a = new Array < T>(a1. size + a2. size);
50        for( int i = 0; i < a1. size; i++)
51            ( * a)[ i] = * (a1. array + i);
52        for( int i = 0; i < a2. size; i++)
53            ( * a)[ i + a1. size] = * (a2. array + i);
54        return a;
55    }
56
57    int main()
58    {
59        Array < char > alpha1(26);
60        for( int i = 0; i < alpha1. length(); i++)
61            alpha1[ i] = 'A' + i;
62
63        alpha1. print();
64
65        Array < char > alpha2(26);
66        for( int i = 0; i < alpha2. length(); i++)
67            alpha2[ i] = 'a' + i;
68
69        alpha2. print();
70        Array < char > *  alpha3 = combine(alpha1, alpha2);
71        alpha3 -> print();
72        delete alpha3;
73
74        return 0;
75    }
```

程序运行结果：

```
A B C D E F G H I J K L M N O P Q R S T U V W X Y Z
a b c d e f g h i j k l m n o p q r s t u v w x y z
A B C D E F G H I J K L M N O P Q R S T U V W X Y Z a b c d e f g h i j k l m n o p q r s t u v w x y z
```

　　接下来的示例显示在类模板中声明的友元类模板。该类模板随后用作友元类的模板
参数。友元类模板必须在声明它们的类模板外面定义。友元模板的所有特化或部分特化也

是原始类模板的友元。

例 11.10 在类模板中声明的友元类模板。

```
1    //template_friend2.cpp
2    # include < iostream >
3    using namespace std;
4
5    template < typename T >
6    class X
7    {
8    private:
9        T * data;
10       void InitData(int seed)
11       {
12           data = new T(seed);
13       }
14   public:
15       void print()
16       {
17           cout << * data << endl;
18       }
19       template < typename U >
20       friend class Factory;
21   };
22
23   template < typename U >
24   class Factory
25   {
26   public:
27       U * GetNewObject(int seed)
28       {
29           U * pu = new U;
30           pu -> InitData(seed);
31           return pu;
32       }
33   };
34
35   int main()
36   {
37       Factory < X < int >> XintFactory;
38       X < int > * x1 = XintFactory.GetNewObject(65);
39       X < int > * x2 = XintFactory.GetNewObject(97);
40
41       Factory < X < char >> XcharFactory;
42       X < char > * x3 = XcharFactory.GetNewObject(65);
43       X < char > * x4 = XcharFactory.GetNewObject(97);
44       x1 -> print();
45       x2 -> print();
46       x3 -> print();
47       x4 -> print();
48       return 0;
```

```
49  }
```

程序运行结果：

```
65
97
A
a
```

11.4 模板示例

11.4.1 数组类模板

在前面的章节中学习了 C++的内置数组（built-in array，也即 C 风格的数组，如"int a[10];"）。由于内置数组没有类型安全检查，C++11 新增了类模板 array，它位于命名空间 std 中。与内置数组一样，array 对象也使用栈（静态内存分配），而不是自由存储区，因此其效率与内置数组相同，但更方便、更安全。

在标头<array>中给出了数组类模板的定义，语法如下：

```
template <typename Ty,std::size_t N>
class array;
```

其中，参数 Ty 是数组中元素的类型，N 数组中元素的数量。array 是一个固定大小的数组容器，表 11.1 和表 11.2 分别给出了 array 的成员函数和运算符函数。

表 11.1 array 的成员函数

函数名	函 数 原 型	功 能
array	array();	构造一个数组对象
at	reference at(size_type off); constexpr const_reference at(size_type off) const;	访问指定位置处的元素
back	reference back(); constexpr const_reference back() const;	访问最后一个元素
begin	iterator begin() noexcept; const_iterator begin() const noexcept;	指定受控序列的开头
cbegin	const_iterator cbegin() const noexcept;	返回一个随机访问常量迭代器，它指向数组中的第一个元素
cend	const_iterator cend() const noexcept;	返回一个随机访问常量迭代器，它指向刚超过数组末尾的位置
crbegin	const_reverse_iterator crbegin() const;	返回一个指向反向数据中第一个元素的常量迭代器
crend	const_reverse_iterator crend() const noexcept;	返回一个指向反向数组末尾的常量迭代器
data	Ty * data(); const Ty * data() const;	获取第一个元素的地址
empty	constexpr bool empty() const;	测试元素是否存在
end	reference end(); const_reference end() const;	指定受控序列的末尾

续表

函数名	函 数 原 型	功　　能
fill	void fill(const Type& val);	将所有元素替换为指定值
front	reference front(); constexpr const_reference front() const;	访问第一个元素
max_size	constexpr size_type max_size() const;	对元素进行计数
rbegin	reverse_iterator rbegin() noexcept; const_reverse_iterator rbegin() const noexcept;	指定反向受控序列的开头
rend	reverse_iterator rend() noexcept; const_reverse_iterator rend() const noexcept;	指定反向受控序列的末尾
size	constexpr size_type size() const;	对元素进行计数
swap	void swap(array& right);	交换两个容器的内容

表 11.2　array 的运算符函数

函　数　名	函 数 原 型	功　　能
operator=	array<Value> operator=(array<Value> right);	替换受控序列
operator[ ]	reference operator[ ](size_type off); constexpr const_reference operator[ ](size_type off) const;	访问指定位置处的元素
operator==	template<Ty,size_t N> bool operator==(const array<Ty,N>& left,const array<Ty,N>& right);	数组的比较,等于
operator!=	template<Ty,size_t N> bool operator!=(const array<Ty,N>& left,const array<Ty,N>& right);	数组的比较,不等于
operator>	template<Ty,size_t N> bool operator>(const array<Ty,N>& left,const array<Ty,N>& right);	数组的比较,大于
operator>=	template<Ty,size_t N> bool operator>=(const array<Ty,N>& left,const array<Ty,N>& right);	数组的比较,大于或等于
operator<	template<Ty,size_t N> bool operator<(const array<Ty,N>& left,const array<Ty,N>& right);	数组的比较,小于
operator<=	template<Ty,size_t N> bool operator<=(const array<Ty,N>& left,const array<Ty,N>& right);	数组的比较,小于或等于

注:

std::array 具有默认的构造函数 array()和默认的赋值运算符 operator=,并且满足聚合(aggregate)的要求。因此,可使用聚合初始化表达式来初始化类型 array<Ty,N>的对象。例如,应用于对象的

array<int,4> ai={1,2,3};

创建包含 4 个整数值的对象 ai,分别将前三个元素初始化为值 1、2 和 3,并将第四个元素初始化为 0。

下面例题展示了几种初始化 array 的方法：

（1）使用初始化列表；

（2）使用默认构造函数；

（3）使用单个值初始化所有元素；

（4）使用 std::fill() 函数初始化所有元素。

还展示了如何使用 array 的一些常见公有成员函数和运算符函数，如 operator[]()、at()、front()、back()、size()、empty()、begin()、end()、crbegin()、crend()、==和!=。这些是 array 的一些基本操作，它们涵盖了大部分日常使用的场景。另外，std::fill()是一个非常有用的标准库算法，用于将指定的值填充到容器的指定范围内。对于 array，可以使用 std::fill()来初始化或修改所有元素的值。

例 11.11 array 的初始化及常见公有成员函数的使用方法。

```
1   //array.cpp
2   # include < iostream >
3   # include < array >
4   # include < algorithm >                          //用于 fill()
5   using namespace std;
6
7   int main()
8   {
9       //使用初始化列表初始化 array
10      array< int,5 > arr1 = {1,2,3,4,5};
11
12      //使用默认构造函数初始化 array
13      array< int,5 > arr2;
14
15      //使用单个值初始化 array 的所有元素
16      array< int,5 > arr3 = {0};                    //所有元素被初始化为 0
17
18      //使用 fill()初始化 array 的所有元素
19      array< int,5 > arr4;
20      fill(arr4.begin(),arr4.end(),-1);            //所有元素被初始化为-1
21
22      //访问元素
23      cout <<"arr1[2] = "<< arr1[2]<< endl;        //输出 3
24      cout <<"arr2[3] = "<< arr2[3]<< endl;        //输出垃圾值
25      cout <<"arr3[1] = "<< arr3[1]<< endl;        //输出 0
26      cout <<"arr4[0] = "<< arr4[0]<< endl;        //输出-1
27
28      //at()成员函数
29      cout <<"arr1.at(2) = "<< arr1.at(2)<< endl;  //输出 3
30
31      //front()和 back()成员函数
32      cout <<"arr1.front() = "<< arr1.front()<< endl;  //输出 1
33      cout <<"arr1.back() = "<< arr1.back()<< endl;    //输出 5
34
35      //size()成员函数
36      cout <<"arr1.size() = "<< arr1.size()<< endl;    //输出 5
```

```
37
38      //empty()成员函数
39      cout <<"arr1.empty() = "<< arr1.empty()<< endl;   //输出 0(false)
40
41      //begin()和 end()成员函数
42      cout <<"Elements from begin to end:";
43      for(auto it = arr1.begin();it != arr1.end();++it)
44      {
45          cout << * it <<" ";
46      }
47      cout << endl;
48
49      //crbegin()和 crend()成员函数(返回常量迭代器)
50      cout <<"Elements from crbegin to crend:";
51      for(auto it = arr1.crbegin();it != arr1.crend();++it)
52      {
53          cout << * it <<" ";
54      }
55      cout << endl;
56
57      //使用 array 的比较运算符
58      array< int,5 > arr5 = { 1,2,3,4,5 };
59      if(arr1 == arr5)
60      {
61          cout <<"arr1 and arr5 are equal."<< endl;
62      }
63
64      return 0;
65  }
```

程序运行结果：

```
arr1[2] = 3
arr2[3] = - 858993460
arr3[1] = 0
arr4[0] = - 1
arr1.at(2) = 3
arr1.front() = 1
arr1.back() = 5
arr1.size() = 5
arr1.empty() = 0
Elements from begin to end:1 2 3 4 5
Elements from crbegin to crend:5 4 3 2 1
arr1 and arr5 are equal.
```

11.4.2　向量类模板

C++标准库中的向量类模板是一个动态数组容器。在标头< vector >中给出了向量类模板的定义,语法如下：

```
template < typename T,typename Allocator = std::allocator < T>>
class vector;
```

typename T：这是一个模板参数，表示 vector 中存储的元素类型。T 可以是任何类型，例如 int、double、自定义类等。

typename Allocator＝std::allocator＜T＞：这是第二个模板参数，用于指定如何分配和管理存储空间。Allocator 是一个分配器类，它负责分配、构造、析构和释放内存。std::allocator＜T＞是默认的分配器，它使用标准的内存管理机制。如果用户需要自定义内存管理策略，可以提供一个自定义的分配器类。

class vector：这是类模板的名称。vector 是一个动态数组容器，它可以存储任意类型的元素，并且可以根据需要自动调整大小。它提供了许多成员函数来操作容器中的元素，如插入、删除、访问等。

vector 是序列容器的类模板，使用时需要包含 vector 头文件。向量以线性排列方式存储给定类型的元素，并允许快速随机访问任何元素。虽然类模板 vector 的功能比内置数组和类模板 array 强大，但付出的代价是效率稍低，然而 vector 依然是需要力求保证访问性能时的首选序列容器。

向量的初始化是向量的一个重要操作，vector 的构造函数就是构造一个向量，它具有特定大小、元素和分配器，或将其构造成某个其他向量的副本。构造函数 vector() 的各种重载版本语法如表 11.3 所示。其中，函数参数 allocator 是要用于此对象的分配器类，count 是构造的向量中的元素数，value 是构造的向量中的元素值，source 是要成为副本的构造的向量中的向量，first 是要复制的元素范围内的第一个元素的位置，last 是要复制的元素范围外的第一个元素的位置，init_list 是包含要复制的元素的 initializer_list。

表 11.3　vector 的构造函数

版本	函 数 原 型	功　　能
(1)	vector();	创建一个默认的 vector 对象，长度为 0（默认构造函数）
(2)	explicit vector(const Allocator& allocator);	创建一个空的 vector 容器，并使用用户提供的分配器来管理内存
(3)	explicit vector(size_type count);	创建一个包含 count 个默认构造元素的 vector。所有元素的值将被初始化为它们类型的默认值
(4)	vector(size_type count,const Type& value);	创建一个大小为 count 的动态数组，并将每个元素初始化为 value
(5)	vector(size_type count,const Type& value, const Allocator& allocator);	创建一个包含 count 个元素的 vector，并将每个元素初始化为 value。如果提供了分配器，则使用该分配器分配
(6)	vector(const vector& source);	创建一个新对象，并将其内容初始化为另一个已存在对象的副本
(7)	vector(vector&& source);	将一个右值 vector 对象的内容"移动"到当前正在构造的对象中，而不是进行深复制。这种操作在 C++11 及更高版本中引入，是 C++11 标准中"移动语义"（move semantics）的一部分
(8)	vector(initializer_list＜Type＞ init_list,const Allocator& allocator);	使用一个初始化列表（initializer_list＜Type＞）和一个可选的分配器（Allocator）来初始化 vector

版本	函 数 原 型	功　　能
(9)	template < typename InputIterator > vector (InputIterator first,InputIterator last);	这个构造函数模板的作用是从一个输入范围([first,last))构造一个 vector,其中 first 和 last 是输入迭代器,分别指向范围的起始位置和结束位置。构造函数会将范围内的所有元素复制到新创建的 vector 中
(10)	template < typename InputIterator > vector (InputIterator first,InputIterator last,const Allocator& allocator);	使用两个迭代器(first 和 last)定义的范围来初始化 vector,并可以指定一个分配器(Allocator)

以上所有构造函数都存储分配器对象(allocator)并初始化此向量。前两个构造函数指定一个空初始向量。第二个构造函数显式指定要使用的分配器类型(allocator)。第三个构造函数指定类 count 的默认值的指定数量(size_type)的元素的重复。第四个和第五个构造函数指定值为 value 的(count)个元素的重复元素。第六个构造函数指定向量 source 的副本。第七个构造函数"移动"向量 source。第八个构造函数使用 initializer_list 指定元素。第九个和第十个构造函数复制向量的范围(first、last)。

例 11.12　vector 的构造函数的使用方法。

```
1    //vector_constructor.cpp
2    # include < iostream >
3    # include < vector >
4    using namespace std;
5
6    int main()
7    {
8        //创建一个空向量 v0
9        vector < int > v0;
10
11       //创建一个有 3 个元素的向量 v1,其默认值均为 0
12       vector < int > v1(3);
13
14       //创建一个有 5 个元素的向量 v2,其默认值均为 2
15       vector < int > v2(5,2);
16
17       //创建一个有 3 个元素的向量 v3,元素值均为 1,并使用向量 v2 的分配器
18       vector < int > v3(3,1,v2.get_allocator());
19
20       //创建向量 v2 的副本,即向量 v4
21       vector < int > v4(v2);
22
23       //创建一个新的临时向量,用于演示复制范围
24       vector < int > v5(5);
25       for(auto i:v5)
26       {
27           v5[i] = i;
28       }
29
```

```
30        //通过复制范围 v5[ first,last) 创建向量 v6
31        vector < int > v6(v5.begin() + 1,v5.begin() + 3);
32
33        cout <<"v1 = ";
34        for(auto& v:v1)
35        {
36            cout <<" "<< v;
37        }
38        cout << endl;
39
40        cout <<"v2 = ";
41        for(auto& v:v2)
42        {
43            cout <<" "<< v;
44        }
45        cout << endl;
46
47        cout <<"v3 = ";
48        for(auto& v:v3)
49        {
50            cout <<" "<< v;
51        }
52        cout << endl;
53
54        cout <<"v4 = ";
55        for(auto& v:v4)
56        {
57            cout <<" "<< v;
58        }
59        cout << endl;
60
61        cout <<"v5 = ";
62        for(auto& v:v5)
63        {
64            cout <<" "<< v;
65        }
66        cout << endl;
67
68        cout <<"v6 = ";
69        for(auto& v:v6)
70        {
71            cout <<" "<< v;
72        }
73        cout << endl;
74
75        //将向量 v2 移至向量 v7
76        vector < int > v7(move(v2));
77        vector < int >::iterator v7_Iter;
78
79        cout <<"v7 = ";
80        for(auto& v:v7)
```

```
81          {
82                cout <<" " << v;
83          }
84          cout << endl;
85
86          cout <<"v8 = ";
87          vector < int > v8{ { 1,2,3,4 } };
88          for(auto& v:v8)
89          {
90                cout <<" " << v;
91          }
92          cout << endl;
93
94          return 0;
95    }
```

程序运行结果：

```
v1 = 0 0 0
v2 = 2 2 2 2 2
v3 = 1 1 1
v4 = 2 2 2 2 2
v5 = 0 0 0 0 0
v6 = 0 0
v7 = 2 2 2 2 2
v8 = 1 2 3 4
```

表 11.4 和表 11.5 分别给出了 vector 的成员函数和运算符函数。

表 11.4   vector 的成员函数

函数名	函 数 原 型	功　　能
at	reference at(size_type position); const_reference at(size_type position) const;	返回对矢量中指定位置的元素的引用
back	reference back(); const_reference back() const;	返回对向量中最后一个元素的引用
begin	const_iterator begin() const; iterator begin();	对该向量中第一个元素返回随机访问迭代器
capacity	size_type capacity() const;	返回在不分配更多的存储的情况下向量可以包含的元素数
cbegin	const_iterator cbegin() const;	返回指向向量中第一个元素的随机访问常量迭代器
cend	const_iterator cend() const;	返回一个随机访问常量迭代器,它指向刚超过矢量末尾的位置
crbegin	const_reverse_iterator crbegin() const;	返回一个指向反向矢量中第一个元素的常量迭代器
crend	const_reverse_iterator crend() const;	返回一个指向反向矢量末尾的常量迭代器
clear	void clear();	清除向量的元素
data	const_pointer data() const; pointer data();	返回指向向量中第一个元素的指针

续表

函数名	函 数 原 型	功 能
emplace	template < class… Types > iterator emplace (const _ iterator position, Types&&… args)；	将就地构造的元素插入指定位置的向量中
emplace _back	template < class… Types > void emplace_back(Types&&… args)；	将一个就地构造的元素添加到向量末尾
empty	bool empty() const；	测试矢量容器是否为空
end	iterator end()； const_iterator end() const；	返回指向矢量末尾的随机访问迭代器
erase	iterator erase(const_iterator position)； iterator erase (const _ iterator first, const _ iterator last)；	从指定位置删除向量中的一个元素或一系列元素
front	reference front()； const_reference front() const；	返回对向量中第一个元素的引用
insert	iterator insert(const_iterator position,const Type& value)； iterator insert (const_iterator position, Type&& value)； void insert(const_iterator position,size_type count,const Type& value)； template < class InputIterator > void insert(const_iterator position,InputIterator first,InputIterator last)；	将一个元素或多个元素插入指定位置的向量中
pop_back	void pop_back()；	删除矢量末尾处的元素
push_back	void push_back(const T& value)； void push_back(T&& value)；	在矢量末尾处添加一个元素
rbegin	reverse_iterator rbegin()； const_reverse_iterator rbegin() const；	返回指向反向向量中第一个元素的迭代器
rend	const_reverse_iterator rend() const； reverse_iterator rend()；	返回一个指向反向矢量末尾的迭代器
reserve	void reserve(size_type count)；	保留向量对象的最小存储长度
resize	void resize(size_type new_size)； void resize(size_type new_size,Type value)；	为矢量指定新的大小
size	size_type size() const；	返回向量中的元素数量
swap	void swap(vector < Type，Allocator > & right)； friend void swap(vector < Type，Allocator > & left,vector < Type，Allocator > & right)；	交换两个向量的元素

表 11.5 vector 的运算符函数

函 数 名	函 数 原 型	功 能
operator=	vector& operator=(const vector& right)； vector& operator=(vector&& right)；	用另一个向量的副本替换该向量中的元素

续表

函 数 名	函 数 原 型	功 能
operator[]	reference operator[](size_type position); const_ reference operator [ ] (size _ type position) const;	返回对指定位置的矢量元素的引用
operator==	bool operator==(const vector < Type , Allocator > & left,const vector < Type,Allocator > & right);	向量的比较,等于
operator!=	bool operator! = (const vector < Type , Allocator > & left,const vector < Type,Allocator > & right);	向量的比较,不等于
operator >	bool operator >(const vector < Type , Allocator > & left,const vector < Type,Allocator > & right);	向量的比较,大于
operator >=	bool operator >= (const vector < Type , Allocator > & left,const vector < Type,Allocator > & right);	向量的比较,大于或等于
operator <	bool operator <(const vector < Type , Allocator > & left,const vector < Type,Allocator > & right);	向量的比较,小于
operator <=	bool operator <= (const vector < Type , Allocator > & left,const vector < Type,Allocator > & right);	向量的比较,小于或等于

下面的示例展示了如何创建一个 std::vector < int >对象,并使用它的一些常见公有成员函数和运算符函数(如 push_back()函数、pop_back()函数、insert()函数、at()函数、operator[ ]()函数、empty()函数、size()函数、front()函数、back()函数、clear()函数等)来管理元素。程序的输出将显示每个操作的结果,包括访问元素、插入和移除元素、检查空状态和获取大小等,可以进一步加强对 vector 的功能理解。

例 11. 13 vector 的部分常见公有成员函数的使用方法。

```
1    //vector_Other_MemberFunctions.cpp
2    # include < iostream >
3    # include < vector >
4    using namespace std;
5
6    int main()
7    {
8        //创建一个 int 类型的 vector
9        vector < int > numbers;
10
11       //使用 push_back()在 vector 末尾添加元素
12       numbers.push_back(10);
13       numbers.push_back(5);
14       numbers.push_back(20);
15
16       //使用 pop_back()移除最后一个元素
17       numbers.pop_back();                              //numbers 现在是{10,5}
18
19       //使用 insert()在特定位置插入元素
20       numbers.insert(numbers.begin() + 1,15);          //numbers 现在是{10,15,5}
21
22       //使用 erase()移除特定位置的元素
```

```
23        numbers.erase(numbers.begin() + 1);                    //numbers 现在是{10,5}
24
25        //使用 at()访问特定位置的元素
26        cout <<"Element at index 0:"<< numbers.at(0)<< endl;     //输出 10
27
28        //使用 operator[]()访问特定位置的元素
29        cout <<"Element at index 1:"<< numbers[1]<< endl;        //输出 5
30
31        //检查 vector 是否为空
32        if(!numbers.empty())
33        {
34            cout <<"The vector is not empty."<< endl;
35        }
36
37        //获取 vector 的大小
38        cout <<"The size of the vector is:"<< numbers.size()<< endl;  //输出 2
39
40        //使用 front 和 back 访问第一个和最后一个元素
41        cout <<"First element:"<< numbers.front()<< endl;        //输出 10
42        cout <<"Last element:"<< numbers.back()<< endl;          //输出 5
43
44        //使用 clear()清空 vector
45        numbers.clear();                                         //numbers 现在是{}
46
47        //再次检查 vector()是否为空
48        if(numbers.empty())
49        {
50            cout <<"The vector is now empty."<< endl;
51        }
52
53        return 0;
54    }
```

可能的运行结果：

```
Element at index 0:10
Element at index 1:5
The vector is not empty.
The size of the vector is:2
First element:10
Last element:5
The vector is now empty.
```

11.5　字符串类

    C++语言和 C++标准库支持两种类型的字符串：一种是以'\0'结尾的字符数组，通常作为 C 字符串被引用；另一种是 basic_string 类模板，它处理类似于 char 的所有字符串类。string 类本质是使用类型为 char 的元素描述 basic_string 类模板的特化的类型，即

```
typedef basic_string < char, char_traits < char >, allocator < char >> string;
```

C++ 中的 string 类是字符串类,字符串对象是一种特殊类型的容器。string 类型支持长度可变的字符串,C++ 标准库负责管理与存储字符相关的内存,以及提供各种有用的操作。

与其他的标准库类型一样,用户程序要使用 string 类型对象,必须包含 string 头文件。有了 string 类以后,不需要像 C 语言那样定义字符数组来表示字符串,操作起来是非常方便的,因为 string 类底层已经将增、删、查、改以及扩容等这些机制封装好了,只需要直接使用即可。

11.5.1　string 类的初始化

对于 string 类而言,最重要的内容之一是知道有哪些方法可用于创建其对象。表 11.6 列出了 string 类的构造函数,其中使用缩写 NTBS(null-terminated byte string,空终止字节字符串)来表示以空字符结束的字符串——传统的 C 字符串。

表 11.6　string 类的构造函数

版本	函　数　原　型	功　　　能
(1)	string();	创建一个默认的 sting 对象,长度为 0(默认构造函数)
(2)	string(const char * s);	将 string 对象初始化为 s 指向的 NTBS
(3)	string(const char * s,size_type n);	将 string 对象初始化为 s 指向的 NTBS 的前 n 个字符,即使超过了 NTBS 结尾
(4)	string(const string & str);	将一个 string 对象初始化为 string 对象 str(复制构造函数)
(5)	string(size_type n,char c);	创建一个包含 n 个元素的 string 对象,其中每个元素都被初始化为字符 c
(6)	template< typename Iter > string(Iter begin,Iter end);	将 string 对象初始化为区间[begin,end)内的字符,其中 begin 和 end 的行为就像指针,用于指定位置,范围包括 begin 在内,但不包括 end
(7)	string(const string & str,string size_type pos=0,size_type n=npos);	将一个 string 对象初始化为对象 str 中从位置 pos 开始到结尾的字符,或从位置 pos 开始的 n 个字符
(8)	string(string && str) noexcept;	C++11 新增,它将一个 string 对象初始化为 string 对象 str,并可能修改 str(移动构造函数)
(9)	string(initializer_list< char > ilist);	C++11 新增,它将一个 string 对象初始化为初始化列表 ilist 中的字符

要初始化一个 string 类,可以使用 C 风格字符串或 string 类型对象,也可以使用 C 风格字符串的部分或 string 类对象的部分或序列。使用构造函数时都进行了简化,即 string 实际上是模板具体化 basic_string< char >的一个 typedef,同时省略了与内存管理相关的参数。

size_type 是一个依赖于实现的整型,是在头文件 string 中定义的。另外,自 C++14 起,在内联命名空间 std::literals::string_literals 定义了字面量转换函数 operator""s(),可以转换字符数组字面量为 string 类型。

例 11.14　string 对象的初始化的方法。

```
1    //string_constructor.cpp
```

```cpp
2    # include < iostream >
3    # include < string >
4    using namespace std;
5
6    int main()
7    {
8        //string()
9        string str1;
10       cout <<"str1 = "<< str1 << endl;
11
12       //string(const char * s)
13       string str2("Initial contents for str2");
14       cout <<"str2 = "<< str2 << endl;
15
16       //string(const char * s, size_type n)
17       char cStr[ ] = "C - style string";
18       string str3(cStr, 8);
19       cout <<"str3 = "<< str3 << endl;
20
21       //string(const string & str)
22       string str4(str3);
23       cout <<"str4 = "<< str4 << endl;
24
25       //string(size_type n, char c)
26       string str5(8, 'Z');
27       cout <<"str5 = "<< str5 << endl;
28
29       //template < typename Iter >
30       //string (Iter begin, Iter end)
31       string str6_1(cStr + 2, cStr + 8);
32       cout <<"str6_1 = "<< str6_1 << endl;
33       string str6_2(&str3[2], &str3[8]);
34       cout <<"str6_2 = "<< str6_2 << endl;
35
36       //string(const string & str, string size_type pos = 0, size_type n = npos)
37       string str7(str3, 2, 5);
38       cout <<"str7 = "<< str7 << endl;
39
40       //string(string && str) noexcept
41       string str8(string("right value ") + string("no address"));
42       cout <<"str8 = "<< str8 << endl;
43
44       //string(initializer_list < char > ilist)
45       string str9({ 'C', ' - ', 's', 't', 'y', 'l', 'e' });
46       cout <<"str9 = "<< str9 << endl;
47
48       return 0;
49   }
```

程序运行结果：

str1 =

str2 = Initial contents for str2
str3 = C－style
str4 = C－style
str5 = ZZZZZZZZ
str6_1 = style
str6_2 = style
str7 = style
str8 = right value no address
str9 = C－style

11.5.2　string 类的运算符

如表 11.7 所示，string 类中已重载的运算符可以进行字符串的连接（如＋）、字符串的比较（如!＝、＝＝、<、<＝、>、>＝）、字符串的输入（如>>）和输出（如<<）等操作。

表 11.7　string 类中已重载的运算符

函　数　名	运算符函数	功　　能
operator ＋	operator ＋（lhs,rhs）	连接两个字符串
operator !＝	operator !＝（lhs,rhs）	测试运算符左侧的字符串 lhs 是否不等于右侧的字符串 rhs
operator ＝＝	operator ＝＝（lhs,rhs）	测试运算符左侧的字符串 lhs 是否等于右侧的字符串 rhs
operator <	operator <（lhs,rhs）	测试运算符左侧的字符串 lhs 是否小于右侧的字符串 rhs
operator <＝	operator <＝（lhs,rhs）	测试运算符左侧的字符串 lhs 是否小于或等于右侧的字符串 rhs
operator >	operator >（lhs,rhs）	测试运算符左侧的字符串 lhs 是否大于右侧的字符串 rhsrhs
operator >＝	operator >＝（lhs,rhs）	测试运算符左侧的字符串 lhs 是否大于或等于右侧的字符串 rhs
operator <<	operator <<（in,s）	向输出流 in 插入字符串 s
operator >>	operator >>（out,s）	从输入流提取字符串 s

函数实参 lhs 和 rhs 为字符串、字符串视图（C++26 起）、字符或指向空终止字符序列首字符的指针。两个字符串 lhs 和 rhs 是按字典序进行顺序比较的，若对应比较关系成立则为 true，否则为 false。若 lhs 与 rhs 的大小相等，且 lhs 和 rhs 在同一位置的字符都相等，则两个字符串相等。

例 11.15　string 类的运算符的使用。

```
1    //string_opterator.cpp
2    # include < iostream >
3    # include < string >
4    using namespace std;
5
6    int main( )
7    {
8        string str1 = "Hello";
9        string str2 = "world";
10       const char * charPtr = "!\n";
11       const char charArray[20] = "C++!\n";
12
13       cout << str1 + ' ' + str2 + charPtr + charArray;
```

```
14
15        if(str1 > str2)
16            cout <<"str1 > str2"<< endl;
17        else
18            cout <<"str1 <= str2"<< endl;
19
20        string str3;
21        cout <<"Please input a string:\n";
22        cin >> str3;
23        cout << str3 << endl;
24        return 0;
25    }
```

可能的运行结果：

Hello world!

C++!

str1 <= str2

Please input a string:

Programming

Programming

11.5.3　string 类的其他公有成员函数

表 11.8 给出了 string 类的其他公有成员函数。

表 11.8　string 类的其他公有成员函数

函　数　名	函　数　原　型	功　　　能
at	const_reference at(size_type offset) const; reference at(size_type offset);	返回对字符串中指定位置的元素的引用
back	const_reference back() const; reference back();	返回对字符串中最后一个元素的引用
begin	const_iterator begin() const; iterator begin();	返回发现字符串中第一个元素的位置的迭代器
c_str	const value_type * c_str() const;	将字符串的内容转换为以 null 结尾的 C 样式字符串
capacity	size_type capacity() const;	返回在不增加字符串内存分配的情况下可存储在字符串中的元素的最大数目
cbegin	const_iterator cbegin() const;	返回发现字符串中第一个元素的位置的常量迭代器
cend	const_iterator cend() const;	返回发现字符串中最后一个元素之后的位置的常量迭代器
clear	void clear();	清除字符串中的全部元素
crbegin	const_reverse_iterator crbegin() const;	返回发现反向字符串中第一个元素的位置的常量迭代器
crend	const_reverse_iterator crend() const;	返回发现反向字符串中最后一个元素之后的位置的常量迭代器

续表

函　数　名	函　数　原　型	功　　能
data	const value_type * data() const noexcept; value_type * data() noexcept;	将字符串的内容转换为字符数组
empty	bool empty() const;	测试字符串是否包含字符
end	const_iterator end() const; iterator end();	返回发现字符串中最后一个元素之后的位置的迭代器

erase	iterator erase(iterator first,iterator last);
	iterator erase(iterator iter);
	basic_string < CharType , Traits , Allocator > &
	erase(size_type offset＝0,size_type count＝npos);
		从字符串中的指定位置删除一个或一系列元素

front	const_reference front() const; reference front();	返回对字符串中第一个元素的引用
length	size_type length() const;	返回字符串中元素的当前数目
max_size	size_type max_size() const;	返回字符串可包含的字符的最大数目
pop_back	void pop_back();	删除字符串的最后一个元素
push_back	void push_back(value_type char_value);	在字符串的末尾处添加一个元素
rbegin	const_reverse_iterator rbegin() const; reverse_iterator rbegin();	返回指向反向字符串中第一个元素的迭代器
rend	const_reverse_iterator rend() const; reverse_iterator rend();	返回指向刚超出反向字符串的最后一个元素的位置的迭代器
reserve	void reserve(size_type count＝0);	将字符串的容量设置为一个数目,这个数目至少应与指定数目一样大
shrink_to_fit	void shrink_to_fit();	放弃字符串的超出容量
size	size_type size() const;	返回字符串中元素的当前数目
substr	basic_string < CharType , Traits , Allocator > substr(size_type offset＝0,size_type count＝npos) const;	从字符串起始处的指定位置复制最多某个数目的字符的子字符串
swap	void swap(basic_string < CharType , Traits , Allocator > & str);	交换两个字符串的内容

　　下面这个程序演示了 string 类的多种常见成员函数(如 at()函数、operator[]()函数、length()函数、size()函数、find()函数、replace()函数、substr()函数、insert()函数、erase()函数、clear()函数、swap()函数、c_str()函数、data()函数等)的使用方法。

　　例 11.16　string 类的其他公有成员函数的使用方法。

```
1    //otherFunctionsOfString.cpp
2    # include < iostream >
3    # include < string >
4    using namespace std;
5
6    int main()
7    {
8        string str = "Hello,World!";          //构造函数
9
```

```
10      //赋值操作符
11      str = "Greetings from Earth";
12
13      //访问元素
14      char strAt = str.at(8);              //访问索引为 8 的字符,即 's',越界会抛出异常
15      char strSub = str[8];                //访问索引为 8 的字符,即 's',越界不会抛出异常
16      cout <<"Character at index 8:"<< strAt << endl;
17      cout <<"Character at index 8:"<< strSub << endl;
18
19      //长度和大小
20      size_t len = str.length();
21      size_t size = str.size();
22      cout <<"Length of the string:"<< len << endl;
23      cout <<"size of the string:"<< size << endl;
24
25
26      //比较
27      bool is_equal = (str == "Greetings from Earth");
28      cout <<"Is the string equal to 'Greetings from Earth'? "
29          <<(is_equal ? "Yes":"No")<< endl;
30
31      //查找和替换
32      size_t pos = str.find("from");
33      if(pos != string::npos)
34      {
35          //替换从索引 pos 开始的 4 个字符为"to"
36          str.replace(pos,4,"to");         //将 "from" 替换为 "to"
37      }
38      cout <<"After replacement:"<< str << endl;
39
40      //子串
41      string substr = str.substr(0,9);     //获取从索引 0 开始的 9 个字符的子串
42      cout <<"Substring:"<< substr << endl;
43
44      //插入和删除
45      str.insert(13,"Universe ");          //在索引 13 的位置插入"Universe"
46      cout <<"After insertion:"<< str << endl;
47      str.erase(13,9);                     //删除从索引 13 开始的 9 个字符
48      cout <<"After deleting:"<< str << endl;
49      //清除
50      str.clear();                         //清空字符串
51      cout <<"After clearing:"<< str << endl;              //应该输出空行
52
53      //交换
54      string another_str = "Not empty";
55      str.swap(another_str);               //交换内容,与 swap(str,another_str)功能相同
56      cout <<"After swapping:"<< str << endl;              //输出"Not empty"
57      cout <<"And the other string:"<< another_str << endl;   //输出空行
58
59      //C 风格字符串
60      const char * cstr = str.c_str();                     //获取 C 风格字符串
```

```
61        cout <<"C - style string:"<< cstr << endl;
62
63        //string 类的 data()
64        cout <<"str.data():"<< str.data()<< endl;              //输出"NOT EMPTY"
65
66        //构造函数(使用字符重复)
67        str = string(10,'A');                                  //创建一个包含 10 个字符'A'的字符串
68        cout <<"String with 10 'A's:"<< str << endl;           //输出 "AAAAAAAAAA"
69
70        return 0;
71   }
```

可能的运行结果：

```
Character at index 8:s
Character at index 8:s
Length of the string:20
size of the string:20
Is the string equal to 'Greetings from Earth'? Yes
After replacement:Greetings to Earth
Substring:Greetings
After insertion:Greetings to Universe Earth
After deleting:Greetings to Earth
After clearing:
After swapping:Not empty
And the other string:
C - style string:Not empty
str.data():Not empty
String with 10 'A's:AAAAAAAAAA
```

11.5.4 string 类的输入输出函数

提取运算符>>和插入运算符<<分别为格式输入函数和输出函数，可以使用 cin 和运算符>>来将输入存储到 string 对象中，使用 cout 和运算符<<来显示 string 对象，其语法与处理 C 风格字符串相同，一旦提取到空白符(即空格、换行符、制表符)，输入即终止。也即如果 str 是 string 对象，当使用 cin >> str 时，如果从键盘上输入 C++ How to Program 并按Enter 键时，只有 C++这 3 个字符被当成字符串赋值给 str，遇到 C++后面的空格，提取即终止。如果实际应用中需要提取带空白符的字符串，该如何处理呢？

第一：可以使用 string 类的非成员函数 getline()，从输入流中读取一行字符串，并将其存储在 string 对象中。getline()函数的两个原型如下：

```
istream& getline(istream& in,string& str);
istream& getline(istream& in,string& str,char delim);
```

其中，参数 in 是输入流的引用，可以是 cin 或其他输入流对象。str 是 string 对象的引用，用于存储读取的行。delim 是分隔符字符，getline 会读取直到遇到这个字符为止的内容。

返回值：输入流的引用。

getline()函数从输入流中读取字符，直到遇到换行符(默认情况下)或者指定的分隔符delim。换行符或分隔符不会被存储在结果字符串中，但会从输入流中消耗掉。如果在读取

任何字符之前就遇到了换行符或分隔符,结果字符串将被设置为空字符串。

第二:可以使用 istream 类的公有成员函数 getline(),该函数的两个原型如下:

```
istream& getline(char * s,streamsize count);
istream& getline(char * s,streamsize count,char delim);
```

其中,参数 s 是字符指针,count 是 s 指向的字符串的大小,delim 是提取所终止于的分隔字符,虽提取但不存储它。

那么,为何一个 getline() 是 istream 类成员函数,而另外一个 getline() 是 string 类的非成员函数呢? 在引入 string 类之前,C++ 就有 istream 类。因此,istream 的设计考虑了诸如 double 和 int 等基本 C++ 数据类型,但没有考虑 string 类型,所以 istream 类中,有处理 double、int 和其他基本类型的类方法,但没有处理形参为 string 对象的类方法。

下面的程序展示了头文件< string >和< cstring >中字符串的用法。头文件< string >中包含了 string 类定义的字符串对象及操作方法,头文件< cstring >给出了 C 风格字符串的操作方法。

例 11.17 字符串的 string 库和 cstring 库的部分函数的用法比较。

```cpp
1   //string_cstring_compare.cpp
2   # include < iostream >
3   # include < string >   //string 类
4   # include < cstring > //C - style 的字符串库
5   using namespace std;
6
7   int main()
8   {
9       char c_style_str[30];
10      string strObj;
11
12      cout <<"Length of string in c_style_str before input using strlen():"
13          << strlen(c_style_str)<< endl;
14      cout <<"Size of string in c_style_str before input using sizeof():"
15          << sizeof(c_style_str)<< endl;
16
17      cout <<"Length of string in strObj before input using length():"
18          << strObj.length()<< endl;
19      cout <<"Length of string in strObj before input using sizeof():"
20          << sizeof(strObj)<< endl;
21
22      cout <<"Enter a line of text:\n";
23      cin.getline(c_style_str,30);
24      cout <<"You entered:"<< c_style_str << endl;
25      cout <<"Enter another line of text:\n";
26      getline(cin,strObj);
27      cout <<"You entered:"<< strObj << endl;
28
29      cout <<"Length of string in c_style_str after input using strlen():"
30          << strlen(c_style_str)<< endl;
31      cout <<"Length of string in c_style_str after input using sizeof():"
32          << sizeof(c_style_str)<< endl << endl;
```

```cpp
33
34       cout <<"Length of string in strObj after input using length():"
35          << strObj.length()<< endl;
36       cout <<"Length of string in strObj after input using sizeof():"
37          << sizeof(strObj)<< endl << endl;
38
39       char charArray1[30];
40       char charArray2[30] = "hello ";
41       string str1;
42       string str2 = "Hello ";
43
44       cout <<"Before concatenating using < cstring > header:charArray1 = ";
45       strcpy_s(charArray1,charArray2);
46       cout << charArray1 << endl;
47       cout <<"After concatenating using < cstring > header:charArray1 = ";
48       strcat_s(charArray1,"world!");
49       cout << charArray1 << endl;
50
51       cout <<"Before concatenating using < string > header:str1 = ";
52       str1 = str2;
53       cout << str1 << endl;
54       str1 += "World!";
55       cout <<"After concatenating using < string > header:str1 = ";
56       cout << str1 << endl << endl;
57
58       return 0;
59   }
```

可能的运行结果：

```
Length of string in c_style_str before input using strlen:43
Size of string in c_style_str before input using sizeof:30
Length of string in strObj before input using length():0
Length of string in strObj before input using size():28
Enter a line of text:
C++ How to Program
You entered:C++ How to Program
Enter another line of text:
Python How to Program
You entered:Python How to Program
Length of string in c_style_str after input using strlen:18
Length of string in c_style_str after input using sizeof:30

Length of string in strObj after input using length():21
Length of string in strObj after input using sizeof:28

Before concatenating using < cstring > header:charArray1 = hello
After concatenating using < cstring > header:charArray1 = hello world!
Before concatenating using < string > header:str1 = Hello
After concatenating using < string > header:str1 = Hello World!
```

11.6　应用举例

本节通过创建一个简单的红色记忆博物馆展品管理系统,进一步展示模板类和模板函数相关的知识点的具体运用。

例 11.18　红色记忆博物馆是一个专门收藏和展示中国共产党历史文物的博物馆。为了更好地管理和展示这些珍贵的历史文物,博物馆需要一个展品管理系统来记录和维护展品信息。通过这个系统,不仅可以学习到中国共产党的光辉历史,还能增强爱国主义情感。现要求使用 C++编写一个程序,模拟红色记忆博物馆的展品管理系统,系统的基本功能需求如下:

(1) 程序需要能够创建和管理不同类别的展品,如文献(documents)、图片(images)、实物(artifacts)等;

(2) 使用类模板和函数模板来实现展品的存储和查询功能;

(3) 使用 std::vector 和 std::string 来存储和管理展品数据;

(4) 程序应该能够接收用户输入的展品信息,并将其分类存储到相应的容器中;

(5) 提供一个功能,可以查询和展示特定类别的展品信息。

程序应该包含错误处理机制,对于输入错误的展品信息,应提示用户输入有误,并要求重新输入。

```
1    //red_Memory_Museum_Exhibit_Management_System.cpp
2    # include < iostream >
3    # include < vector >
4    # include < string >
5    # include < exception >
6
7    using namespace std;
8
9    //展品基类
10   class Exhibit
11   {
12   public:
13       std::string name;
14       std::string description;
15
16       Exhibit(const std::string& name, const std::string& description)
17           :name(name), description(description){ }
18
19       virtual void display() const = 0;          //纯虚函数,用于展示展品信息
20       virtual ~Exhibit(){ }                      //虚析构函数,以确保派生类对象的正确析构
21   };
22
23   //文献展品类
24   class DocumentExhibit:public Exhibit
25   {
26   public:
27       DocumentExhibit(const std::string& name, const std::string& description)
```

```
28              :Exhibit(name,description){ }
29
30      void display() const override
31      {
32          cout <<"文献:"<< name <<" --- "<< description << endl;
33      }
34  };
35
36  //图片展品类
37  class ImageExhibit:public Exhibit
38  {
39  public:
40      ImageExhibit(const std::string& name,const std::string& description)
41          :Exhibit(name,description){ }
42
43      void display() const override
44      {
45          cout <<"图片:"<< name <<" --- "<< description << endl;
46      }
47  };
48
49  //实物展品类
50  class ArtifactExhibit:public Exhibit
51  {
52  public:
53      ArtifactExhibit(const std::string& name,const std::string& description)
54          :Exhibit(name,description){ }
55
56      void display() const override
57      {
58          cout <<"实物:"<< name <<" --- "<< description << endl;
59      }
60  };
61
62  //展品管理类
63  class ExhibitManager
64  {
65  private:
66      vector < Exhibit * > exhibits;                //使用基类指针存储不同类型的展品
67
68  public:
69      //模板函数添加展品
70      template < typename T,typename … Args >
71      void addExhibit(Args … args)
72      {
73          exhibits.push_back(new T(args … ));
74      }
75
76      //析构函数,释放所有展品
77      ~ExhibitManager()
78      {
```

```
79              for(auto exhibit:exhibits)
80              {
81                  delete exhibit;
82              }
83          }
84
85          //展示所有展品信息
86          void displayAll() const
87          {
88              for(const auto exhibit:exhibits)
89              {
90                  exhibit -> display();
91              }
92          }
93
94          //根据类别查询和展示特定类别的展品信息
95          void displayByType(const string& type) const
96          {
97              bool found = false;
98              for(const auto exhibit:exhibits)
99              {
100                 if((type == "文献" && dynamic_cast < const DocumentExhibit * >(exhibit)) ||
101                    (type == "图片" && dynamic_cast < const ImageExhibit * >(exhibit)) ||
102                    (type == "实物" && dynamic_cast < const ArtifactExhibit * >(exhibit)))
103                 {
104                     exhibit -> display();
105                     found = true;
106                 }
107             }
108             if(!found)
109             {
110                 cout <<"没有找到类别为 "<< type <<" 的展品。"<< endl;
111             }
112         }
113 };
114
115 int main()
116 {
117     ExhibitManager manager;
118     string name,description,type;
119     cout <<"请输入展品信息(按下快捷键 EOF 退出输入):名称 描述 类别"<< endl;
120     while(cin >> name >> description >> type)
121     {
122         try {
123             if(type == "文献")
124             {
125                 manager.addExhibit < DocumentExhibit >(name,description);
126             }
127             else if(type == "图片")
128             {
129                 manager.addExhibit < ImageExhibit >(name,description);
```

```
130                    }
131               else if(type == "实物")
132               {
133                    manager.addExhibit < ArtifactExhibit >(name,description);
134               }
135               else
136               {
137                    cout <<"输入错误:未知的展品类别 "<< type <<",请重新输入。"<< endl;
138                    continue;
139               }
140           }
141       catch(const exception& e)
142       {
143               cout <<"发生错误:"<< e.what()<< endl;
144       }
145       }
146       cout << endl;
147       cout <<"所有展品信息:"<< endl;
148       manager.displayAll();
149       cout << endl;
150       cin.clear();
151       cin.sync();
152
153       cout <<"请输入要查询的展品类别(按下快捷键 EOF 结束查询):"<< endl;
154       cin >> type;
155       do
156       {
157           manager.displayByType(type);
158           cout << endl;
159           cout <<"请输入要查询的展品类别(按下快捷键 EOF 结束查询):"<< endl;
160
161       } while(cin >> type);
162
163       return 0;
164  }
```

可能的运行结果：

请输入展品信息(按下快捷键 EOF 退出输入):
名称 描述 类别
宣言 中国共产党宣言 文献
开国大典 1949 年开国大典照片 图片
红船 嘉兴南湖红船模型 实物
^Z

所有展品信息:
文献:宣言 --- 中国共产党宣言
图片:开国大典 --- 1949 年开国大典照片
实物:红船 --- 嘉兴南湖红船模型

请输入要查询的展品类别(按下快捷键 EOF 结束查询):

图片

图片:开国大典 --- 1949年开国大典照片

请输入要查询的展品类别(按下快捷键 EOF 结束查询):
视频
没有找到类别为 视频 的展品

请输入要查询的展品类别(按下快捷键 EOF 结束查询):
文献
文献:宣言 --- 中国共产党宣言

请输入要查询的展品类别(按下快捷键 EOF 结束查询):
^Z

【程序分析】

以下是对代码中关键语法部分的详细解释。

(1) 文件注释和包含头文件(第1~5行)。

第1行:文件的注释,说明文件的名称和用途。

第2~5行:包含程序所需的标准库头文件,分别用于输入输出流、动态数组、字符串操作和异常处理(详见第13章,出于程序健壮性等考虑,此处仅做了解即可)。

(2) 展品基类 Exhibit(第10~21行)。

第16、17行:Exhibit 类的构造函数,使用成员初始化列表来初始化成员变量 name 和 description。

第19行:"virtual void display() const=0;"声明了一个纯虚函数 display(),这使得 Exhibit 成为一个抽象基类,要求所有派生类都必须实现 display()函数。

(3) 派生类 DocumentExhibit、ImageExhibit 和 ArtifactExhibit(第24~34行,第37~47行,第50~59行)。

第27、28、40、41、53、54行:这些是派生类的构造函数,它们调用基类 Exhibit 的构造函数来初始化继承的成员变量。

第30~33行、第43~46行、第56~59行:这些是派生类重写的 display()函数,它们分别输出文献、图片和实物展品的详细信息。

(4) 展品管理类 ExhibitManager(第63~113行)。

第66行:"vector<Exhibit *> exhibits;"定义了一个向量,用于存储指向 Exhibit 基类的指针,这样可以存储不同类型的展品对象。

第70~74行:模板函数 addExhibit(),使用可变参数模板和完美转发(Args…args),允许传递任意数量和类型的参数到构造函数。

第77~83行:析构函数,遍历 exhibits 向量并释放所有展品对象的内存,以避免内存泄漏。

第86~92行:displayAll()函数,遍历 exhibits 向量并调用每个展品对象的 display()函数,展示所有展品信息。

第95~112行:displayByType()函数,根据传入的类别 type,展示所有该类别的展品信息。使用 dynamic_cast 来检查展品的类型。

（5）主函数 main()（第 115～164 行）。

第 117 行：创建 ExhibitManager 对象 manager。

第 119～120 行：提示用户输入展品信息，并使用 cin 读取名称、描述和类别。

第 122～140 行：try-catch 块用于捕获并处理可能发生的异常（有关异常的具体内容可以参考第 13 章，此处仅做了解即可）。

第 124～134 行：根据用户输入的类别，使用 addExhibit 模板函数创建相应类型的展品对象，并将其添加到 manager 中。

第 146～148 行：调用 displayAll() 函数展示所有展品信息。

第 150、151 行：清除 cin 的错误状态并同步输入缓冲区，以便后续读取操作。

第 153～161 行：do-while 循环允许用户连续查询不同类别的展品信息，直到用户按下 EOF 组合键。"cin >> type;"读取用户输入的类别，如果读取成功，则调用 displayByType() 函数展示展品信息。

综上所述，本程序展示了如何使用 C++的类、继承、多态、模板、异常处理和输入输出流等关键概念来实现一个简单的红色记忆博物馆展品管理系统。该程序的结构清晰，功能模块化，易于理解、扩展和维护。

本章小结

本章深入探讨了 C++模板的基本概念、操作和高级技巧。模板是 C++中一种强大的代码复用机制，它允许程序员编写与数据类型无关的代码，从而提高代码的通用性和可重用性。通过模板，可以定义类或函数的操作，并让用户指定这些操作应处理的具体类型。模板主要分为函数模板和类模板两种类型。函数模板允许定义一个通用的函数，这个函数可以接收不同类型的参数。编译器会根据函数调用时传入的参数类型自动推断出模板参数的类型，并生成相应的函数代码。类模板允许定义一个通用的类，这个类可以接收不同类型的数据作为其成员或参数。在使用类模板时，需要指定具体的数据类型，编译器会根据指定的数据类型生成对应的类。

重点介绍了类模板 array 和 vector 以及模板类 string 的使用方法。std::array 是一个固定大小的数组容器，提供了对数组元素的访问、迭代和查询等操作。std::vector 是一个动态数组容器，可以在运行时动态地增加或减少元素，并提供了对元素的访问、迭代和查询等操作。C++中的字符串类 string 是一个处理字符序列的模板类。string 类提供了丰富的成员函数，如构造函数、赋值操作符、元素访问、迭代器、容量、修改器、查找等。这些功能使得 string 类成为 C++中处理字符串的强大工具。同时，通过创建一个简单的红色记忆博物馆展品管理系统，进一步展示了模板类和模板函数相关的知识点的具体运用。

综上所述，本章为读者提供了 C++模板的全面介绍，包括模板的基本概念、操作、高级技巧以及实际应用。通过本章的学习，读者应该能够理解和掌握 C++模板的使用，以及如何利用模板提高代码的通用性和可重用性。

习题 11

习题 11

C++

第12章

文件操作

在 C++中,文件(file)被定义为存储在持久存储介质上的一组有序的数据集合。C++将每个文件视为一个字节序列,并且不在文件上强加任何结构。文件处理是一项基本而重要的技能。无论是读取配置文件、写入日志信息,还是处理用户数据,输入输出(I/O)都是程序设计中不可或缺的一部分。本章将深入探讨 C++中输入输出的有关概念以及文件处理的基本概念、操作和高级技巧。

12.1 流类和流对象

流类和对象是 C++中进行 I/O 操作的核心。它们提供了一种高效、灵活的方式来处理各种 I/O 任务。在 C++中,流(stream)是与磁盘或其他外围设备关联的数据的源或目的地。打开一个流,将把该流与一个文件或设备连接起来,关闭流将断开这种连接。I/O 是通过流来处理的。输入流总是作为所连接设备、文件的数据源,而输出流总是作为所连接设备、文件的目的地。C++标准库提供了一套丰富的流类,使得 I/O 操作既灵活又强大。流类是处理 I/O 的基础,它们提供了一种标准化的方式来读取和写入数据,这些流类是面向对象的,这意味着它们封装了数据和操作这些数据的方法。

12.1.1 I/O 流类库

ISO/ANSI 标准 C++23 对 I/O 进行了进一步的修订和扩展。首先,从 ostream.h 到 ostream 的变化,将类放入了 std 命名空间中,这一变化始于 C++98 标准。其次,I/O 类被重新编写以支持国际化语言,需要处理 16 位或更宽的字符类型。因此,C++在传统的 8 位 char('窄')类型的基础上添加了 wchar_t('宽')字符类型;C++11 添加了类型 char16_t 和 char32_t;C++20 添加了类型 char8_t。

每种类型都需要有自己的 I/O 工具。标准委员会并没有开发多套独立的类,而是开发了一套 I/O 类模板,其中包括 basic_istream < charT, traits < charT >>和 basic_ostream < charT, traits < charT >>等。traits < charT >是一个类模板,为字符类型定义了抽象特性,如如何比较字符是否相等以及字符的 EOF 值等。

表 12.1 给出了这些类或类模板(注：以"basic_"开头的标识符一般均为模板)的功能及其所在的头文件,以便读者对 I/O 流类库有一个较为全面的了解。

表 12.1 流类或类模板所在的头文件及其功能

头 文 件	类或类模板	功 能
< ios >	ios_base	管理格式化标志和 I/O 异常
	basic_ios	管理任意流缓冲
< streambuf >	basic_streambuf	抽象原生设备
< ostream >	basic_ostream	包装给定的抽象设备(basic_streambuf)并提供高层输出接口
< istream >	basic_istream	包装给定的抽象设备(basic_streambuf)并提供高层输入接口
	basic_iostream	包装给定的抽象设备(basic_streambuf)并提供高层 I/O 接口
< fstream >	basic_filebuf	实现原生文件设备
	basic_ifstream	实现高层文件流输入操作
	basic_ofstream	实现高层文件流输出操作
	basic_fstream	实现高层文件流 I/O 操作
< sstream >	basic_stringbuf	实现原生字符串设备
	basic_istringstream	实现高层字符串流输入操作
	basic_ostringstream	实现高层字符串流输出操作
	basic_stringstream	实现高层字符串流 I/O 操作

例如：类模板 basic_streambuf < charT,traits < charT >>在头文件< streambuf >中定义,为缓冲区提供了内存,并提供了用于填充缓冲区、访问缓冲区内容、刷新缓冲区和管理缓冲区内存的类方法。它控制字符序列的输入与输出,这些字符类型 charT 可以是 char、wchar_t、char8_t、char16_t、char32_t。I/O 流对象 std::basic_istream 及 std::basic_ostream,还有所有派生自它们的对象(std::ofstream、std::stringstream 等),都完全以 std::basic_streambuf 实现。

C++23 标准继续支持 I/O 的 char、wchar_t、char8_t、char16_t 和 char32_t 具体化。例如,istream 和 ostream 都是 char 具体化的 typedef,同样,wistream 和 wostream 都是 wchar_t 具体化的 typedef。例如,wcout 对象用于输出宽字符流。头文件< ios >、< ostream >、< istream >等包含了这些定义。

在 C++23 标准中,对 I/O 库进行了进一步的优化和调整。其中,ios 基类中的一些独立于类型的信息被移动到了新的 ios_base 类中。这包括了各种格式化常量,例如原先属于 ios::binary 的现在变更为 ios_base::binary。此外,ios_base 类还包含了一些在旧版 ios 中没有的新选项。这样的改变使得 I/O 库更加模块化,并且便于管理不同字符类型的格式化选项。

图 12.1 展示了 C++标准库中通过 char 具体化 I/O 流类模板后的继承关系。

以下是各个类及其关系的解释。

ios_base：这是所有 I/O 流类的基类,定义了一些基础的 I/O 操作功能,如格式化标志、错误状态等；包含了一些枚举类型,如 iostate,用于表示流的状态(如失败、EOF 等)；提供了一些方法来设置和获取流的格式化标志,如 setf、unsetf 和 flags。

ios：继承自 ios_base,增加了一些与 I/O 流相关的功能,其中包括了一个指向 streambuf 对象的指针成员；定义了与操纵器(manipulators)的交互,如 width、precision 等；提供了

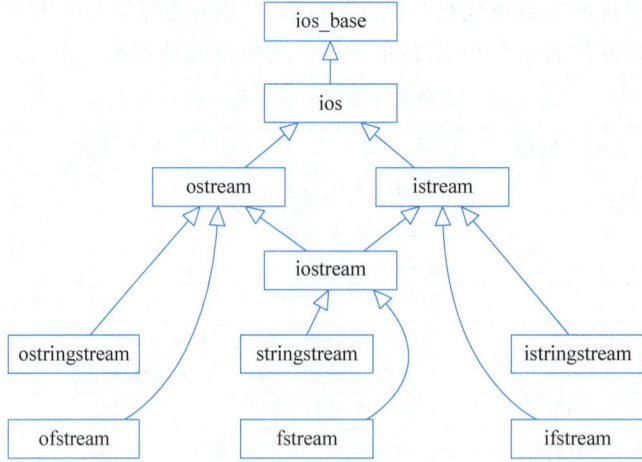

图 12.1　C++ I/O 流类模板的继承关系

tie()方法,用于绑定一个输入流和一个输出流。

　　ostream:输出流的基类,提供输出数据到流的功能;定义了插入运算符<<,用于向流中写入数据;提供了 flush()方法,用于清空缓冲区并将其内容写入目标设备。

　　istream:输入流的基类,提供从流中读取数据的功能;定义了提取运算符>>,用于从流中读取数据;提供了 get()、getline()等方法,用于从流中读取不同类型的数据。

　　iostream:同时继承自 ostream 和 istream,提供 I/O 流的功能;允许同时进行输入和输出操作,通常用于控制台 I/O。

　　ostringstream:ostream 的派生类,用于操作字符串缓冲区。允许将数据输出到一个 string 对象中。

　　iostream 的派生类,用于操作字符串缓冲区,允许将数据输出到一个 string 对象中读取数据。

　　istringstream:istream 的派生类,用于操作字符串缓冲区;允许从 string 对象中读取数据。

　　ofstream:ostream 的派生类,用于操作文件;允许将数据输出到文件中。

　　ifstream:istream 的派生类,用于操作文件;允许从文件中读取数据。

　　fstream:同时继承自 ofstream 和 ifstream,提供对文件的读写功能;允许在同一个文件流对象上进行输入和输出操作。

　　这些类通过继承关系构成了 C++ I/O 流库的基础,允许程序员以统一的方式处理不同类型的数据流,包括内存中的字符串、文件等。通过这种设计,C++ 提供了灵活且强大的 I/O 操作能力。

12.1.2　C++ 预定义标准流对象

　　头文件<iostream>声明了将对象与<cstdio>中声明的函数所提供的标准 C 流相关联的对象(cin、cout、cerr、clog、wcin、wcout、wcerr、wclog),并将这些对象置于命名空间 std 中作为全局变量(extern)使用,如表 12.2 所示。这些全局对象是在第一次构造 ios_base::Init 类对象之前或期间的某个时间构造的,并且在任何情况下都是在 main()主体开始执行之前。这些对象在程序执行过程中不会被销毁。

表 12.2　C++预定义标准流对象

标准流对象	功　　能
cin	标准输入流。在默认情况下,这个流被关联到标准输入设备(通常为键盘),处理的是 char 类型
cout	标准输出流。在默认情况下,这个流被关联到标准输出设备(通常为显示器),处理的是 char 类型
cerr	标准错误流。在默认情况下,这个流被关联到标准输出设备(通常为显示器),处理的是 char 类型。这个流没有被缓冲,这意味着信息将被直接发送给显示器,而不会等到缓冲区填满或有新的换行符
clog	标准错误流。在默认情况下,这个流被关联到标准输出设备(通常为显示器),处理的是 char 类型。这个流被缓冲
wcin	标准输入流。在默认情况下,这个流被关联到标准输入设备(通常为键盘),处理的是 wchar_t 类型
wcout	标准输出流。在默认情况下,这个流被关联到标准输出设备(通常为显示器),处理的是 wchar_t 类型
wcerr	标准错误流。在默认情况下,这个流被关联到标准输出设备(通常为显示器),处理的是 wchar_t 类型。这个流没有被缓冲,这意味着信息将被直接发送给显示器,而不会等到缓冲区填满或有新的换行符,处理的是 wchar_t 类型
wclog	标准错误流。在默认情况下,这个流被关联到标准输出设备(通常为显示器),处理的是 wchar_t 类型。这个流被缓冲

12.2　标准流和流操作

标准输入输出流可同时用于无格式和有格式的输入及输出。下面将分别介绍标准输入输出流、格式化输入函数、无格式输入函数、格式化输出函数、无格式输出函数。

12.2.1　标准输入输出流

流是与磁盘或其他外围设备关联的数据的源或目的地。打开一个流,将把该流与一个文件或设备连接起来,关闭流将断开这种连接。输入流总是作为所连接设备、文件的数据源,而输出流总是作为所连接设备、文件的目的地。

如图 12.2 所示,类模板 basic_istream 为字符流的高级输入操作提供支持。支持的操作包括格式化输入(如整数值或空白分隔字符和字符串)和无格式化输入(如原始字符和字符数组)。该功能是通过 basic_ios 基类访问 basic_streambuf 类提供的接口实现的。在大多数实现中,basic_istream 有一个非继承数据成员,用于存储 basic_istream::gcount()所返回的值。

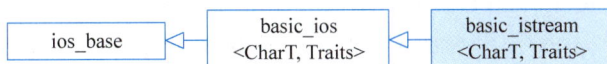

图 12.2　basic_istream 的继承图

istream 是用 char 类型特化 basic_istream 类模板时得到的一个模板类,而 cin 是系统预定义的标准输入流对象,在默认情况下,这个流被关联到标准输入设备(通常为键盘),处理的是 char 类型。即

```
using istream = basic_istream < char >;
istream cin;
```

如图 12.3 所示,类模板 basic_ostream 提供字符流上的高层输出操作。支持有格式输出(例如整数)和无格式输出(例如原始字符和字符数组)操作。此功能以 basic_streambuf 类所提供的接口实现,通过 basic_ios 基类访问。典型的实现中,basic_ostream 没有非继承的数据成员。

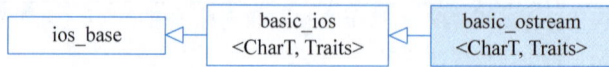

图 12.3　basic_ostream 的继承图

ostream 是用 char 类型特化 basic_ostream 类模板时得到的一个模板类,而 cout 是系统预定义的标准输出流对象,在默认情况下,这个流被关联到标准输出设备(通常为显示器),处理的是 char 类型。即

```
using ostream = basic_ostream < char >;
ostream cout;
```

12.2.2　格式化输入函数

格式化输入函数(formatted input functions)是指通过重载提取运算符(>>)从标准输入设备(通常是键盘)读取格式化的数据的函数。可以通过 istream 类的成员函数和非成员函数来进行重载。

1. 成员函数 operator >>()

任何一个算法都有 0 个或多个输入。当算法需要输入时,C++该如何给程序提供数据呢?从前面章节的学习可知,主要使用了 cin 对象来进行格式化的标准输入。事实上,cin 对象将标准输入表示为字节流。通常情况下,通过键盘来生成这种字符流。如果输入字符序列"Hello World!2079 6.24",cin 对象将从输入流中提取这些字符。输入可以是字符串的一部分、char 值、int 值、double 值,也可以是其他类型。因此,提取还涉及类型转换。cin 对象根据接收值的变量的类型,使用其方法将字符序列转换为所需的类型。

通常,对象 cin 的使用方式如下:

```
cin >> variable;
```

其中,variable 为存储输入的内存单元,它可以是变量、引用、指针间址(指针间接寻址),也可以是类或结构的成员。cin 解释输入的方式取决于 variable 的数据类型。

在< iostream >头文件中定义的 istream 类重载了提取运算符>>,表 12.3 给出了 istream 的成员函数 operator >>()的不同版本。这些 operator >>()函数被称为格式化输入函数(formatted input functions),因为它们可以将输入数据转换为目标指定的格式。

表 12.3　istream 的成员函数 operator >>()

版本	函 数 原 型	功　　能
(1)	basic_istream& operator >>(bool & n);	输入 bool 值
(2)	basic_istream& operator >>(short& n);	输入 short 值
(3)	basic_istream& operator >>(unsigned short& n);	输入 unsigned short 值
(4)	basic_istream& operator >>(int& n);	输入 int 值
(5)	basic_istream& operator >>(unsigned int& n);	输入 unsigned int 值
(6)	basic_istream& operator >>(long& n);	输入 long 值
(7)	basic_istream& operator >>(unsigned long& n);	输入 unsigned long 值
(8)	basic_istream& operator >>(long long& n); (C++11 起)	输入 long long 值
(9)	basic_istream& operator >> (unsigned long long& n); (C++11 起)	输入 unsigned long long 值
(10)	basic_istream& operator >>(float& f);	输入 float 值
(11)	basic_istream& operator >>(double& f);	输入 double 值
(12)	basic_istream& operator >>(long double& f);	输入 long double 值
(13)	basic_istream& operator >>(void * & p);	输入 void * 值
(14)	basic_istream& operator >>(extended-floating-point-type & f); (C++23 起)	输入 extended-floating-point-type 值
(15)	basic_istream& operator >>(std::basic_ios < CharT , Traits > & (* fp)(std::basic_ios < CharT , Traits > &));	实现用于输入的操纵符
(16)	basic_istream& operator >>(basic_istream& (* fp)(basic_istream&));	实现用于输入的操纵符

这些 operator >>() 函数对提取运算符进行了重载,它们的主要用途是按照指定的格式读取输入数据,并将数据存储到指定的变量中。这些函数在处理用户输入时非常有用,可以帮助程序以预期的格式读取数据。

输入有时可能没有满足程序的期望。例如,假设输入的是 Yuan367.85,而不是 367.85Yuan。在这种情况下,提取运算符将不会修改变量 variable 的值,并返回 0(如果 istream 对象的错误状态被设置,if 或 while 语句将判定该对象为 false)。返回值 false 让程序能够检查输入是否满足要求,如下面的程序所示。

例 12.1　用成员函数 operator >>() 输入数据。

```
1   //memberFunctionInput.cpp
2   # include < iostream >
3   using namespace std;
4   int main()
5   {
6       cout <<"Please input some numbers:";
7       double balance = 0;
8       double variable;
9       while (cin >> variable)
10      {
11          balance += variable;
12      }
13      cout <<"After a illegal value is entered, variable is set to:"<< variable << endl;
14      cout <<"Balance is "<< balance << endl;
```

```
15        return 0;
16    }
```

可能的运行结果：

```
Please input some numbers:
123 18.50 12.45 13.05 367.85Yuan
After a illegal value is entered,variable is set to:0
Balance is 534.85
```

2. 非成员函数 operator >>()

istream 类的非成员函数 operator >>() 在头文件< istream >中定义。istream 类为一些字符、字符指针和字符数组类型使用非成员函数重载了提取运算符>>，其函数原型和功能如表 12.4 所示。

表 12.4　istream 类的非成员函数 operator >>()

版　　本	函　数　原　型	功　　能
（1）	istream& operator >>(istream& st,char& ch);	提取字符
	istream& operator >>(istream& st,signed char& ch);	
	istream& operator >>(istream& st,unsigned char& ch);	
（2）	istream& operator >>(istream& st,char * s);	提取字符串
	istream& operator >>(istream& st,signed char * s);	
	istream& operator >>(istream& st,unsigned char * s);	
	istream& operator >>(istream& st,char(&s)[N]);	
	istream& operator >>(istream& st,signed char(&s)[N]);	
	istream& operator >>(istream& st,unsigned char(&s)[N]);	

istream 的非成员函数 operator >>() 用于提取字符或字符串。参数 st 的类型是 istream 类的引用，参数 ch 的类型是字符引用，参数 s 的类型是字符指针（C++20 前）或字符数组（C++20 起）。版本(1)、(2)进行字符输入操作，其返回值为 st。

例 12.2　用非成员函数 operator >>() 输入数据。

```
1    //non - MemberFunctionInput.cpp
2    # include < iomanip >
3    # include < iostream >
4    using namespace std;
5
6    int main()
7    {
8        char c;
9        const int MAX = 6;
10       char cstr[MAX];
11
12       cin >> c >> setw(MAX)>> cstr;
13       cout <<"c = "<< c <<'\n'<<"cstr = "<< cstr <<'\n';
14       return 0;
15   }
```

可能的输入：

```
C++ how to program
```

可能的输出：

```
c = C
cstr = ++
```

12.2.3 无格式输入函数

标准库还提供了一组底层操作,这些操作允许将流当作一个无解释的字节序列来处理。表 12.5 给出了 std::basic_istream 中的无格式输入函数(unformatted input function)。

表 12.5 无格式输入函数

函 数	功 能
get()	提取字符(公有成员函数)
getline()	持续提取字符,直到找到给定字符(公有成员函数)
ignore()	持续提取并丢弃字符,直到找到给定字符(公有成员函数)
peek()	读取下一个字符,但不会提取它(公有成员函数)
read()	按区块提取字符(公有成员函数)
readsome()	提取已经可用的字符区块(公有成员函数)
putback()	往输入流中放置一个字符(公有成员函数)
unget()	撤销上一个字符的提取(公有成员函数)
gcount()	返回上次无格式输入操作提取的字符数量(公有成员函数)
sync()	与底层存储设备同步(公有成员函数)
tellg()	返回输入位置指示器(公有成员函数)
seekg()	设置输入位置指示器(公有成员函数)
sentry()	实现为输出操作准备流的基本逻辑(公有成员类)

1. get()和 getline()函数

在 C++中,除了使用格式化输入运算符>>从输入流中读取数据,还可以使用非格式化函数,如 get()函数和 getline()函数,从输入流中读取字符或字符串。istream 类是 basic_istream 类模板由 char 类型进行特化后所生成的,即

```
using istream = basic_istream < char >;
```

istream 类的公有成员函数 get()用于从流提取一个或多个字符,有多个重载的版本,如表 12.6 所示,所有版本都表现为无格式输入函数。表 12.6 中参数 ch 是要字符的引用,s 是字符指针,count 是 s 所指向的字符串的大小,delim 是用以停止提取的分隔字符,它不会被提取或存储。

表 12.6 get()函数的不同重载版本

版 本	函 数 原 型	功 能
(1)	int get();	从输入流中读取字符
(2)	istream& get(char& ch);	从输入流中读取字符
(3)	istream& get(char * s,streamsize count);	从输入流中读取字符串
(4)	istream& get(char * s,streamsize count,char delim);	从输入流中读取字符串

这些不同重载版本的 get()函数进行下列操作。

版本(1)读取一个字符,如果可用就返回它。否则,返回 EOF。

版本（2）读取一个字符，如果可用就将它存储到 ch。否则，不修改 ch。注意，它与有格式字符输入函数 operator >>()不同，此函数不对类型 signed char 和 unsigned char 重载。

版本（3）同 get(s,count,widen('\n'))，即读取最多 max(0,count-1)个字符并将它们存储到 s 所指向的字符串中，直到找到'\n'。

版本（4）读取字符并将它们存储到以 s 指向首元素的字符数组中的相继位置。

表 12.7 给出了 istream 类的公有成员函数 getline()的描述。

表 12.7   getline()函数的不同重载版本

版　　本	函　数　原　型	功　　能
（1）	istream& getline(char * s,streamsize count);	从流提取字符或字符串
（2）	istream& getline(char * s,streamsize count,char delim);	从流提取字符或字符串

getline()函数用于从流提取字符，直至行尾或指定的分隔符 delim。有两个重载的版本，且都表现为无格式输入函数。重载（1）等价于 getline(s,count,'\n')。表 12.7 中参数 s 是字符指针，count 是 s 所指向的字符串的大小，delim 是提取所终止的分隔字符，提取但不存储它。

从当前对象提取字符并将它们存储于以 s 指向其首元素的数组中的相继位置，直至出现任何下列条件（按顺序检测）。

♯1——输入序列中出现文件尾条件。

♯2——下个可用字符 c 是分隔符 delim。提取该分隔符，但不存储它。

♯3——count 小于 1，或者已经提取了 count-1 个字符。

下面给出单字符输入的应用举例。

istream 类的函数"int get(void);"和函数"istream& get(char& ch);"可以实现单个字符的输入，即使该字符是空白符（即 Space 键、Tab 键、Enter 键）。在使用 char 参数或没有参数的情况下，get(char & ch)版本将输入字符赋给其参数 ch，而 get(void)版本将输入字符转换为 int，并将其返回。

例 12.3　cin.get()实现单字符的输入。

```
1    //cin.get().cpp
2    # include < iostream >
3    using namespace std;
4
5    int main()
6    {
7        char ch;
8        ch = cin.get();
9        while(ch != '\n')
10       {
11           cout << ch;
12           ch = cin.get();
13       }
14       return 0;
15   }
```

可能的输入：

Hello World!

可能的输出:

Hello World!

例 12.4 get(char& ch)函数实现单字符的输入。

```
1   //cin.get(ch).cpp
2   # include < iostream >
3   using namespace std;
4
5   int main()
6   {
7       char ch;
8       cin.get(ch);
9       while(ch != '\n')
10      {
11          cout << ch;
12          cin.get(ch);
13      }
14      return 0;
15  }
```

可能的输入:

Hello World!

可能的输出:

Hello World!

例 12.5 函数 get()和 getline()提取字符串的区别。

```
1   //stringInput_get_getline.cpp
2   # include < iostream >
3   const int MAX_SIZE = 255;
4   using namespace std;
5
6   int main()
7   {
8       char charArray[MAX_SIZE];
9
10      cout <<"Enter a string for getline() processing:\n";
11      cin.getline(charArray,MAX_SIZE,'*');     //指定'*'作为分隔符
12      cout <<"The string you can obtain by using getline is:\n";
13      cout << charArray << endl;
14
15      char ch;
16      cin.get(ch);
17      cout <<"The next input character is "<< ch << endl;
18
19      if(ch != '\n')
20          cin.ignore(MAX_SIZE,'\n');            //丢弃本行剩余的字符
21
```

```
22        cout <<"Enter a string for get() processing:\n";
23        cin.get(charArray,MAX_SIZE,'@');            //指定'@'作为分隔符
24        cout <<"The string you can obtain by using get is:\n";
25        cout << charArray << endl;
26
27        cin.get(ch);
28        cout <<"The next input character is "<< ch << endl;
29
30        while ((ch = cin.get()) != '\n')
31            cout << ch;                              //输出换行符前剩余的字符
32        return 0;
33    }
```

程序运行结果：

```
Enter a string for getline() processing:
The delimiter asterisk * will be extracted and discarded.
The string you can obtain by using getline is:
The delimiter asterisk
The next input character is w
Enter a string for get() processing:
The delimiter at @ will not be extracted and is still in the stream.
The string you can obtain by using get is:
The delimiter at
The next input character is @
will not be extracted and is still in the stream.
```

2. read()函数

istream 类的 read()函数原型如下所示：

```
istream& read(char * s,streamsize count);
```

read()函数用于从流提取字符,返回值为 * this。其中,参数 s 是字符指针,count 是要读取的字符数。该函数提取字符并将它们存储到以 s 指向其首元素的字符数组中的相继位置。

例 12.6 read()函数的使用。

```
1    //read.cpp
2    # include < iomanip >
3    # include < iostream >
4    using namespace std;
5
6    int main()
7    {
8        int value;
9        cin.read((char * )&value,sizeof(int));
10       cout << value << endl;
11       return 0;
12   }
```

可能的输入：

```
1234
```

可能的输出：

```
875770417
```

12.2.4 格式化输出函数

C++将输出看作字节流,但在程序中,很多数据被组织成比字节更大的单位。例如,int型值由 16 位、32 位或 64 位的二进制数表示;double 型值由 64 位的二进制数表示。但在将字节流发送给屏幕时,希望每个字节表示一个字符值。也就是说,要在屏幕上显示数字－1.58,需要将 5 个字符(－、1、.、5 和 8)而不是这个值的 64 位内部浮点数表示发送到屏幕上。

由于 cout 是 ostream 类的对象,因此,ostream 类最重要的任务之一是将数值类型(如int 或 float)转换为以文本形式表示的字符流。也就是说,ostream 类将数据内部表示(二进制位模式)转换为由字符组成的输出流。为执行这些转换任务,类模板 basic_ostream 提供了多个类方法。

格式化输出函数是指通过重载插入运算符(<<)从标准输出设备(通常是显示器)写入格式化的数据的函数。在< iostream >头文件中定义的 ostream 类重新定义了<<运算符,方法是将其重载为输出。在这种情况下,<<叫作插入运算符,而不是左移运算符。

1. 成员函数 operator <<()

通常,对象 cout 的使用方式如下:

```
cout << value;
```

其中,value 为存储输出的内存单元,它可以是变量、引用、指针间址,也可以是类或结构的成员。cout 解释输出的方式取决于 value 的数据类型。

如表 12.8 所示,ostream 类重载了插入运算符<<,使之能够识别不同的数据类型。插入运算符函数 operator <<()用于将数据插入到流。其中,参数 value 是要插入的整数、浮点数、布尔值或指针,fp 是要调用的函数。版本(1)~(18)的返回值为 * this,版本(19)的返回值为 fp(* this)。

表 12.8　ostream 的成员函数 operator <<()

版本	函 数 原 型	功　　能
(1)	basic_ostream& operator <<(bool value);	输出 bool 值
(2)	basic_ostream& operator <<(long value);	输出 long 值
(3)	basic_ostream& operator <<(unsigned long value);	输出 unsigned long 值
(4)	basic_ostream& operator <<(long long value); (C++11 起)	输出 long long 值
(5)	basic_ostream& operator <<(unsigned long long value); (C++11 起)	输出 unsigned long long 值
(6)	basic_ostream& operator <<(double value);	输出 double 值
(7)	basic_ostream& operator <<(long double value);	输出 long double 值
(8)	basic_ostream& operator <<(const void* value);	输出 const void* 值
(9)	basic_ostream& operator <<(const volatile void* value); (C++23 起)	输出 const volatile void* 值
(10)	basic_ostream& operator <<(nullptr_t value); (C++17 起)	输出 nullptr_t 值
(11)	basic_ostream& operator <<(short value);	输出 short 值
(12)	basic_ostream& operator <<(int value);	输出 int 值
(13)	basic_ostream& operator <<(unsigned short value);	输出 unsigned short 值

版本	函数原型	功　　能
(14)	basic_ostream& operator <<(unsigned int value)；	输出 unsigned int 值
(15)	basic_ostream& operator <<(float value)；	输出 float 值
(16)	basic_ostream& operator <<(/ * extended-floating-point-type * / value)；(C++23 起)	输出 extended-floating-point-type 值
(17)	basic_ostream& operator <<(ios_base& (* fp)(ios_base&))；	实现用于输出的操纵符
(18)	basic_ostream& operator <<(basic_ios < charT, traits > & (* fp)(basic_ios < charT, traits > &))；	实现用于输出的操纵符
(19)	basic_ostream& operator <<(basic_ostream < charT, traits > & (* fp)(basic_ostream < charT, traits > &))；	实现用于输出的操纵符

2. 非成员函数 operator <<()

非成员函数 operator <<()用于插入字符或字符串,在头文件< ostream >中定义,其函数原型如表 12.9 所示。其中,参数 os 是要插入数据的输出流,参数 ch 是要插入的字符,参数 s 是指向要插入的字符串的指针。版本(1)、(2)的返回值为 os。

表 12.9　ostream 的非成员函数 operator <<()

版　　本	函数原型	功　　能
(1)	ostream& operator <<(ostream& os,char ch)； ostream& operator <<(ostream& os,signed char ch)； ostream& operator <<(ostream& os,unsigned char ch)；	输出字符
(2)	ostream& operator <<(ostream& os,const char * s)； ostream& operator <<(ostream& os,const signed char * s)； ostream& operator <<(ostream& os,const unsigned char * s)；	输出字符串

版本(1)表现为格式化输出函数(formatted output function)。插入字符 ch。

版本(2)表现为格式化输出函数。插入来自以 s 指向其首元素的字符数组中的相继字符。在 s 是空指针时行为未定义。

注:

(1) 字符与字符串实参(例如拥有 char 类型或 const char * 类型者)由 operator <<()的非成员重载处理。

(2) 试图用成员函数调用语法输出字符(例如"cout.operator <<('c');")会调用表 12.8 中重载的(2~5)或(11~14)中之一,并输出数字值。

(3) 试图用成员函数调用语法输出字符串会调用表 12.8 中重载的(8)而改为打印指针值。

例 12.7　插入运算符对字符和字符串的使用。

```
1   //non-MemberFunctionforChar_String.cpp
2   # include < iostream >
3   using namespace std;
4
5   int main()
```

```
6    {
7        cout <<'a'<< endl;                      //字符和字符串是由非成员函数处理
8        operator <<(cout,'a')<< endl;           //因此,本条语句与上一条语句等价
9        cout.operator <<('a')<< endl;           //隐式调用 cout 的成员函数版本(2)~(5)或
                                                  //(11)~(14)之一,并输出数字值
10       const char * str = "This is a string.";
11       cout << str << endl;                     //字符和字符串是由非成员函数处理
12       operator <<(cout,str)<< endl;            //因此,本条语句与上一条语句等价
13       cout.operator <<(str)<< endl;   //隐式调用 cout 的成员函数版本(8)而改为打印指针值
14       return 0;
15   }
```

可能的运行结果:

```
a
a
97
This is a string.
This is a string.
000000013F26BCA8
```

12.2.5 无格式输出函数

本节主要介绍 std::basic_ostream 类模板中的无格式输出函数,如 put()函数、write()函数、tellp()函数、seekp()函数等。

1. put()函数

put()函数的主要功能是输出一个字符,也即向输出流中插入一个字符。

在经典 C++(classic C++,特指 C++98 和 C++03 标准)中,put()函数的原型如下:

```
ostream& put(char);
```

在现代 C++(modern C++,特指 C++11 及之后的标准)中,put()函数被模板化,以适用于 wchar_t,其原型如下:

```
basic_ostream < charT, traits > & put(char_type c);
```

put()函数表现为无格式输出函数,参数 ch 是要写入的字符。构造并检查 sentry 对象后,将字符 ch 写入输出流,返回值为 * this。若输出因任何原因失败,则设置 badbit。

使用 cout 调用 put()函数时,将用 char 类型具体化该函数模板,得到如下模板函数原型:

```
ostream& put (char s);
```

例如:执行语句"cout.put('a');"将会输出字符 a。

例 12.8 put()函数的使用。

```
1    //put.cpp
2    # include < iostream >
3    using namespace std;
4
5    int main()
6    {
```

```
7        cout.put('C').put('+').put('+').put('\n');
8        return 0;
9     }
```

程序运行结果：

```
C++
```

2. write()函数

ostream 类的 write()函数原型如下所示：

```
ostream& write(const char * s, streamsize count);
```

write()函数的主要功能是输出一个字符串,也即向输出流中插入一个字符串。write()函数表现为无格式输出函数,参数 s 是指向要写入的字符串的指针,count 是要写入的字符数,返回值为 * this。

write()函数可用于数值变量 value,只需将变量 value 的地址强制转换为 const char * ,然后传递给它,如下所示：

```
int value = 1094861636;                     //该值的十六进制表示为 0x41424344
cout.write((const char * )&value, sizeof(int));
```

write()函数可用于输出对象的内部表示,即单个字节的二进制输出表示。

例 12.9　write()函数的使用。

```
1    //write.cpp
2    # include < iostream >
3    using namespace std;
4
5    int main()
6    {
7        int n = 1094861636;                    //0x41424344
8        cout.write((const char * )&n, sizeof n)<<'\n';
9        char c[] = "This is sample text.";
10       cout.write(c, 4).write("!\n", 2);
11       return 0;
12   }
```

可能的运行结果：

```
DCBA
This!
```

3. tellp()函数

类模板 basic_ostream < charT, traits >中 tellp()函数的原型为

```
pos_type tellp();
```

tellp()函数返回当前关联的 streambuf 对象的输出位置指示器,表现为无格式输出函数(除了不实际进行输出),该函数无参数。若 fail() == true,则返回 pos_type(-1);否则,返回当前输出位置指示器(C++11 起)。

例 12.10　tellp()函数的使用。

```
1    //tellp.cpp
2    # include < iostream >
```

```
3     #include < sstream >
4     using namespace std;
5
6     int main()
7     {
8         ostringstream s;
9         cout << s.tellp()<<'\n';
10        s <<'H';
11        cout << s.tellp()<<'\n';
12        s <<"ello World ";
13        cout << s.tellp()<<'\n';
14        s << 3.14 <<'\n';
15        cout << s.tellp()<<'\n'<< s.str();
16        return 0;
17    }
```

程序运行结果:

```
0
1
12
17
Hello World 3.14
```

4. seekp() 函数

类模板 basic_ostream < charT, traits > 中 seekp() 函数的原型如表 12.10 所示。

表 12.10 seekp() 函数的原型

版 本	函 数 原 型	功 能
(1)	basic_ostream& seekp(pos_type pos);	移动写指针到输出位置指示器的绝对位置
(2)	basic_ostream& seekp(off_type off,std∷ios_base∷seekdir dir);	移动写指针到输出位置指示器的相对位置

seekp() 函数设置当前关联的 streambuf 对象的输出位置指示器,该函数有两个重载版本,表现为无格式输出函数(除了没有实际进行输出),参数 pos 是设置到输出位置指示器的绝对位置,off 是设置到输出位置指示器的相对位置(正或负),dir 是定义应用相对偏移量的基位置。它可以是 beg、end、cur 之一,分别表示流的开始、流的结尾、流位置指示器的当前位置。seekp() 函数的返回值为 ∗ this。

例 12.11 seekp() 函数的使用。

```
1     //seekp.cpp
2     #include < iostream >
3     #include < sstream >
4     using namespace std;
5
6     int main()
7     {
8         ostringstream os("hello,world");
9         os.seekp(7);
10        os <<'W';
11        os.seekp(0,ios_base∷end);
12        os <<'!';
```

```
13      os.seekp(0);
14      os <<'H';
15      cout << os.str()<<'\n';
16      return 0;
17  }
```

程序运行结果：

Hello,World!

12.3 格式控制

格式控制是指通过各种方法和工具来控制输入输出数据的格式，使其符合特定的显示要求。操纵符是令代码能以 operator <<() 或 operator >>() 控制输入输出流的辅助函数。基于流的输入输出库用输入输出操纵符（例如 boolalpha、hex 等）控制流的行为。

12.3.1 流类的控制信息

类 ios_base 在头文件< ios >中定义，是作为所有输入输出流类的基类工作的多用途类。它维护以下几种数据。

（1）状态信息：流状态标志类型。如 ios_base：：iostate，定义了如表 12.11 所示的常量。

表 12.11　流状态类型 ios_base：：iostate 所定义的常量

常　　量	功　　能
ios_base：：goodbit	无错误
ios_base：：badbit	不可恢复的流错误
ios_base：：failbit	输入输出操作失败（格式化或提取错误）
ios_base：：eofbit	关联的输出序列已抵达文件尾

（2）控制信息：控制输入和输出序列格式化和浸染的本地环境的标志。如 ios_base：：fmtflags，定义了如表 12.12 所示的常量。

表 12.12　流格式化标志类型 ios_base：：fmtflags 所定义的常量

常　　量	功　　能
dec	为整数输入输出使用十进制
oct	为整数输入输出使用八进制
hex	为整数输入输出使用十六进制
basefield	dec	oct	hex，适用于掩码运算
left	左对齐（添加填充字符到右侧）
right	右对齐（添加填充字符到左侧）
internal	居中对齐（添加填充字符到内部选定点）
adjustfield	left	right	internal，适用于掩码运算
scientific	用科学记数法生成浮点数类型，或在与 fixed 组合时用十六进制记法
fixed	用定点记法生成浮点数类型，或在与 scientific 组合时用十六进制记法
floatfield	scientific	fixed，适用于掩码运算

续表

常 量	功 能
boolalpha	以字母数字格式插入并提取 bool 类型
showbase	生成为整数输出指示数字基底的前缀,货币输入输出中要求现金指示符
showpoint	无条件为浮点数输出生成小数点字符
showpos	为非负数值输出生成＋字符
skipws	在具体输入操作前跳过前导空白符
unitbuf	在每次输出操作后刷新输出
uppercase	在具体输出的输出操作中以大写等价替换小写字符

12.3.2 流的状态标志及函数

在对流进行不适当的操作时,可能会发生错误。因此,必须有一种能够检测到错误状态的机制和清除错误的方法。例如,在打开一个文件时,若找不到这个文件或发生其他错误,就需要处理错误状态,使得流能够恢复正常处理。

在 ios_base 中定义了一个记录流状态的数据成员,称为状态字。cin 或 cout 对象包含一个描述流状态的数据成员(从 ios_base 类那里继承的)。流状态(被定义为 ios_base::iostate 类型,而 ios_base::iostate 是一种 bitmask 类型)由 3 个 ios_base 元素组成:eofbit、badbit 或 failbit,其中每个元素都是一位,可以是 1(设置)或 0(清除)。

当 cin 操作到达文件末尾时,它将设置 eofbit 为 1;当 cin 操作未能读取到预期的字符时,它将设置 failbit 为 1。I/O 失败(如试图读取不可访问的文件或试图写入写保护的磁盘),也可能将 failbit 设置为 1。在一些无法诊断的失败破坏流时,badbit 元素将被设置为 1。当全部 3 个状态位都设置为 0 时,说明流处于正常状态。程序可以检查流状态,并使用这种信息来决定下一步做什么。

下面将对 basic_ios 的常见公有成员函数的功能逐一进行介绍。

(1) bool good() const;

若流上的最近 I/O 操作成功完成则返回 true,否则返回 false。也即返回 rdstate()＝＝0 的结果。

(2) bool eof() const;

若关联流已抵达文件尾则返回 true,否则返回 false。也即若 rdstate()中设置了 eofbit 则返回 true。

(3) bool fail() const;

若关联流上已发生错误则返回 true,否则返回 false。也即若 rdstate()中设置了 badbit 或 failbit 则返回 true。

(4) bool bad() const;

若关联的流上已出现不可恢复的错误则返回 true,否则返回 false。也即若 rdstate()中设置了 badbit 则返回 true。

(5) bool operator!() const;

若关联流上已出现错误则返回 true,否则返回 false。也即若 rdstate()中设置了 failbit 或 badbit 则返回 true。

（6）operator bool 函数

operator bool 函数检查流是否无错误。

（7）iostate rdstate() const；

返回当前流错误状态。它是位掩码类型，并且可以是常量 ios_base∷goodbit、ios_base∷badbit、ios_base∷failbit 和 ios_base∷eofbit 的组合。

（8）void setstate(iostate state)；

设置流错误状态标志 state。state 是要设置的流错误状态标志，可以是常量 ios_base∷goodbit、ios_base∷badbit、ios_base∷failbit 和 ios_base∷eofbit 的组合。setstate() 函数实质上调用 clear(rdstate()|state)。可能抛出异常。

（9）void clear(ios_base∷iostate state＝ios_base∷goodbit)；

修改状态标志 state。通过为 state 的值赋值以设置流错误状态标志。参数 state 是新的错误状态标志设置。它可以是常量 ios_base∷goodbit、ios_base∷badbit、ios_base∷failbit 和 ios_base∷eofbit 的组合。默认赋值 ios_base∷goodbit 以清除所有错误状态标志。如果 rdbuf() 是空指针（即没有关联流缓冲），那么赋值 state|ios_base∷badbit。可能会抛出异常，即如果新的错误状态包含了一个 exceptions() 掩码也包含的位，那么抛出 failure 类型的异常。

例 12.12 流错误状态的测试。

```
1   //testingErrorStates.cpp
2   # include < iostream >
3   using namespace std;
4
5   int main()
6   {
7       int integerValue;
8
9       //显示 cin 函数的结果
10      cout <<"Before a bad input operation:"
11          <<"\ncin.rdstate():"<< cin.rdstate()
12          <<"\n    cin.eof():"<< cin.eof()
13          <<"\n    cin.fail():"<< cin.fail()
14          <<"\n    cin.bad():"<< cin.bad()
15          <<"\n    cin.good():"<< cin.good()
16          <<"\n\nExpects an integer,but enter a character:";
17
18      cin >> integerValue;                        //enter character value
19      cout << endl;
20
21      //在输入错误后显示 cin 函数的结果
22      cout <<"After a bad input operation:"
23          <<"\ncin.rdstate():"<< cin.rdstate()
24          <<"\n    cin.eof():"<< cin.eof()
25          <<"\n    cin.fail():"<< cin.fail()
26          <<"\n    cin.bad():"<< cin.bad()
27          <<"\n    cin.good():"<< cin.good()<< endl << endl;
28
```

```
29    cin.clear();                              //清除流
30
31    cout <<"After a clear operation:"
32         <<"\ncin.rdstate():"<< cin.rdstate()
33         <<"\n    cin.eof():"<< cin.eof()
34         <<"\n    cin.fail():"<< cin.fail()
35         <<"\n    cin.bad():"<< cin.bad()
36         <<"\n    cin.good():"<< cin.good()<< endl << endl;
37
38    return 0;
39  }
```

程序运行结果：

```
Before a bad input operation:
cin.rdstate():0
   cin.eof():0
   cin.fail():0
   cin.bad():0
   cin.good():1


Expects an integer,but enter a character:a

After a bad input operation:
cin.rdstate():2
   cin.eof():0
   cin.fail():1
   cin.bad():0
   cin.good():0


After a clear operation:
cin.rdstate():0
   cin.eof():0
   cin.fail():0
   cin.bad():0
   cin.good():1
```

12.3.3　流的格式标志及输入输出操纵符

操纵符是令代码能以 operator <<()或 operator >>()控制输入输出流的辅助函数。因此,操纵符本质上也是格式化函数。基于流的输入输出库用输入输出操纵符(例如 boolalpha、hex 等)控制流的行为。

不以实参调用的操纵符(例如"cout << boolalpha;"或"cin >> hex;")实现为流引用为其唯一形参的函数。basic_ostream::operator << 和 basic_istream::operator >> 的特别重载版本接收指向这些函数的指针。这些函数(或函数模板的实例化)是标准库中仅有的可取址函数(C++20 起)。

以实参调用的操纵符(例如"cout << setw(10);")实现为返回未指定类型对象的函数。这些操纵符定义它们自身的 operator <<()或 operator >>()以实施所请求的操作。表 12.13 给出了 C++23 标准文档中列出的操作符。

表 12.13　输入输出操纵符

头　文　件	操　纵　符	功　　能
< ios >	boolalpha/noboolalpha	在布尔值的文本和数值表示间切换
	showbase/noshowbase	控制是否使用前缀指示数值基数
	showpoint/noshowpoint	控制浮点表示是否始终包含小数点
	showpos/noshowpos	控制是否将＋号与非负数一同使用
	skipws/noskipws	控制是否跳过输入中的前导空白符
	uppercase/nouppercase	控制一些输出操作是否使用大写字母
	unitbuf/nounitbuf	控制是否每次操作后刷新输出
	internal/left/right	设置填充字符的布置
	dec/hex/oct	更改用于整数 I/O 的基数
	fixed/scientific/hexfloat (C++11)/defaultfloat (C++11)	更改用于浮点数 I/O 的格式化
< istream >	ws	消耗空白符
< ostream >	ends	输出 '\0'
	flush	刷新输出流
	endl	输出 '\n' 并刷新输出流
	emit_on_flushnoemit_on_flush (C++20)	控制流的 basic_syncbuf 是否在刷新时发送
	flush_emit (C++20)	刷新流，而若它使用 basic_syncbuf 则发送其内容
< iomanip >	resetiosflags	清除指定的 ios_base 标志
	setiosflags	设置指定的 ios_base 标志
	setbase	更改用于整数 I/O 的基数
	setfill	更改填充字符
	setprecision	更改浮点精度
	setw	更改下个输入输出字段的宽度
	get_money (C++11)	剖析货币值
	put_money (C++11)	格式化并输出货币值
	get_time (C++11)	剖析指定格式的日期/时间值
	put_time (C++11)	按照指定格式格式化并输出日期/时间值
	quoted (C++14)	插入和读取带有内嵌空格的被引号括起来的字符串

例 12.13　showbase 和 noshowbase 的使用。

```
1    //showbase.cpp
2    # include < iomanip >
3    # include < iostream >
4    using namespace std;
5
6    int main()
7    {
8        //showbase 影响八进制和十六进制的输出
9        cout << oct
10           <<"oct showbase:"<< showbase << 100 <<'\n'
11           <<"oct noshowbase:"<< noshowbase << 100 <<'\n';
12       cout << hex
```

```
13              <<"hex showbase:"<< showbase << 100 <<'\n'
14              <<"hex noshowbase:"<< noshowbase << 100 <<'\n';
15
16  }
```

程序运行结果：

```
oct showbase:0144
oct noshowbase:144
hex showbase:0x64
hex noshowbase:64
```

例 12.14 showpoint 和 noshowpoint 的使用。

```
1   //showpoint.cpp
2   # include < iomanip >
3   # include < iostream >
4   using namespace std;
5
6   int main()
7   {
8       cout <<"1.00 with showpoint:"<< showpoint << 1.00 <<'\n'
9           <<"1.00 with noshowpoint:"<< noshowpoint << 1.00 <<'\n';
10      return 0;
11  }
```

程序运行结果：

```
1.00 with showpoint:1.00000
1.00 with noshowpoint:1
```

例 12.15 showpos 和 noshowpos 的使用。

```
1   //showpos.cpp
2   # include < iostream >
3   using namespace std;
4
5   int main()
6   {
7       cout <<"showpos:"<< showpos << 42 <<' '<< 3.14 <<' '<< 0 <<'\n'
8           <<"noshowpos:"<< noshowpos << 42 <<' '<< 3.14 <<' '<< 0 <<'\n';
9       return 0;
10  }
```

程序运行结果：

```
showpos:+42 +3.14 +0
noshowpos:42 3.14 0
```

例 12.16 dec、hex、oct 的使用。

```
1   //oct_hex_dec.cpp
2   # include < bitset >
3   # include < iostream >
4   # include < sstream >
5   using namespace std;
```

```
6
7    int main()
8    {
9        cout <<"数值 42 的八进制: "<< oct << 42 <<'\n'
10               <<"数值 42 的十进制: "<< dec << 42 <<'\n'
11               <<"数值 42 的十六进制:"<< hex << 42 <<'\n';
12       int n;
13       istringstream("2A")>> hex >> n;
14       cout << dec <<"按十六进制分析 \"2A\"得到"<< n <<'\n';
15       //输出基底是持久的,直至更改
16       cout << hex <<"42 转换为十六进制得到"<< 42
17           <<"而 100 转换为十六进制得到"<< 100 <<'\n';
18
19       //注意:不存在将流设置为以二进制格式打印数值的 I/O 操纵符(如 bin)
20       //如果必须进行二进制输出,则可以使用 bitset 技巧
21       cout <<"数值 42 的二进制: "<< bitset < 8 >{42}<<'\n';
22       return 0;
23   }
```

程序运行结果:

```
数值 42 的八进制:52
数值 42 的十进制:42
数值 42 的十六进制:2a
按十六进制分析"2A"得到 42
42 转换为十六进制得到 2a 而 100 转换为十六进制得到 64
数值 42 的二进制:00101010
```

例 12.17 fixed、scientific 和 setprecision 的使用。

```
1    //fixed_scientific_setprecision.cpp
2    # include < iostream >
3    # include < iomanip > //包含操纵符的头文件
4
5    using namespace std;
6
7    int main()
8    {
9        double number = 123456.789;
10
11       //使用 fixed 操纵符,以固定的小数点格式输出
12       cout <<"Fixed format:"<< fixed << number << endl;
13
14       //使用 scientific 操纵符,以科学记数法格式输出
15       cout <<"Scientific format:"<< scientific << number << endl;
16
17       //可以结合 setprecision 操纵符来指定小数点后的位数
18       cout <<"Fixed format with 4 decimal places:"
19           << fixed << setprecision(4)<< number << endl;
20       cout <<"Scientific format with 3 significant digits:"
21           << scientific << setprecision(3)<< number << endl;
22
23       return 0;
24   }
```

程序运行结果：

Fixed format:123456.789000
Scientific format:1.234568e+05
Fixed format with 4 decimal places:123456.7890
Scientific format with 3 significant digits:1.235e+05

例 12.18 resetiosflags()的使用。

```cpp
1   //resetiosflags.cpp
2   # include < iomanip >
3   # include < iostream >
4   # include < sstream >
5   using namespace std;
6   int main()
7   {
8       istringstream in("10 010 10 010 10 010 10 010");
9       int n1,n2;
10
11      in >> oct >> n1 >> n2;
12      cout <<"以 oct 解析\"10 010\"得到:"<< n1 <<' '<< n2 <<'\n';
13
14      in >> dec >> n1 >> n2;
15      cout <<"以 dec 解析\"10 010\"得到:"<< n1 <<' '<< n2 <<'\n';
16
17      in >> hex >> n1 >> n2;
18      cout <<"以 hex 解析\"10 010\"得到:"<< n1 <<' '<< n2 <<'\n';
19
20      in >> resetiosflags(ios_base::basefield)>> n1 >> n2;
21      cout <<"以自动检测解析\"10 010\"得到:"<< n1 <<' '<< n2 <<'\n';
22      return 0;
23  }
```

程序运行结果：

以 oct 解析"10 010"得到:8 8
以 dec 解析"10 010"得到:10 10
以 hex 解析"10 010"得到:16 16
以自动检测解析"10 010"得到:10 8

例 12.19 setiosflags()的使用。

```cpp
1   //setiosflags.cpp
2   # include < iomanip >
3   # include < iostream >
4   using namespace std;
5
6   int main()
7   {
8       cout << resetiosflags(ios_base::dec)
9           << setiosflags(ios_base::hex
10              | ios_base::uppercase
11              | ios_base::showbase)<< 100 <<'\n';
12      return 0;
```

```
13    }
```

程序运行结果：

```
0X64
```

例 12.20　setfill() 的使用。

```
1    //setfill.cpp
2    #include<iomanip>
3    #include<iostream>
4    using namespace std;
5
6    int main()
7    {
8        cout <<"默认填充:        ["<< setw(10)<< 42 <<"]\n"
9             <<"setfill('*'):["<< setfill('*')
10            << setw(10)<< 42 <<"]\n";
11       return 0;
12   }
```

运行结果：

```
默认填充:        [          42]
setfill('*'):    [********42]
```

例 12.21　setw() 的使用。

```
1    //setw.cpp
2    #include<iomanip>
3    #include<iostream>
4    #include<sstream>
5    using namespace std;
6
7    int main()
8    {
9        cout <<"没有 setw:["<< 42 <<"]\n"
10            <<"setw(6):["<< setw(6)<< 42 <<"]\n"
11            <<"没有 setw,并输出多个元素:["<< 89 << 12 << 34 <<"]\n"
12            <<"setw(6),并输出多个元素:["<< 89 << setw(6)<< 12 << 34 <<"]\n";
13
14       istringstream is("hello,world");
15       char arr[10];
16
17       is >> setw(6)>> arr;
18       cout <<"有 setw(6) 时从 \""<< is.str()<<"\" 输入会得到 \""
19            << arr <<"\"\n";
20       return 0;
21   }
```

程序运行结果：

```
没有 setw:[42]
setw(6):[    42]
没有 setw,并输出多个元素:[891234]
```

setw(6),并输出多个元素:[89   1234]
有 setw(6)时从"hello,world"输入会得到"hello"

例 12.22　setbase()的使用。

```
1   //setbase.cpp
2   # include < iomanip >
3   # include < iostream >
4   # include < sstream >
5   using namespace std;
6
7   int main()
8   {
9       cout <<"解析字符串\"10 0x10 010\"\n";
10
11      int n1,n2,n3;
12      istringstream s("10 0x10 010");
13
14      s >> setbase(16)>> n1 >> n2 >> n3;
15      cout <<"以十六进制解析:"<< n1 <<' '<< n2 <<' '<< n3 <<'\n';
16
17      s.clear();
18      s.seekg(0);
19
20      s >> setbase(0)>> n1 >> n2 >> n3;
21      cout <<"依赖前缀的解析:"<< n1 <<' '<< n2 <<' '<< n3 <<'\n';
22
23      cout <<"以十六进制输出:"<< setbase(16)
24          << showbase << n1 <<' '<< n2 <<' '<< n3 <<'\n';
25      return 0;
26  }
```

程序运行结果:

解析字符串"10 0x10 010"
以十六进制解析:16 16 16
依赖前缀的解析:10 16 8
以十六进制输出:0xa 0x10 0x8

12.4　文件和流

在 C++中,文件被定义为存储在持久存储介质上的一组有序的数据集合。C++将每个文件视为一个字节序列,并且不在文件上强加任何结构。C++中的文件流包含文件位置指针,指示当前的读写位置。文件指针可以在文件中自由移动,允许随机访问文件的任何部分。对于长度为 n 的文件,字节的编号是从 0 开始到 $n-1$ 结束,如图 12.4 所示。这种编号方式是基于计算机中数组和字符串的索引习惯,即第一个元素的索引为 0。

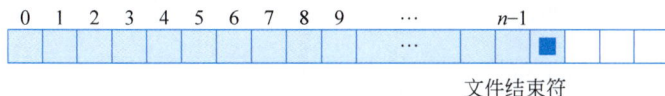

文件结束符

图 12.4　长度为 n 字节的文件的 C++ 视图

12.4.1　文件流类

C++提供了丰富的文件 I/O 操作,包括打开和关闭文件、读取和写入数据、移动文件指针、检查文件状态等。在 C++中,文件操作是通过 C++标准库中的文件流类来实现的,这些类提供了一种类型安全和面向对象的方式来处理文件的输入输出。通过这些类,C++程序可以方便地与文件系统进行交互。为了在 C++中执行一个文件处理,必须包含头文件<iostream>和<fstream>。头文件<fstream>包含了多种流类模板的定义：basic_ifstream (文件输入)、basic_ofstream(文件输出)和 basic_fstream(文件输入和输出)。每个类模板都有一个预定义的模板特化,它可以对字符进行某种 I/O 操作。这些模板分别是从类模板 basic_istream、basic_ostream 和 basic_iostream 派生而来的。因此,所有属于这些模板的成员函数(如 read()函数、write()函数、get()函数、getline()函数、put()函数)、运算符(如提取运算符>>、插入运算符<<)、流操纵符(如 left、right、setw、fixed、setprecision、endl)都可以应用在文件流上。

C++提供了针对 char 类型的 typedef 来定义 ifstream 类、ofstream 类以及 fstream 类,即

```
typedef basic_ifstream<char> = ifstream
typedef basic_ofstream<char> = ofstream
typedef basic_fstream<char> = fstream
```

12.4.2　文本文件与二进制文件的概念

在 C++中,文件可分为文本文件和二进制文件,它们是两种不同类型的文件,在存储数据的方式和用途上有所区别。在 C++中,通过文件流(如 ifstream、ofstream、fstream)来操作文件。文本模式和二进制模式是在打开文件时通过指定不同的模式标志(如 ios_base：：binary)来区分的,如果不指定打开文件的模式标志,则默认为文本模式。

将数据存储在文件中时,可以将其存储为文本格式或二进制格式。文本格式指的是将所有内容都存储为文本。例如,以文本格式存储值－5.38270269e＋307 时,将存储该数字包含的 16 个字符。这需要将浮点数的计算机内部表示转换为字符格式,这正是插入运算符<<完成的工作。另外,二进制格式指的是存储值的计算机内部表示。也就是说,计算机不是存储－5.38270269e＋307 中每个字符所对应的编码表示,而是存储这个值的 8 字节的二进制表示。然而,对于单个字符来说,二进制表示与文本表示是一样的,即字符的 ASCII 码的二进制表示。

文本文件是以文本的形式存储数据的文件,其中数据以字符编码(如 ASCII 码或 Unicode 码)的形式存在。图 12.5 给出了单精度浮点数 0.15625 的文本编码。根据 ASCII 表可知,字符'0'、'.'、'1'、'5'、'6'、'2'的 ASCII 码值分别为 48、46、49、53、54、50,这些码值的二进制表示分别为 00110000、00101110、00110001、00110101、00110110、00110010、00110101,因此单精度浮点数 0.15625 的文本编码需要 7 字节来表示,在计算机中的编码如图 12.5 所示。

00110000	00101110	00110001	00110101	00110110	00110010	00110101

图 12.5　单精度浮点数 0.15625 的文本编码

本质上,文本流是能组合成行(零或更多字符加上终止的'\n')的有序字符序列;行能分解成零个或多个字符加一个终止的'\n'(换行)字符。最后一行是否要求终止的'\n'是实现定义的。另外,必须在输入与输出时添加、切换或删除字符,以符合操作系统中表示文本的约定(尤其是 Windows 操作系统上的 C 流在输出时将'\n'转换为'\r\n',输入时将'\r\n'转换为'\n')。

二进制文件是以二进制的形式存储数据的文件,即数据直接以字节为单位进行存储。计算机中浮点数的二进制存储格式遵循 IEEE 754 标准,分为符号位、指数位和尾数位。以单精度浮点数为例,其使用 32 比特存储,其中 1 位表示符号,8 位表示指数,23 位表示尾数。而双精度浮点数使用 64 比特存储,其中 1 位表示符号,11 位表示指数,52 位表示尾数。这种存储方式使得浮点数能够在计算机中有效地表示和运算大范围和精度的数值。

对于数字来说,二进制表示与文本表示有很大的差别。图 12.6 给出了占 4 字节的单精度浮点数 0.15625 的二进制编码表示。

图 12.6 单精度浮点数 0.15625 的二进制编码

12.4.3 文件的处理步骤

C++中的文件处理步骤通常包括打开文件、读/写文件、关闭文件等。下面主要介绍打开文件和关闭文件,读/写文件在后文单独介绍。

1. 打开文件

打开文件操作包括建立文件流对象、与外部文件关联和指定文件的打开方式。打开文件有两种方式,如表 12.14 所示。

表 12.14 打开文件的两种方式

打开文件	语　　　句	功　　　能
方式一	流类　对象名(文件名,打开模式);	直接使用文件名初始化流对象,即调用文件流类带参数的构造函数,在建立流对象的同时连接外部文件
方式二	流类　对象名; 对象名.open(文件名,打开模式);	直接调用流对象的 open()函数,即首先建立流对象,然后调用文件流类的公有成员函数 open()连接外部文件

其中,这里的"流类"特指 C++流类库定义的文件流类,可以是 ifstream、ofstream 或 fstream 中的任何一种类型。如果以读方式打开文件,应该用 ifstream;如果以写方式打开文件,应该用 ofstream;如果以读/写方式打开文件,应该用 fstream。"对象名"是用户定义标识符,是流对象的名称。

"文件名"是用 C 风格的字符串或 string 对象表示的外部文件的名字,可以是已经赋值的串变量、用双引号相括的串常量及 string 对象。要求使用文件全名,如"fileForReading.txt"。如果文件不在当前工作目录,则需要写出路径。路径可以是相对路径,也可以是绝对路径,如"c:\\fileForReading.txt"等。注意,在直接用字符串常量指定文件路径时使用了转义序列\\来表示路径中的\字符。

"打开模式"是 ios_base 类定义的一个 openmode 类型的标识常量,用于表示 I/O 流的打开模式,当然也适用于文件流的打开模式;与 fmtflags 和 iostate 类型一样,openmode 类型也是一种 bitmask 类型(以前其类型为 int)。可以选择 ios_base 类中定义的多个常量来指定打开模式,表 12.15 列出了这些常量及其功能。

表 12.15 流的打开模式常量

常　　量	功　　能
ios_base::app	每次写入前寻位到流结尾
ios_base::binary	以二进制模式打开
ios_base::in	为读打开
ios_base::out	为写打开
ios_base::trunc	在打开时舍弃流的内容
ios_base::ate	打开后立即寻位到流结尾
ios_base::noreplace (C++23)	以独占模式打开

事实上,文件的打开模式描述的是文件将被如何使用:读、写、追加、独占等。文件流类的构造函数以及 open()函数都接收两个参数,将流与文件关联时(无论是直接使用文件名初始化文件流对象,还是直接调用文件流对象的 open()函数),都可以提供指定文件模式的第二个参数,如果不提供,第二个参数将根据流对象的类型使用默认值。为读取文件,需要使用 ios_base::in 模式。为执行二进制 I/O,需要使用 ios_base::binary 模式(在某些非标准系统上,可以省略这种模式,事实上,可能必须省略这种模式)。为写入文件,需要 ios_base::out 或 ios_base::app 模式。然而,追加模式只允许程序将数据添加到文件尾,文件的其他部分是只读的;也就是说,可以读取原始数据,但不能修改它;要修改数据,必须使用 ios_base::out。

例如,ifstream 类的构造函数和 open()函数用 ios_base::in(以读方式打开文件)作为打开模式参数的默认值,而 ofstream 类的构造函数和 open()函数用 ios_base::out(以写方式打开文件)作为默认值。位运算符或(|)用于将两个位值合并成一个可用于设置两个位的值。因此,fstream 类的构造函数和 open()函数用 ios_base::in|ios_base::out(以读/写方式打开文件)作为打开模式参数的默认值。

以第一种方式打开文本文件的例子如下所示。

```
//打开一个已有文件 fileForReading.txt,准备读
① ifstream inputFileStream("fileForReading.txt",ios_base::in);
② ifstream inputFileStream("fileForReading.txt");
//打开(创建)一个文件 fileForWriting.txt,准备写
③ ofstream outputFileStream("fileForWriting.txt",ios_base::out);
④ ofstream outputFileStream("fileForWriting.txt");
//打开一个已有文件 fileForReadingWriting.txt,准备读/写
⑤ fstream fileStream("fileForReadingWriting.txt",ios_base::in | ios_base::out);
⑥ fstream fileStream("fileForReadingWriting.txt");
```

以上打开方式,语句①与②、③与④、⑤与⑥是完全等价的,后者均是前者的默认打开方式。

以第二种方式打开文本文件的例子如下所示。

```
//打开一个已有文件 fileForReading.txt,准备读
① ifstream inputFileStream;
```

```
inputFileStream.open("fileForReading.txt",ios_base::in);
② ifstream inputFileStream;
inputFileStream.open("fileForReading.txt");
//打开(创建)一个文件 fileForWriting.txt,准备写
③ ofstream outputFileStream;
outputFileStream.open("fileForWriting.txt",ios_base::out);
④ ofstream outputFileStream;
outputFileStream.open("fileForWriting.txt");
//打开一个已有文件 fileForReadingWriting.txt,准备读/写
⑤ fstream fileStream;
fileStream.open("fileForReadingWriting.txt",ios_base::in | ios_base::out);
⑥ fstream fileStream;
fileStream.open("fileForReadingWriting.txt");
```

同样,以上打开方式,语句①与②、③与④、⑤与⑥是完全等价的,后者均是前者的默认打开方式。

注意,ios_base::trunc 标记意味着在打开文件时会舍弃文件流的内容;也就是说,该文件以前的内容将被删除。虽然这种行为极大地降低了耗尽磁盘空间的危险,但有时也不希望打开文件时将其内容删除。如果要保留文件内容,并在文件尾追加新信息,则可以使用 ios_base::app 模式。

2. 关闭文件

当一个文件操作完毕后,应及时关闭。关闭文件操作包括把缓冲区数据完整地写入文件、添加文件结束标志和切断流对象与外部文件的连接。

关闭文件使用文件流类的成员函数 close(),若操作期间出现错误,则调用 setstate (failbit),该函数无参数,且无返回值。

例如:

```
ifstream inputFileStream;
inputFileStream.open("fileForReading.txt",ios_base::in);
//do some file operations
inputFileStream.close();
inputFileStream.open("anotherFile.txt",ios_base::in);
```

用 close()函数关闭文件后,若流对象的生存期没有结束,即流对象依然存在,则可以与其他文件连接,重用流对象。上述语句关闭 fileForReading.txt 后,重用流 inputFileStream 打开文件 anotherFile.txt。

根据流对象所属的类型,close()函数在流对象离开作用域时自动被 basic_ifstream 或 basic_ofstream 或 basic_fstream 的析构函数调用,通常不直接调用。

12.5 文本文件操作

C++文本文件本身没有记录逻辑结构,但为了便于识别,在文本文件中通常将一个记录放在一行(用换行符分隔的逻辑行)。记录的每一个数据项("列",称为"字段")之间可以用空白符(white space),即空格符(' ')、换行符('\n')、制表符('\t')等作为分隔符。

12.5.1 创建文本文件

本节将学习如何使用 C++创建一个新的文本文件,并写入一些基本的内容。我们将通过一个简单的例子来展示如何使用 ofstream 来创建文件和写入数据。

例 12.23 创建文本文件并写入内容。

```cpp
1   //createTextFile.cpp
2   # include < fstream >
3   # include < iostream >
4   # include < string >
5   using namespace std;
6
7   int main()
8   {
9       //指定要创建的文件名
10      string fileName = "new_text_file.txt";
11
12      //创建并打开输出文件
13      ofstream outputFile(fileName);
14      if(!outputFile.is_open())
15      {
16          cerr <<"无法创建文件!"<< endl;
17          return 1;
18      }
19
20      //写入标题
21      outputFile <<"C++创建文本文件示例"<< endl;
22      outputFile <<" ============================ "<< endl;
23
24      //写入一些数据
25      outputFile <<"姓名        年龄        城市"<< endl;//写入列标题
26      outputFile <<"Alice       20          New York"<< endl;
27      outputFile <<"Bob         18          Los Angeles"<< endl;
28      outputFile <<"Charlie     15          Chicago"<< endl;
29
30      //关闭文件
31      outputFile.close();
32
33      cout <<"文件已成功创建并写入内容。"<< endl;
34      return 0;
35  }
```

12.5.2 向文本文件中追加记录

如果要向上述文本文件中追加记录,则需要在创建 ofstream 对象时使用 ios_base::app 模式。这个模式允许向文件末尾追加内容,而不是覆盖现有内容。以下是修改后的代码:

例 12.24 向文本文件中追加记录。

```cpp
1    //appendRecordsToTextFile.cpp
2    # include < fstream >
3    # include < iostream >
4    # include < string >
5    using namespace std;
6
7    int main()
8    {
9        //指定要追加的文件名
10       string fileName = "new_text_file.txt";
11
12       //以追加模式打开输出文件
13       ofstream outputFile(fileName,ios_base::out | ios_base::app);
14       if(!outputFile.is_open())
15       {
16           cerr <<"无法打开文件!"<< endl;
17           return 1;
18       }
19
20       outputFile <<"David     22        Boston"<< endl;
21       outputFile <<"Eva       19        Miami"<< endl;
22       outputFile <<"Frank     17        Seattle"<< endl;
23
24       //关闭文件
25       outputFile.close();
26
27       cout <<"记录已成功追加到文件中。"<< endl;
28       return 0;
29   }
```

12.5.3 读取文本文件

以下程序的目的是读取一个文本文件(在这个例子中是 new_text_file.txt),该文件包含了一些学生的记录,每条记录包括姓名、年龄和城市。程序会跳过文件的前三行(标题行),然后逐行读取剩余的内容,统计学生年龄的最大值、最小值和平均值,并将每条记录以及统计结果输出到显示器屏幕上。

例 12.25 读取文本文件内容并输出相关统计信息。

```cpp
1    //readAndDisplayOnTextFile.cpp
2    # include < fstream >            //包含文件流操作相关的类和函数
3    # include < iostream >           //包含标准输入输出流相关的类和函数
4    # include < string >             //包含字符串类 string
5    # include < sstream >            //包含字符串流相关的类和函数
6    # include < limits >             //包含数值极限定义
7    using namespace std;
8
9    int main()
10   {
```

```
11      string fileName = "new_text_file.txt";
12

13      //创建并打开输入文件
14      ifstream inputFile(fileName);
15      if(!inputFile.is_open())
16      {
17          cerr <<"无法打开文件:"<< fileName << endl;
18          return 1;                   //返回错误代码
19      }
20

21      string line;
22      int maxAge = numeric_limits < int >::min();   //初始化最大年龄为最小整数
23      int minAge = numeric_limits < int >::max();   //初始化最小年龄为最大整数
24      int sumAge = 0;                 //用于计算年龄总和
25      int count = 0;                  //用于计算学生数量
26

27      //跳过前 3 行(标题行)
28      getline(inputFile,line);        //略去 C++创建文本文件示例
29      getline(inputFile,line);        //略去 =============================
30      getline(inputFile,line);        //略去 姓名      年龄      城市
31

32      //逐行读取文件内容
33      while(getline(inputFile,line))
34      {
35          cout << line << endl;       //显示器屏幕上输出当前行内容
36

37          stringstream ss(line);      //创建字符串流对象,以便读取每条记录中的每个字段
38          string name,city;
39          int age;
40

41          //读取姓名、年龄、城市
42          ss >> name;                 //读取姓名,假设姓名中无空格
43          ss >> age;                  //读取年龄
44          getline(ss,city);           //读取城市,因为城市名中包含空格
45

46          //更新最大年龄、最小年龄和年龄总和
47          if(age > maxAge) maxAge = age;
48          if(age < minAge) minAge = age;
49          sumAge  += age;
50          ++count;
51      }
52

53      //关闭文件
54      inputFile.close();
55

56      //计算平均年龄
57      double avgAge = count > 0 ? static_cast < double >(sumAge)/count:0;
58

59      //输出统计结果
60      cout <<"学生的最大年龄:"<< maxAge << endl;
61      cout <<"学生的最小年龄:"<< minAge << endl;
```

```
62        cout <<"学生的平均年龄:"<< avgAge << endl;
63
64        return 0;                        //程序正常结束
65  }
```

可能的运行结果：

```
Alice      20      New York
Bob        18      Los Angeles
Charlie    15      Chicago
David      22      Boston
Eva        19      Miami
Frank      17      Seattle
学生的最大年龄:22
学生的最小年龄:15
学生的平均年龄:18.5
```

12.6　二进制文件操作

　　本质上，二进制流是一个能透明地记录内部数据的有序字符序列。二进制文件之所以能够实现随机访问，是因为它们通常包含固定长度的记录或数据结构，这些可以通过计算偏移量直接定位。例如，如果一个二进制文件包含一系列固定长度的记录，则可以通过计算记录的偏移量来直接访问任何一个记录。这种能力使得二进制文件在需要快速检索特定数据时非常有用。

12.6.1　创建二进制文件

　　假定前面提及的文本文件中的学生记录（略去前三行标题）用如下结构体来表示：

```
struct Student
{
    char name[20];
    int  age;
    char city[20];
}
```

　　该 Student 结构体包含三个成员：一个字符数组 name，用于存储学生的名字（最多 19 个字符加上一个空字符）；一个整数 age，用于存储学生的年龄；另一个字符数组 city，用于存储学生所在的城市名。学生的每条记录均用 Student 结构体来表示。

　　现需要实现读取前面生成的文本文件中的学生记录（略去前三行标题），并将每条记录以二进制形式写入一个二进制文件中的 C++程序。

　　要以二进制格式（而不是文本格式）存储数据，可以使用 write()成员函数。这种方法将内存中指定数目的字节复制到文件中，但它只逐字节地复制数据，而不进行任何转换。唯一要注意的地方是，必须将地址强制转换为字符类型的指针或常量字符类型的指针，这是由 write()函数的原型中第一个参数来决定的。要获得字节数，可以使用 sizeof 运算符，如本例中的 sizeof（Student）即为 44。以下程序实现了将存储在文本文件中的学生记录转换并写入一个二进制文件中。

例 12.26 将文本文件中的学生记录写入二进制文件中。

```cpp
1   //createBinaryFile.cpp
2   # include < string >
3   # include < fstream >
4   # include < sstream >
5   # include < string >
6   # include < iostream >
7   using namespace std;
8
9   //学生结构体定义
10  struct Student
11  {
12      char name[20];
13      int age;
14      char city[20];
15  };
16
17  int main()
18  {
19      string textFileName = "new_text_file.txt";              //源文本文件名
20      string binaryFileName = "students_binary_file.bin";     //目标二进制文件名
21
22      //创建并打开源文本文件
23      ifstream textFile(textFileName);
24      if(!textFile.is_open())
25      {
26          cerr <<"无法打开源文本文件:"<< textFileName << endl;
27          return 1;                                           //返回错误代码
28      }
29
30      //创建并打开目标二进制文件
31      ofstream binaryFile(binaryFileName, ios_base::binary);
32      if(!binaryFile.is_open())
33      {
34          cerr <<"无法创建目标二进制文件:"<< binaryFileName << endl;
35          return 1;                                           //返回错误代码
36      }
37
38      //跳过前三行标题
39      string titleLine;
40      for(int i = 0;i < 3;++i)
41      {
42          getline(textFile,titleLine);
43      }
44
45      //定义 Student 结构体变量
46      Student student;
47      string line;
48      //逐行读取文件内容
49      while (getline(textFile,line))
```

```
50        {
51            cout << line << endl;        //显示器屏幕上输出当前行内容
52            stringstream ss(line);       //创建字符串流对象,以便读取每条记录中的每个字段
53            string name;
54            int age;
55            string city;
56
57
58            getline(ss,name,' ');        //读取姓名,假设姓名和年龄之间用空格分隔,以便区分字段
59            //ss >> student.name;         //读取姓名
60
61
62            ss >> age;                   //读取年龄
63            //ss.ignore(7);               //忽略年龄后的所有 7 个空格
64            ss >> ws;                    //忽略年龄后的所有空白符
65
66
67            getline(ss,city);            //读取城市,因为城市名中可能包含空格
68            //cout << city << endl;
69
70            //将 string 复制到字符数组中,并确保以空字符结尾
71            strncpy_s(student.name,name.c_str(),sizeof(student.name) - 1);
72            student.name[sizeof(student.name) - 1] = '\0';    //确保以空字符结尾
73            student.age = age;           //赋值年龄
74            strncpy_s(student.city,city.c_str(),sizeof(student.city) - 1);
75            student.city[sizeof(student.city) - 1] = '\0';    //确保以空字符结尾
76
77            //将 Student 结构体写入二进制文件
78            binaryFile.write((const char * )&student,sizeof(Student));
79            if(!binaryFile)
80            {
81                cerr <<"写入二进制文件时出错。"<< endl;
82                return 1;
83            }
84        }
85
86        //关闭文件
87        textFile.close();
88        binaryFile.close();
89
90        cout <<"学生记录已成功复制到二进制文件:"<< binaryFileName << endl;
91        return 0;                        //程序正常结束
92    }
```

可能的运行结果:

```
Alice      20       New York
Bob        18       Los Angeles
Charlie    15       Chicago
David      22       Boston
Eva        19       Miami
```

```
Frank        17        Seattle
```
学生记录已成功复制到二进制文件 students_binary_file.bin。

12.6.2 读取二进制文件

为了读取之前使用 char 数组写入的二进制文件并将每条记录显示在屏幕上,需要编写一个 C++ 程序来打开该二进制文件,读取 Student 结构体,并输出每个学生的姓名、年龄和城市。以下是实现这一功能的代码示例。

例 12.27 读取二进制文件并显示学生记录。

```cpp
1   //readBinaryFileToTextFile.cpp
2   # include < iostream >
3   # include < fstream >
4   # include < iomanip >
5   using namespace std;
6
7   //学生结构体定义
8   struct Student
9   {
10      char name[20];
11      int age;
12      char city[20];
13  };
14
15  int main()
16  {
17      string binaryFileName = "students_binary_file.bin";          //目标二进制文件名
18
19      //创建并打开目标二进制文件
20      ifstream binaryFile(binaryFileName, ios_base::binary);
21      if(!binaryFile.is_open())
22      {
23          cerr <<"无法打开二进制文件:"<< binaryFileName << endl;
24          return 1;                                                //返回错误代码
25      }
26
27      //定义 Student 结构体变量
28      Student student;
29      cout <<"姓名        "<<"年龄        "<<"城市"<< endl;
30
31      //逐个读取 Student 结构体
32      while(binaryFile.read((char * )&student, sizeof(Student)))
33      {
34          //输出学生信息
35  cout << left << setw(9)<< student.name << setw(9)<< student.age << student.city << endl;
36      }
37
38      //关闭文件
39      binaryFile.close();
40
```

```
41      cout <<"学生记录已成功从二进制文件中读取并显示。"<< endl;
42      return 0;                                              //程序正常结束
43  }
```

可能的运行结果：

姓名	年龄	城市
Alice	20	New York
Bob	18	Los Angeles
Charlie	15	Chicago
David	22	Boston
Eva	19	Miami
Frank	17	Seattle

学生记录已成功从二进制文件中读取并显示。

12.7 应用举例

本节通过创建一个简单的银行账户管理系统，进一步展示了文件操作相关的知识点的具体运用。

例 12.28   本事务处理程序实现了一个简易的银行账户管理系统，它使用二进制文件来存储账户信息，并提供了一系列功能来管理这些账户，包括初始化二进制文件、添加新账户、删除账户、更新账户记录、创建文本文件以及显示文本文件内容。

该事务处理程序是有关文件读写操作的一个综合实例。本程序一共由 2 个头文件和 11 个 cpp 文件组成。这 2 个头文件分别是 BankAccount.h 和 GlobalVariable.h。这 11 个 cpp 文件分别是 BankAccount.cpp、GlobalVariable.cpp、inputChoice.cpp、initializeBinaryFile.cpp、getAccount.cpp、addRecord.cpp、deleteRecord.cpp、updateRecord.cpp、createTextFile.cpp、displayTextFile.cpp 和 main.cpp。

具体代码如下所示：

```
1   //BankAccount.h
2   //BankAccount 类的定义
3   # ifndef BANKACCOUNT_H
4   # define BANKACCOUNT_H
5   # include < iostream >
6   # include < string >
7   # include < fstream >
8   # include < iomanip >
9   # include < cstdlib >
10  using namespace std;
11
12  class BankAccount
13  {
14      friend ostream& operator <<(ostream&, const BankAccount& account);
15  public:
16      BankAccount( int = 0, const string & = "", double = 0.0);
17
18      void setAccountNumber( int);
```

```
19      int getAccountNumber() const;
20
21      void setAccountHolder(const string &);
22      string getAccountHolder() const;
23
24      void setBalance(double);
25      double getBalance() const;
26
27   private:
28      int accountNumber;
29      char accountHolder[20];
30      double balance;
31   };
32
33   void initializeBinaryFile(fstream&);
34   int inputChoice();
35   void addRecord(fstream&);
36   void deleteRecord(fstream&);
37   void updateRecord(fstream&);
38   void createTextFile(fstream&);
39   void displayTextFile(fstream&);
40   int getAccount(const char * const);
41
42   enum class RecordChoices { INITIALIZE, ADD, DELETE, UPDATE, CREATE_TEXT, DISPLAY_TEXT, END };
43
44   #endif
45   //BankAccount 类的定义结束
```

```
1    //BankAccount.cpp
2    //BankAccount 类的实现文件
3    #include "BankAccount.h"
4
5    ostream& operator <<(ostream& output, const BankAccount& account)
6    {
7        output << left << setw(18) << account.getAccountNumber()
8            << setw(16) << account.getAccountHolder()
9            << setw(10) << setprecision(2) << right << fixed
10           << showpoint << account.getBalance() << endl;
11       return output;
12   }
13
14   BankAccount::BankAccount(int accountNumberValue, const string &accountHolderValue, double
     balanceValue) :accountNumber(accountNumberValue), balance(balanceValue)
15
16   {
17       setAccountHolder(accountHolderValue);
18   }
19
20   int BankAccount::getAccountNumber() const
21   {
22       return accountNumber;
```

```
23   }
24
25   void BankAccount::setAccountNumber(int accountNumberValue)
26   {
27       accountNumber = accountNumberValue;
28   }
29
30   string BankAccount::getAccountHolder() const
31   {
32       return accountHolder;
33   }
34
35   void BankAccount::setAccountHolder(const string &accountHolderString)
36   {
37       //copy at most 20 characters from string to accountHolder
38       int length = accountHolderString.size();
39       length = (length < 20 ? length:19);
40       accountHolderString.copy(accountHolder,length);
41       accountHolder[length] = '\0';          //append null character to accountHolder
42   }
43
44   double BankAccount::getBalance() const
45   {
46       return balance;
47   }
48
49   void BankAccount::setBalance(double balanceValue)
50   {
51       balance = balanceValue;
52   }
53
54   //BankAccount 类的实现文件结束

1    //GlobalVariable.h
2    //全局变量的声明
3    # ifndef GLOBAL_VARIABLE_H
4    # define GLOBAL_VARIABLE_H
5    # include < string >
6    extern std::string fileName;
7    # endif
8    //全局变量的声明结束

1    //GlobalVariable.cpp
2    //全局变量的定义
3    # include "GlobalVariable.h"
4    extern std::string fileName = "customerAccount.dat";
5    //全局变量的定义结束

1    //inputChoice.cpp
2    # include "BankAccount.h"
3    //使用户能够输入菜单选项
```

```
4    int inputChoice()
5    {
6    //显示可以获得的菜单选项
7    cout <<"********************************"<< endl
8        <<"0 - Initialize a binary file"<< endl
9        <<"1 - Add a new account"<< endl
10       <<"2 - Delete an account"<< endl
11       <<"3 - Update an account"<< endl
12       <<"4 - Create a text file"<< endl
13       <<"5 - Display the text file"<< endl
14       <<"6 - End the program"<< endl
15       <<"********************************"<< endl
16       <<"Enter your choice from 0 to 6:"<< endl;
17   int menuChoice;
18   cin >> menuChoice;
19   return menuChoice;
20 }  //函数 inputChoice()结束
```

```
1    // initializeBinaryFile.cpp
2    # include "BankAccount.h"
3    # include "GlobalVariable.h"
4
5    void initializeBinaryFile(fstream &binaryFileStream)
6    {
7        if (!binaryFileStream.is_open())
8        {
9            binaryFileStream.open(fileName, ios_base::in | ios_base::out | ios_base::binary);
10           if (!binaryFileStream.is_open())
11           {
12               // 文件不存在,创建新文件
13               binaryFileStream.open(fileName, ios_base::out | ios_base::binary);
14               if (!binaryFileStream.is_open())
15               {
16                   std::cerr << "Error: Failed to create file " << fileName << std::endl;
17               }
18               binaryFileStream.close();
19               // 文件存在时,重新以读写模式打开
20               binaryFileStream.open(fileName, ios_base::in | ios_base::out | ios_base::binary);
21               if (!binaryFileStream.is_open())
22               {
23                   std::cerr << "Error: Failed to reopen file " << fileName << std::endl;
24               }
25               BankAccount blankAccount;
26               for (int i = 0; i < 200; ++i)
27               {
28                   binaryFileStream.write((char * )&blankAccount, sizeof(BankAccount));
29               }
30               binaryFileStream.flush();          // 确保数据写入磁盘
31               binaryFileStream.seekg(0);          // 重置指针
32               cout << "Binary file initialized." << endl;
```

```
33                    }
34              }
35          else
36          {
37              binaryFileStream.seekg(0);              // 确保指针在开头
38              cout << "Binary file already open." << endl;
39          }
40   }                                                  // 函数 initializeBinaryFile()结束
```

```
1    //getAccount.cpp
2    # include "BankAccount.h"
3    //从用户处获取账户编号
4    int getAccount(const char * const prompt )
5    {
6        int accountNumber;
7        //获取账户编号
8        do
9        {
10           cout << prompt <<" (1 - 200):";
11           cin >> accountNumber;
12       } while (accountNumber < 1 || accountNumber > 200);
13
14       return accountNumber;
15   } //函数 getAccount()结束
```

```
1    //addRecord.cpp
2    # include "BankAccount.h"
3    //创建和插入记录
4    void addRecord(fstream &insertIntoBinary)
5    {
6        //获取要创建的新账户编号
7        int accountNumber = getAccount("Enter a new account number:");
8
9        //将文件位置指针移至文件中的正确记录上
10       insertIntoBinary.seekg((accountNumber - 1) * sizeof(BankAccount));
11
12       //从二进制文件中读取记录
13       BankAccount client;
14       insertIntoBinary.read((char * )(&client),sizeof(BankAccount));
15
16       //如果以前没有记录,则创建记录
17       if(client.getAccountNumber() == 0)
18       {
19           string accountHolder;
20           double balance;
21
22           //用户输入账户持有人和余额
23           cout <<"Enter accountHolder,balance:\n? ";
24           cin >> accountHolder;
25           cin >> balance;
26
```

```
27        //使用数值来填充账户信息
28        client.setAccountNumber(accountNumber);
29        client.setAccountHolder(accountHolder);
30        client.setBalance(balance);
31
32        //将文件位置指针移至文件中的正确记录上
33        insertIntoBinary.seekp((accountNumber - 1) * sizeof(BankAccount));
34
35        //在文件中插入记录
36        insertIntoBinary.write((const char *)(&client), sizeof(BankAccount));
37      }
38    else //如果账户已存在,则显示错误
39        cerr <<"Account # "<< accountNumber <<" already exists."<< endl;
40  } //end function addRecord
```

```
1   //deleteRecord.cpp
2   # include "BankAccount.h"
3   //删除现有记录
4   void deleteRecord(fstream &deleteFromBinary)
5   {
6      //获得要删除的账户编号
7      int accountNumber = getAccount("Enter account to delete:");
8
9      //将文件位置指针移动到二进制文件中的正确记录上
10     deleteFromBinary.seekg((accountNumber - 1) * sizeof(BankAccount));
11
12     //从二进制文件中读取记录
13     BankAccount client;
14     deleteFromBinary.read((char *)(&client), sizeof(BankAccount));
15
16     //如果二进制文件中存在记录,则删除该记录
17     if(client.getAccountNumber() != 0)
18     {
19        BankAccount blankAccount;                    //创建空记录
20
21        //将文件位置指针移动到二进制文件中的正确记录上
22        deleteFromBinary.seekp((accountNumber - 1) * sizeof(BankAccount));
23
24        //用空记录替换现有记录
25        deleteFromBinary.write((char *)(&blankAccount), sizeof(BankAccount));
26
27        cout <<"Account # "<< accountNumber <<" is deleted.\n";
28     }
29     else //如果二进制文件中不存在记录,则显示错误
30        cerr <<"Account # "<< accountNumber <<" is empty.\n";
31  } //函数 deleteRecord()结束
```

```
1   //updateRecord.cpp
2   # include "BankAccount.h"
3   //更新记录余额
4   void updateRecord(fstream &updateBinary)
```

```
5    {
6        //获得要更新的账户编号
7        int accountNumber = getAccount("Enter account to update");
8
9        //将文件位置指针移至文件中的正确记录
10       updateBinary.seekg((accountNumber - 1) * sizeof(BankAccount));
11
12       //从文件中读取第一个记录
13       BankAccount client;
14       updateBinary.read((char * )(&client), sizeof(BankAccount));
15
16       //更新记录
17       if(client.getAccountNumber() != 0)
18       {
19           cout << client;              //display the record, overload operator <<
20
21           //request user to specify transaction
22           cout <<"\nEnter Deposit( + ) or Withdraw( - ):";
23           double transaction;          //charge or payment
24           cin >> transaction;
25
26           //更新记录的余额
27           double oldBalance = client.getBalance();
28           client.setBalance(oldBalance + transaction);
29           cout << client;              //display the record, overload operator <<
30
31           //将文件位置指针移至文件中的正确记录
32           updateBinary.seekp((accountNumber - 1) * sizeof(BankAccount));
33
34           //将更新的记录写入文件中的旧记录
35           updateBinary.write(reinterpret_cast < const char * >(&client),
36               sizeof(BankAccount));
37       }
38       else //如果账户不存在,则显示错误
39           cerr <<"Account # "<< accountNumber <<" has no information."<< endl;
40   } //函数 updateRecord()结束
```

```
1    //createTextFile.cpp
2    # include "BankAccount.h"
3    //创建一个格式化的文本文件
4
5    void createTextFile(fstream &readFromBinary)
6    {
7        //创建一个文本文件
8        ofstream outTextStream("customerAccount.txt", ios_base::out);
9
10       //如果 ofstream 无法创建文件,则退出程序
11       if (!outTextStream.is_open( ))
12       {
13           cerr << "The text file could not be created." << endl;
14           exit(EXIT_FAILURE);
```

```
15        }
16
17        //输出列标题
18        outTextStream << left << setw(18) << "AccountNumber" << setw(16)
19                     << "AccountHolder" << right
20                     << setw(10) << "Balance" << endl;
21
22        //清除可能的错误状态
23        readFromBinary.clear();
24
25        //将文件位置指针设置为从二进制文件读取的开头
26        readFromBinary.seekg(0);
27
28        //将二进制文件中的所有记录复制到文本文件中
29        BankAccount client;
30          while (readFromBinary.read((char *)(&client), sizeof(BankAccount)))
31          //从二进制文件中读取每条记录
32          {
33              //将每条记录逐行写入文本文件中
34              if (client.getAccountNumber() != 0)        // 跳过二进制文件中的空记录
35              {
36                  outTextStream << client;                // 重载运算符 <<
37              }
38          }
39
40    cout << "The text file has been created!" << endl;
41    } //结束函数 createTextFile()


1     //displayTextFile.cpp
2     # include "BankAccount.h"
3     //在屏幕上显示格式化的文本输出
4
5     void displayTextFile(fstream &readFromBinary)
6     {
7         //输出列标题
8         cout << left << setw(18) << "AccountNumber" << setw(16)
9           << "AccountHolder" << right
10          << setw(10) << "Balance" << endl;
11
12        //清除可能的错误状态
13        readFromBinary.clear();
14
15        //将文件位置指针设置为从二进制文件读取的开头
16        readFromBinary.seekg(0);
17
18        //将二进制文件中的所有记录复制到屏幕上
19        BankAccount client;
20        while (readFromBinary.read((char *)(&client), sizeof(BankAccount)))
21        //从二进制文件中读取每条记录
22        {
23            //将每条记录逐一显示在屏幕上
```

```
24          if (client.getAccountNumber() != 0)        // 跳过二进制文件中的空记录
25          {
26            cout << client;                            // 重载运算符 <<
27          }
28        }
29  } //结束函数 displayTextFile()
```

```
1   //main.cpp
2   //该程序按顺序读取随机存取文件
3   //创建要放入二进制文件的数据
4   //删除之前存储在二进制文件中的数据
5   //更新先前写入二进制文件的数据
6   //从创建的或原始的二进制文件创建文本文件,以及
7   //在屏幕上显示二进制文件的格式化文本输出
8
9   #include <iostream>
10  #include "BankAccount.h"                         //BankAccount 类的定义
11  #include "GlobalVariable.h"                      //全局变量 filename 被使用
12
13  int main()
14  {
15      fstream inOutFileStream(fileName);
16      RecordChoices enumChoice;
17      int intChoice = inputChoice();
18      while((enumChoice = static_cast<RecordChoices>(intChoice)) != RecordChoices::END)
19      {
20          switch (enumChoice)
21          {
22            case RecordChoices::INITIALIZE:          //创建新记录
23                initializeBinaryFile(inOutFileStream);
24                break;
25            case RecordChoices::ADD:                 //创建新记录
26                addRecord(inOutFileStream );
27                break;
28            case RecordChoices::DELETE:              //删除现有记录
29                deleteRecord(inOutFileStream);
30                break;
31            case RecordChoices::UPDATE:              //更新现有记录
32                updateRecord(inOutFileStream);
33                break;
34            case RecordChoices::CREATE_TEXT:         //从二进制文件创建文本文件
35                createTextFile(inOutFileStream);
36                break;
37            case RecordChoices::DISPLAY_TEXT:        //显示二进制文件的文本内容
38                displayTextFile(inOutFileStream);
39                break;
40            default:                                 //如果用户未选择有效选项,则显示错误
41                cerr <<"Incorrect choice"<< endl;
42                break;
43          }
44          inOutFileStream.clear();                   //重置 EOF 指示器
```

```
45        intChoice = inputChoice();
46    }
47    return 0;
48  }  //主函数 main()结束
```

【程序分析】

（1）BankAccount 类的定义。

头文件 BankAccount.h 中定义了一个名为 BankAccount 的类，用于存储客户的账户信息。BankAccount.cpp 是该类的实现文件。

本类定义中是否可以使用 string 对象而不是字符数组来表示 accountHolder 成员呢？也即是否可以将语句"char accountHolder[20];"更改为"string accountHolder;"呢？答案是否定的，至少在不对设计做重大修改的情况下是否定的。问题在于，string 对象本身实际上并没有包含字符串，而是包含一个指向其中存储了字符串的内存单元的指针。因此，将对象复制到文件中时，复制的将不是字符串数据，而是字符串的存储地址。当再次运行该程序时，该地址将毫无意义。

（2）全局变量。

头文件 GlobalVariable.h 中定义了一个全局变量 fileName，用于存储二进制文件的名称。

源文件 GlobalVariable.cpp 中初始化全局变量 fileName，将其设置为"customerAccount.dat"。

（3）主要功能函数。

inputChoice.cpp 提供一个菜单，让用户选择要执行的操作，并返回对应的整数值。

initializeBinaryFile.cpp 初始化一个名为 customerAccount.dat 的二进制文件，如果文件不存在，则创建它，并写入 200 个空白账户记录。

getAccount.cpp 获取用户输入的账户号码，并确保它在有效范围内（1～200）。

addRecord.cpp 添加新账户记录到二进制文件中。首先获取用户输入的账户号码，然后检查该账户是否已存在，如果不存在，则创建新账户并写入文件。

deleteRecord.cpp 删除二进制文件中的账户记录。通过移动文件指针到指定位置，并将该位置的记录替换为空白记录。

updateRecord.cpp 更新二进制文件中的账户余额。首先获取用户输入的账户号码，然后读取该账户的当前余额，根据用户输入的交易类型（存款或取款）更新余额。

createTextFile.cpp 从二进制文件创建一个文本文件，包含所有非空账户记录。

displayTextFile.cpp 在屏幕上显示文本文件的内容，使用 operator <<() 函数格式化输出每个账户记录。

（4）主函数。

main.cpp 是程序的主入口点，创建了一个 fstream 对象用于读写二进制文件，并初始化了二进制文件。然后，程序进入一个循环，根据用户的选择执行不同的操作，如添加、删除、更新账户记录，创建文本文件，显示文本文件内容等，直到用户选择结束程序。

综上所述，本事务处理程序展示了如何使用 C++ 中的类、文件操作和友元函数来创建一个简单的银行账户管理系统。它涵盖了文件的创建、读取、写入和更新操作，以及如何通过用户输入来控制程序的流程。该事务处理程序的结构清晰，功能模块化，易于理解、扩展和维护。

本章小结

本章深入探讨了 C++ 中文件处理的基本概念、操作和高级技巧。文件操作是程序设计中不可或缺的一部分，涉及读取配置文件、写入日志信息以及处理用户数据等任务。C++ 提供了丰富的输入输出库，这些库允许程序以统一的方式处理文件、内存流或自定义适配器设备的输入输出。首先介绍了基于流的输入输出库，这些库围绕抽象的输入输出设备组织，使得相同代码能够处理不同类型的流；讨论了流的抽象概念、文件输入输出实现以及同步输出，C++ 将文件视为字节序列。流是进出程序的字节流。包含了 iostream 文件的 C++ 程序将自动定义 8 个流，并使用 8 个对象管理它们。接着详细介绍了格式化输入输出函数，这些函数通过重载提取运算符(>>)从标准输入设备读取格式化数据，或者通过重载插入运算符(<<)从标准输出设备写入格式化数据；同时，探讨了无格式化输入输出函数，使用 ios_base 类方法以及文件 iostream 和 iomanip 中定义的操纵符，可以控制程序如何格式化输出。然后讨论了流错误状态及函数，包括如何检测和处理流状态，以及如何使用异常处理机制来处理文件操作中可能出现的错误；介绍了 good()、eof()、fail()、bad()等函数，以及如何使用 clear()和 setstate()函数来管理流状态。最后进一步探讨了文件流的基本操作和高级操作，包括格式控制、文件和流的状态管理，以及文本文件与二进制文件的区别。通过应用举例，展示了如何在实际编程中应用文件 I/O 操作，以及如何处理文件流的打开、读取、写入和关闭等操作。

综上所述，本章为读者提供了 C++ 文件处理的全面指南及最新语法格式，从基础操作到高级技巧，为处理文件数据提供了坚实的基础。

习题 12

习题 12

第13章

异常处理

本章介绍异常处理(exception handling)的概念及最新语法规则,同时也介绍传统的错误处理方法。C++异常机制为处理拙劣的编程事件,如不适当的值、I/O失败等,提供了一种灵活的方式。C++异常的主要目的是为设计容错程序提供语言级支持,即异常使得在程序设计中包含错误处理功能更容易,以免事后采取一些严格的错误处理方式。异常的灵活性和相对方便性激励着程序员在条件允许的情况下在程序设计中加入错误处理功能,使得程序更加具有健壮性和容错性。通过使用合适的异常类、抛出异常和捕获异常,可以更好地组织和管理异常,并提供友好的错误提示和恢复机制。同时,遵循异常处理的最佳实践和使用适当的设计模式,可以使代码更具可读性、可维护性和可扩展性。

13.1 异常处理的概念

异常(exception)是指在程序执行过程中出现的错误(如被零除、溢出、数组下标越界、内存不足、非法访问空指针、所读取文件不存在等),它可以打断程序的正常执行流程,并提供一种机制来处理这些异常情况。异常通常由特定的异常类表示,每个异常类都有一个相关的异常对象。在现代 C++中,在大多数情况下,报告和处理逻辑错误(logic errors)与运行时错误(runtime errors)的首选方式是使用异常。当堆栈可能在检测错误的函数与具有错误处理上下文的函数之间包含多个函数调用时,这种方式尤其有用。异常为检测错误的代码提供正式的、妥善定义的方式,以将信息向上传递到调用堆栈。异常的抛出用于从函数中为错误发信号,构造函数和大多数运算符应该通过抛出异常来报告程序错误。

异常处理(exception handling)就是处理程序执行过程中出现的错误,是一种在程序中捕获和处理异常的机制,它允许开发人员定义异常处理代码块来处理特定类型的异常,并提供一种机制来传递错误信息和控制程序的执行流程。异常处理使程序员能够解决(或处理)异常。在很多情况下,在处理异常的同时还允许程序继续运行,就像是根本没有遇到异常一样。C++为异常处理提供了一种功能强大而灵活的工具,使得程序员可以写出健壮和有容错能力的程序。这些程序能够处理在运行中出现的异常,并且使得程序能够继续运行或者得体地终止。

因此,异常通常具有以下三个特点。

第一,异常是意外的或异常的情况,超出了程序的正常执行流程。

第二,异常会打断程序的正常执行,并跳转到相应的异常处理代码块。

第三,异常提供了一种将错误信息传递给调用方的机制,即异常处理提供了一种可以使程序从执行的某点将控制流和信息转移到与执行先前经过的某点相关联的处理代码的方法(换言之,异常处理将控制权沿调用栈向上转移)。

13.1.1 异常代码示例

程序错误(program errors)通常分为两种类别。

第一,由编程失误导致的逻辑错误,例如"索引超出范围"错误。

第二,超出程序员控制范围的运行时错误,例如"网络服务不可用"错误。

在 C 语言中,错误报告的管理方式是返回一个表示错误代码或特定函数的状态代码的值,或者设置一个全局变量,调用方可以在每次执行函数调用后选择性地检索该变量来查看是否报告了错误。在这两种情况下,都需要由调用方识别代码并相应地做出响应。如果调用方未显式处理错误代码,则程序可能会在不发出警告的情况下崩溃。或者,它可能会继续使用错误的数据执行,并生成错误的结果。应该在设计程序时就加入异常处理的功能,而不是在项目完成以后再添加。

以下示例简单演示了 C++ 中引发和捕获异常的必要语法。

例 13.1 异常处理的关键语法。

```
1    //exception_try_catch.cpp
2    # include < stdexcept >
3    # include < limits >
4    # include < iostream >
5    using namespace std;
6
7    void function( int c )
8    {
9        if( c > numeric_limits < char > ::max())
10           throw invalid_argument( "The function argument is too large." );
11   }
12
13   int main() try
14   {
15       try
16       {
17           function(128);                    //抛出异常
18       }
19       catch( invalid_argument& e )
20       {
21           cerr << e.what()<< endl;
22           throw;                            //重抛异常
23           cout <<"The control flow doesn't run here at all."<< endl;
24       }
25       cout <<"This statement won't be executed."<< endl;
```

```
26        return 0;
27  }
28  catch(…)
29  {
30        cerr <<"The exception is captured in main()."<< endl;
31  }
```

程序运行结果：

```
The function argument is too large.
The exception is captured in main().
```

【程序分析】

这个程序演示了异常的抛出、捕获、重新抛出和最终处理的过程。函数 function(int c)接收一个整数参数 c。如果参数 c 大于 char 类型能表示的最大值（即 numeric_limits < char >:: max()，其值在有的系统上为 127），则抛出一个 invalid_argument 异常，并附带一条错误信息：“The function argument is too large.”。当调用 function(128)导致异常时，异常首先在内部 catch 块被捕获并重新抛出，然后在 main()函数的外层 catch 块中被捕获并处理。从本例可以看出，C++异常处理的机制包括以下关键概念，其对应的详细语法规则将在后面的小节中加以分别介绍。

异常捕获：使用 try-catch 语句块来捕获和处理异常。在 try 块或者函数 try 块中执行可能抛出异常的代码，然后在 catch 块中处理异常情况。

异常抛出：使用 throw 关键字抛出异常，当程序遇到错误或异常情况时，可以抛出相应的异常来提醒调用方并中断程序的正常执行。

异常处理代码块：使用 catch 语句块来处理捕获到的异常。在 catch 块中可以编写适当处理逻辑，例如记录日志、输出错误信息或进行其他操作。

异常传递：如果在当前的异常处理代码块中无法处理异常，可以选择继续抛出（或者重新抛出）异常，将其传递给上层调用者来处理。

13.1.2 异常与断言

异常和断言是用于检测程序中运行时错误的两种不同机制。如果所有代码都正确，则可以使用 assert 语句来测试开发过程中永远不应为 true 的条件。使用异常来处理此类错误是没有意义的，因为错误指示的是代码中必须修复的问题。它并不表示程序在运行时必须从中恢复的状态。assert 在语句中停止执行，以便可以在调试器中检查程序状态。异常从第一个适当的 catch 处理程序继续执行。即使代码正确，也可以使用异常来检查在运行时可能发生的错误状态，例如“找不到文件”或“内存不足”。异常可以处理这些状态，即使恢复只是将消息输出到日志并结束程序。始终使用异常来检查公共函数的参数。即使函数没有错误，也可能无法完全控制用户传递给它的参数。

以下是异常处理的一些常见场景。

第一，输入验证。在接收用户输入或外部数据时，可能会出现无效、不完整或格式错误的情况。通过捕获和处理这些输入验证的异常，可以向用户提供友好的错误提示并要求重新输入。

第二，文件操作。在读取、写入或关闭文件时，可能会出现异常情况，例如文件不存在、权限不足等。可以捕获并处理这些异常,以便适当地处理文件操作的错误情况。

第三,数据库操作。在与数据库进行交互时,可能会遇到连接失败、SQL 语法错误、事务处理错误等异常情况。通过捕获和处理这些异常,可以及时处理数据库操作的错误情况,并回滚事务或采取其他恢复措施。

第四,网络通信。在进行网络通信时,可能会遇到连接断开、超时、协议错误等异常情况。可以使用异常处理来处理这些网络异常,以便及时处理通信错误并采取适当的措施。

第五,并发编程。在多线程或并发环境下,可能会出现竞态条件、死锁等异常情况。通过捕获和处理这些并发异常,可以采取适当的同步和调度策略,以确保程序的正确执行。

13.1.3　异常使用的基本准则

在任何编程语言中实现可靠的错误处理都颇有挑战性。尽管异常提供多项功能来支持妥善的错误处理,但它们不能代用户解决一切问题。为了实现异常机制的优势,在设计代码时从以下几方面考虑。

(1)使用断言来检查永远不应发生的错误。使用异常来检查可能发生的错误,例如公共函数参数的输入验证错误。

(2)当处理错误的代码与通过一个或多个中间函数调用检测错误的代码分离时,使用异常。当处理错误的代码与检测错误的代码紧密耦合时,考虑是否在性能关键型循环中使用错误代码。

(3)对于每个可能引发或传播异常的函数,提供三项异常保证之一:强保证、基本保证或不抛出保证。

(4)通过值抛出异常,通过引用捕获异常。不要捕获无法处理的异常。注:C++标准文档中的 throw an exception 或 throw exceptions 可翻译为引发异常或抛出异常,本书中统一翻译为抛出异常。

(5)不要使用 C++11 中已弃用的异常说明。

(6)使用适用的标准库异常类型。

(7)不要允许异常从析构函数或内存解除分配函数(memory-deallocation functions)中逃逸。

13.2　传统的错误处理方法

虽然 C 语言是一种高效、灵活的编程语言,但它并不支持原生的异常处理机制。在 C 语言中,错误处理是一种重要的编程技术,用于处理程序运行过程中可能出现的错误情况。C 语言提供了几种处理错误的机制,包括终止程序、返回错误码、使用全局变量、使用日志记录、使用 C 标准库中 setjmp/longjmp 组合模拟 C++异常处理机制等。

13.2.1　终止程序

在传统错误处理方法中,通过调用标准库中的函数,如 assert()函数、abort()函数和 exit()函数来终止程序的执行是一种很常见的方法,这 3 个函数的原型及功能如表 13.1 所示。

表 13.1　函数 assert()、abort()和 exit()的原型及功能

函　数　名	函　数　原　型	功　　能
assert	void assert (int expression)；	调试程序时的断言检查
abort	void abort(void)；	无条件终止程序的执行
exit	void exit(int status)；	正常终止程序的执行

assert()函数是一种在程序中检查某个条件是否成立的方法。如果 expression 的结果为 0(条件不成立)，那么断言失败，表明程序出错，则会触发一个断言错误，并调用 abort()函数终止程序的执行；如果 expression 的结果为非 0(条件成立)，那么断言成功，表明程序正确，assert()不进行任何操作。断言通常用于调试过程中帮助开发者快速定位问题所在。使用 assert()函数时要包含头文件< assert. h >或< cassert >。

abort()函数是标准库提供的一个函数，用于异常终止程序。它立即终止程序而不执行任何清理操作，如调用析构函数或关闭文件。调用 abort()函数行为本身并不异常，如果用户调用了该函数，那么进程就终止，完全是预期的行为。使用 abort()函数时要包含头文件< stdlib. h >或< cstdlib >。

exit()函数用于正常终止程序。它会执行某些操作，例如调用全局静态对象的析构函数，并在程序终止之前关闭所有打开的文件或输入输出流。exit()函数采用的整型参数，称为退出代码或退出状态。这个值返回给操作系统，表示程序成功或失败。值为 0 表示程序成功，而任何其他值表示程序失败。使用 exit()函数时要包含头文件< stdlib. h >或< cstdlib >。

以计算两个整数的商为例，不妨设被除数和除数分别为 x 和 y，则求商结果为 x/y。如果 y 为 0，则 x/y 将导致被零除，程序会直接崩溃。

例 13.2　传统错误处理中 assert()的使用方法。

```
1   //dividedByZero_assert.C
2   # include < stdio. h >
3   # include < assert. h >
4   void divide(int a, int b, int * result)
5   {
6       assert(b != 0);                //断言除数不为 0
7        * result = a/b;
8   }
9
10  int main()
11  {
12      int result;
13      divide(10, 0, &result);
14      printf("Quotient is: % d\n", result);
15      return 0;
16  }
```

可能的运行结果：

Assertion failed:b != 0, file c:\DivideByZero_assert.C, line 7

【程序分析】

本程序展示了当除数为 0 时，使用 assert(0)终止程序的方法。在 divide()函数中调用 assert()函数将会触发一个断言错误，并调用 abort()函数终止程序的执行。并且，assert()

函数后续的任何语句都将不执行。一般而言,显示的程序异常中断消息或界面因编译器而异。

　　abort()函数和 exit()函数的区别在于 exit()函数是正常终止程序的执行,可以执行各种清理操作,而 abort()函数则是无条件终止程序的执行,不会执行任何清理操作。一般情况下,建议使用 exit()函数来结束程序的执行,这样可以保证程序能够正常地退出并执行一些必要的清理工作。而 abort()函数一般用于程序发生无法恢复的错误,例如内存错误等。

13.2.2　返回错误码

　　在 C 语言中,errno、perror()和 strerror()是用于处理错误信息的重要变量和函数。errno 是一个全局变量,用于表示最近发生的错误代码。C 标准库中的很多函数在发生错误时会将相应的错误代码存储在 errno 中。通过检查 errno 的值,可以确定函数是否成功执行,以及具体的错误类型。函数 perror()和 strerror()的原型及功能如表 13.2 所示。

表 13.2　函数 perror()和 strerror()的原型及功能

函　数　名	函　数　原　型	功　　能
perror	void perror(const char * s);	打印一条错误信息
strerror	char * strerror(int errnum);	将错误码 errnum 转换为对应的错误描述字符串

　　perror()函数用于打印与 errno 相关的错误消息。它接收一个字符串作为参数,并在该字符串后输出当前的 errno 值对应的错误消息。通常,这个字符串用来描述出错的上下文信息,以便更好地理解错误的原因。

　　strerror()函数返回一个指针,指向当前 errno 值对应的错误消息的字符串表示形式。它接收一个整数参数,该参数通常是 errno 的值。通过调用 strerror(errno),可以获取到与 errno 相关的错误消息,然后可以根据需要进行处理或输出。

　　下面的示例代码演示了如何使用 errno、perror()和 strerror()来处理错误信息。

　　例 13.3　返回系统错误码。

```
1    //errorNumberSystem.C
2    # include < stdio.h >
3    # include < errno.h >
4    # include < string.h >
5    int main()
6    {
7        FILE * file = fopen("file_not_exist.cpp","r");
8        if(file == NULL)
9        {
10           int errnum = errno;
11           fprintf(stderr,"The error number is: % d\n",errno);
12           perror("The error is output by using perror function");
13           fprintf(stderr,"The file open error happens: % s\n",strerror(errnum));
14       }
15       else
16       {
17           //执行一些语句
18           fclose(file);
```

```
19        }
20        return 0;
21    }
```

可能的运行结果：

The error number is:2
The error is output by using perror function:No such file or directory
The file open error happens:No such file or directory

【程序分析】

在这个示例中，尝试以只读方式打开一个不存在的文件 file_not_exist.cpp。由于文件不存在，fopen() 函数将返回 NULL，并且 errno 被设置为对应的错误代码。接下来，将 errno 的值存储在 errnum 变量中，然后使用 fprintf() 函数将 errno 的值输出到标准错误流 stderr。接着，使用 perror() 函数输出与 errno 相关的错误消息，它会在提供的字符串后面输出当前 errno 值的文本表示形式。最后，使用 strerror() 函数将 errnum 的值转换为相应的错误消息字符串，并通过 fprintf() 函数输出到标准错误流 stderr。

这个示例展示了如何利用 errno、perror() 和 strerror() 来获取和输出与错误相关的信息，有助于更好地理解和处理错误情况，使得调试和错误修复变得更加方便和有效。

这种机制的缺陷是需要用户自己去查找错误码表才可以得到是什么错误。使用返回错误码的方式处理错误可能会导致代码变得混乱和难以维护。错误码可能需要在多个函数之间传递，增加了代码的复杂度，同时也容易被忽略或者忘记检查。

因此，除了使用系统提供的错误码，用户也可以使用自定义错误码。在函数执行过程中，如果发生错误，可以通过返回一个特定的错误码来表示错误的类型。这种方式需要在函数声明时明确指定返回类型为错误码，并在函数体内根据错误情况返回相应的错误码。

13.2.3　日志记录

日志记录是一种记录程序运行过程中信息的方法，包括错误信息、警告信息、调试信息等。通过记录日志，可以帮助开发者追踪程序的执行过程，定位问题所在。在 C 语言中，可以使用一些日志库来实现日志记录功能，如第三方库 log4c、syslog 等。

例 13.4　传统错误处理中使用 write_log() 进行日志记录。

```
1    //log_using_write_log.C
2    # include < stdio. h >
3    # include < stdarg. h >
4    # include < time. h >
5
6    int write_log(FILE *  pFile,const char * format, … )
7    {
8        va_list arg;
9        int done;
10       va_start(arg,format);
11
12       time_t time_log = time(NULL);
13       struct tm *  tm_log = localtime(&time_log);
14       fprintf(pFile, " % 04d -  % 02d -  % 02d  % 02d:  % 02d:  % 02d",tm_log - > tm_year + 1900,
```

```
15            tm_log -> tm_mon + 1, tm_log -> tm_mday, tm_log -> tm_hour,
16            tm_log -> tm_min, tm_log -> tm_sec);
17        done = vfprintf(pFile, format, arg);
18        va_end(arg);
19        fflush(pFile);
20        return done;
21    }
22
23    int main()
24    {
25        FILE * pFile = fopen("log_file.txt", "a");
26        write_log(pFile, "% s % d % f\n", "is running", 2079, 6.24);
27        fclose(pFile);
28        return 0;
29    }
```

【程序分析】

本示例程序默认在行首加入系统时间显示,运行结果依赖于运行程序时系统时间,日志文件 log_file.txt 的内容可能如下所示。

```
2024 - 12 - 10 19:08:18 is running 2079 6.240000
2024 - 12 - 10 19:08:22 is running 2079 6.240000
2024 - 12 - 10 19:08:28 is running 2079 6.240000
2024 - 12 - 10 19:08:33 is running 2079 6.240000
2024 - 12 - 10 19:08:37 is running 2079 6.240000
2024 - 12 - 10 19:08:42 is running 2079 6.240000
```

虽然 C 语言是一种高效、灵活的编程语言,但它并不支持原生的异常处理机制。纵观以上传统的错误处理方法可知:在 C 语言中,程序员需要手动处理各种异常情况,例如内存分配失败、文件读写错误等,这些处理方式虽然可以保证程序的稳定性,但也会增加代码的复杂度和开发难度,因此 C++异常处理机制就应运而生。

13.3　C++异常处理

现代 C++中优先使用异常的原因如下:

(1) 异常会强制调用代码识别并处理错误状态。未经处理的异常会停止程序执行。

(2) 异常跳转到调用堆栈中可以处理错误的位置。中间函数可以让异常传播,这些函数不必与其他层协调。

(3) 抛出异常后,异常堆栈展开机制(exception stack-unwinding mechanism)将根据妥善定义的规则销毁范围内的所有对象。

(4) 异常可以在检测错误的代码与处理错误的代码之间实现明确的分离。

为了更好地理解 C++的异常处理机制,有必要先介绍标准异常类、异常对象及异常处理的语法规则。

13.3.1　标准异常类

标准异常类(std::exception)在标准头文件< exception >中定义,C++标准库所生成的所有异常都继承自 std::exception。为了更好地理解异常对象及对其进行处理,有必要首先介绍标准异常类及其类层次体系和标准异常要求。

图 13.1 给出了标准异常类的层次体系,这些类所在的头文件用①～⑰表示,数字相同表示这些类具有相同的头文件。

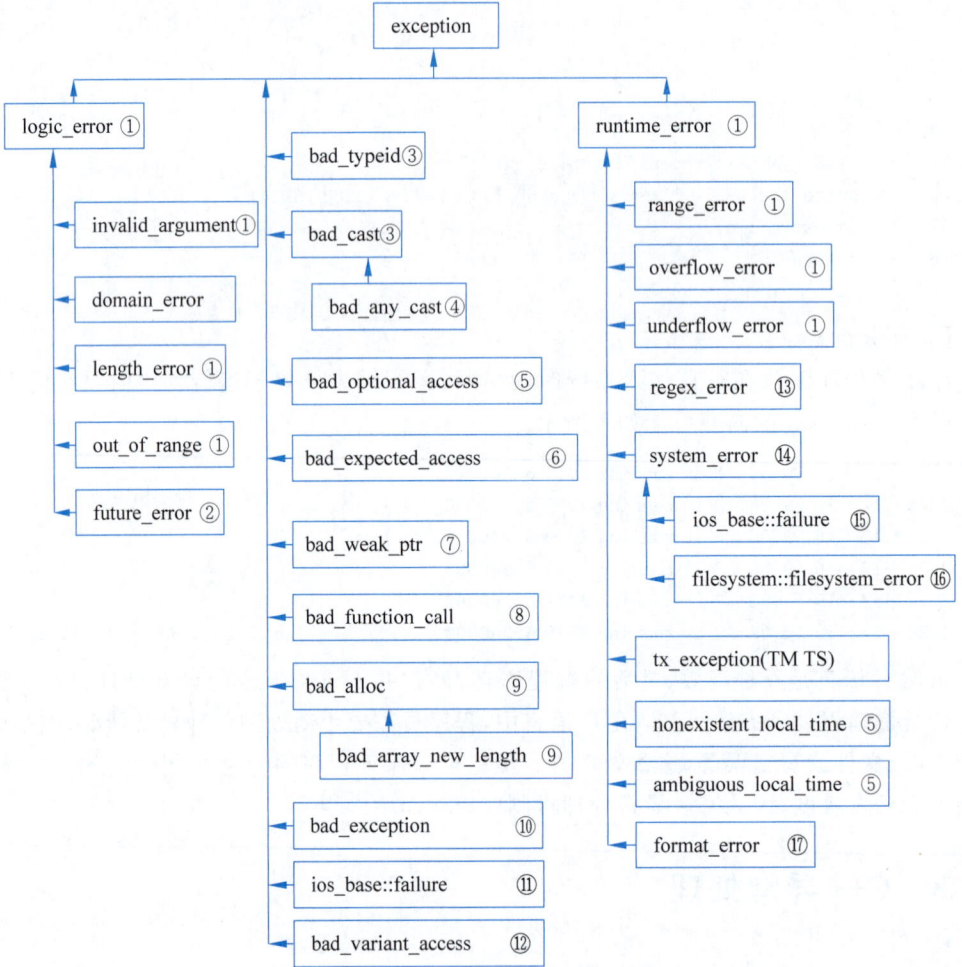

图 13.1　标准异常类的层次体系

下面给出了几个常见的异常类的一般说明。

(1) std::exception 类。它在标准头文件< exception >中定义,它提供一致的接口,以通过 throw 表达式处理错误。标准库所生成的所有异常都继承自 std::exception。

(2) std::logic_error 类。它在标准头文件< stdexcept >中定义,它报告程序内部错误逻辑所导致的错误,如违背逻辑前提条件或类不变量,这种错误可以避免。

(3) std::invalid_argument 类。它在标准头文件< stdexcept >中定义,它报告因参数值未被接收而引发的错误。

(4) std::length_error 类。它在标准头文件< stdexcept >中定义,它报告试图超出一些对象的实现定义长度极限所导致的错误。

（5）std::out_of_range 类。它在标准头文件< stdexcept >中定义，用于报告与范围相关的逻辑错误。

（6）std::runtime_error 类。它在标准头文件< stdexcept >中定义，它报告源于程序作用域外，且不能轻易预测到的错误。

（7）std::range_error 类。它在标准头文件< stdexcept >中定义，它用于报告值域错误（即计算结果不能以目标类型表示的情形）。

（8）std::overflow_error 类，它在标准头文件< stdexcept >中定义，它用于报告算术上溢错误（即计算结果对目标类型过大的情形）。

（9）std::underflow_error 类。它在标准头文件< stdexcept >中定义，它用于报告算术下溢错误（即计算结果是非正规浮点值的情形）。

13.3.2　异常对象

异常对象是由 throw 表达式在未指明的存储中构造的临时对象。异常对象的类型是除去顶层 cv(const 与 volatile)限定符的表达式的静态类型。cv 类型限定符可出现于任何类型说明符（包括声明文法的声明说明符序列）中，以指定被声明对象或被命名类型的常量性(constness)或易变性(volatility)。虽然任意完整类型和指向 void 的 cv 指针都能作为异常对象抛出，但所有标准库函数都以值抛出匿名临时对象，而且这些对象的类型都（直接或间接）派生于 std::exception。用户定义的异常通常遵循此模式。与其他临时对象不同，异常对象在初始化 catch 子句形参时被认为是左值，所以它可以用左值引用捕获、修改及重抛。为避免不必要的异常对象复制和对象切片(object slicing)，catch 子句在实践中最好以引用捕获。"对象切片"是指将较大对象（B 类型，派生自 A）的值复制到较小对象（A 类型）中。因为 A 较小，所以只做了部分复制。

13.3.3　异常处理机制及语法规则

前面介绍了传统的错误处理方法和异常对象，下面将重点介绍用 C++的异常处理机制来处理错误的方法。C++的异常是对程序运行过程中发生的异常情况的一种响应。

1. 异常处理机制

C++异常处理机制提供了发生异常时，将控制权从程序的一个部分传递到另一部分的机制，也即控制流从 throw 语句移至可处理引发类型的第一个 catch 语句。对异常的处理有以下 3 个组成部分。

（1）使用 try 块。

（2）抛出异常。

（3）异常处理块（异常处理程序、catch 块、catch 子句）(exception handlers)。

注：C++标准文档中的 exception handlers 可以译为异常处理块或异常处理程序，本书统一译为异常处理块，它本质上是 catch 块或 catch 子句。

try 块是由关键字 try 指示的，关键字 try 的后面是一个由花括号括起的代码块，表明需要注意这些代码引发的异常。try 块标识其中特定的异常可能被激活的代码块，它后面跟一个或多个 catch 块。

throw 关键字表示抛出（异常），紧随其后的值（例如基本类型的变量或对象）指出了异

常的特征。throw 语句本质上是跳转,即命令程序跳到另一条语句。程序在出现问题时将
抛出异常。throw 表达式、dynamic_cast、typeid、new 表达式、分配函数(operator new,
operator new[]),以及专门用来抛出特定异常以指示特定错误状态的任何标准库函数(例
如 std∷vector∷at、std∷string∷substr 等)都可以抛出异常。为捕获异常,throw 表达式
必须在 try 块或者 try 块所调用的函数中,而且必须有与异常对象的类型相匹配的 catch 子
句。尽管 throw 表达式转移控制到执行栈上方的任意代码块时没有条件限制,但它的预期
用途还是进行错误处理。

　　异常处理块用来捕获异常,它位于要处理问题的程序中。异常处理块也被称为 catch
块。catch 关键字表示捕获(异常)。catch 块以关键字 catch 开头,随后是位于括号中的类
型声明,它指出了异常处理块要响应的异常类型;然后是一个用花括号括起的代码块,指出
要采取的措施。catch 关键字和异常类型用作标签,指出当异常被引发时程序应跳到这个
位置执行。

　　如图 13.2 所示,C++异常处理机制:控制流通过正常顺序执行到达 try 语句,执行 try
块内的受保护部分,如果执行受保护部分的过程中未抛出异常,将不会执行 try 块后面的
catch 子句,执行将在关联的 try 块后的最后一个 catch 子句后面的语句上继续;当在 try 块
中直接或间接抛出异常对象时,控制流立即反向(沿调用栈向上)直到它抵达一个 try 块的

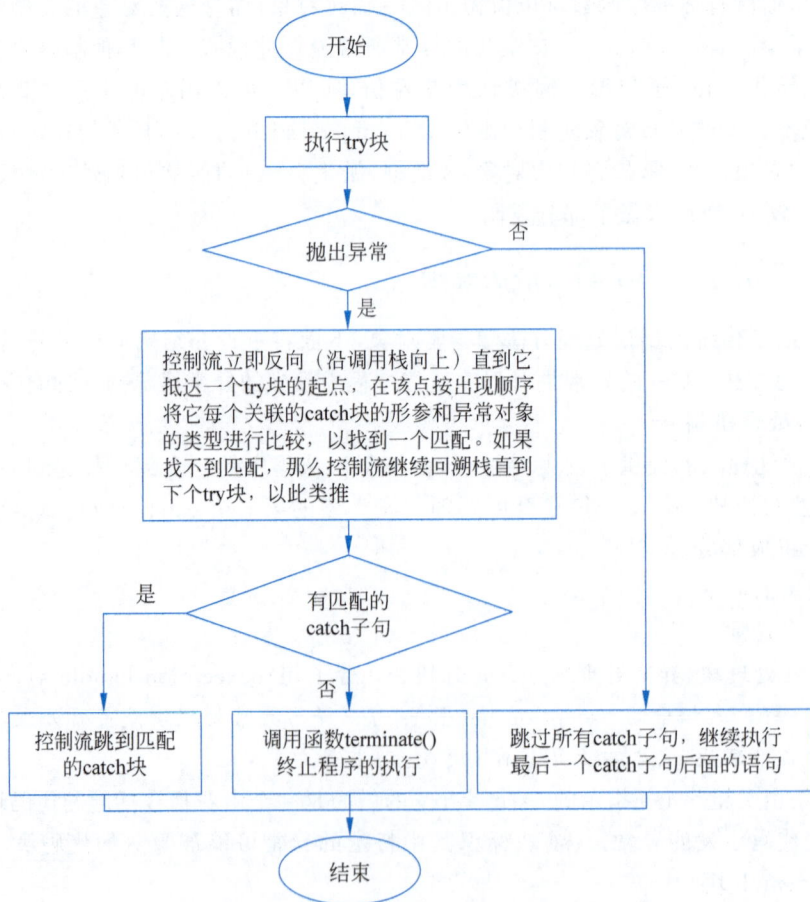

图 13.2　C++异常处理机制

起点,在该点按出现顺序将它每个关联的 catch 块的形参和异常对象的类型进行比较,以找到一个匹配(此过程的细节见下面的 try-catch 语法规则)。如果找不到匹配,那么控制流继续回溯栈直到下个 try 块,以此类推。如果找到匹配,那么控制流跳到匹配的 catch 块。如果异常被抛出但未被捕获,那么就会调用函数 std::terminate() 来终止程序的执行,其原型为"void terminate() noexcept;",noexcept 表示该函数不会抛出异常。

与传统的错误处理方法不一样,下面的示例展示了使用 C++异常处理机制来处理被 0 除的异常情况。

例 13.5 使用 C++异常处理机制来处理被 0 除的异常情况。

```
1    //DivideByZero_exception_handler.cpp
2    # include < iostream >
3    int divide(int number1,int number2);
4    using namespace std;
5    int main()
6    {
7        int x,y,z;
8        cout <<"Please enter two integers(EOF to end):"<< endl;
9        while(cin >> x >> y)
10       {
11           try
12           {                            //try 块的起始位置
13               z = divide(x,y);
14           }                            //try 块的终止位置
15           catch(const char * s)        //异常处理块的起始位置
16           {
17               cout << s << endl;
18               cout <<"Please enter two integers (EOF to end):"<< endl;
19               continue;
20           }                            //异常处理块的终止位置
21           cout <<"Quotient of "<< x <<"divided by "<< y
22               <<"is "<< z << endl;
23           cout <<"Please enter two integers(EOF to end):"<< endl;
24       }
25       return 0;
26   }
27
28   int divide(int number1,int number2)
29   {
30       if(number2 == 0)
31       {
32           throw "The divisor cannot be zero.";
33       }
34       return number1/number2;
35   }
```

可能的运行结果:

```
Please enter two integers (EOF to end):
9 4
Quotient of 9 divided by 4 is 2
```

Please enter two integers (EOF to end):
9 0
The divisor cannot be zero.
Please enter two integers (EOF to end):
9 3
Quotient of 9 divided by 3 is 3
Please enter two integers (EOF to end):
^Z

2. throw 表达式

throw 表达式对错误条件发信号，并执行错误处理代码，其语法形式有两种，如表 13.3 所示。

表 13.3　throw 表达式的两种语法形式

语法形式	功　　能	示　　例
throw 表达式	首先从表达式复制初始化异常对象，然后转移控制给拥有匹配类型的异常处理块	如例 13.6 所示。throw 表达式被归类为 void 类型的纯右值表达式。与任何其他表达式一样，它可以是另一表达式中的子表达式，在条件运算符中最常见
throw	重抛当前处理的异常。中止当前 catch 块的执行并将控制转移到下一个匹配的异常处理块(但不是到同一个 try 块的下一个 catch 子句：它所在的复合语句被认为已经"退出")，并重用既存的异常对象：不会生成新对象。只能在异常处理过程中使用这种形式(其他情况中使用时会调用 std::terminate())。对于构造函数，关联到函数 try 块的 catch 子句必须通过重抛出退出	如例 13.7 所示。在重抛异常时，必须是这种形式，以避免异常对象使用继承的(典型)情况中发生对象切片

例 13.6　throw 表达式可以是另一表达式中的子表达式。

```
1    //throw_in_condition_expression.cpp
2    # include < iostream >
3    # include < exception >
4    using namespace std;
5
6    double f(double d)
7    {
8        return d > 1e7 ? throw overflow_error("The number is over 1e7."):d;
9    }
10
11   int main()
12   {
13       try
14       {
15           cout << f(1e10)<<'\n';
16       }
17       catch(const overflow_error& e)
18       {
```

```
19              cout << e.what()<<'\n';
20          }
21          cout << typeid(throw overflow_error("The number is over 1e7.")).name()<<'\n';
22      return 0;
23  }
```

可能的运行结果：

```
The number is over 1e7.
void
```

【程序分析】

由于 throw 表达式被归类为 void 类型的纯右值表达式，因此，本例中当使用函数 typeid(throw overflow_error("The number is over 1e7.")).name()测试 throw overflow_error("The number is over 1e7.")表达式的类型时，返回值为 void。

例 13.7　重新抛出异常。

```
1   //rethrow.cpp
2   # include < iostream >
3   # include < exception >
4   # include < string >
5   using namespace std;
6
7   int main()
8   {
9       try
10      {
11          string("abc").substr(10); //抛出 out_of_range
12      }
13      catch(const exception& e)
14      {
15          cout << typeid(e).name()<< endl;
16          cout << e.what()<< endl;
17          throw e;                    //复制初始化一个 exception 类型的新异常对象
18          //throw;                    //重抛 out_of_range 类型的异常对象
19      }
20      cout <<"This statement will not be executed."<< endl;
21      return 0;
22  }
```

可能的运行结果：

```
class std::out_of_range
invalid string position
```

【程序分析】

本例中的语句"throw;"将重抛 std::out_of_range 类型的异常对象，也即重用"std::string("abc").substr(10);"抛出的 std::out_of_range 类型的既存的异常对象，不会生成新对象。如果将该语句替换为"throw e;"则将复制初始化一个 std::exception 类型的新异常对象 e 并抛出。

一般而言，重新抛出的异常将由下一个捕获这种异常的 try-catch 块组合进行处理，如果没有找到这样的处理程序,默认情况下程序将异常终止。显然,本例中重新抛出的 std∷out_of_range 类型的异常对象将由下一个捕获这种异常的 try-catch 块组合进行处理,而本例中并没有找到这样的处理程序,因此默认情况下程序将调用 terminate() 而异常终止,异常终止界面因编译器而异。

3. try 块

try 块将一个或多个异常处理块(即 catch 子句)与复合语句关联,throw 表达式必须出现在 try 块或者 try 块所调用的函数中。try 块至少需要与一个异常处理块联合使用,其语法形式如下:

try{/ * 复合语句 * /}处理块序列

"处理块序列"是一个或多个处理块的序列,表 13.4 列出了处理块序列的 3 种语法形式。

表 13.4　处理块序列的语法形式

语 法 形 式	功　　能	示　　例
catch(属性(可选)类型说明符序列声明符)复合语句	声明一个具名形参的 catch 子句	catch(constexception& e){/ * * /}
catch(属性(可选)类型说明符序列抽象声明符(可选))复合语句	声明一个无名形参的 catch 子句	catch(const exception&){/ * * /}
catch(…)复合语句	catch-all 处理块,可被任何异常激活	catch(…){/ * * /}

表 13.4 中,属性是任意数量的属性,应用到形参(C++11 起)。类型说明符序列是形参声明的一部分,与在函数形参列表中相同。声明符是形参声明的一部分,与在函数形参列表中相同。抽象声明符是无名形参声明的一部分,与在函数形参列表中相同。复合语句是花括号环绕的语句序列。

try 块是一条语句,所以它可以在任何语句能出现的地方出现(即作为复合语句中的语句之一,包含函数体复合语句)。有关围绕函数体的 try 块,见下面"4. 函数 try 块"。下列描述同时适用于 try 块和函数 try 块。

catch 子句的形参(类型说明符序列与声明符,或者类型说明符序列与抽象声明符)决定何种类型的异常导致进入此 catch 子句。它不能是不完整类型、抽象类类型、右值引用类型(C++11 起)或指向不完整类型的指针(但可以指向(可有 cv 限定的)void 的指针)。如果形参的类型是数组类型或函数类型,那么它会被处理成对应的指针类型(与函数声明类似)。

全捕获(catch-all)子句 catch(…)匹配任何类型的异常。如果存在,那么它必须是处理块序列中的最后一个 catch 子句。全捕获块可以用来确保不可能有异常从提供不抛出异常保证的函数中不被捕获而逃逸。

如果检测完所有 catch 子句后仍然没有匹配,那么就会如 throw 表达式中所述,到外围的 try 块继续异常的传播。如果没有剩下的外围 try 块,那么就会执行 std∷terminate(此情况下,由实现定义是否完全进行栈展开:抛出未捕获的异常可以导致程序终止而不调用任何析构函数)。

当进入一个 catch 子句时,如果它的形参是异常类型的基类,那么它会从异常对象的基类子对象进行复制初始化;否则它会从异常对象复制初始化(这个复制遵循复制消除(copy elision)规则。即省略复制及移动构造函数(copy and move constructors,C++11 起),导致零复制的按值传递语义)。

如果 catch 子句的形参是引用类型,那么对它所做的任何更改都会反映到异常对象之中,且如果以"throw;"重抛这个异常,那么它可以被另一个处理块观测到。如果形参不是引用,那么任何对它的更改都是局域的,且它的生存期在处理块退出时结束。

在 catch 子句内,可以使用函数 std::current_exception(),其原型为"std::exception_ptr current_exception()noexcept;",把异常捕获到一个 std::exception_ptr 之中,而且可以使用 std::throw_with_nested 来构建嵌套的异常(C++11 起)。注:std::exception_ptr 是一个可空指针式的类型(a nullable pointer-like type),管理已抛出并为 std::current_exception 所捕捉的异常对象。

goto 和 switch 语句不能用来转移控制进入 try 块以及处理块。

除了抛出或重抛异常以外,普通的 try 块(非函数 try 块)之后的 catch 子句还可以通过 return、continue、break、goto,或通过抵达它的复合语句尾而退出。任何这些情况,都会销毁异常对象(除非存在指向它的 std::exception_ptr 实例)。

不保证捕获指针的 catch 子句能够匹配 throw 表达式"throw NULL;",因为异常对象类型可以是整数类型,但可以确保任何指针或成员指针的 catch 子句能够匹配"throw nullptr;"。

如果派生类的 catch 子句位于基类的 catch 子句后,那么就永远不会执行派生类的 catch 子句。

4. 函数 try 块

函数 try 块(function-try-block)建立围绕整个函数体的异常处理块,它是一种函数体的替代语法形式,它是函数定义的一部分,其语法形式如下:

try 构造函数初始化器(可选) 复合语句 处理块序列

其中,构造函数初始化器为成员初始化器列表,只能用于构造函数。复合语句为花括号环绕的语句序列,它组成函数体。处理块序列为一个或多个 catch 子句的序列。

函数 try 块将一系列 catch 子句与整个函数体,以及成员初始化器列表(如果用于构造函数)关联起来。从函数体中的任何语句、(对于构造函数)从任何成员或基类的构造函数,或(对于析构函数)从任何成员或基类的析构函数中抛出的所有异常,以与常规 try 块中抛出异常时的相同方式,将控制转移到处理块序列中。

例 13.8　构造函数 try 块使用示例。

```
1    //function_try_block.cpp
2    # include < iostream >
3    # include < string >
4    # include < exception >
5    using namespace std;
6
7    struct S
8    {
9        string m;
10
11       S(const string& str, int idx) try:m(str, idx)
```

```
12      {
13          cout <<"S("<< str <<","<< idx <<") 构造完成,m = "<< m <<'\n';
14      }
15      catch(const exception& e)
16      {
17          cout <<"S("<< str <<","<< idx <<") 失败:"<< e.what()<<'\n';
18      }//此处有隐含的 "throw;"
19  };
20
21  int main()
22  {
23      S s1{"ABC",1 };                 //不抛出(索引在范围内)
24
25      try
26      {
27          S s2{ "ABC",4 };            //抛出(越界)
28      }
29      catch(exception& e)
30      {
31          cout <<"S s2… 抛出了一个异常:"<< e.what()<<'\n';
32      }
33      return 0;
34  }
```

可能的运行结果：

```
S(ABC,1) 构造完成,m = BC
S(ABC,4) 失败:invalid string position
S s2… 抛出了一个异常:invalid string position
```

5. 动态异常说明（C++17 前）

  C++标准文档中的 exception specification 可译为"异常规范"或"异常说明"，本书中统一译为"异常说明"。异常说明是 C++98 新增的一项功能，但在 C++11 中却遭到了弃用，在 C++17 中则被移除，因此，除非有代码遗留问题，不建议新的读者使用它。为了解决代码遗留问题，本节依然对其使用方式和方法做了介绍。

  在声明函数时，可以提供动态异常说明（C++17 前）和 noexcept 说明（C++11 起）以限制函数能够抛出的异常类型。异常说明的作用之一是告诉用户可能需要使用 try 块。异常说明的另一个作用是让编译器添加执行运行阶段检查的代码，检查是否违反了异常说明。这很难检查。例如，someFunction()可能不会抛出异常，但它可能调用一个函数，而这个函数调用的另一个函数引发了异常。另外，给函数编写代码时它不会抛出异常，但库更新后它却会抛出异常。动态异常说明列出函数可能直接或间接抛出的异常，其语法形式如下：

  throw(类型标识列表(可选))   //C++11 中弃用,C++17 中移除

  类型标识列表为逗号分隔的类型标识列表，后附省略号（…）的类型标识表示包展开（C++11 起）。显式动态异常说明只能出现在函数声明符中，用于函数类型、函数类型指针、函数类型引用或成员函数类型指针的声明或定义的顶层类型上，或出现在函数声明符中作为参数或返回类型的此类类型上。

  如果函数抛出了没有列于其异常说明的类型的异常，那么调用函数 std::unexpected()，其

原型为"void unexpected();",默认情况下该函数会调用 std::terminate(),但它可以(通过函数 std::set_unexpected(),其原型为"std::unexpected_handler set_unexpected(std::unexpected_handler f) noexcept;")被替换成可能调用 std::terminate()或抛出异常的用户提供的函数。如果异常说明接收从 std::unexpected()抛出的异常,那么栈展开照常持续。如果它不被接收,但异常说明允许 std::bad_exception,那么抛出 std::bad_exception 异常;否则,调用 std::terminate()。

6. noexcept 说明(C++11 起)

尽管 throw()在 C++17 中遭到了弃用,在 C++20 中遭到了移除,然而,C++11 起确实支持一种特殊的异常说明:可使用新增的关键字 noexcept 指出函数不会抛出异常,例如:

```
void someFunction() noexcept;          //this function doesn't throw an exception
```

noexcept 说明符(C++11 起)指定函数是否抛出异常,其语法如表 13.5 所示,表中的表达式将按语境转换为 bool 类型的常量表达式。noexcept 与 noexcept(true)含义相同,作为 throw()的替代。注意,函数上的 noexcept 说明不是一种编译时检查,它只不过是程序员告知编译器函数是否可以抛出异常的一种方法。编译器能用此信息启用不会抛出的函数上的某些优化,以及启用能在编译时检查特定表达式是否声明为可抛出任何异常的 noexcept 运算符。例如,诸如 std::vector 的容器会在元素的移动构造函数是 noexcept 的情况下移动元素,否则就复制元素(除非复制构造函数不可访问,但有可能会抛出的移动构造函数只会在放弃强异常保证的情况下考虑)。

表 13.5   noexcept 说明符的语法

语 法 形 式	功　　能	适 用 范 围
noexcept	与 noexcept(true)相同	C++11 起
noexcept(表达式)	如果表达式求值为 true,那么声明函数不会抛出任何异常。noexcept 后紧随的只能是该形式的一部分,它不是初始化器的开始	C++11 起
throw()	与 noexcept(true)相同	C++17 中弃用,C++20 中移除

C++17 前,noexcept 说明不是函数类型的一部分(正如同动态异常说明),而且只能在声明函数、变量、函数类型的非静态数据成员、函数指针、函数引用或成员函数指针时,以及在以上这些声明中声明类型为函数指针或函数引用的形参或返回类型时,作为 lambda 声明符或顶层函数声明符的一部分出现。它不能在 typedef 或类型别名声明中出现。

C++17 起,noexcept 说明是函数类型的一部分,可以作为任何函数声明符的一部分出现。异常处理过程中发生的错误由 std::terminate()和 std::unexpected()(C++17 前)处理。

总之,noexcept 是 throw()的改进版本,后者在 C++11 中弃用。与 C++17 前的 throw()不同,noexcept 不会调用 std::unexpected(),并且可能或可能不进行栈展开,这可能允许编译器实现没有 throw()的运行时开销的 noexcept。从 C++17 起,throw()被重定义为严格等价于 noexcept(true),但在 C++20 中被移除。

13.3.4　栈展开

为了更好地理解栈展开机制,有必要首先回顾一下 C++通常是如何处理函数调用和返回的。C++通常通过将信息放在栈中来处理函数调用。具体地说,程序将调用函数的指令的地址(返回地址)放到栈中。当被调用的函数执行完毕后,程序将使用该地址来确定从哪里开始继续执行。另外,函数调用将函数参数放到栈中。在栈中,这些函数参数被视为自动变量。如果被调用的函数创建了新的自动变量,则这些变量也将被添加到栈中。如果被调用的函数调用了另一个函数,则后者的信息将被添加到栈中,以此类推。当函数结束时,程序流程将跳到该函数被调用时存储的地址处,同时栈顶的元素被释放。因此,函数通常都返回到调用它的函数,以此类推,同时每个函数都在结束时释放其自动变量。如果自动变量是类对象,则类的析构函数(如果有的话)将被调用。

现在假设函数由于出现异常(而不是由于返回)而终止,则程序也将释放栈中的内存,但不会在释放栈的第一个返回地址后停止,而是继续释放栈,直到找到一个位于 try 块中的返回地址。随后,控制权将转到块尾的异常处理块,而不是函数调用后面的第一条语句。这个过程被称为栈展开。引发机制的一个非常重要的特性是,和函数返回一样,对于栈中的自动类对象,类的析构函数将被调用。然而,函数返回仅仅处理该函数放在栈中的对象,而 throw 语句则处理 try 块和 throw 之间整个函数调用序列放在栈中的对象。如果没有栈展开这种特性,则抛出异常后,对于中间函数调用放在栈中的自动类对象,其析构函数将不会被调用。

假设 try 块没有直接调用抛出异常的函数,而是调用了对抛出异常的函数进行调用的函数,则程序流程将从抛出异常的函数跳到包含 try 块和处理程序的函数。这便涉及栈展开。异常对象构造完成时,控制流立即反向(沿调用栈向上)直到它抵达一个 try 块的起点,在该点按出现顺序将它每个关联的 catch 块的形参和异常对象的类型进行比较,以找到一个匹配(此过程的细节见 try-catch)。如果找不到匹配,那么控制流继续回溯栈直到下个 try 块,以此类推。如果找到匹配,那么控制流跳到匹配的 catch 块。

因为控制流沿调用栈向上移动,所以它会为自进入相应 try 块之后的所有具有自动存储期的已构造但尚未销毁的对象,以它们的构造函数完成的逆序调用析构函数。当从 return 语句所使用的局部变量或临时量的构造函数中抛出异常时,从函数返回的对象的析构函数也会被调用。

如果从对象的构造函数或(罕见的)析构函数(无论对象的存储时间长短)抛出异常,则所有完全构造的非静态非变量成员和基类都会按构造函数完成的相反顺序调用析构函数。联合类的变量成员只有在从构造函数中回溯的情况下才会被销毁,如果活动成员在初始化和销毁之间发生了变化,则行为未定义。自 C++11 起,如果委托构造函数在非委托构造函数成功完成后出现异常退出,则会调用该对象的析构函数。

如果异常是由 new-expression 调用的构造函数抛出的,则会调用匹配的解分配函数(如果可用)。

此过程被称为栈展开(stack unwinding)。

如果由栈展开机制所直接调用的函数在异常对象初始化后且在异常处理块开始执行前以异常退出,那么就会调用 std::terminate()。这种函数包括退出作用域的具有自动存储期的对象的析构函数和为初始化以值捕获的实参而调用(如果没有被消除)的异常对象的复制构造函数。

如果异常被抛出但未被捕获,包括从 std::thread 开始的启动函数、main()函数及任何静态或线程局部对象的构造函数或析构函数中脱离的异常,那么就会调用 std::terminate()。是否对未捕获的异常进行任何栈展开由实现定义。注:std::thread 是 C++11 标准库中引入的用于创建和管理线程的类。

下面通过一个具体的示例,来阐述栈展开的过程及原理。

例 13.9 栈展开的使用示例。

```cpp
1    //stack_unwinding_functions.cpp
2    # include < iostream >
3    # include < stdexcept >
4    using namespace std;
5    //function3()抛出逻辑错误
6    void function3()
7    {
8        //无 try 块,发生栈展开,将控制权返回 function2()
9        throw logic_error("logic_error in function3");
10       cout <<"This statement will not be output. "<< endl;
11       return;
12   }
13
14   void function2()
15   {
16       function3();                    //无 try 块,发生栈展开,将控制权返回 function1()
17       return;
18   }
19
20   void function1()
21   {
22       function2();                    //无 try 块,发生栈展开,将控制权返回 main()
23       return;
24   }
25
26   int main()
27   {
28       try
29       {
30           function1();                //调用抛出逻辑错误的函数 function1()
31       }
32       catch(logic_error &error)       //处理逻辑错误
33       {
34           cout <<"Exception is captured in main:"<< error.what()<< endl;
35       }
36       return 0;
37   }
```

程序运行结果:

Exception is captured in main:logic_error in function3

【程序分析】

程序首先执行 main()函数 try 块中的函数调用语句"function1();",在执行函数 function1()时,其函数体又调用了"function2();",在执行函数 function2()时,其函数体又调用了"function3();",在执行函数 function3()时,其函数体内语句"throw logic_error("logic_error in function3");"抛出异常,也即抛出了一个 logic_error 类型的临时异常对象 logic_error("logic_error in function3"),控制流立即反向(沿调用栈向上)直到它抵达一个 try 块的起点,在该点按出现顺序将它每个关联的 catch 块的形参和异常对象的类型进行比较,以找到一个匹配,如果找不到匹配,那么控制流继续回溯栈直到下个 try 块,以此类推。本例中,由于 try 块没有直接调用抛出异常的函数 function3(),而是调用了对抛出异常的函数进行调用的函数,也即 main()函数 try 块中的 function1()函数调用了 function2()函数,而 function2()函数又调用了 function3()函数,则程序流程将从抛出异常的函数 function3()跳到包含 try 块和处理程序的函数 main()。这便涉及栈展开。

根据 C++异常机制,程序控制将从 throw 语句移至可处理引发类型的第一个 catch 语句,即 catch(logic_error &error)处。在到达 catch 语句时,throw 语句和 catch 语句之间的所有自动变量将在栈展开的过程按照与构造相反的顺序被销毁。

接着,由于异常引发时抛出的对象是 logic_error("logic_error in function3"),与 catch 块要捕获的类型 logic_error 一致,因此捕获该对象后将执行 catch 处理程序,由于函数 error.what()的返回值为 logic_error in function3,因此将输出 Exception is captured in main:logic_error in function3。

最后,程序会在最后一个 catch 处理程序之后(即在不是 catch 处理程序的第一个语句或构造处,由于本例中只有一个 catch 处理程序,因此也是最后一个 catch 处理程序)恢复执行,即程序继续执行"return 0;"。至此,整个程序运行完毕。

13.4　应用举例

在面向对象编程中,可以利用异常继承和抛出机制来实现更具体、更灵活的异常处理。除了基本的异常处理机制外,还有一些高级技术和设计模式可用于更复杂的异常处理场景。

异常链是指在捕获异常时,将原始异常包装成新的异常,并将原始异常作为新异常的原因。这样可以在异常处理过程中保留原始异常的信息,以便更好地定位问题和追踪异常发生的原因。

异常嵌套是一种将一个异常作为另一个异常的内部异常的方式。通过嵌套异常,可以提供更多的异常细节,并更好地组织异常的层次结构。

异常、类和继承以三种方式相互关联。首先,可以像标准 C++库所做的那样,从一个异常类派生出另一个;其次,可以在类定义中嵌套异常类声明来组合异常;最后,这种嵌套声明本身可被继承,还可用作基类。

下面的示例程序展示了异常链及异常嵌套的使用方法。

例 13.10　异常链及异常嵌套。该示例程序包括 2 个头文件,一个是 Base.h,给出了基类的定义,用于存储一个年份以及一个包含 4 个季度的相关数据的数组;另一个是 Derived.h,给出了派生类的定义,新增了一个 string 类型的 data 数据成员。Base.cpp 和 Derived.cpp 分别是 Base.h 和 Derived.h 的实现文件,exception_chain_and_nested_exception.cpp 是本程序的驱动文件。具体代码如下所示。

```
1    //Base.h
2    # ifndef BASE_H
3    # define BASE_H
4    # include < stdexcept >
5    # include < string >
6
7    class Base
8    {
9    public:
10       const static int SEASON = 4;
11
12       class Bad_index:public std::logic_error
13       {
14       private:
15           int index;
16       public:
17           explicit Bad_index( int ix,
18               const std::string & s = "Index error in Base object\n");
19           int index_val() const {return index;}
20           virtual ~Bad_index() noexcept {}
21       };
22
23       explicit Base( int yy = 0 );
24       Base( int yy,const double * vals,int n );
25       virtual ~Base(){ }
26       int getYear() const { return year;}
27       virtual double operator[ ]( int i) const;
28       virtual double & operator[ ]( int i);
29
30    private:
31       double values[ SEASON];
32       int year;
33    };
34    # endif
```

```
1    //Base.cpp
2    # include "Base.h"
3    using std::string;
4
5    Base::Bad_index::Bad_index( int ix,const string & s)
6        :std::logic_error(s),index( ix)
7    {
8    }
9
10   Base::Base( int yy)
11   {
12       year = yy;
13       for( int i = 0;i < SEASON;++i)
14           values[ i] = 0;
15   }
```

```
16
17   Base::Base(int yy,const double * vals,int n)
18   {
19       year = yy;
20       int lim = (n < SEASON)? n:SEASON;
21       int i;
22       for(i = 0;i < lim;++i)
23           values[i] = vals[i];
24       //for i > n and i < SEASON
25       for(;i < SEASON;++i)
26           values[i] = 0;
27   }
28
29   double Base::operator[](int i) const
30   {
31       if(i < 0||i > = SEASON)
32           throw Bad_index(i);
33       return values[i];
34   }
35
36   double & Base::operator[](int i)
37   {
38       if(i < 0||i > = SEASON)
39           throw Bad_index(i);
40       return values[i];
41   }
```

```
1    //Derived.h
2    # ifndef DERIVED_H
3    # define DERIVED_H
4    # include < stdexcept >
5    # include < string >
6    # include "Base.h"
7
8    class Derived:public Base
9    {
10     public:
11
12       class D_Bad_index:public Base::Bad_index
13       {
14       private:
15           std::string string_data;
16       public:
17           D_Bad_index(const std::string & str_data, int ix,
18               const std::string & s = "\nIndex error in Derived object\n");
19           const std::string & getString_data() const {return string_data;}
20           virtual ~D_Bad_index() noexcept {}
21       };
22
23       explicit Derived(const std::string & str_data = "none", int yy = 0);
24       Derived(const std::string & str_data, int yy, const double * vals, int n);
```

```
25      virtual ～Derived(){ }
26      const std::string & getData() const {return data;}
27      virtual double operator[](int i) const;
28      virtual double & operator[](int i);
29
30  private:
31      std::string data;
32  };
33  #endif
```

```
1   //Derived.cpp
2   #include "Derived.h"
3   using std::string;
4
5   Derived::D_Bad_index::D_Bad_index(const string & str_data, int ix,
6           const string & s):Base::Bad_index(ix,s)
7   {
8       string_data = str_data;
9   }
10
11  Derived::Derived(const string & str_data, int yy)
12          :Base(yy)
13  {
14      data = str_data;
15  }
16
17  Derived::Derived(const string & str_data, int yy, const double * vals, int n)
18          :Base(yy,vals,n)
19  {
20      data = str_data;
21  }
22
23  double Derived::operator[](int i) const
24  {   if(i < 0||i > = SEASON)
25          throw D_Bad_index(getData(), i);
26      return Base::operator[](i);
27  }
28
29  double & Derived::operator[](int i)
30  {
31      if(i < 0||i > = SEASON)
32          throw D_Bad_index(getData(), i);
33      return Base::operator[](i);
34  }
```

```
1   //exception_chain_and_nested_exception.cpp
2   #include < iostream >
3   #include "Base.h"
4   #include "Derived.h"
5
6   using namespace std;
```

```
7
8    int main()
9    {
10       double vals1[4] = {1,2,3,4};
11
12       double vals2[4] = {1.1,2.2,3.3,4.4};
13
14       Base base(2049,vals1,4);
15       Derived derived("5000",2050,vals2,4);
16       //base = derived;              //对象切片
17       //derived = base;              //语法错误
18
19       cout <<"Begin of the first try block:"<< endl;
20       try
21       {
22           int i;
23           cout <<"Year = "<< base.getYear()<< endl;
24           for(i = 0;i < 4;++i)
25           {
26               cout << base[i]<<' ';
27           }
28           cout << endl;
29           cout <<"getYear = "<< derived.getYear()<< endl;
30           cout <<"getData = "<< derived.getData()<< endl;
31           for(i = 0;i <=  4;++i)
32           {
33               cout << derived[i]<<' ';
34           }
35           cout << endl;
36           cout <<"End of the first try block,which won't be executed!"<< endl;
37       }
38       catch(Derived::D_Bad_index & bad)
39       {
40           cout << bad.what();
41           cout <<"Bad index from Derived with the index:"<< bad.index_val()
42               <<" and "<< bad.getString_data()<< endl;
43       }
44       catch(Base::Bad_index & bad)
45       {
46           cout << bad.what();
47           cout <<"Bad index from Base with the index:"<< bad.index_val()<< endl;
48       }
49
50       cout <<"\nBegin of the second try block:"<< endl;
51       try
52        {
53           derived[0] = 1;
54           base[4] = 4;
55           cout <<"End of the second try block,which won't be executed!"<< endl;
56       }
57       catch(Derived::D_Bad_index & bad)
```

```
58        {
59            cout << bad.what();
60            cout <<"Bad index from Derived with the index:"<< bad.index_val()
61                <<"\t"<< bad.getString_data()<< endl;
62        }
63        catch(Base::Bad_index & bad)
64        {
65            cout << bad.what();
66            cout <<"Bad index from Base with the index:"<< bad.index_val()<< endl;
67        }
68        cout <<"End of the program.\n";
69        return 0;
70    }
```

程序运行结果：

```
Begin of the first try block:
Year = 2049
0 1 2 3
getYear = 2050
getData = 5000
0 0.1 0.2 0.3
Index error in Derived object
Bad index from Derived with the index:4 and 5000

Begin of the second try block:
Index error in Base object
Bad index from Base with the index:4
End of the program.
```

【程序分析】

本程序中,Bad_index 类被嵌套在 Base 类的公有部分中,这使得客户类的 catch 块可以使用这个类作为类型。注意,在外部使用这个类型时,需要使用 Base::Bad_index 来标识,这个类是从 std::logic_error 类派生而来的,而 std::logic_error 类又是从 std::exception 类派生而来的。D_Bad_index 类被嵌套到 Derived 类的公有部分,这使得客户类可以通过 Derived::D_Bad_index 来使用它,它是从 Bad_index 类派生而来的。由于 Bad_index 类是从 std::logic_error 派生而来的,因此 D_Bad_index 类归根结底也是从 std::logic_error 类派生而来的。

Base 和 Derived 这两个类都重载了下标访问运算符[],用于访问存储在对象中的数组元素,并在索引越界时抛出异常。Bad_index 和 D_Bad_index 类的析构函数都使用了异常说明 noexcept,这是因为它们都归根结底是从基类 std::exception 派生而来的,而 std::exception 的虚析构函数使用了异常说明 noexcept。

本例中,如果数组索引超界,运算符重载函数 operator[]()将引发并抛出异常。主函数中,语句"Base base(2049,vals1,4);"首先定义了一个基类对象 base,其中数组 vals1 包含 4 个元素 0、1、2、3；然后"语句 Derived derived("5000",2050,vals2,4);"定义了一个派生类对象,其中数组 vals2 包含 4 个元素 0、0.1、0.2、0.3。这两个对象都能正确创建而不会抛出任何异常。

在第一个 try 块中，当用 for 循环依次去访问 base[i]时，由于 i 的取值为[0,3]，其访问并没有越界，因此会在控制台正常输出"0 1 2 3"这 4 个数。当用 for 循环依次去访问 derived[i]时，由于 i 的取值为[0,4]，当其访问的下标在[0,3]时并没有越界，因此依然能正常输出"0 0.1 0.2 0.3"这 4 个数，但当访问 derived[4]时，由于访问的下标越界，派生类的运算符重载函数 operator[]()将执行"throw D_Bad_index(getData(),i);"，也即抛出派生类异常对象 D_Bad_index("5000",4)，程序并不会执行紧随 for 循环后面的第 35 行和第 36 行，而是直接跳转到第一个 try 块后面的 catch 处理块。

之后，由第一个 catch(Derived::D_Bad_index & bad)捕获该异常对象并进行处理，即首先调用 bad.what()，返回字符串"\nIndex error in Derived object\n"，并输出此内容，接着执行第 41 行和第 42 行；由于 bad.index_val()和 bad.getString_data()的返回值分别为 4 和"5000"，因此控制台将输出 Bad index from Derived with the index：4 and 5000，第一个 try 块运行完毕，继续执行第二个 try 块。

在第二个 try 块中，当执行"derived[0]=1;"时，由于其访问的下标并没有越界，因此该语句不会抛出异常，但当执行"base[4]=4;"时，由于下标 4 超出了合理的访问界限[0,3]，因此基类的运算符重载函数 operator[]()将执行"throw Bad_index(i);"，抛出基类异常对象 Bad_index(4)，不再执行紧随其后的第 55 行，程序流程将直接跳转到第二个 try 块的 catch 处理块处，由于此次抛出的为基类对象，程序将跳过派生类的 catch 处理块，由基类的 catch 处理块 catch(Derived::D_Bad_index & bad)直接捕获该异常对象并进行处理，即首先调用 bad.what()，返回字符串"Index error in Base object\n"，并输出此内容，接着执行第 66 行，由于 bad.index_val()的返回值为 4，因此控制台将输出 Bad index from Base with the index：4，至此，第二个 try 块也运行完毕。

整个程序运行结束。

综上所述，本程序通过自定义异常类和继承关系，展示了如何在 C++ 中处理和传递异常信息，以及如何使用异常链和异常嵌套来提高程序的错误处理能力，是异常处理的一个高级应用实例。

本章小结

随着 C++ 标准的不断更新，C++ 异常处理的部分语法也在不断发生改变，有过去使用但现在已经弃用或者移除的，如：动态异常说明是 C++98 新增的一项功能，但在 C++11 中却遭到了弃用，在 C++17 中则被移除，因此，除非有代码遗留问题，不建议新的程序员使用它。本章介绍了异常处理的概念及最新语法规则，同时也介绍了传统的错误处理方法。C++ 异常机制为处理拙劣的编程事件，如不适当的值、I/O 失败等，提供了一种灵活的方式。抛出异常将终止当前执行的函数，将控制权传给匹配的 catch 块。catch 块紧跟在 try 块的后面，为捕获异常，直接或间接导致异常的函数调用必须位于 try 块中。这样程序将执行 catch 块中的代码。这些代码试图解决问题或终止程序。

类可以包含嵌套的异常类，嵌套异常类在相应的问题被发现时将被引发。面向对象编程与异常处理的结合可以提供灵活、可靠的异常处理机制，以处理程序中出现的错误和异常情况。通过使用合适的异常类、抛出异常和捕获异常，可以更好地组织和管理异常，并提供友好的错误提示和恢复机制。同时,遵循异常处理的最佳实践和使用适当的设计模式,可以使代码更具可读性、可维护性和可扩展性。

综上所述,本章为读者提供了 C++异常处理较为全面的指南及最新语法格式,从基本概念到高级技巧,为 C++异常处理提供了坚实的基础。

习题 13

习题 13

参 考 文 献

[1] 周霭如,林伟健,徐红云. C++程序设计基础[M]. 6版. 北京:电子工业出版社,2021.

[2] DEITEL P,DEITEL H. C++大学教程(第九版)(英文版)[M]. 北京:电子工业出版社,2019.

[3] STROUSTRUP B. C++程序设计语言[M]. 北京:机械工业出版社,2016.

[4] PRATA S. C++Primer Plus 中文版(原书第6版)[M]. 北京:人民邮电出版社,2012.

[5] 郭炜. 新标准 C++程序设计教程[M]. 北京:清华大学出版社,2012.

[6] JOHNSONBAUGH R,KALIN M. 面向对象程序设计 C++语言描述(原书第2版)[M]. 北京:机械工业出版社,2011.

[7] 李鹏程,张金霞,于锋 等. C++宝典[M]. 北京:电子工业出版社,2010.

[8] 俞勇. ACM 国际大学生程序设计竞赛知识与入门[M]. 北京:清华大学出版社,2012.

[9] 俞勇. ACM 国际大学生程序设计竞赛算法与实现[M]. 北京:清华大学出版社,2012.

附录A

计算机基础知识

C++

C++程序调试

附录C

在线评测系统简介